관상식물학

Ornamental Plant Science

안영희 저

태림문화사

머 리 말

사람들의 생활수준이 향상되면 자연을 더욱 가깝게 느끼고자 하는 욕망이 높아진다고 한다. 최근에 이르러 이와 같은 사실은 더욱 확실히 나타나고 있다. 일요일이면 산이나 들로 여가를 즐기기 위해 떠나고 생활 곳곳에 자연을 느끼고 표현하려는 분위기를 느낄 수 있다. 오늘날과 같이 문명이 급속도로 발전한 산업사회에서 자연을 만끽할 수 있는 가장 좋은 방법은 생물을 가까이 하는 것이라 생각한다. 동물이나 식물을 생활 속에서 함께하는 것이야말로 삶의 수준을 높이는 가장 좋은 방법이라 생각한다. 특히 그 가운데 시간과 계절의 흐름에 따라 모양이 변하고 주변 환경을 개선해주며 아름다운 식물을 접하는 것이 가장 좋은 자연체험이라 생각한다.

그러나 식물을 단순히 보고 만지고 향기를 맡아보고 장식하는 정도의 체험은 느낌에 한계가 있다. 세상의 사물은 아는 것만큼 보인다는 말도 있다. 이 시점에서 식물을 전공하는 학자 수준의 높은 학문적 수준은 아닐지라도 교양 수준의 식물에 관련한 지식이 절실해진다. 그러나 이와 같이 팽배하는 식물에 대한 관심을 충족시켜줄 수 있는 서적은 그리 많지 않은 것이 현실이다.

이 책은 바로 이런 독자들을 위해 아름다운 관상식물에 대해 이해하고 한발 더 가깝게 다가갈 수 있도록 기초적인 과학지식을 정리하였다. 또한 식물에 대한 과학적 이해를 통해 우리의 문화수준을 높이고 효과적인 이용 및 환경보전에 대한 의식을 전달하고자 하였다. 필자가 그동안 직접 취득한 내용을 알기 쉽게 정리하여 단순히 지식을 전달하는 것이 아니라 실용을 강조하려 하였다. 그러므로 모쪼록 이 책이 식물을 통해 문화생활을 영위하고 환경을 개선하고자 하는 현대인들에게 작은 보탬이 되었으면 하는 마음이 간절하다.

최근 학문의 융합과 새로운 연구 분야가 속속 탄생하는 현실에서 특정한 단어로 학문범위를 규정한다는 것은 무리일 수 있다. 이 책의 제목으로 붙인 관상식물학은 기존의 원예학, 화훼학, 식물학, 재배학 등의 내용에서 한 발 나아가고자 나름대로 노력하였다. 현대의 교양인으로서 알아야할 식물학적인 기초지식을 비롯하여 재배, 번식, 이용 등의 응용적인 내용도 담고자 하였다. 막상 욕심이 앞서다 보니 여러 해 동안의 준비과정에도 불구하고 줄거리만을 수박겉핥기 식으로 기술한 것 같은 아쉬움도 있다. 그러나 그동안 머릿속에 간직해왔던 것들을 부족하나마 한 권의 책으로 정리할 수 있게 된 것에 대해 큰 보람을 느낀다. 이 책을 이용하는 모든 독자 제위 분들은 이 책의 발간취지를 이해해주길 부탁드리며, 금후 부족한 내용이나 오류에 대한 허심탄회한 지적을 간곡히 바라는 바이다. 끝으로 이 책이 세상에 빛을 보게 되기까지는 많은 분들의 도움이 함께하였다. 무엇보다 책의 출판을 기꺼이 맡아주신 태림문화사의 정헌준 사장님을 비롯하여 난해한 원고를 끝까지 교정하고 정리해준 편집부 여러분들의 노고에 깊은 감사의 말씀을 올리는 바이다.

2010년 2월
저자 씀

목 차

제Ⅲ장 관상식물 재배환경 113

제Ⅳ장 관상식물 번식 191

제Ⅴ장 관상식물의 개화와 생장조절물질 227

제Ⅵ장 관상식물의 이용 249

제 I 장 서론

제 1 절 관상식물학의 정의와 특성

1. 관상식물의 정의

관상식물학(Ornamental Plant Science)이라 함은 관상 가치를 지닌 식물에 관련한 분류, 재배, 번식, 생리 및 생태적 특성, 이용 등에 대한 과학적인 내용을 다루는 실용적인 학문이다. 관상 가치를 지닌 식물의 범주는 화초 및 화목 등의 재배용 화훼류를 비롯하여 특별히 개발의 과정을 거치지 않은 야생식물, 열대 및 아열대 원산의 관엽식물, 건조지 식물, 수생식물 등의 꽃은 물론 형체가 아름다운 식물체 모두를 포함한다. 그러나 관상용 초화류와 화목류 등의 생산, 재배, 육종, 가공, 이용 등에 관련한 학문적 이론을 다루는 화훼학(floricultural science)과 유사한 면도 있지만 이에 덧붙여 분류, 형태, 생리, 생태 등의 관상용 식물의 식물학적인 내용을 기초로 응용적인 분야를 다루는 보다 복합적인 전문분야의 학문이라 할 수 있다.

2. 관상식물의 특성

관상식물은 관상가치가 있는 식물을 말한다. 그러므로 산업적인 측면에서 수익을 목적으로 다양한 관상식물을 재배하기도 하고 장식과 문화생활을 위해 관상식물을 소비하기도 한다. 이와 같은 관상식물에는 다음과 같은 특성이 있다.

(1) 관상식물 재배산업의 특징

1) 종이 다양하다.

관상식물의 범주는 관상 가치를 지닌 모든 식물이므로 그 종류가 다양하고 수가 매우 많은 것이 특징이다. 자생식물에 있어서도 종수가 약 4,500여종이 넘고 이 가운데에는 꽃은 물론 잎, 줄기, 수형, 방향성 등 다채로운 관상 가치를 지닌 종들이 많이 있으며 수많은 재배종들은 인위적으로 육종된 품종 수가 헤아릴 수 없을 정도로 많다(그림 1-1). 특히 백합, 장미, 국화, 카네이션 등과 같이 절화로서 소비가 많이 이루어지는 관상식물들은 매년 많은 신품종이 육성되어 시장에 출하되고 있다.

그림 1-1　관상식물로 이용되는 건조화

그림 1-2　관상식물을 취급하는 플라워 숍

2) 높은 재배기술이 필요하다.

다양한 종만큼이나 생리적, 생태적 특성이 다양한 관상식물을 성공적으로 재배하기 위해서는 그 식물에 적합한 재배기술을 적용해야만 한다. 또한 관상식물의 경우, 다른 재배작물과는 달리 소비자들은 단지 관상 목적을 위해 구입하기 때문에 가격이 비싸더라도 품질이 뛰어난 고품질 상품을 요구한다. 그러므로 다른 작물에 비해 번식, 육묘, 재배 및 개화, 상품포장 및 저장에 이르기까지 고도의 생산기술과 지식을 적용하여야만 한다.

3) 타 작물에 비해 생산기반이 취약하다.

아직까지 관상식물의 소비유형이 선진화되지 못한 우리나라에서는 관상식물 소비가 계절별로 편중되는 경향이 있다. 또한 관상식물 재배농가의 상당수가 임차농인 관계로 경영상태가 영세하고 시설이 낙후되어 있다.

4) 유통정보가 부족하다.

대부분의 관상식물 재배농가들의 유통정보 획득은 거래시장, 주변 농가 등에서 얻고 있으므로 정

그림 1-3　네덜란드의 꽃 경매장에서 대기 중인 관상식물

그림 1-4　현대화된 네덜란드의 꽃 경매장

확하고 빠른 유통정보를 얻기에는 미흡하다. 인터넷을 통한 실시간 정보 획득을 생활화하여 빠른 정보를 얻어야 할 것이다(그림 1-4). 1991년 6월에 개장한 농수산물유통공사의 화훼공판장에서는 인터넷(www.yfmc.co.kr), ARS(02-579-8100), FAX.(02-578-8671) 등의 매체를 통해 실시간 경매시세를 제공하고 있다.

5) 집약적 재배가 이루어진다.

관상식물은 재배조건에 따른 생육차이에 의해 품질에 큰 차이가 나타난다. 그러므로 제한된 면적의 재배지에서 높은 기술력과 자본을 투자하여 합리적인 재배를 해야 한다.

(2) 관상식물 소비 측면의 특성

1) 문화적 수준과 방향을 반영한다.

일반적으로 국민소득과 문화수준이 높은 문명권에서 관상식물이 잘 발달되어 있고 다양한 식물종을 재배하고 있다. 우리나라에 있어 2000~2008년 화훼공판장에서 유통된 절화류와 분화류의 물량 및 금액을 비교해보아도 잘 알 수 있다. 절지 및 절엽을 포함한 절화류의 경우, 2000년에 비해 2008년에는 금액은 1.8배, 물량은 1.4배로 증가하였다. 분화류의 경우에도 금액은 3.8배, 물량은 무려 5.2배가 증가된 것을 보여주고 있다. 이와 같은 결과는 문화수준의 향상에 따른 관상식물의 소비증가 양상을 보여주는 좋은 예라 할 수 있다(표 1-1).

그림 1-5 관상식물은 문화적 수준을 반영한다(거베라 절화).

2) 계절적인 소비양상의 변화가 매우 심하다.

우리나라에서 관상식물의 대량소비는 11~4월로 편중되어 있어 재배농가에서 주년재배를 하기가 어렵다. 우리나라에서 앞으로 행사용 관상식물 소비는 줄이고 가정용이나 연습용 등의 소비량을 늘

표 1-1 우리나라 화훼공판장에서 유통된 대표적인 관상식물의 현황

금액(백만원)

종류	구분	2000년	2002년	2004년	2006년	2008년
절화류	경매물량	13,508	15,343	15,751	16,560	18,623
단위(천속)	경매금액	24,198	32,429	34,396	39,467	43,543
분화류	경매물량	2,433	6,196	8,310	10,295	12,677
단위(천분)	경매금액	8,296	18,886	19,340	24,641	31,882

그림 1-6　관상식물은 연중소비양상의 변화가 크다. (관상식물을 판매하는 플라워 숍)

그림 1-7　독일의 플라워 숍

그림 1-8　극락조화 절화

그림 1-9　분화류 판매장

려야 할 것이다. 우리나라의 대표적 관상식물인 장미 절화의 경우 경매 낙찰단가는 1991~2008년의 18개년 평균가를 기준으로 절화 수요가 많은 2월에 3,160원이었으나 7월에는 1,059원으로 1/3 가격 수준으로 낮게 나타났다. 그러나 연중 수요가 거의 일정한 분화류의 경우에는 큰 차이가 나타나지 않는다. 대표적인 분화류인 안스리움의 경우, 4월의 낙찰가가 가장 높아 분화 당 3,729원이었으며 가장 낮은 달은 2월의 2,896원으로 큰 차이가 나타나지 않았다.

3) 절화에 비해 분화용 및 화단용 관상식물의 비중이 높다.

관상시간이 짧은 절화류에 비해 장기간동안 관상할 수 있는 분화류 및 화단식물류의 이용이 많다(그림 1-9). 이와 같은 경향은 점차 선진국화 되어 가는 과정에서 절화류의 비중이 높아질 것으로 예상된다.

그림 1-10　관상식물로 이용되는 다양한 종류의 절지류

4) 꽃의 모양 및 관상패턴에 있어 유행 변화가 심하다.

관상식물은 생존을 위한 식물자원이 아니라 여가와 기호에 따라 이용하는 식물이므로 개인의 취향 혹은 시간적인 정서의 흐름에 크게 영향을 받는다.

5) 정서순화와 교육효과는 물론 치료효과를 얻을 수 있다.

살아 있는 생물인 관상식물을 감상하거나 재배하는 과정을 통해 정신적인 안정과 만족감을 얻음으로서 육체적, 정신적인 치료효과를 얻을 수 있으며 자연의 일부분을 이해하는 교육효과가 있다.

6) 국제성

아름다움에 대한 기호도는 국제적으로 유사하며 특히 최근에는 교통과 통신의 발달로 선호하는 관상식물의 종 및 품종은 물론 형태나 화색 등 품질에 있어서도 동일한 유형을 소비한다.

7) 환경미화용 식물소재의 생산

관상식물이 지니는 미적 가치에 의해 개인의 일상생활은 물론 공공시설의 환경미화용으로 널리 식재된다.

그림 1-11　우표에 나타난 관상식물

그림 1-12　독일 퀼른에서 열린 국제 꽃예술대회 시상식

그림 1-13　도시 화단에 흔히 식재되는 사철베고니아

그림 1-14　도시 조경에 식재된 관상식물

제 2 절 관상식물의 역사

1. 유럽의 관상식물 이용

인류는 역사의 시작과 더불어 다양한 종류의 식물을 이용하여 상징물 혹은 장식물로 이용해왔다. 시대의 변화와 더불어 식물관상에 대한 유행은 지역, 문화, 사상, 자연환경 등에 의해 지속적으로 변화를 거듭하였다.

유럽 대륙에는 약 50만년 이전부터 인류가 정착하였고 그들은 각처에 많은 유적지를 남겼다. 독일 중부 및 쾰른, 아헨 지구대의 갈탄 노천광산에서 발견된 토기에는 식물의 꽃가루와 종자가 발굴되어 이미 다양한 종류의 식물을 생활에 밀접하게 이용하였음을 짐작할 수 있다.

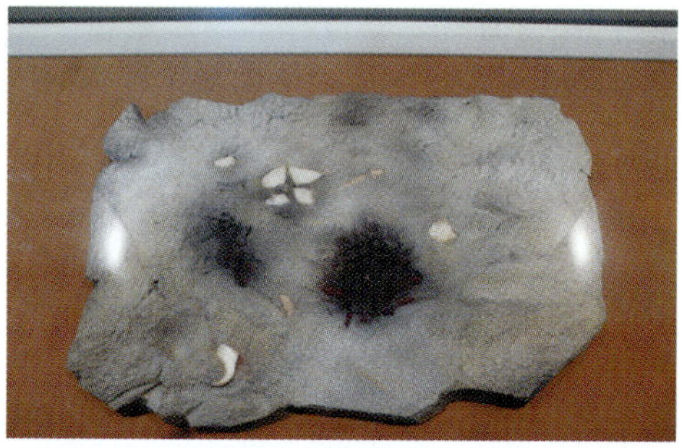

그림 1-15 화석에 나타난 소나무

고대 이집트에서 관상식물 자체는 미적인 기능뿐만 아니라 실내장식에 사용되어 종교적인 신령스런 영감을 주었다. 기둥에는 파피루스(papyrus)와 연꽃(lotus)과 같은 관상식물을 상징한 형상을 조각하였고 꽃들은 실내의 벽과 바닥을 장식하기 위해 사용되어지기도 했다(그림 1-18).

그리스 시대에 관상식물은 매우 중요하게 이용된 것으로 추정된다. 당시의 유물로 출토된 꽃병에는 포도나무 그림 장식이 그려져 있고 월계수의 잎으로 엮은 월계관을 비롯하여 올리브나무 또는 야자 가지, 장미 등이 신들에게 헌화되었다고 기록되어 있다(그림 1-19). 또한 당시의 시인 아나크레온(Anakreon)은 장미에 관해 묘사하기도 하였다. 당시 자연과학에 대한 관심은 야생화에 대한 감상을 유발하였고 휴일과 축

그림 1-16 파피루스(*Cyperus papyrus*)

그림 1-17 이집트 벽화에 나타난 관상식물의 운반 모습

그림 1-18 이집트 벽화의 관상식물을 이용한 벽면 장식

그림 1-19 월계수(*Laurus nobilis*)

그림 1-20 참나무과의 떡갈나무(*Quercus dentata*)

제에는 관상식물 화환을 사용하기도 하였다. 이 시대의 테오프라투스(Theophratus; BC.372 ~287)는 넓은 정원을 가꾸기도 하였으며 식물의 역사에 대한 10권의 책을 저술하였다.

로마 시대에는 신을 존경하고 손님을 환영하며 죽은 망자를 위로하기 위해 다양한 꽃장식품을 이용하였다. 특히 겨울철에도 관상식물을 재배하기 위해 온실을 교외의 별장(villa)에 만들기도 하였다. 특히 아름다운 관상식물을 생활용품, 건축물 등에 형상화하였는데, 참나무 잎 모양을 본 딴 방패, 솔방울 또는 아칸투스 모양의 기둥장식 등 다양하였다. 당시 로마에서 재배하던 관상식물로는 백합, 크로커스, 실라(Scilla), 스토크(Matthiola), 금어초와 같이 지중해 일대가 원산지인 식물들이 대부분이었다. 서기 1세기경에 로마 군대와 함께 여행한 내과의사 디오스코리데스(Dioscorides)는 400여 종의 유럽 식물을 기술한 「De Materia Medica」라는 저서를 발간하였으며, 이는 중세까지 식물에 관련한 원전(原典)으로 알려져 있다.

그림 1-21 수선화

유럽의 중세시대는 5세기 이후 약 1,000년간

그림 1-22 달리아'Exkalibur'

그림 1-23 달리아'Magic night'

기독교 문화가 득세한 시기로서 수도원을 중심으로 약초, 채소 등을 주로 식재한 실용과 장식을 겸한 수도원 정원(monastery garden)에서 관상식물들이 재배되었다. 그러나 중세 후기에는 봉건제도가 발달하여 성곽 내에 화려한 미로식 정원(maze) 및 매듭무늬(knot) 화단 등이 조성되어 각종 왜성 관목류 및 상록수 등이 식재되었다. 당시의 관상식물에 대해 기록한 문헌으로 영국의 Alexaander Neckam(1157~1217)이 저술한 「De Naturis Rerum」에 백합, 장미, 제비꽃, 수선화, 작약 등이 기록되어 있다. 그 외에도 다양한 종류의 야생화를 비롯하여 라일락, 패랭이꽃, 빈카 등이 관상과 방향성을 위해 널리 이용되었다. 특히 중세에는 주목, 사이프러스, 회양목, 들장미, 무화과나무 같은 목본성 식물도 많이 이용되었고 수목류를 다듬어 모양을 낸 형상목(topiary) 수법도 이용되었다.

15세기 이탈리아를 중심으로 그리스와 로마의 고전주의를 재현하고자 했던 복고주의를 표방한 르네상스 시기에는 온화한 이탈리아의 기후에 알맞은 다양한 관상식물들을 많이 식재하여 마치 식물원과 같이 재배하였다. 주목, 월계수, 가시나무, 종려, 감탕나무, 회양목, 소나무, 사이프러스 등의 목본류를 비롯하여 히아신스, 수선화, 튤립, 시클라멘 등의 초화류가 흔히 식재되던 관상식물이었다. 르네상스 이후 유럽은 절대왕정 시대로 이어졌다. 프랑스의 베르사유 궁전에 조성한 자수화단에 식재한 회양목을 비롯하여 주목, 너도밤나무, 서어나무 등을 이용하여 산울타리로 식재하였다. 또한 항해를 통한 적극적인 해외 식민지 개척의 결과, 남미로부터 칸나, 매리골드, 달리아 등이 도입되어 재배되었다.

1554년 오스트리아 대사였던 부시퀴우스(A.G. Buseequius)는 터키의 이스탄불 인근에서 재배되던 튤립을 수집하여 유럽에 소개하였고, 그 후 네덜란드로 전해져 유럽 및 네덜란드에 구근류 관상식물의 유행을 낳게 하였다. 유럽 전역에서 성행하던 튤립 재배는 1637년에 경매장을 통해 구근 하나가 5200길더에 팔릴 정도의 광적인 인기를 끌게 되었다. 당시 목수의 1년 수입이 약 250길더 정도였다니 그 가치를 짐작할 수 있다. 16~17 세기의 유럽 관상식물은 튤립, 수선, 백합 등의 지중해성 구근식물이 주를 이루었다.

18세기 이후 유럽을 풍미하던 자연주의에 힘입어 중국풍의 정원과 식물이 도입되어 재배되었다. 특히 세계 각지의 진귀한 식물이 수집되고 이들을 관상식물로 이용하고 육종하였다. 동백나무(1739

년), 모란(1789년), 장미(1792년), 함박꽃(1772년), 국화(1789년), 과꽃(1728년), 달리아(1789년), 수국(1790년) 등이 대표적이다. 프랑스의 신부 딘카빌은 중국 화북지방에서 채집한 야생 과꽃을 본국으로 보내 오늘날의 원예품종으로 육종되도록 하였다.

그림 1-24 관상식물을 이용한 신랑, 신부 장식

19세기의 유럽은 계몽주의 사상이 주류를 이루었고 프랑스 대혁명(1789)으로 인한 민주주의 세력이 강화되었고 자연과학도 발전하였다. 1883년 윌리엄 로빈슨(William Robinson)은 「The English Flower Garden」이라는 전문적인 관상식물 저서를 발간하기도 하였다. 대외적으로는 식민지를 통해 다양한 외국 식물들을 들여와 토착화하였다. 남아프리카에서 글라디올러스, 프리지아, 익시아 등의 구근류를 도입하였다. 20세기 유럽의 관상식물은 외국으로부터의 식물유전자원을 통해 관상식물 육종이 활발하게 이루어졌다. 20세기 초엽에 프랑스에서 황색 장미인 페르네티아나(Pernetiana)계통이 육종되었고 황색 모란도 육종되었다. 활발한 식물육종 사업을 통해 이제까지 관상식물 분야에서 후진국에 머물던 독일이 카네이션, 장미, 프리뮬라, 시클라멘, 달리아, 글라디올러스 등의 품종개량에 공헌하면서 관상식물 선진국으로 발돋움하였다. 꽃예술도 다양한 양식이 시도되었으며 1860년부터 신부용 크란츠(Brautkranz)가 흔히 사용되었으며 철사를 이용해 꽃다발을 만들기 시작하였다. 1876년에 발간된 가르텐라우베(Garten-laube)라는 잡지에는 부케 만드는 방법이 소개되기도 하였다.

20세기 이후에는 대부분의 유럽 국가에서 군주제가 폐지되고 공화제가 성립되었다. 많은 민족들이 신대륙으로 이민을 가거나 전쟁을 피해 이주하기도 하였다. 또한 대량생산, 교통 및 통신의 발달 등 산업사회가 발전하게 되었으며 본격적인 화훼산업(flower industry)이 나타나게 되었다. 1950년대 이후 도시 생활자가 늘어나고 생활 가운데 꽃장식이 일상화되면서 대량생산과 소비가 이루어지고 있

그림 1-25 관상식물 분야의 전문 직종인 플로리스트

그림 1-26 독일 프랑크푸르트의 꽃 도매점

다. 일본의 전통 꽃꽂이인 이케바나(Ikebana)가 유럽에 소개되면서 이의 영향을 받은 플라워 아트가 발전하게 되었으며 플로리스트(florist)가 새로이 각광받는 직업으로 탄생하게 되었다(그림 1-25). 최근에는 도시화에 따른 사람들의 운동부족, 스트레스, 정서불안 해소를 위해 장식적인 면의 원예생활을 벗어나 향기요법, 원예치료, 허브 제품 및 요리, 꽃장식, 꽃예술 등 폭넓은 분야의 관상식물 이용이 늘어나고 있다.

2. 동양의 관상식물 이용

동양의 관상식물 재배는 중국을 중심으로 발달하였다. 시경(詩經)에 의하면 B.C. 1000년경부터 중국에서는 이미 연꽃, 복숭아꽃, 국화, 난, 나리, 함박꽃 등을 관상한 것을 알 수 있다. BC 2세기 무렵부터 실크로드를 통해 서역으로부터 접시꽃, 자스민, 석류 등의 많은 식물들이 도입되어 중국 원산의 식물들과 더불어 재배되기 시작하였다. 문화가 크게 발달했던 6~9세기경의 중국 수, 당나라 시대에 이미 함박꽃과 모란, 목련이 재배되었다. 남송시대(南宋時代 ; 1127~1279)의 고종(高宗 ; 1127~ 1162)은 어원(御苑)에 연못을 파고 석가산을 쌓았으며 송림(松林), 죽림(竹林), 매림(梅林), 도림(桃林), 연지(蓮池), 모란대(牧丹臺) 등과 같은 정원에서 각종 관상식물을 전문적으로 재배하기도 하였다. 송나라 때에는 화훼를 다룬 초기의 전문서인 구양수(歐陽修)의 「낙양모란기(洛陽牡丹記)」, 유몽(劉蒙)의 「국보(菊譜)」, 이연(李衎)의 「죽보상록(竹譜詳錄, 1300)」 등이 발간되었다. 명나라 시대에 이르러는 왕로(王路)에 의해 1618년 관상식물 재배법을 집대성한 「화사좌편(花史左篇)」과 진부요(陳扶搖)의 「비전화경(秘傳花鏡)」, 왕상진(王象晋)의 「군방보(群芳譜)」 등이 있다. 18세기 이후의 중국은 문호가 개방되면서 선진 각국에 의해 중국의 관상식물들이 적극적으로 소개되었다. 1728년 프랑스 신부에 의해 채집되어 파리에 보내진

그림 1-27　2009년 중국 북경에서 개최된 국제꽃박람회

그림 1-28　중국의 전통자기에 나타난 관상식물

중국의 동북지방 고산지대 및 우리나라 북부지방에 자생하는 과꽃은 오늘날 뛰어난 원예식물로 개량되기에 이르렀다. Wilson은 중국을 세계 관상식물의 중심이라고 할 정도이었다.

중국의 전통적인 관상식물은 궁정원예(宮庭園藝)를 중심으로 개발되었다. 따라서 광대한 지역적 특성으로 인해 중국 자생식물이 다양하였기 때문에 야생종을 기본으로 한 종들을 흔히 이용하였다. 그러므로 적극적으로 다양한 외국의 관상식물을 도입하지는 않았었던 것 같다. 또한 자연환경이 혹독한 황하 상류의 고대 도시에 식재하기 위해 초본류보다는 목본류 중심의 관상식물을 개발하였다. 그러나 19세기 이후 중국의 정치적 특성으로 인해 관상식물의 육종 및 개발에 대해서는 괄목할만한 성과는 없는 실정이다.

일본에서의 관상식물 이용은 만엽집(萬葉集)이라는 책을 통해 알 수 있다. 이미 나라(奈良)시대(710~793)에 매화나무를 비롯하여 벚나무, 등나무, 싸리, 동백나무, 철쭉, 패랭이꽃, 도라지 등이 이용되었던 것으로 짐작된다. 헤이안(平安)시대(794~1186)에는 중국 당송(唐宋)의 문화가 전래되어 관상식물의 재배 및 이용에 있어서도 중국의 재배종 및 재배기술이 도입되었다. 무로마치(室町)시대(1336~1573)에는 이미 일본식 꽃꽂이가 유행한 것으로 보여진다.

일본의 관상식물이 본격적으로 발달되기 시작한 시기는 17~18세기의 도쿠카와(德川)의 에도(江戶)시대(1603~1867)부터라고 할 수 있다. 이 시기에 이르러 다양한 원예 관련의 서적이 출판되었다. 1630년 백춘집(百椿集), 1681년 화단강목(花壇綱目), 1694년 화보(花譜) 등이 출간되었고 모란, 작약, 국화 등의 육종도 시도되었다. 또한 일본의 전국에 자생하는 동백나무, 단풍나무, 철쭉류 등의 적극적인 식재 및 품종 육성에 관심이 기울여져 동백나무의 경우 200여 품종이 육종되기도 하였다. 이 시기에 이르러 중국의 관상식물 재배 및 이용 문화에서 벗어나 일본 나름대로의 독특한 문화를 형성하게 되었다. 이용하는 관상식물의 종도 다양해지고 이제까지 목본 중심에서 점차 꽃창포류, 앵초류 등의 초본 중심의 관상식물로 이용 범위가 넓어졌다. 당시에 널리 이용하던 관상식물은 만년청, 석곡, 사철란, 복수초, 앵초, 패랭이꽃, 솔잎란, 부처손, 자금우, 남천, 등나무, 명자나무, 삼나무, 편백, 대나무 등으로 매우 다양하였다. 19세기 이후에는 유럽으로부터 개량된 관상식물들을 적극적으로 도입하여 세계대전을 거쳐 현재에 이르기까지 관상식물 산업의 선진국 수준에 이르게 되었다.

그림 1-29 중국 후금의 황궁 벽면에 그려진 모란

그림 1-30 중국 곤명의 화훼 시장

3. 우리나라의 관상식물 이용

그림 1-31　조선시대 백자에 나타난 매화

한반도에 관상식물이 이용되기 시작한 것은 이미 구석기 시대부터라고 추정하고 있다. 1976년 충청북도 청원군에서 발굴된 20만년 전의 구석기 시대 유적인 두루봉 동굴의 유골 주변에서 의식에 사용된 것으로 추정되는 국화과 식물의 꽃가루를 비롯하여 동굴 입구에서 진달래의 꽃가루가 157개나 발견되었다. 이와 같은 관상식물의 꽃가루 발견은 당시에 이미 각종 의식에 식물을 장식하는데 사용한 것으로 추정하고 있다(이융조, 2006). 신석기 시대에는 농경문화가 시작되면서 풍요와 다산을 기원하는 토속신앙 의식에서 관상식물의 이용을 추정할 수 있다. 지금도 행해지는 무당이 굿을 할 때 제단 위에 꽃과 나뭇가지를 장식하거나 손에 쥐고 흔드는 것은 이때부터 전해오던 방식으로 추정한다.

고조선은 군장(君長) 지배사회 가운데 가장 먼저 국가로 발전하였다. 기록에 의하면 기원전 180년(제세왕 10년)경에 동지(冬至)가 수일 지난 뒤에 궁궐 내의 복숭아(桃)나무와 배(梨)나무의 꽃이 만발했다고 나타나 있다. 이는 당시 궁궐을 중심으로 꽃과 과일을 관상할 수 있는 화목류를 식재하였다는 것을 알 수 있는 내용이다. 그 후 서기 372년 우리나라에 불교가 전파되면서 불단에 올리는 제례용으로 관상식물의 이용이 이루어졌다.

「삼국사기」에는 고구려, 백제, 신라의 역사 속에서 매화, 자두, 살구, 느티나무, 버드나무, 소나무, 대나무, 모란, 연꽃 등 여러 종류의 관상식물이 등장하고 있다. 특히 이 가운데 백제의 16대 왕인 진사왕(385~392)은 궁에서 꽃을 가꾸었다는 궁정원예의 기록이 나오며 신라의 30대 왕인 문무왕(?~681)은 674년에 안압지의 축조와 궁궐에 화초를 심었다는 기록이 있다. 또한 「삼국유사」에는 선덕여왕(?~

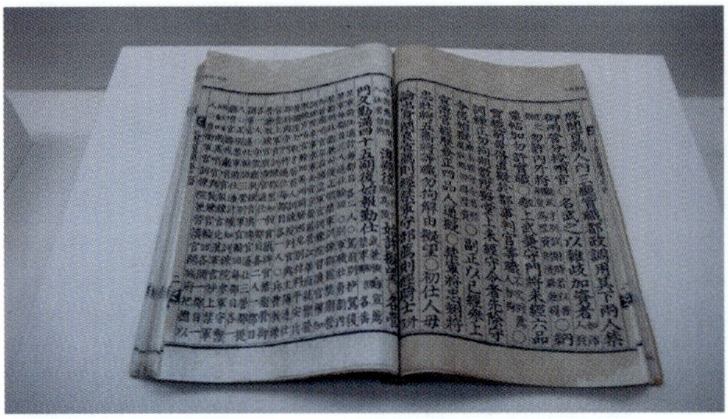

그림 1-32　대전통편

그림 1-33　조선농업대전

647)은 632년에 당(唐)나라의 태종으로부터 모란 그림과 함께 종자가 전래되어 심어졌다고 하는 기록과 신라 말기의 학자였던 최치원(857~?)이 각 사찰을 돌면서 모란을 심었다는 고사(古史)가 있다.

고려시대에는 우리나라의 자생식물은 물론 중국으로부터 국화, 함박꽃, 맨드라미, 난초, 철쭉류, 장미, 배롱나무, 매화나무, 목련 등의 관상식물이 도입되기도 하였다. 고려 때 문신인 이규보(1168~1241)의 시문집 「동국이상국집」에는 몇 가지의 식물에 관한 글이 나오는데, 당시 원예는 물론 관상식물이 널리 재배되었음을 나타내주고 있다.

조선시대에는 양반계급을 중심으로 자연을 사랑하는 풍류와 더불어 관상식물에 대한 관심이 높았다. 정원에는 방지원도(方池圓島)를 조성하고 연꽃을 심었고 매(梅), 난(蘭), 국(菊), 죽(竹)의 4군자(君子)를 즐겼다. 임진왜란을 전후하여 중국과 일본으로부터 새로운 원예작물 및 관상식물들이 도입되기 시작하였다. 세종(1397~1450) 때의 문신이었던 강희안(1417~1464)이 저술한 일종의 원예서적인 「양화소록(養花小錄)」에는 소나무, 석류, 장미, 동백, 매화, 난, 철쭉 등 17종의 관상식물에 대해 기술되어 있다. 또한 15~16세기에는 개나리, 정향나무, 명자나무, 단풍나무, 해당화, 벚나무, 원추리 등을 비롯하여 외국에서 들여 온 패랭이꽃, 금잔화, 소철, 해바라기, 접시꽃, 맨드라미 등의 관상식물도 재배되기 시작하였다. 조선시대 후기의 실학자인 홍만선(1643~1715)이 저술한 「산림경제(山林經濟)」에는 다양한 재배작물의 종류와 재배법, 해충의 방제법, 저장 및 이용 방법 등에 대해 광범위하고 체계적으로 기술되어 있다. 특히 관상식물에 관련하여 매화, 국화, 난, 연꽃, 차나무, 치자나무, 서향, 철쭉, 모란, 작약, 접시꽃, 산수유, 해당화, 장미, 무궁화, 패랭이꽃 등에 대해 종합적으로 기록되어 있다. 결혼식 때에도 혼례초례상(婚禮醮禮床)에 소나무와 대나무로 장식하기도 하였다. 1785(정조 9년)년에 편찬된 조선시대의 법전인 대전통편(大典通編)에는 소나무 식재를 장려하는 내용이 기록되어 있다(그림 1-32).

일제 강점기에는 정치, 경제, 사회, 문화 등에서 한국의 전통문화가 계승과 발전에 있어 거의 정지상태에 있었으나 조선농업대전(1919) 등을 통해 새로운 식물재배법을 소개하기도 하였다. 결국 전통적인 관상식물에 관련한 문화도 퇴색되거나 일부에서 일본문화의 강력한 침투가 있었다. 예를 들어 창경궁(昌慶宮) 내에 일제는 동 · 식물원을 조성하고 유희 목적의 연못을 만들어 전통적인 궁궐의 기능에 변화를 주었으며, 1910년 이후에는 일본인들이 좋아하는 벚나무가 대량으로 식재되기도 하였다. 1945년 일제로부터 해방 이후에는 미국을 비롯한 유럽에서 장미 원예품종, 카네이션, 관엽식물 등의 새로운 관상식물들이 도입되어 재배되었다. 1970년대 이후 화훼를 중심으로 한 관상식물의 국제적인 수출입이 자유화되면서 외국에서 뛰어난 종묘가 수입되었고 수출도 되면서 본격적으로 관상식물 산업이 이루어지게 되었다.

그림 1-34　서울 양재동의 꽃시장

제 Ⅱ 장 관상식물의 구분

수많은 종류의 관상식물을 이용 및 연구, 개발 등의 목적을 위해 형태적, 생태적, 재배적 등 다양한 범주에 의해 구분할 필요가 있다. 이와 같이 지구상에 생육하는 식물의 명명, 동정, 분류를 다루는 학문분야를 식물분류학이라 한다. 식물분류학의 연구 방향은 식물을 관찰하고 채집하여 실험실 및 현장에서 분석하는 것이 일반적이다. 식물분류에 의해 식물의 진화과정과 계통적 유연관계를 이해할 수 있으며 종의 유전적 다양성을 구분할 수 있다. 특히 현재 알려져 있는 전세계 식물상의 대부분은 거의 100년 전의 연구결과를 토대로 작성된 것들이다. 그러므로 오늘날의 새로운 과학적 이론과 방법에 의해 다양한 관상식물의 재검토가 필요하다.

그림 2-1 백송(*Pinus bungeana*)

그림 2-2 난초나무(*Bauhinia blakeana*)

그림 2-3 노랑만병초(*Rhododendron aureum*)

제 1 절 식물학적인 분류법

1. 식물에 붙여진 이름

다양한 종류의 관상식물들은 나름대로 독특한 이름을 지니고 있다. 식물에 붙여진 학술상의 라틴명은 모른다고 할지라도 우리 이름으로 붙여진 식물명 정도는 알아두는 것이 좋다.

(1) 보통명

보통명은 흔히 일상적으로 사용하는 것으로 일반명 혹은 국명이라 하기도 한다. 보통명은 특정 국가 또는 특정 언어 사용 지역에서만 통용될 수 있는 식물이름이다. 일반인은 식물의 정확한 이름을 사용할 필요가 그리 많지 않아 흔히 보통명만으로도 의사소통이 이루어진다. 보통명과 유사한 개념으로 향명(vernacular name)이 있는데, 이는 특정지역 혹은 지방에서만 사용하는 방언에 가까운 식물의 이름을 일컫는다. 일반적으로 보통명은 다음과 같은 유래에서 비롯된다.

1) 습성

눈주목, 눈잣나무, 눈측백, 땅채송화 달맞이꽃, 바다지기, 쐐기풀

2) 형태적 특징

주목, 백송, 삼지닥나무, 조팝나무, 톱풀 투구꽃, 황새풀, 괭이눈, 두루미천남성, 안개초, 난초나무(*Bauhinia blakeana*)

3) 산지

설악눈주목, 무등풀, 백두산떡쑥, 울릉국화, 제주양지꽃, 갯쑥부쟁이

4) 용도

만병초, 향나무, 황칠나무, 설탕단풍, 오리나무, 차나무, 약모밀, 닥풀

5) 전설

나도밤나무, 너도밤나무, 린네풀, 물망초, 삐꾹채, 사위질빵

6) 외래어

맨드라미, 메타세콰이어, 사프란, 스위트피, 아나나스, 포인세티아,

(2) 학명의 구성

관상식물의 종류는 대단히 많으며 자연 상태에서도 잡종 또는 변이종이 발생되며 인위적으로 육종된 새로운 형질의 식물들이 나타나고 있어 새로운 이름을 알기 어려운 경우도 종종 있다. 따라서 각 식물들은 형태적 특징을 비롯하여 생태적 또는 유전적인 유연관계에 의해 분류되어 명명규약에 의해 명칭이 부여된다. 식물학에서는 유사한 식물들을 그룹으로 구분하여 가장 큰 단위인 문(門: division)에서 부터 강(綱: class), 목(目: order), 과(科: family), 속(屬: genus), 종(種: species) 등의 6가지 기본계급으로 나누어진다. 또한 가장 기본 단위인 종에 있어서도 아종(subspecies)을 비롯하여 변이종(variety), 품종(forma) 등으로 세분된다. 이와 같이 분류된 식물의 각 종에는 세계적으로 공통된 라틴어 학명(scientific name)이 붙여진다. 오늘날의 학명 체계는 여러 차례의 검토와 수정을 거쳐 사용되고 있다.

학명은 여러 가지 학술적인 의미를 담고 있으므로 어렵지만 혼동할 염려가 없고 어느 지역이나 동일하며 각 식물마다 고유한 이름을 지니고 있으므로 전 세계적으로 정확하게 식별될 수 있다. 학명을 사용하게 되면 국명(國名)이나 향명(鄕名)에 비해 훨씬 정확하게 의미가 전달할 수 있다. 국명은 우리나라에서만 사용하는 식물의 보통명이며 향명은 우리나라의 각 지방에서 별도로 사용하는 식물의 이름을 뜻한다. 또한 각 국가별로 자국의 언어와 문자로 표기하는 외국명(外國名)도 있다. 일반적으로 국명, 향명, 외국명을 일컬어 일반명(一般名 ; common name)이라 한다. 오늘날 우리가 식물을 분류할 때 사용하는 학명은 린네(Carl von Linne)가 1758년에 발간한 서적 "Systema Naturae"에서 그 체계가 제안되었다. 모든 식물의 각 종은 고유한 학명을 지닌다. 그러므로 동일한 종류에 속하는 모든 개체군들은 똑같은 학명을 지닌다. 학명은 2부분으로 구성된다(binomial scientific name). 종명(species name)에서 앞의 첫 부분의 속명(genus name)은 명사로 나타내고 다음 부분의 종소명(specific name)은 형용사로 표시한다. 이와 같이 속명과 종소명의 두 개의 단어를 사용하여 표기하는 방법을 이명법(二名法)이라 한다. *Trillium kamtschaticum* Pall.은 우리나라의 북부지방 숲속에서 주로 자라는 '연령초'의 학명이다. *Trillium*은 그리스어로 treis(3)에서 유래한 것으로 큰 잎 3장이 윤생하는 식물의 형태적인 특징을 나타낸다. 또한 *kamtschaticum*은 캄챠카 일대가 원산지라는 자생지 정보를 나타낸다. 또한 Pall은 이 식물의 명명자로서 러시아의 식물학자 Peter Simon Pallas(1741~ 1811)을 약어로 나타내었다. 이와 같이 학명은 정확한 종의 전달 뿐만 아니라 그 식물의 모양, 출현장소, 유용성 등과 같은 각 종의 정보를 나타낸다. 속명의 첫 자는 항상 대문자로 쓰지만 종소명의 첫 글자

는 소문자로 한다. 학명의 표기는 밑줄을 긋거나 이탤릭체로 표시한다. 만일 식물의 이름이 여러 번 반복되거나 같은 속의 여러 종들이 언급될 때에는 속명은 대문자의 약자만 기재할 수 있다. 또한 학명의 뒤에는 식물명을 부여한 명명자의 이름을 표기하는데, 대문자로 시작하는 정자로 쓰고 밑줄을 긋거나 이탤릭체로 쓰지 않으나 약자로 나타내기도 한다.

보통 학명은 어원에 관계없이 라틴어 혹은 라틴어화하여 사용하도록 하고 있다. 이것은 대부분의 식물학 관계의 문헌이 19세기에 이르기까지 라틴어로 기재한 데에서 연유한다고 본다. 학명은 식물에 대한 식물학적인 특징을 나타낼 수 있도록 명명하지만 때로 사람 이름, 그리스 · 로마신화에 나오는 신의 이름, 지명, 향명, 기타 등으로 명명하여도 무방하다. 그러나 종종 그 어원이 불명확한 종명도 있다.

1) 과명(family name)

과명은 어미에 -aceae를 붙여 표시한다. 그러나 다음의 8과는 예외이지만 관행적으로 다음과 같이 -aceae를 붙여 사용하기도 한다.

Gramineae ⇒ Poaceae

Cruciferae ⇒ Brassicaceae

Guttiferae ⇒

Labiatae ⇒ Lamiaceae

Palmae ⇒ Arecaceae

Leguminosae ⇒ Fabaceae

Umbelliferae ⇒ Ammiaceae

Compositae ⇒ Asteraceae

2) 속명(genus name)

학명에서 첫 번째 단어이며 첫 문자는 대문자로 표기한다. 속명은 단수명사, 주격을 사용하며 라틴어로 표기하는 것이 원칙이지만, 때로는 고대 그리스어로 나타내는 경우도 있다. 라틴어나 고대 그리스어는 지구상에서 이미 사용하고 있지 않는 언어이므로 앞으로 더 이상의 변화가 없을 것이며 국제적인 정치변화에도 영향을 받지 않기 때문이다. 또한 속명은 남성, 여성, 중성 등 문법상의 성이 있어 라틴어나 라틴어화 표기의 명사에는 어미에 따라 남성명사는 -us, 또는 -is로 끝나고 여성명사는 -a, -ia로 끝나도록 표기한다. 또 중성명사는 -um, -e로 끝난다. 실제로 다음과 같은 속명 표기 방법들이 있다.

① **라틴어 명사**

Tribulus(남성) ; 라틴어 Calcitrapa의 축소형이며 열매에 가시가 많다는 의미로 남가새과 식물의 속명, Lagenaria(여성) ; 라틴어 lagenos(병)에서 유래되었으며 열매의 모양이 병(甁) 모양인 박과 식물의 속명, Equisetum(중성) ; 라틴어 equus(말)과 saeta(꼬리)의 합성어로 층층이 돋은

잔가지를 말꼬리에 비유한 속명으로 속새과 식물

② 그리스어 명사

Menispermum(그리스어) ; men(달)과 sperma(종자)의 합성어로 씨앗이 반달처럼 생겼다는 의미의 새모래덩굴과 식물의 속명, Pharbitis(그리스어) ; pharbe(색)에서 유래하여 꽃이 화려하다는 의미로 메꽃과 식물의 속명, Anemone(그리스어) ; 그리스어로 "바람의 딸"이라는 의미의 미나리아재비과 식물의 속명

③ 그리스 . 로마신화의 신을 나타낸 학명

Calypso(그리스 신화) ; 신화 속의 여신에서 유래한 난초과 식물의 속명, Adonis(그리스 신화) : 신화에 나오는 미청년 Adonis에서 유래한 미나리아재비과 식물의 속명,

④ 사람의 이름(人名)에서 유래한 학명

Dahlia(인명) ; 린네의 수제자인 식물학자 Andreas Dahl(1751~1789)에서 유래한 국화과 식물의 속명, Clintonia(인명) ; 미국의 뉴욕주지사 De Witt Clinton(1769~1828)에서 유래한 백합과 식물의 속명

⑤ 지명 혹은 향명, 기타 외국어를 나타낸 학명

Amelanchier(지명) ; 프랑스의 지명에서 유래한 장미과 식물의 속명, Fatsia는 Fatsia(일본어) ; hatsi(8)라는 일본어에서 유래한 두릅나무과 식물의 속명

⑥ 어원 불명

Litsea 및 Lozoste ; 중국어에서 유래되었다고도 하나 불명확한 녹나무과 식물의 속명

3) 종소명(specific name)

속명에 이어진 종소명의 표기는 원칙적으로 라틴어 형용사를 사용하게 하였으나 명사의 소유격을 비롯하여 라틴어화된 그리스어 혹은 기타 외국어, 인명, 지명, 기타 고유명사 등에 근거한 단어도 사용할 수 있다. 첫 문자는 소문자로 표기하는 것이 일반적이다. 라틴어 혹은 라틴어화된 형용사를 사용하는 경우에는 단어의 어미가 앞에 표기된 속명의 성에 따라 변화한다. 그러나 수목류의 경우에는 어미와 무관하게 여성으로 취급하는 것이 일반적이다.

① 라틴어의 형용사

acro-(뾰족한), floridus(꽃이 피는), repens(기어가는)

② 라틴어화 한 그리스어 혹은 기타 외국어

schoenoprasmus(그리스어 '골풀과 같은 부추'), kaki(일본어 'kaki'), schinseng(중국어로 '인삼')

③ 지명, 자생지, 생육특성, 형태적 특성, 기념

㉮ 지리적 특성(Geographical)

atlantica: Cedrus ***atlantica*** (북아프리카의 아트라스산맥)

virginiana: Juniperus ***virginiana*** (북미 버지니아 주)

orentale(is): Typha ***orientalis*** (동양)

chinensis: Cladium ***chinensis*** (중국)

sinense(is): Wisteria ***sinensis*** (중국)

coreana(num, nus): Carpinus ***coreana*** (한국)

koreana(num, anus): Abies ***koreana*** (한국)

japonica(num, anus): Camellia ***japonica*** (일본)

Athyrium ***japonicum*** (일본)

㉯ 자생지(Habitat)

alpina(num, nus): Daphne ***alpina*** (고산성 또는 알프산)

aquatica(cum, cus): Nyssa ***aquatica*** (수생)

maritima(unm, nus): Prunus ***maritima*** (바다)

palustre(is): Quercus ***palustris*** (습지)

㉰ 생육 특성(Habit)

fruticosa(um, us): Buplerum ***fruticosum*** (목본처럼 생긴)

horizontale(is): Juniperus ***horizontales*** (수평으로 퍼지는)

pendula(um, us): Betula ***pendula*** (가지가 쳐지는)

prostrata(um, us): Ceanothus ***prostratus*** (땅위로 기는)

㉱ 형태적 특성(form)

angustifolia(um, us): Pyracantha ***angustifolia*** (잎이 좁은)

glabra(ta, um, us): Elaeagnus ***glabra*** (털이 없는)

heterophylla(um, us): Osmanthus ***heterophyllus*** (잎에 변이가 많은)

campanulata(um, us): Rhododendron ***campanulatum*** (종 모양의)

parviflora(um, us): Aesculus ***parviflora*** (꽃이 작은)

triflora(um, us): Abelia ***triflora*** (꽃이 3개씩 맺는)

㉲ 인명 기념(Commemoration)

Begonia ***ravenii***: (Raven 박사 기념)

Pinus ***thunbergii***: (Thunberg 박사 기념)

Mankyua ***chejuense***: (박만규 박사 기념)

Abelia ***tuaihyoni***: (정태현 박사 기념)

Lilium ***hansonii***: (원예가 Hanson 기념)

4) 명명자(authority)

학명의 명명자는 맨 끝에 표기하고 동명이인은 구별해야 한다. 또한 명명자의 이름이 너무 긴 경우나 Linne와 같이 널리 알려진 경우는 L. 등으로 줄여서 표기할 수 있다. 2인에 의해 명명된 경우에는 & 혹은 et 등으로 연결한다. 예를 들어 *Actinidia kolomikta* Max. & Rupr.(쥐다래)는 러시아의 식물학자 Carl Johann Maximowicz(1827~1891)와 Franz Josef Ruprecht(1814~1870)에 의해 명명되었고 *Osmorhiza aristata* Makino et Yabe(긴사상자)는 일본의 Tomitaro Makino(1862~1957)와 Yoshitaka Yabe(1876~1931)에 의해 명명되었다는 의미이다. 또한 특정 종이 다른 속으로 바뀐 경우에는 최초 기재명명한 발표자를 밝히기 위해 괄호로 표시하기도 한다.

(3) 식물명명법

새로운 식물을 명명하려면 국제적으로 공인된 절차를 따라야 한다. 식물의 명명규약은 국제식물명명규약(International Code of Botanical Nomenclature ; ICBN)에 명문화되어 있으며 영어, 독일어, 프랑스어를 고용어로 하여 제정되어 있다. 국제식물명명규약의 목적은 1972년판 국제식물명명규약의 전문에 잘 나타나 있다. 국제식물명명규약은 모든 식물의 이름에 안정성을 부여하고 주어진 분류계급 분류군의 이름은 하나를 갖도록 하며, 각 분류군의 학명이 정확성을 유지하도록 하며, 사용되는 모든 학명의 선취권을 지정하는 것을 목적으로 한다. 이 규정은 식물분류학자들이 정기적인 학술회의를 통해 수시로 개정하고 손질하여 확립되게 된다. 새로운 식물을 발견한 학자는 국제적인 학술지에 발표하여 기재(description)하여야 하는데, 이 기재에서 새로운 식물이 기존에 발표된 식물과 어떻게 다르고 신종에 대한 라틴어 기재문을 싣는다. 또한 자신이 정한 신종의 학명이 이전에 사용되지 않았는지를 확인하여야 하고 그 석엽표본을 한 군데 이상의 식물표본관에 기준표본(type species)으로 보관하여야 한다. 따라서 국제적인 식물의 명명은 다음과 같이 전문에 이어진 6항의 기본원칙을 따라야 한다.

- **식물 명명규약은 동물 명명규약과 별도로 정한다.**
- **분류군의 명명은 명명기준에 따라서 결정한다.**
- **각 분류군의 학명은 출판의 선취권**(priority)**에 따른다.**
- **각 분류군은 오직 하나의 이름만을 가진다.**
- **학명은 라틴어 혹은 라틴어화 하여 표기한다.**
- **식물명명규약은 일부 예외적인 사항을 제외하고 소급하여 적용한다.**

식물의 학명은 국제적으로 통용되는 학술적인 식물의 이름이며 이미 관행적으로 사용하여 익숙한 학명을 바꾸는 것은 많은 불편과 혼동을 가져올 수 있으므로 그 개정을 엄격히 규제하고 있다. 식물의 학명은 식물분류학의 학술적 연구 성과에 의해 정해지지만 일부 식물종에 있어서는 아직까지 확실히 정해지지 않은 경우도 있고 학술적 해석의 이견에 의해 혼란을 초래하는 경우도 있다.

우리나라에서는 국내 식물의 이름을 표준화하기 위해 국립수목원과 한국식물분류학회가 2000년 6월 공동으로 "국가표준식물목록위원회(korean plant names index committee)"를 구성하여, 식물별 전문가가 최근의 분류학적 연구를 바탕으로 한 식물명을 정리하고 검토 및 심의하여 결정 정리하여 "국가표준식물목록(korean plant names index)"을 정하고 있다(http://www.koreaplants.go.kr). 다음과 같은 경우에 학명은 불가피하게 개정할 수 있다.

1) 명명법상의 변화

국제규약에 따라 올바르게 사용되지 않는 학명의 발견(명명법상의 변화)

2) 분류학적 변화

종 이하 수준 분류군의 통합, 분리, 이전 등의 분류학적 변화의 발생(분류학적 변화)

3) 어떤 분류군의 학명이 다른 분류군의 학명으로 그릇되게 사용되고 있는 사실의 발견

(4) 아종, 변종, 품종의 학명

식물에는 종 이하 계급인 아종, 변종, 품종 등이 있다. 속명과 종소명의 두 부분으로 이루어지는 학명의 뒤에 계급을 나타내는 약어를 각각 다음과 같이 붙이고 표기한다. 아종(subspecies, subsp.)이란 동일한 종 내의 다른 집단과 지리적으로 격리되어 있거나 서식지의 유형을 달리하는 생물집단을 말한다. 상업적인 관상용 식물이나 원예품종은 변종이나 재배품종의 이름이 학명 뒤에 붙는다. 변종(variety, var.)은 자연 상태에서도 출현할 수 있지만 인간의 재배에 의해 나타나는 경우가 보편적이다. 품종(forma, for. 혹은 f.)은 자연 상태에서는 거의 나타나지 않고 대부분이 인위적인 재배에 의해서 나타나는 변이형이다. 품종의 이름은 사람들의 취향이나 상업적인 목적 또는 식물의 특징을 나타낼 수 있도록 적당히 붙여지기도 한다.

(5) 잡종

잡종(hybrid)은 서로 다른 종이나 속간의 생물이 교배하여 생겨나는 자손이다. 순수한 자연 상태에서보다 인위적인 재배과정에서 식물은 훨씬 쉽게 잡종이 출현한다. 원래의 양친종과는 전혀 다른 형질을 유지하고 원래의 양친종과 상호 교배되지 않는 잡종은 별도의 학명을 지닌다. 잡종의 표기는 양친종의 종소명 사이에 "X"를 넣어서 표기한다. 만일 잡종이 서로 다른 속간의 교배로 생겨났다면 양친의 속명을 적절히 조합하여 잡종의 속명을 만들거나 양친 속 사이에 "X"로 표시하기도 한다. 특히 새 종명이나 속명이 정해졌으면 그 앞에 'X'를 써서 종간 또는 속간 접종임을 나타내준다.

(6) 이명 및 동명

모든 종은 각기 단 하나의 학명을 가져야 한다. 그러나 분류학의 발달에 따라 잘못 분류되거나 명명된 식물의 이름이 바뀌는 경우가 흔하다. 학명을 식물명명 측면에서 본다면 이명은 그 형태나 적용으로 보아 부정확한 식물의 이름이다. 따라서 어떤 식물이 분류학적 판단에 따른 오류나 연구의 진전에 따라 여러 가지로 불리는 경우가 있지만, 그 중에서 오직 하나만이 유효한 이름으로 붙여진다. 식물의 이름은 특허와 같이 최초에 붙인 이름이 선취권을 가진다. 그러므로 식물분류학상 종종 특정 종의 학명을 이명(異名 ; synonyms)으로 처리하는 경우가 있다. 이명이라 함은 어떤 식물종에 학명이 붙여지고 시간이 흐르면서 여러 가지 이유에 의해 원래의 정명 외에 여러 개의 다른 학명이 붙여질 수 있는데, 이와 같이 하나의 정명(legitimate) 외에 거듭 붙여진 다른 여러 개의 이름들을 일컫는다. 보통 이와 같은 경우에는 학명의 선취권(priority) 원칙에 따라 가장 먼저 발표된 학명이 정명이 되고 후에 발표된 학명은 이명으로 취급한다. 또한 동명(同名 ; homonyms)은 하나의 정명이 실수로 인해 다른 여러 종의 식물에 동일하게 붙여진 학명을 뜻한다.

그림 2-4　절화용 장미 신품종

(7) 품종 및 재배종의 표기법

품종은 꽃이나 잎의 형태와 같이 보다 작은 식물학적 차이점을 지닌다. 품종의 표기는 for.를 사용하며, 다음과 같이 표기한다.(예 : 산철쭉(*Rhododendron yedoense* for. *poukhanense* (H. Lev)M. Sugim). 또한 야생 상태의 자생식물을 그대로 재배하여 경제작물로 이용하는 경우에는 야생종의 학명을 그대로 나타내도 되지만, 인위적인 육종 혹은 장기간 동안의 재배과정에서 작물화한 경우는 따로 재배종의 표기방법을 따른다. 재배작물명은 라틴어로 표기하지 않고 일반적인 현대어로 나타낸다. 보통은 'cv'로 나타내는데, 'cv'는 재배종의 의미인 'cultivar'의 약자이다(예 : *Stewatia psudocamelia* cv. Gloria). 재배종의 명명법은 1958년에 정한 국제재배식물명명규약(International Code of Nomen- clature for Cultivated Plants ; ICNCP)에 따른다.

외국에서 수입되었거나 적당한 우리말로 된 이름이 없는 경우의 재배식물은 속명이나 종명을 그대로 부르는 경우도 있다. 예를 들어 대표적인 관엽식물인 파인애플과의 '아나나스'는 약 300여종이 알려져 있다. 이와 같은 아나나스속 식물은 굳이 학명으로 표기하거나 국명으로 바꾸어 부르지 않고 속명인 아나나스로 통칭하는 것이 일반적이다. 그러나 금후 다양한 형질을 지닌 종 혹은 품종을 나타내기 위해서는 적절한 표기법을 고려해야 할 것이다.

2. 검색표 작성과 이용

수많은 관상식물 가운데 알고자 하는 식물명을 일반인들이 정확히 찾아내는 일은 매우 어렵다. 물론 식물도감이나 표본관의 식물표본을 모두 찾아보며 비교할 수도 있으나 역시 매우 번거롭고 어려운 일이다. 그러므로 식물의 뚜렷한 특징을 정리하여 가까운 식물군과 구별할 수 있도록 검색표를 이용하는 것이 편리하다. 동정검색표(identification key) 또는 줄여서 검색표(key)는 각 분류군을 간편하게 동정할 수 있도록 식물의 특징을 표의 형태로 정리한 것이다. 그러므로 식물을 전공하지 않은 일반인들은 검색표를 이용하는 것이 편리하다. 보통 차상분지형 검색표(叉狀分枝型; dichotomous key)가 이용된다. "차상분지"라는 용어는 "두 개의 가지로 갈라지다"는 뜻으로, 두 가지의 가능성에 대해 "그렇다", "아니다"와 같이 내용 중의 하나를 선택하여 찾아가는 일련의 과정으로 엮어진다. 이렇게 내용을 선택하다보면 마침내 식물의 동정이 이루어지게 된다. 그러므로 검색표에 쓰이는 식물학적 용어는 간결하고 일관성 있게 표기되어야 한다. 또한 식물의 형질특성은 정확하고 알기 쉽게 나타내야 한다. 그러므로 계절변화나 식물의 연령에 따라 변하는 식물의 형질특성은 표기를 피한다. 검색표에서 새로 갈라지는 내용의 첫머리는 아라비아 숫자나 알파벳으로 표시하는데 일반적으로 숫자로 표시하는 경향이 높다. 식물분류에서 흔히 사용되는 검색표는 쌍속형(雙束型; bracketed)과 함입형(陷入型; indented)이 있다. 쌍속형 검색표는 1쌍의 내용을 바로 묶어 놓아서 즉시 다른 쌍의 내용으로 따라갈 수 있도록 만든 검색표이다. 쌍속형 검색표는 단순하여 지면을 절약할 수 있으나 한 눈에 알아보기 어려운 단점이 있고 주로 동정용으로 많이 이용된다. 함입형 검색표는 첫머리에 배열된 내용이 다음 쌍의 내용을 유도하며 계속 검색할 필요 여부를 알린다. 이어지는 대구(對句; couplet)는 앞의 내용보다 뒤로 물려서 시작된다. 함입형 검색표는 유사한 대상을 묶을 수 있으므로 분류체계를 정리하는데 유리하다.

범의귀과(Saxifragaceae) 노루오줌속(*Astilbe*)에 속한 종 이하 수준의 분류군들의 함입식 검색표는 다음과 같다.

1\. 잎은 단엽이다(3-5의 장상엽, 천열) ………………………………………………… 1. 외잎승마
1\. 잎은 우상복엽이다
  2\. 화서 가지가 밑으로 처진다 ……………………………………………… 2. 숙은노루오줌
  2\. 화서 가지가 처지지 않는다
    3\. 식물체는 키가 20㎝ 이하로 소형이며 꽃잎은 길이 1㎜ 이하이다 ……… 3. 섬노루오줌
    3\. 식물체는 키가 20㎝ 이상으로 대형이며 꽃잎은 길이 1㎜ 이상이다
      4\. 소엽은 길이 2~4㎝, 표면에 유모, 꽃은 화서에 성글게 달린다 …… 4. 왜노루오줌
      4\. 소엽은 길이 4㎝ 이상이고 표면에 무모, 꽃은 화서에 조밀하게 달린다
        5\. 잎 뒷면에 강모, 수술은 꽃잎과 비슷한 길이이다 ……………… 5. 진퍼리오줌
        5\. 잎 뒷면 맥상에 유모, 수술은 꽃잎보다 짧다
          6\. 화축에 선모가 밀생
            7\. 꽃잎 길이 3~4㎝, 원두형…………………………………… 6. 노루오줌
            7\. 꽃잎 길이 5-6㎝, 첨두형 ………………………………… 7. 둥근노루오줌
          6\. 화축에 면모가 밀생……………………………………………… 8. 큰노루오줌

3. 식물분류

그림 2-5　남아프리카의 식물원

인류가 지구상에 출현하면서 생존을 위해 식물자원을 이용하게 되었다. 이와 같은 식물들은 문명의 발달과 더불어 용도가 다양해지고 이용하는 종도 확대되어졌다. 따라서 인간은 식물의 이용과 관리를 위해 적절한 분류기준의 확립이 필요하게 되었다.

채집되어 동정되었거나 새롭게 명명된 분류군을 근연의 식물과 유연관계를 고려하여 분류체계의 특정한 위치에 배열하는 것을 분류(classification)라 한다. 즉, 새로운 분류군(taxa)을 특정 종(species), 속(genus), 특정 과(family) 등에 배열하는 과정이다. 식물분류를 처음으로 시작한 사람은 BC 300년 경 고대 그리스의 철학자 테오프라스투스(Theophrastus ; 370~285B.C.)라 할 수 있다. 그는 약 500종의 식물을 교목(tree), 관목(shrub), 초본(herb)의 세 가지 범주로 구분하였었다. 동양에서는 식물을 약초로 이용하기 위해 나름대로의 분류가 이루어졌다. 중국에서 B.C. 3600년경에 이미 약용식물의 범주가 생겨났고 B.C. 200년경에는 문헌도 발간되었다.

이와 같은 식물의 분류 과정에는 단순한 외부의 형태뿐만 아니라 내부의 화학적, 유전적, 발생학적, 생리적 특성 등의 각 분야의 학문적 기반을 토대로 분류체계가 성립되었다. 고전적인 분류학자들은 주로 생물의 외부형태의 형질적 특성에 의해 생물을 분류하였으나, 현대의 계통분류학자들은 생물의 유전적 관계를 근거로 식물의 계통을 세우려고 하고 있다.

원래 생물학에서 '분류'라는 학술적 용어는 분류의 과정과 그 과정의 산물인 분류체계를 의미한다. 분류과정에서 유사한 생물들끼리 그룹을 짓고 그 그룹에 대해 특정한 계급(문, 강, 목, 과, 속, 종) 및 위치를 부여한다. 분류군을 비교, 동정, 분류, 해석하는데 분류학자들은 생물의 형질적 특성에 크게 의존한다. 그러므로 성공적인 분류여부는 분류학자가 선택한 형질이 얼마나 분류학적으로 적합하게 적용되었는가에 좌우된다. 결국, 생물체가 지니는 특징적인 형질들은 생물동정의 수단이며 생물분류에 필요한 기본정보를 제공하고 유연관계를 판단하는 기준이 된다. 또한 각각의 생물들이 지니는 다양한 형질특성은 분류군의 명명에 기초가 된다. 이와 같은 분류체계는 그동안 많은 분류학자들에 의해 이론화되어 왔다. 화단에 식재하거나 화분에 심어 여름철(6~8월)에 꽃을 볼 수 있는 초롱꽃(*Campanula punctata* Lam.)은 식물 > 관속식물문 > 피자식물강 > 쌍자엽식물아강 > 초롱꽃목 > 초롱꽃과 > 초롱꽃속의 한 종으로 생물학적인 분류를 한다.

생물의 서식처와 인간의 입장에서, 식물의 용도 및 형태, 수적인 배열 등을 기준으로 식물을 분류하는 인위분류법(artificial classification)을 비롯하여 제한된 몇 가지 선택된 형질만을 기초로 식물을 분류하는 기계분류법, 식물분류에 가능한 한 많은 형질특성을 사용하고자 한 자연분류법, 많은

그림 2-6　식물 표본

그림 2-7　인도네시아 생물연구소 표본관의 내부

형질특성을 이용할 뿐만 아니라 분류군의 진화적 유연관계까지 고려하여 식물을 분류하는 계통분류법(phylogenetic systematics) 등이 있다. 현재의 식물분류학 체계는 진화론의 영향을 받은 계통분류법에 체계를 두고 있다. 계통분류법에는 H.A.G. Engler(1844~1930)가 체계를 세운 Engler법을 비롯하여 Wettstein법(Richard von Wettstein; 1863~1931), Bessey법(Charles Bessey; 1845~1915), Hutchinson법(John Hutchinson; 1884~1972), Tippo법(Oswald Tippo; 1911~) 등 여러 가지가 있다. 학자에 따라서는 분류학의 범주를 크게 인위분류법과 자연분류법으로 나눈다. 이와 같은 경우, 인위분류법의 범주에는 기계분류법을 포함하고 자연분류법의 범주에는 계통분류법이 포함되는 의미이다. 이 두 가지 유형의 분류법은 분류의 기초부터 다르며 각기 장단점이 있다.

분류학에서 분류의 도구로 기본적 역할을 하는 것은 형태학이다. 형태학적 기준을 떠나서는 종의 기재를 할 수 없고 형태학 용어를 떠나서는 분류학 연구논문을 쓸 수 없다. 그러므로 식물분류학에서도 식물의 외부 형태학적 형질의 비교에 크게 의존해 왔다. 특히 꽃이나 열매와 같은 생식기관의 특징이 줄기나 잎과 같은 영양기관의 특징보다 더욱 정확하게 식물간의 유연관계를 나타내는 경우가 많다. 식물의 구조와 기능에 관한 모든 형질을 평가해야하는 현대 분류학의 접근방법에서도 형태학적 증거는 유용하게 쓰이고 앞으로도 쓰일 것이다. 형태학적 증거는 다른 분야로부터 얻은 증거에 비하여 관찰이 비교적 용이하고 비용이 많이 드는 설비가 필요 없으며(대부분 확대경, 해부현미경, 광학현미경 등으로 충분), 형태적 형질은 변이가 풍부하여 관찰대상의 식물을 한계 짓고 동정하기가 수월하다. 형태학은 여러 세기 동안 발전해 내려온 학문이므로 용어가 풍부하고 분류군의 변이를 기재하는데 편리하다. 또한 분류군의 진화역사를 반영하는 식물분류체계를 정립하기 위해 분류학적 기준과 증거로서 유전학, 핵형분포, 세포학, 해부학, 화분학 발생학, 생화학, 생리학, 생태학, 혈청학, 생물지리학, 고식물학, DNA분석 등도 중요한 기준자료로 이용될 수 있다.

(1) 피자식물의 특성

지구상에는 약 200만종의 생물이 서식하고, 이 가운데 약 28만종 정도가 식물이다. 식물은 유관속의 존재 유무에 따라 무관속식물과 유관속(관속)식물로 구분된다. 일반적으로 유관속식물은 고등식물로 취급한다. 유관속식물 가운데 종자를 형성하는 식물에 대해 배주(종자)의 노출여부에 따라 피자식물문과 나자식물문으로 구분한다. 피자식물(angiosperm)은 전체 식물종의 약 90%에 해당하는 25만종에 이르는 지구상의 우점종이다. 피자식물은 매우 다양성이 높은 식물군으로 생육지 및 생육형태는 물론 생태적, 구조적인 특성도 다채롭다. 소철이나 양치류, 침엽수류 등의 일부 식물군을 제외하고 관상식물의 대부분은 이와 같은 피자식물에 속한다. 피자식물은 배주가 심피에 둘러싸여 있는 특징이 있다. 대부분의 피자식물은 꽃이 피고 열매를 맺으며 그 안에 종자를 지니고 있다. 수분 후 중복수정에 의해 종자의 내배유(內胚乳)가 형성된다. 잎은 보통 활엽이며 엽맥은 망상 또는 평형상이다. 목부에 도관이 발달해 있다. 꽃이 피기 때문에 현화식물로 구분되며 떡잎의 수에 따라 다시 단자엽식물과 쌍자엽식물로 구분되어 진화했다.

나자식물(gymnospermae)은 배주가 심피에 싸여있지 않고 노출되어 있는 것이 특징이다. 종자는 있으나 제대로 구조를 갖춘 꽃과 열매를 맺는 경우가 드물다. 대부분의 나자식물은 수정할 때 단 1개의 정자만이 참여하는 단수정이 이루어지므로 배유는 수정하지 않고 형성되는 경우가 많다. 잎은 보통 침엽인 경우가 많으며 평행상의 엽맥을 지니며 목부에는 도관 대신 가도관이 발달한다. 피자식물에서 볼 수 있는 꽃과 열매 대신에 포자수(胞子穗), 구화수(毬花穗), 구과(毬果) 등을 지닌다.

그림 2-8 십자고사리(*Polystichum tripteron*)

(2) 단자엽식물과 쌍자엽식물

꽃이 피는 현화식물(phanerogams)로 종자가 심피에 싸여 있는 피자식물은 다시 단자엽식물(monocotyledon)과 쌍자엽식물(dicotyledon)군으로 구분된다. 이들은 발아 시의 떡잎 수에 의해 각각의 강(class)으로 분류된다. 단자엽식물은 백합강(Liliopsida) 또는 단자엽식물강이라 하며 쌍자엽식물은 목련강(Magnoliopsida)이라 한다. 단자엽식물강의 대부분은 종자 안의 배에

그림 2-9 각시붓꽃(*Iris rossii*)

있는 떡잎이 1장이며 잎은 평행맥이고 약 10% 정도가 목본성식물이고 나머지 90%는 초본성식물이다. 특히 주근발달이 거의 없고 세근이 발달한다.

쌍자엽식물강은 종자 안의 떡잎이 쌍으로 이루어진 식물군이다. 꽃이 피는 대부분의 관상식물은 쌍자엽식물에 속하는 경우가 많다. 성상은 초본류는 물론 목본류 등으로 다양하다. 흔히 잎은 엽신과 엽병으로 구분되며 엽맥은 망상인 경우가 대부분이다. 꽃은 좌우상칭 또는 방사상으로 개화하며 흔히 목련강으로 불리고 9아강 63목이 동정되어 있다. 현재, 단자엽식물은 약 5만종, 쌍자엽식물은 약 20만종 정도가 알려져 있다.

4. 생육기간 및 식물체의 형태적 특성에 따른 분류

관상식물은 형태적 특성에 따라 초본류와 목본류로 구분하고, 다양한 생활주기(life cycle), 즉 생육기간에 따라 1, 2년생 초본류, 다년생 초본류 등으로 구분한다(그림 2-19). 또한 다년생 초본류 가운데 형태적으로 특별한 형태를 지니는 관상식물들도 있다. 예를 들어 줄기나 뿌리가 특별히 비대하여 저장기관화 된 관상식물들이 있는데 이와 같은 식물들을 구근식물이라고 한다. 이외에도 난과식물을 비롯하여 다육식물, 양치식물, 식충식물 등으로 구분할 수 있다.

(1) 1, 2년초류(Annuals and Biennials)

종자를 파종하여 발아하고 성숙하여 꽃이 피고 열매를 맺어 생명을 다하는 식물의 일생이 1년 이내에 끝나는 초본성식물을 일컫는다. 특별히 해를 넘겨 2년에 걸쳐 생육하는 것을 2년초라고 따로 구분하기도 한다. 2년초는 파종 후 충분히 포기가 자라 겨울철의 저온에 감응하여 춘화처리(vernalization)를 받아야만 개화하는 종들이 많다. 디기탈리스(*Digitalis*), 보더(border) 카네이션(*Dianthus*),

그림 2-10 봉선화

그림 2-11 두메양귀비

그림 2-12 개양귀비(*Papaver rhoeas*)

그림 2-13 클레오메(*Cleome spinosa*)

그림 2-14 과꽃(*Callistephus chinensis*)

종꽃(*Campaanula*), 접시꽃(*Althaea*) 등이 대표적인 2년초이다. 이와 같은 1, 2년초류는 자가수정으로 종자가 잘 결실되며 성질이 강건하고 파종하였을 때 발아도 잘되는 관상식물들이다. 보통 호광성인 양지성식물이며 산성토양에 잘 적응하는 종이 많다. 또한 생활주기가 짧아 새로운 품종을 육성하기도 용이한 식물들이다. 그러나 매년 종자를 뿌려서 재배해야 한다는 단점도 있으나, 노지에 식재된 대부분의 내한성 1년초류(hardy annuals)는 한번 파종하면 종자가 자연적으로 떨어져 계속적으로 발아하고 생육한다.

봄맞이(*Androsace umbellata*), 좀향유(*Elsholtzia pseudo-cristata*), 꽃향유(*Elsholtzia pseudo-cristata* var. *splendens*), 물봉선(*Impatiens textori*), 산괴불주머니(*Corydalis speciosa*), 자주괴불주머니(*Corydalis incisa*), 두메양귀비(*Papaver radicatuml*), 자주쓴풀(*Swertia pseudo-chinensis*), 별꽃풀(*Swertia veratroides*), 닻꽃(*Halenia corniculata*), 구슬붕이(*Gentiana squarrosa*), 솔체꽃(*Scabiosa tschiliensis*), 자운영(*Astragalus sinicus*), 물달개비(*Monochoria vaginalis* var. *plantaginea*), 마름(*Trapa bispinosa*) 등의 자생식물을 비롯하여 과꽃(*Callistephus chinensis*), 개양귀비, 아케라텀, 맨드라미, 분꽃(*Mirabilis*), 클레오메, 나팔꽃(*Pharbilis*), 봉선화, 페튜니아, 매리골드, 채송화, 해바라기(*Helianthus*), 코스모스, 천일홍(*Gomphrena*), 과꽃, 샐비어, 오색고추(*Capsicum annuum*), 백일홍(백일초) 등의 원예작물이 있다.

그림 2-15 백일홍(*Zinnia elegans*) 절화

그림 2-16 동자꽃(*Lychnis cognata*)

그림 2-17 감국

(2) 다년초류

그림 2-18 암대극(*Euphorbia jolkini*)

관상가치가 있는 대부분의 식물들은 한 번 식재하면 여러 해 동안 생명력을 유지하는 것들이다. 따라서 화단용을 비롯하여 관엽식물용, 분재용, 분화용, 절화용 등으로 다양하게 이용할 수도 있다. 이와 같은 다년초류 관상식물들은 겨울철에도 뿌리나 줄기가 죽지 않고 살아남아 매년 꽃을 피우는 식물을 일컫는다. 그러므로 숙근초류라고도 하며 유전적으로 내한성을 지니고 있어 노지에서도 월동이 가능한 종들을 비롯하여 열대 혹은 아열대 원산으로 내한성이 없어 온실에서 재배해야만 다년초로 자라는 종으로 구분된다. 특히 후자의 경우에는 군자란(*Clivia miniata*), 아프리칸바이올렛(*Saintpaulia ionantha*) 등의 관엽식물이 많다. 실꽃풀(*Chinographis japonica*), 좀딱취(*Ainsliaea apiculata*), 털머위(*Farfugium japonicum*) 등을 비롯하여 개톱날고사리(*Athyrium sheareri*), 부처손(*Selaginella tamariscina*), 셀라지넬라, 네프로네핀스, 아디안텀 등과 같은 상록성 양치식물들이 있으며 보춘화(*Cymbidium goeringii*), 한란(*Cymbidium kanran*), 석곡(*Dendrobium moniliforme*), 호접란, 양란 심비디움 등의 난과(Orchidaceae)식물들도 있다. 한편 겨울철에는 지상부가 시들고 봄철에 새싹이 나와 자라는 종류들이 있는데 천남성(*Arisaema amurense* for. *serratum*), 반하(*Pinellia ternata*), 앉은부채(*Symplocarpus renifolius*), 칼라 등의 천남성과(Araceae)를 비롯하여 처녀치마(*Heloniopsis orientalis*), 좀비비추(*Hosta minor*), 여로(*Veratrum maackii* var. *japonicum*) 등의 백합과(Liliaceae)식물, 자란(*Bletilla striata*), 개불알꽃(*Cypripedium macranthum*), 주름제비란(*Gymnadenia camtschatica*)

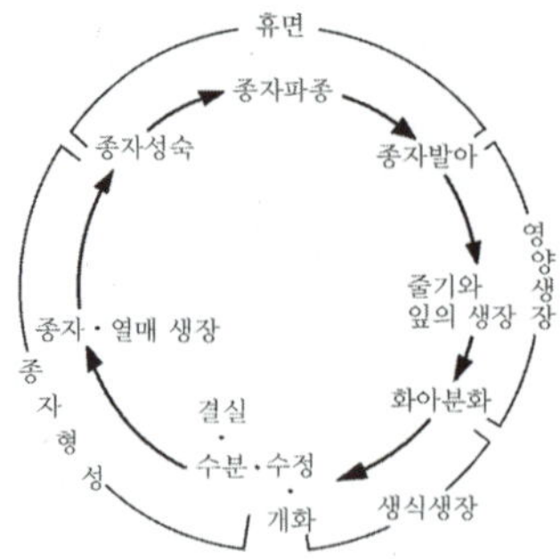

1년생 식물의 생활환

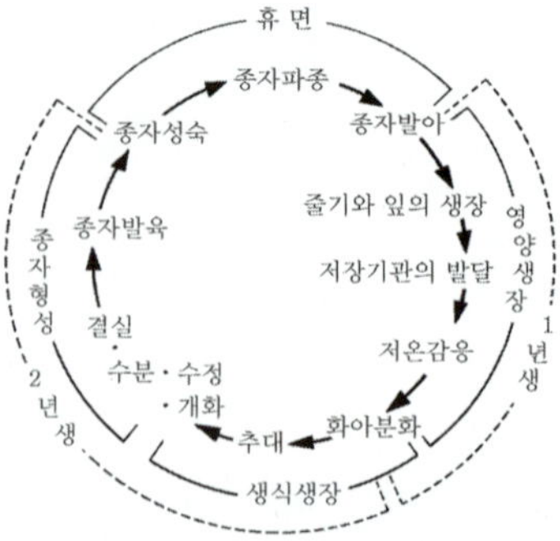

2년생 식물의 생활환

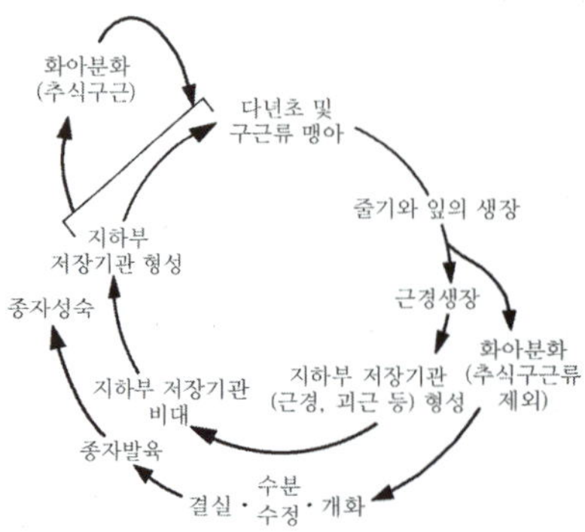

다년생 초본식물의 생활환

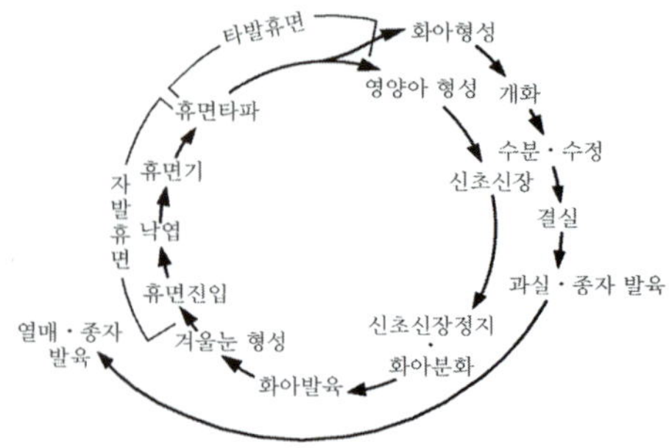

목본성 식물의 생활환

그림 2-19 다양한 관상식물 유형에 따른 생활환 모식도

등의 난과(Orchidaceae)식물, 바위솔(*Orostachys japonicus*), 정선바위솔(*Orostachys chongsunensis*), 바위연꽃(*Orostachys iwarenge*), 땅채송화(*Sedum oryzifolium*) 등의 돌나물과(Crassulaceae)식물, 바람꽃(*Anemone narcissiflora*), 개구리갓(*Ranunculus ternatus*), 클레마티스 등의 미나리아재비과(Ranunculaceae)식물, 동자꽃, 패랭이꽃, 카네이션 등의 석죽과, 벌노랑이(*Lotus corniculatus* var. *japonicus*), 두메자운(*Oxytropis arnertii*) 등과 같은 콩과(Leguminosae)식물 및 구절초(*Chrysanthemum zawadskii* var. *latilobum*), 산국(*Chrysanthemum boreale*), 감국(*Chrysanthemum indicum*), 곰취(*Ligularia fischeri*), 톱풀(*Achillea alpina*), 우산나물(*Syneilesis palmata*), 금불초(*Inula britannica* var. *japonica*), 국화, 루드베키아, 거베라 등의 국화과(Compositae)식물, 크리스마스로즈(*Helleborus orientalis*), 에리게론(*Erigeron*) 등 매우 다양한 종류들이 존재한다.

그림 2-20 글라디올러스 절화

(3) 구근식물류

넓게는 다년초류에 속하며 줄기나 뿌리와 같은

그림 2-21 두루미천남성(*Arisaema heterophyllum*)

식물체 기관의 일부가 특별히 비대해진 식물을 일컫는다. 우리나라에도 백합과(Liliaceae)의 나리류(*Lilium* species)와 같은 자생 구근류도 많으며 관상식물에서는 매우 중요한 식물들이다. 나리류(*Lilium* species)는 화단용으로 식재하면 대단히 좋으나 절화용 또는 분화용으로도 이용이 가능한 자생식물이다. 또한 나리류(*Lilium* species)는 다른 관상식물들에 비해 종자나, 주아, 인편삽 등의 저렴한 방법으로 대량번식이 가능하며 적당한 처리에 의해 촉성 및 억제재배가 가능하다. 나리류(*Lilium* species), 아네모네(*Anemone* species), 무스카리(*Muscari comosum*), 얼레지(*Erythronium japonicum*), 둥글레(*Polygonatum sdoratum* var. *pluriflorum*), 글라디올러스(*Gladiolus gandavensis*), 달리아(*Dahlia hybrida*), 문주란(*Crinum asiaticum* var. *japonicum*), 상사화(*Lycoris squamigera*), 백양꽃(*Lycoris koreana*), 마(*Dioscorea batatas*), 현호색(*Corydalis turtschaninovii*), 천남성(*Arisaema amurense* for. *serratum*) 등이 이에 해당된다. 구근식물은 식재시기 및 형태적 특성에 의해 다음과 같이 구분된다.

1) 식재시기에 따른 구분

① 춘식 구근류

대부분의 종의 원산지가 열대 혹은 아열대 지역으로 내한성이 없어 추위가 지나고 충분히 기온이 올랐을 때 식재하는 구근류이다. 보통 여름~초가을에 걸쳐 개화하는 종이 많다. 글라디올러스, 달리아, 칸나, 아마릴리스(Amaryllis), 글로리오사(Gloriosa) 등이 있다.

② 추식 구근류

온대 지역이 원산지인 종으로서 가을철에 식재하여 겨울철의 저온처리를 필요로 하는 구근류들이다. 보통 이른 봄에 개화하는 종이 많다. 백합류, 튤립, 실라(Scilla spp.), 히아신스, 크로커스, 무스카리, 수선화, 아네모네, 콜치쿰, 스노우드롭 등이 있다.

그림 2-22 칸나

그림 2-23 무스카리

그림 2-24 아네모네(*Anemone coronaria*)

2) 형태에 따른 구분

① 인경(bulb)류

줄기가 비늘조각(鱗片; scale)처럼 생긴 저장 기관으로 변형된 구근 종류로서 여러 쪽의 인편이 모여 하나의 알뿌리를 형성한다. 튤립, 아마릴리스, 백합류, 수선화, 히아신스, 알리움(*Allium* spp.) 등이 있다. 인경류는 다시 구근의 외부가 한겹의 막질로 감싸여 있는 유피인경류 또는 층상인경류(tunicated bulb)와 두터운 인편들이 디스크에 있는 생장점을 중심으로 나선형으로 겹쳐서 붙어있으며 막질이 없는 인편상인경류(鱗片狀鱗莖, imbricated bulb) 혹은 무피인경류로 구분된다.

㉮ 유피인경류 : 튤립, 히아신스, 아마릴리스, 샤프란, 상사화, 수선화, 알리움, 무스카리, 구근아이리스, 양파

㉯ 인편상인경류 : 백합류, 프리틸라리아(Fritilaria)

그림 2-25 아마릴리스

그림 2-26 얼레지

그림 2-27 참나리

② 괴경(tuber)류

땅속줄기가 덩어리 모양으로 변형되어 저장기관화 한 덩이 줄기형 구근류이다. 인경류나 구경류는 단자엽식물에서만 볼 수 있으나 괴경류는 쌍자엽식물에서도 나타난다. 아네모네, 글록시니아, 칼라, 칼라디움(Caladium), 구근베고니아(*Begonia tuberosa*) 등이 있다.

그림 2-28 히야신스 구근의 수경재배

그림 2-29 칸나의 구근

③ 근경(rhizome)류

땅속에 있는 줄기가 비대해진 뿌리줄기로 칸나(Canna), 꽃생강류, 국화의 동지아, 꽃창포 등이 있다.

④ 구경(corm)류

땅속의 줄기가 비대해져 알 모양으로 된 알줄기로 글라디올러스(Gladiolus), 프리지아(Freesia), 크로커스(Crocus) 등이 있다.

그림 2-30 프리지아

⑤ 괴근(tuberous root)류

땅속의 뿌리가 덩이모양으로 비대해진 덩이뿌리로 달리아(Dalia), 라넌큘러스(Ranunculus), 글로리오사(Gloriosa) 등이 있다.

(4) 목본류

목본류는 줄기가 발생하여 목질부가 형성되어 비교적 빨리 경화되는 관상식물이다. 이와 같은 목본류는 줄기성장의 높고 낮음, 잎의 상록 여부 등에 따라 다음과 같이 구분된다.

1) 성상에 따른 구분

① 교목류

줄기가 상대적으로 길고 곧게 발달하여 수고가 7~8m 이상으로 높게 자라는 목본류이다. 보통

그림 2-31　팔손이

그림 2-32　붉가시나무

줄기는 하나 혹은 몇 개 정도 발달한다. 교목류는 다시 잎의 성상에 따라 상록성, 낙엽성을 비롯하여 침엽성, 활엽성 등으로 구분할 수 있다. 침엽성 교목류는 소나무, 곰솔, 잣나무, 구상나무, 전나무, 주목, 향나무, 화백, 편백, 측백나무 등 다양하다.

② 관목류

줄기는 짧게 발달하고 지면으로부터 많은 줄기 및 가지가 발달하여 총생하는 목본류이다. 관목류는 다시 잎의 성상에 따라 상록성, 낙엽성을 비롯하여 침엽성, 활엽성으로 구분할 수 있다. 침엽성 관목류는 개비자나무, 눈주목, 눈향나무, 옥향 등이 있으며 활엽성 관목류는 철쭉, 산진달래, 조팝나무, 모란, 명자나무, 분꽃나무, 남천, 광나무, 자금우, 백량금, 개나리, 병꽃나무, 미선나무, 히어리 등이 있다.

③ 상록성

4계절이 있는 우리나라에서 가을에도 단풍이 들지 않고 낙엽이 떨어지지 않아 잎이 푸른 수목을 상록성 목본류라 한다. 잎의 성상에 따라 침엽성, 활엽성 및 교목성, 관목성 목본류로 구분할 수 있다. 상록활엽교목류는 소귀나무, 구실잣밤나무, 붉가시나무, 종가시나무, 가시나무, 태산목, 붓순나무, 육박나무, 녹나무, 생달나무, 참식나무, 후박나무, 섬개야광나무, 새덕이, 조록나무, 담팔수, 까마귀쪽나무 등이 있다. 상록활엽관목류는 회양목, 사철나무, 피라칸다(*Pyracantha angustifolia*), 다정큼나무, 차나무, 사스레피나무, 팔손이, 식나무, 만병초, 백량금, 협죽도, 브라우니아(*Brownea coccinea*), 야자류, 유프로비아, 커피나무, 아카리파, 플루메리아(*Plumeria rubra*) 등이 있다.

그림 2-33　브라우니아

④ 낙엽성

가을이 되면 잎이 단풍이 들고 낙엽이 떨어지는 수목을 낙엽성 목본류라 한다. 낙엽활엽교

그림 2-34 해당화

그림 2-35 히어리

목은 거제수나무, 자작나무, 서어나무, 신갈나무, 시무나무, 느티나무, 느릅나무, 팽나무, 계수나무, 튤립나무(*Liriodendron tulipfera*), 비목나무, 귀룽나무, 마가목, 회화나무, 쉬나무, 가죽나무 등이 있다. 낙엽활엽성관목은 병아리꽃나무, 해당화, 명자꽃, 박쥐나무, 진달래, 흰말채나무, 쥐똥나무, 백당나무, 병꽃나무, 댕강나무, 히어리 등이 있다.

그림 2-36 큰꽃으아리

⑤ 목본성 덩굴류

줄기는 목질화하여 길게 자라며 다른 식물에 의지하거나 구조물 등에 부착하여 자라기도 하는 덩굴성 관상식물이다. 길게 발달하는 줄기를 이용하여 퍼골라(pergola), 아치(arch), 목책(wooden fence) 등의 조경 구조물을 녹화하거나 벽면녹화용 식물로 널리 식재된다. 등나무, 노박덩굴, 으름덩굴, 송악, 모람, 멀꿀, 마삭줄, 오미자, 칡, 머루, 담쟁이덩굴, 서양담쟁이, 으아리, 클레마티스(*Clematis* spp.), 다래, 능소화 등이 있다.

2) 이용에 따른 구분

① 녹음용 관상수목

여름철에 강한 햇빛을 차단하고 그늘을 지울 수 있는 기능을 지닌 조경식물로서 주로 목본성 조경식물이 이용된다. 이와 같은 조경수목류를 녹음용 수목(shade tree)이

그림 2-37 클레마티스'Bees Jobillee'

라 한다. 녹음용 조경수목은 지하고를 일정 높이로 유지할 수 있는 교목성이며 수관폭이 가능한 넓은 수종이 유리하다. 또한 그늘 주변에 사람들이 많이 모이므로 답압에 견딜 수 있어야 한다. 우리나라는 계절의 구분이 뚜렷하기 때문에 녹음수는 가능하면 낙엽수가 바람직하다. 우리나라에서 녹음수로 이용되는 수종은 매우 제한되어 있기 때문에 앞으로 개발이 필요하다. 이에 적합한 수종으로는 가중나무, 칠엽수, 느티나무, 단풍나무류, 버즘나무, 백합나무, 은행나무, 이팝나무, 귀룽나무, 왕벚나무, 회화나무, 아까시나무, 팽나무 등이 있다.

그림 2-38 목련

그림 2-39 완도호랑가시나무

그림 2-40 동백나무'Tama Bell'

② 생울타리 및 차폐용 관상수목

생울타리 및 차폐용 식물로 사용되는 조경식물은 경계의 기능 또는 시선의 차폐나 통행의 조절 등과 같은 목적 등에 사용되는 조경식물을 일컬으며 주로 관목류가 사용된다. 무엇보다 잦은 정지, 전정에 견디는 맹아력이 강해야 하며 지엽이 밀생하는 수종이 바람직하다. 더불어 꽃이나 열매의 관상가치가 높으면 더욱 좋다. 특히 아랫부분의 가지가 고사하면 시각적 또는 기능적으로 바람직하지 않기 때문에 지엽의 고른 생장이 필요하다. 특히 도시지역에서 그 요구가 많기 때문에 대기오염이나 건조에 견디는 능력이 필요하다. 가시나무류, 개나리, 쥐똥나무, 광나무, 꽝꽝나무, 동백나무, 명자나무, 사철나무, 삼나무, 아왜나무, 탱자나무, 매자나무, 측백나무, 카이즈카향나무, 편백, 화백, 향나무, 호랑가시나무, 미선나무, 회양목 등이 흔히 사용되고 있다.

③ 방풍용 관상수목

수관층의 방풍 역할에 의해 배면의 구조물 및 건축물 등에 대한 환경완화 효과를 줄 수 있는 조경수목류를 일컫는다. 풍압은 풍속의 제곱에 비례하기 때문에 풍속이 약간만 증가해도 풍압은 현저히 증가하는 속성을 지니고 있으므로 수관에 의한 바람완화 효과는 매우 크다고 할 수 있다. 방풍용 조경식물의 구비조건은 바람에 대해 식물을 지지할 수 있는 심근성이며 지엽이 치밀하나 잘 부러지지 않는 가지와 줄기를 지닌 수종이 좋다. 이에 적합한 수종으로는 감탕나무, 곰솔, 동백나무, 은행나무, 삼나무, 팽나무, 후박나무 등이 있다.

그림 2-41　사철나무

④ 방진 및 방연용 관상수목

대기 중에는 크고 작은 수많은 먼지형태의 오염물질이 떠다니며, 이는 인간의 호흡기 건강에 많은 피해를 미치고 있다. 조경식물은 줄기, 가지, 잎 등에서 이러한 먼지를 어느 정도 흡착했다가 비가 오면 씻겨 내리며, 지표면의 침식을 방지하는 기능으로 대기정화나 지표면의 안정에 많은 기여를 하고 있다. 수관층이 넓거나 지면을 빽빽이 덮을 수 있으며, 또는 줄기나 가지의 껍질부분에 요철이 많고, 잎의 뒷면에 털이 잘 발달해 있으며, 대기오염에 강한 내성을 지니는 식물이 좋다. 이에 적합한 수종으로는 눈향나무, 동백나무, 사철나무, 쥐똥나무, 플라타너스, 해당화 등을 포함한 대부분의 지피식물이다.

공장이나 자동차에서 배출되는 대기오염 물질은 주로 아황산가스를 비롯하여 이산화탄소, 일산화탄소, 염산, 황산 또는 불화수소 등 다양한 오염물질이 함유되어 생물에 많은 피해를 준다. 대기오염물질은 직접 식물에 피해를 미치기도 하지만, 이들 물질이 토양에 축적하여 석회질의 결핍을 초래할 수가 있다. 이에 적합한 수종으로는 태산목, 아왜나무, 광나무, 사철나무, 팽나무 등이다.

⑤ 방조지 및 임해매립지 식재용 관상수목

해안지방은 강한 바람과 끊임없는 파도의 영향으로 특히 백사장이 발달한 곳은 염분농도가 높은 바람과 파도로 인한 침식의 피해를 받게 된다. 또한 새로이 해안지방에 매립한 곳은 토양에 함유된 강한 염분으로 식물의 생육에 많은 지장을 초래하게 된다. 이를 위해서는 강한 바람에 견디며 정상적인 식물생육에 부적합한 토양의 물리적, 화학적 성질 등 척박한 토양환경을 극복할 수 있는 식물이 바람직하다. 이에 적합한 수종으로는 곰솔, 다정큼나무, 돈나무, 동백나무, 소사나무, 순비기나무, 해당화, 아왜나무, 위성류, 쥐똥나무, 팔손이, 팽나무 등이 있으며, 별도로 초본류로는 통보리사초, 해국, 벌노랑이, 털머위, 원추리, 갯까치수영, 흰대극 등이 식재 가능하다.

⑥ 방화용 관상수목

이는 조경식물 식재를 통하여 화재의 방지 또는 확산을 막거나 지연시킬 목적으로 이용하는 식물을 말한다. 일반적으로 비교적 잎이 두껍고 함수량이 많으며 수관층이 치밀하게 발달하여 쉽게 불에 타지않는 활엽수종이 유리하다. 가시나무, 굴거리나무, 동백나무, 사철나무, 식나무, 아왜나무, 후박나무, 은행나무 등이 좋다.

⑦ 건조지 식재용 관상수목

주로 건물의 옥상과 같은 인공지반을 비롯하여 절개지 및 성토지, 암석원(rock garden), 자갈밭 및 제한된 공간의 용기 내에 식물을 심을 때는 식물체의 내건성을 고려하여야 한다. 특히 최근에 도시조경으로 널리 설치하고 있는 옥상조경의 경우, 건물에 가해지는 하중을 덜기 위하여 성토량을 최소로 하고 있다. 따라서 얕은 성토에서 오는 유효 수분량의 감소로 건조 상태가 빈번히 출현하게 된다. 건조에 강한 지피식물류는 많으나 특히 관상가치가 높고 강건한 성질을 지닌 향나무, 백리향, 정향나무 등이 있다. 별도로 초본류로는 한라구절초, 기린초, 애기기린초, 땅채송화, 바위채송화, 구절초, 바위솔, 돌나물, 층꽃나무, 돌마타리, 해란초 등이 식재 가능하다.

⑧ 습윤지 식재용 관상수목

조경식물을 식재하여야 할 장소가 습기가 많다고 하는 것은 지형, 지질, 토양의 특성 등을 비롯하여 근본적으로 지하수위가 높게 위치하여 나타날 수 있다. 또는 하루 종일 그늘이 지는 곳인 경우 수분의 증발량이 많지 않으므로 습윤지로 될 가능성이 높다. 이외에도 하천이나 강, 연못 등의 주변에서도 이와 같은 환경조건을 가지게 된다. 이와 같은 장소에 적합한 조경식물은 우선 호습성을 지니고 내습성이 좋은 식물을 선택하여야 한다. 낙우송, 버드나무, 오리나무, 물푸레나무, 쪽동백나무, 함박꽃나무, 채진목, 황산차, 백산차 등이 대표적이다. 초본류로는 개연꽃, 노랑어리연꽃, 마름, 수련 등의 수생식물과 벗풀, 부처꽃, 창포, 개구리갓, 숫잔대, 비비추 등 호습성 식물이 이용될 수 있다.

그림 2-42 함박꽃나무(*Magnolia sieboldii*)

그림 2-43 황산차(*Rhododendron parviflorum*)

그림 2-44　때죽나무(*Styrax japonicus*)

그림 2-45　병아리꽃나무

3) 미적가치에 의한 구분

① 화색에 의한 구분

㉮ 백색계

개쉬땅나무, 개회나무, 고광나무, 고추나무, 국수나무, 귀룽나무, 낙상홍, 다릅나무, 댕강나무, 덜꿩나무, 돌배나무, 때죽나무, 미선나무, 배나무, 백당나무, 백목련, 병아리꽃나무, 불두화, 산딸나무, 산사나무, 섬개야광나무, 쉬나무, 싸리, 아까시나무, 야광나무, 이팝나무, 인가목, 조팝나무, 쥐똥나무, 쪽동백, 찔레꽃, 참조팝나무, 치자나무, 팥배나무, 회화나무

그림 2-46　조팝나무

㉯ 황색계

개나리, 골담초, 까마귀밥여름나무, 만리화, 망개나무, 매자나무, 백합나무, 산수유, 생강나무, 장수만리화, 화살나무, 황근, 황매

㉰ 적색계

겹벚나무, 꼬리조팝나무, 능소화, 댕강나무, 동백, 명자나무, 모과나무, 박태기나무, 배롱나무, 벚나무, 분꽃나무, 붉은병꽃나무, 앵두나무,

그림 2-47　황근(*Hibiscus hamamo*)

옥매, 자귀나무, 장미, 진달래, 참싸리, 철쭉, 해당화

㉣ 자주색계

개오동나무, 라일락, 순비기나무, 오동나무, 작살나무, 정향나무, 좀목형

② 열매의 색에 의한 구분

㉮ 황색-갈색계

감나무, 개살구, 개암나무, 개오동나무, 고욤나무, 굴참나무, 노박덩굴, 다래나무, 딱총나무, 멀구슬나무, 멀꿀, 모과나무, 미선나무, 비파나무, 상수리나무, 소나무, 신갈나무, 은행, 장구밥나무, 잣나무, 치자나무, 탱자나무, 회화나무

㉯ 적색계

가막살나무, 감탕나무, 개비자나무, 괴불나무, 구기자, 구지뽕나무, 낙상홍, 닥나무, 대추나무, 대팻집나무, 덜꿩나무, 돈나무, 동백, 마가목, 말오줌대, 매발톱나무, 매자나무, 먼나무, 민둥인가목, 백당나무, 백량금, 보리수나무, 보리장나무, 사철나무, 산딸나무, 산딸기, 산사나무, 산수유, 산호수, 생열귀나무, 식나무, 아왜나무, 앵두나무, 야광나무, 이노리나무, 이스라지, 자금우, 자두나무, 장미, 주목, 죽절초, 찔레꽃, 팥배나무, 피라칸다, 해당화, 호랑가시나무, 화살나무, 회잎나무

㉰ 자주색-흑색계

굴거리나무, 귀룽나무, 까마귀쪽나무, 꽝꽝나무, 다정큼나무, 담팔수, 모람, 병아리꽃나무, 산뽕나무, 오갈피나무, 작살나무, 쥐똥나무

③ 줄기 및 수피특성에 의한 구분

㉮ 백색계

개서어나무, 거제수나무, 백송, 서어나무, 자작나무

그림 2-48 거제수나무 (*Betula costata*)

그림 2-49 죽순대(*Phyllostachys pubescens*)

그림 2-50 배롱나무'Asuka'

㉯ 녹색계

대나무, 벽오동나무, 식나무, 황매

㉰ 적색계

소나무, 주목, 흰말채나무

㉱ 흑갈색

곰솔, 갈참나무, 떡갈나무, 상수리나무, 참느릅나무, 팽나무

㉲ 얼룩무늬

모과나무, 배롱나무, 백송, 육박나무, 플라타너스, 황철나무

④ 잎의 관상가치에 의한 구분

㉮ 잎의 형태가 아름다운 종류

개비자나무, 굴거리나무, 금송, 단풍나무류, 비파나무, 식나무, 엄나무, 은행나무, 일본목련, 칠엽수, 팔손이, 호랑가시나무

㉯ 단풍이 아름다운 종류

감나무, 계수나무, 고로쇠나무, 느티나무, 단풍나무, 담쟁이덩굴, 매발톱나무, 메타세콰이아, 붉나무, 은행나무, 화살나무

4) 관상수목의 환경내성에 의한 구분

① 호음성 수종

가시나무, 감탕나무, 개비자나무, 금송, 녹나무, 돈나무, 백량금, 비자나무, 산겨릅나무, 송악, 수국, 식나무, 조릿대, 주목, 팔손이

그림 2-51 붉은병꽃나무

② 호광성 수종

감나무, 개나리, 꽃아그배, 낙상홍, 노간주나무, 대추나무, 라일락, 매화나무, 명자나무, 모란, 목련, 박태기나무, 백합나무, 버드나무, 벚나무, 병꽃나무, 산사나무, 섬잣나무, 소나무, 아까시나무, 위성류, 은행나무, 자귀나무, 자작나무, 잣나무, 장미, 포플러, 해당화, 향나무, 홍매, 회양목, 곰솔

③ 내공해성 수종

가중나무, 광나무, 느릅나무, 담쟁이덩굴, 동백, 등나무, 무궁화, 비술나무, 사철나무, 송악, 신나무, 은행나무, 중국단풍, 쥐똥나무, 측백나무, 포플러, 회화나무

④ 내건조성 수종

가중나무, 곰솔, 낙상홍, 눈향나무, 매자나무, 싸리류, 아까시나무, 은행나무, 해당화, 향나무

그림 2-52 구실바위취(*Saxifraga octopetala*)

그림 2-53 크로톤(*Codiaeum variegatum*)

⑤ 내조성 수종

광나무, 굴거리나무, 곰솔, 꽝꽝나무, 돈나무, 동백, 순비기나무, 예덕나무, 호랑가시나무, 후박나무

⑥ 내습성 수종

가래나무, 낙우송, 물푸레나무, 버드나무, 삼나무, 층층나무, 팔손이, 현사시나무

(5) 관엽식물류

관엽식물(foliage plant)은 꽃보다는 항시 푸르고 특이한 모양의 잎을 관상하는 목본성 및 초본성의 관상식물류이다. 이와 같은 식물은 대부분이 열대나 아열대 지역이 원산지이므로 내음성이 강하고 일 년 내내 푸른 잎을 감상할 수 있다. 그러나 내한성

그림 2-54 디펜바키아'Snow Queen'

그림 2-55 네튬(*Gnetum gnemon*)

그림 2-56 시트루스(*Citrus medica* var. *sarcodactylis*)

그림 2-57 베고니아 (*Begonia maculata*)

그림 2-58 몬스테라 절엽

은 약하여 실내식물로 주로 관상된다. 특히 삽목 등의 영양번식이 잘되고 병충해에도 강한 편이므로 절화는 물론 분화류 수요도 매우 많다. 크로톤(*Codiaeum variegatum* var. *pictum*), 디펜바키아(*Dieffenbachia*), 드라세나류(*Dracaena* spp.), 코르딜리네(*Cordyline* spp.), 고무나무류(*Ficus* spp.), 쉐플레라(*Schefflera*), 네툼(*Gnetum gnemon*), 아칼리파(*Acalypha*), 용설란류(*Agave* spp,), 시트루스류(*Citrus* spp.), 아나나스류(*Ananus* spp.), 베고니아류(*Begonia* spp,), 칼라디움(*Caladium*), 코르딜리네(*Cordyline*), 마란타(*Maranta*), 칼라데아류(*Calathea* spp.), 몬스테라(*Monstera*), 필러덴드론(*Philodendron*), 싱고니움(*Syngonium*), 스킨답서스(*Scindapsus*), 페페로미아(*Peperomia*), 산세베리아(*Sansevieria*), 알로카시아류(*Alocasia* spp.), 아스파라거스(*Asparagus*), 시서스(*Cissus*), 아페란드라(*Aphelandra*), 헤데라류(*Hedera* spp.), 호야(*Hoya*), 휘토니아(*Fittinia*), 야자류, 소철류, 상록성 양치식물류 등 종류가 매우 다양하다.

그림 2-59 아칼리파(*Acalypha hispida*)

그림 2-60 구근베고니아(*Begonia tuberhybrids*)

(6) 다육식물 및 선인장류

관상식물들 가운데 다육식물(succulents)로 분류할 수 있는 종은 그리 많지 않으나 식물체에 수분이 많은 유조직이 발달되어 두터우며 꽃기린(*Euphprbia milii*)과 같이 탁엽이 가시로 변하거나 대체로

그림 2-61　판매 중인 다양한 종류의 다육식물 분화

그림 2-62　금호(*Echinocactus grusonii*)

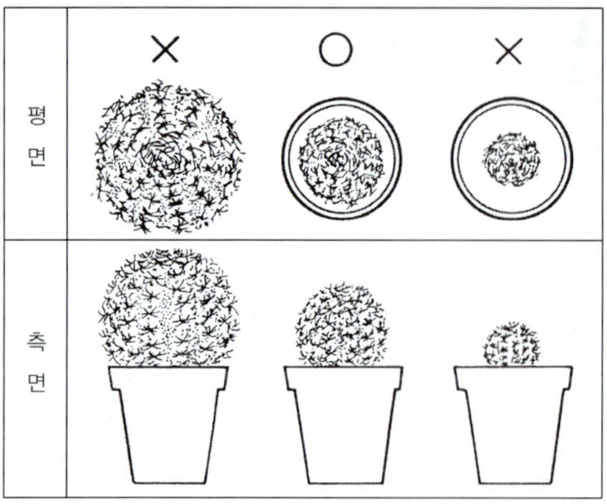

그림 2-63　선인장의 크기에 적당한 화분을 선택하여 재배한다.

작은 건생식물(xerophyte)들이 있다. 특히 선인장류는 잎이 가시와 같은 형태로 변형되어 증산에 의한 수분발산을 최소화한다. 이와 같은 식물들은 대부분이 잎과 줄기가 미분화 형태이며 내부에 저수조직이 잘 발달되어 있으므로 건조에 강하고 강한 햇빛을 좋아한다. 이들 다육식물과 선인장류는 아프리카를 비롯하여 중앙아메리카, 남아메리카, 서아시아 등의 건조지대 원산이 식물이 많다. 연화바위솔(*Orostachys iwarenge*), 바위솔(*Orostachys japonicus*), 둥근바위솔(*Orostachys malacophyllus*), 땅채송화(*Sedum oryzifolium*), 바위채송화(*Sedum polytrichoides*) 등의 자생 다육식물을 비롯하여 알로에(*Aloe* sp.)류, 에케베리아(*Echeveria leucotricha*), 용설란(*Agave*)류, 세네시오(*Senecio*), 크라슐라(*Crassula*), 칼란코에(*Kalanchoe*), 유포르비아(*Euphorbia*), 세르페기아(*Ceropegia*), 스타페리아(*Stapelia*), 포도옹(*Cyphostemma juttae*) 등 매우 다양하다. 선인장류는 부채선인장(*Opuntia*), 기둥선인장(*Cereus*), 공작선인장(*Phyllocactus*), 고슴도치선인장(*Echinocereus*), 파이레스키아(*Peireskia*), 프라이레아(*Frailea*), 에키놉시스(*Echinopsis*), 아스트로피텀(*Astrophytum*) 등으로 다양하다.

(7) 난과식물류

난과(Orchidaceae)식물들은 지생 또는 착생하여 서식하며 잎은 보춘화(*Cymbidium goeringii*) 등과 같이 선형이거나 사초 모양인 것 또는 풍란(*Neofinetia falcata*) 등과 같이 두꺼운 육질인 것, 인편상으로 퇴화한 것 등 다양하다. 난과(Orchidaceae)식물의 특징은 단자엽식물 가운데 가장 진화한 분류군으로 알려져 있으며 특히 꽃이 좌우상칭이며 거의 대부분이 양성화이고 화피편이 일반적으로 6개인데

그림 2-64 감자난초

그림 2-65 덴드로비움(*Dendrobium pendulum*)

관상가치가 높다. 내화피편 가운데 배축면의 1개를 특히 설판(labellum)이라 하며 다른 화피편에 비해 크고 색이 더 눈에 뜨인다. 뿌리는 근경이나 괴경인 것도 있고 수염뿌리인 경우도 있으며 흔히 공생균인 균근(mycorrhiza)이 함께 한다. 세계적으로 약 660속 25,000~30,000종이 알려져 있으며 우리나라에도 약 86종 정도가 자생하는 것으로 알려져 있다. 난과식물은 원산지에 따라 동양란 및 서양란으로 구분되며 생태적인 특성에 따라 착생란(epiphytic orchid) 및 지생란(terrestrial orchid)으로 나뉘어진다. 줄기의 형태에 따라서도 풍란, 팔레놉시스 등과 같은 단경성란과 심비디움, 카틀레야, 덴드로비움, 온시디움 등과 같은 복경성란으로 구분하기도 한다.

보춘화(*Cymbidium goeringii*), 한란(*Cymbidium kanran*), 감자난초(*Oreorchis patens*), 천마(*Gastrodia elata*), 새우란(*Calanthe discolor*), 여름새우란(*Calanthe reflexa*), 사철란(*Goodyera schlechtendaliana*), 자란(*Bletilla striata*), 손바닥난초(*Gymnadenia conopsea*), 풍란(*Neofinetia falcata*) 등의 자생란을 비롯하여 카틀레야(*Cattleya*), 반다(*Vanda*), 엔시클리아(*Encyclia vitellina* var. *major*), 덴드로비움(*Dendrobium*), 막실라리아

그림 2-66 막실라리아(*Maxillaria platipetala*)

그림 2-67 엔시클리아(*Encyclia vitellina* var. *major*)

그림 2-68 촘바아키아(*Schomburgkia crispa*)

그림 2-69 파이우스(*Phaius tankervilleae*)

그림 2-70 나무고사리(*Cyathea spinulosa*)

그림 2-71 폴리포디움(*Polypodium formosanum*)

(*Maxillaria*), 팔레높시스(*Phalaenopsis*), 촘바아키아(*Schomburgkia*), 파이우스(*Phaius*), 밀토니아(*Miltonia*), 파피오페딜럼(*Paphiopedilum*), 온시디움(*Oncidium*) 등으로 다양하다.

(8) 양치식물류

흔히 고사리(*Pteridium aquilinum* var. *latiusculum*), 고비(*Osmunda japonica*) 등과 같은 식물부류를 일컫는데 거의 대부분이 숲속의 그늘지고 축축한 곳에서 자라는 초본류이다. 우리나라는 국토 면적에 비해 아주 다양한 종의 양치식물들이 서식하고 있는데 자생 양치류도 약 300종 정도로 보고되어 있다. 대부분이 뿌리, 줄기, 잎의 구분이 가능하고 도관이 제대로 발달되어 있다. 그러나 솔잎란(*Psilotum nudum*)과 같이 뿌리와 잎의 구별이 없는

그림 2-72 넉줄고사리의 신엽

종들도 있다. 이와 같은 양치식물들은 종자가 열리지 않아 포자로 번식이 가능하고 거의 대부분의 종들이 독특한 아름다움을 지니고 재배가 용이하여 관상식물로서 이용이 크게 기대된다. 속새(*Equisetum hyemale*)를 비롯하여 일엽초(*Lepisorus thunbergianus*), 파초일엽(*Asplenium antiquum*), 고란초(*Crypsinus hastatus*), 풀고사리(*Gleichenia japonica*), 실고사리(*Lygodium japonicum*), 관중(*Dryopteris crassirhizoma*), 봉의꼬리(*Pteris multifida*), 족제비고사리(*Dryopteris varia*), 쇠고사리(*Arachniodes amabilis*), 나무고사리, 부처손 등이 있다. 재배종으로 흔히 이용되는 양치식물류는 네프롤레피스(*Nephrolepis*), 세라지넬라(*Selaginella*), 아디안텀(*Adiantum*), 프테리스(*Pteris*), 드리옵테리스(*Dryopteris*), 시아데아(*Cyathea*), 아스플레늄(*Asplenium*), 폴리포디움(*Polypodium*), 박쥐란(*Platycerium*) 등이 있다.

그림 2-73 박쥐란

그림 2-74 물질경이

그림 2-75 개구리밥과 생이가래

그림 2-76 가시연꽃(*Euryale ferox*)

그림 2-77 빅토리아수련

(9) 수생식물류

수생식물(hydrophyte)은 연못이나 웅덩이와 같은 곳의 물속이나 물위에 뜬 상태로 자라는 관상식물을 말하는데 수면녹화용으로 이용될 수 있다. 이들 종류는 줄기나 잎의 통기조직이 잘 발달되어 있다. 식물의 종류에 따라서는 항아리 등에 심어 분물로 감상할 수 있는 종류도 있다. 어리연꽃(*Nymphoides indica*), 노랑어리연꽃(*Nymphoides peltata*), 수련, 연꽃, 가시연꽃, 아마존수련(*Victoria amazonica*), 마름(*Trapa bispinosa*), 가래 등이 있다.

(10) 식충식물류

식충식물(insectivorous plants)은 잎의 표면에 끈적끈적한 점액성 물질을 분비하거나 꽃이나 잎이 벌레를 유인하여 가둘 수 있는 포충기관으로 변형되어 곤충을 잡아 사체를 분해하여 동물 단백질의 질소분을 영양분으로 흡수하는 식물이다. 식충식물도 잎이나 줄기에 엽록소를 지니고 광합성을 수행하지만 일부 식물은 광도가 부족한 음지에서 자생하므로 부족한 영양분을 동물로부터 얻기도 한다. 특이한 모양과 더불어 식물의 색채가 관상가치가 높다. 끈끈이주걱, 끈끈이귀개, 파리지옥, 통발, 벌레잡이제비꽃, 네펜데스(*Nepenthes*), 사라세니아(*Sarracenia*) 등이 있다(표 2-1).

그림 2-78 긴잎끈끈이주걱

그림 2-79 끈끈이주걱

그림 2-80 네펜데스

표 2-1 주요 식충식물의 분류표

목련문(Division Magnoliophyta)
- 목련강(Class Magnoliatae)
  - 동백나무아강(Subclass Dilleniidae)
    - 사라세니아목(Order Sarraceniales)
      - 끈끈이귀개과(Family Droseraceae)
        - ① *Drosera* 속
        - ② *Drosophyllum* 속
        - ③ *Dionaea* 속
        - ④ *Aldrovanda* 속
      - 사라세니아과(Family Sarraceniaceae)
        - ① *Sarracenia* 속
        - ② *Chrysamphora=Darlingtonia* 속
        - ③ *Heliamphora* 속
      - 네펜데스과(Family Nepenthaceae)
        - ① *Nepenthes* 속
  - 장미아강(Subclass Rosidae)
    - 장미목(Order Rosales)
      - 케팔로투스과(Family Cephalotaceae)
        - ① *Cephalotus* 속
      - 바이브리스과(Family Byblidaceae)
        - ① *Byblis* 속
  - 국화아강(Subclass Asteridae)
    - 현삼목(Order Scrophulariales)
      - 통발과(Family Lentibulariaceae)
        - ① *Pinguicula* 속
        - ② *Utricularia* 속
        - ③ *Genlicea* 속

(11) 허브식물류

유럽을 중심으로 "푸른 풀"을 의미하는 라틴어 "허바(Herba)"가 어원인 '허브'가 관상식물의 한 종류로 이용되어 왔다. 원래 '허브(Hurb)'라는 용어는 향과 약초라는 뜻으로 사용되었으나 BC 4세기경 그리스 학자인 테오프라스토스가 식물을 교목, 관목, 초본 등으로 분류하면서 처음으로 '허브'라는

단어를 사용하게 되었다. 허브는 로마가 유럽 전역을 지배한 이후에는 지중해 연안에서 유럽 각지로 널리 확산되면서 약용에서 사치용품으로 발전하였고 "아로마테라피(aromatherapy)"라는 향기요법도 이때 생겨났다. 고대 로마의 학자 디오스코리데스가 BC 1세기에 저술한 「약물지」에는 약 600여 종, 히포크라테스의 의학서에는 약 400여 종의 약용 허브가 기록되어 있다. 또한 게르만의 유럽 정복 이후 아시아의 다양한 허브식물이 실크로드를 따라 유럽으로 도입되었다. 15세기말 아메리카 신대륙의 발견 이후에는 신대륙의 허브식물도 유럽에 전해지기에 이르렀다. 오늘날 이용되고 있는 허브의 종류는 3,000~4,000종 이상으로 알려져 있으며, 이 가운데 실생활에 널리 이용되는 종류는 200~300여 종으로 알려져 있다. 현재 허브의 이용분야는 방향식물(aromatic plant)을 주로 이용한 향료, 향신료, 약용, 식용, 색소, 미용, 기능성 술이나 차 등을 비롯하여 향기와 관상 가치에 의해 세계적으로 널리 관상식물로 재배되고 있다. 유칼립투스(*Eucalyptus citriodora*), 라벤다(*Lavandula angustifolia*), 레몬밤(*Melissa officinalis*), 로즈마리(*Rosemarinus officinalis*), 마조람(*Origanummajorana*), 바실(*Ocimum basilicum*), 시트로넬라(*Cymbopogon nardus*), 애플민트(*Mentha rotundifolia*), 월계수(*Laurus nobilis*), 자스민(*Jasminum grandiflorum*), 캐모마일(*Anthemis nobilis*), 코스투스(*Costus spilis*), 페퍼민트(*Mentha piperita*) 등을 비롯하여 백리향(*Thymus vulgalis*), 백산차(*Lidum palustre Linne* var. *diversipilosum*), 황산차(*Rhododendron parvifolium*), 꿀풀, 배초향(*Agastache rugosa*), 초피나무 등의 자생식물도 향기가 매우 뛰어나다.

그림 2-81 로즈마리

그림 2-82 유칼립투스

그림 2-83 허브오일

그림 2-84 라벤더

그림 2-85　배초향

그림 2-86　좁은잎 백산차

그림 2-87　백리향

그림 2-88　애플민트

그림 2-89　백서향(*Daphne Kiusiana*)

그림 2-90　백선

5. 원예학적인 분류

(1) 용도에 따른 분류

1) 분화용 관상식물(pot plant)

그림 2-91 다육식물 분화

화분에 식재하여 잎, 꽃, 열매, 수형 등을 관상하는 관상식물 이용법으로 국화, 왜성 장미, 관엽식물류, 구근 베고니아 등 다양한 종류가 분화용으로 재배되고 있다. 같은 종의 식물일지라도 품종에 따라 초장, 화형, 화색 등이 다를 경우 각기 다른 용도로 이용될 수 있다. 보통 다화성이고 초장이 짧은 왜성종은 분화용 혹은 화단용으로 흔히 재배하고 초장이 길고 꽃이 대륜종인 경우는 절화용으로 이용한다.

2) 절화용 관상식물(cut plant)

그림 2-92 절화용으로 이용한 연잎의 드라이플라워

꽃꽂이용이나 꽃다발, 화환, 꽃장식용 등의 소재로 이용하기 위해 관상식물의 꽃이나 잎을 가지 채로 잘라 이용하는 것이다. 일반적으로 초장이 길고 물올리기가 좋아 수명이 길게 유지될 수 있는 종이 유리하다. 장미, 백합, 금어초, 안개초, 글라디올러스, 극락조화, 국화, 맨드라미 등이 있다. 또한 꽃이나 잎을 건조시켜 색다른 관상용 식물로 이용하는 드라이-플라워도 있다.

그림 2-93 절화용 맨드라미

그림 2-94 화단에 식재된 맥문동

3) 화단용 관상식물(bedding plant)

화단에 집단적으로 식재하여 계절에 어울리는 꽃을 보거나 잎을 관상하는 관상식물들을 일컫는다. 팬지(*Viola*), 페튜니아(*Petunia*), 프리뮬라(*Primula*), 루피너스(*Lupinus*), 접시꽃(*Althaea rosea*), 매리골드, 아케라텀, 금계국(*Coreopsis*), 가자니아(*Gazania*) 등이 흔히 식재된다.

그림 2-95 루피너스

(2) 재배적 특성에 따른 분류

1) 광도에 따른 분류

관상용으로 이용하는 종이 매우 많은 관상식물은 요구하는 광조건도 다양하다. 관상식물에 있어 식재지의 광도조건은 식물체의 1차 생산에 영구적인 제한요인이 되는 경우도 있다. 그러므로 관상식물을 식재하기 전에 충분히 광환경 조건을 조사할 필요가 있다. 관상식물이 요구하는 광선의 밝기에 따라 다음과 같이 구분한다.

그림 2-96 꽃기린

① 양지성 식물(sun plant)

강한 햇빛을 좋아하여 양지에서 재배하는 관상식물류를 일컬으며 일반적으로 잎이 상대적으로 좁고 두꺼운 경우가 많다. 또한 식물체 표면에 반짝이는 가루가 발달하거나 미세한 털이 나있는 경우가 많다. 온대지역에 분포하는 대개의 식물들이나 개나리, 목련, 벚나무, 소나무, 향나무, 구상나무, 전나무, 은행나무, 목련, 벚나무, 장미, 매화, 꽃복숭아, 채송화,

그림 2-97 오라니아야자(*Orania palindan*)

그림 2-98 유카

그림 2-99　남천

그림 2-100　세잎양지꽃

맨드라미, 코스모스, 루드베키아, 국화, 연꽃, 수련, 유카, 꽃기린(*Euphorbia milii* var. *splendens*), 야자류, 선인장 및 다육식물류 등이 있다.

② 반음(양)지성 식물

양지와 음지의 중간 상태인 반그늘 조건을 좋아하는 관상식물로 그늘에 적응하는 종류라 할 수 있다. 단풍나무, 화살나무, 쥐똥나무, 사철나무, 진달래, 남천, 봉선화, 옥잠화, 식나무, 팔손이나무, 조릿대 등이 있다.

그림 2-101　페튜니아

③ 음지성 식물

강한 직사광선을 피해 그늘진 음지에서 재배하는 관상식물을 일컫는다. 일반적으로 잎이 넓고 얇은 편이며 울창한 열대우림의 하부에서 자라는 열대성 혹은 아열대성 관엽식물들을 비롯하여 온대림의 하부식생을 구성하는 작은 식물들이 많다. 그늘을 좋아하는 음지성 관상식물을 노지에 식재하는 경우에는 건물의 북쪽에 식재하거나 경사면의 그늘진 북쪽이나 교목의 하부식재용으로 식재하면 좋다. 백량금, 자금우, 개비자나무, 맥문동, 죽절초, 좀딱취, 싱고니움, 페페로미아, 필레아, 안스리움, 마란타, 칼라세아, 스킨답서스, 몬스테라, 아디안텀, 네프로레피스, 필로덴드론(*Philodendron*), 디펜바키아(*Diffenbachia*), 스킨답서스 등이 있다.

그림 2-102　스킨답서스

2) 일장에 따른 분류

그림 2-103 용담(*Gentiana scabra*)

① 장일성 식물(long day plant)

일장시간이 14시간 이상의 장일조건에서 화아분화 및 개화가 촉진되는 식물로 우리나라에서는 주로 여름철의 장일에 영향을 받는다. 노루귀, 앵초, 민들레, 양지꽃, 페튜니아 등과 같은 봄꽃과 참좁쌀풀, 냉초, 금불초, 큰산꼬리풀, 박하, 배초향, 아이리스, 데이지, 금어초, 매리골드, 과꽃, 꽃완두, 해바라기 등의 여름에 피는 꽃이 여기에 해당된다.

② 단일성 식물(short day plant)

일장시간이 12시간 이하의 단일조건에서 화아분화 및 개화가 촉진되는 식물로 가을 및 겨울철의 단일에 영향을 받는다. 주로 가을철에 꽃이 피는 용담, 미역취, 구절초, 눈개쑥부쟁이, 감국, 산국, 과꽃, 국화, 달리아, 담배, 나팔꽃, 포인세티아, 코스모스 등이 해당된다.

③ 중성 식물(day neutral plant)

일장시간에 관계없이 생육적온에서 개화하는 식물들이다. 구근베고니아, 하와이무궁화 등의 열대 혹은 아열대원산의 식물에서 흔히 나타나지만 우리나라의 일부 자생식물 및 장미 등과 같이 계절에 관계없이 계속적으로 꽃이 피는 관상식물이다.

제 2 절 관상식물의 외부형태

관상식물로 이용되고 있는 대부분의 관속식물은 외부형태 특성에 의해 분류하고 동정하므로 식물 각 부위의 명칭과 형태학적 구조를 이해해야만 한다(그림 2-104).

대부분이 육지에서 생육하고 있는 관상식물은 대기가 식물체를 지탱하지 못하므로 자신을 지지할 수 있는 구조가 필요하고 대기와 토양환경으로부터 필요할 물질을 얻을 수 있는 형태가 꼭 필요하다. 관상식물에 있어 외부의 특징적인 형태를 이해하는 것은 이용과 감상은 물론 분류, 번식, 재배, 육종 등에 있어서도 매우 중요하다. 예를 들어 국화의 경우, 1송이 국화꽃은 수많은 작은 꽃들이 모여서 형태를 갖추고 있는 것이고 산딸나무 또는 부겐베리아는 꽃잎처럼 보이지만 사실은 잎이라는 사실은 기본적으로 알고 있어야 할 것이다.

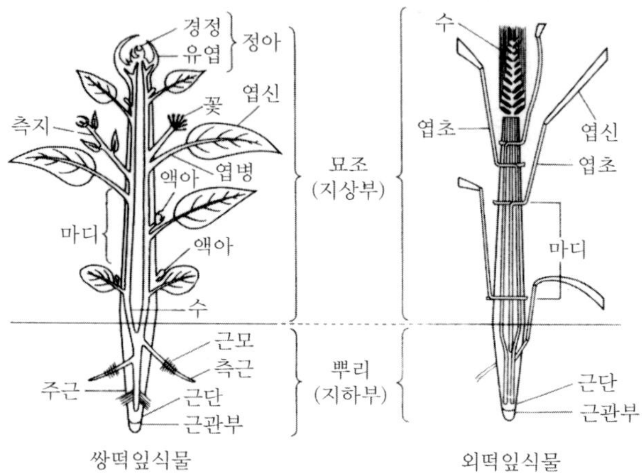

그림 2-104 종자식물의 기본기관 배열(Janick 등, 1974)

식물도 동물과 마찬가지로 작은 구성 요소인 세포들의 집합체인 다세포 생물이다. 한 개 이상의 세포(cell)는 모여서 조직(tissue)을 이루고 그 조직은 다시 기관(organ) 및 기관계(organ system)를 이루고 이와 같은 기관의 집합체는 특정한 종의 식물체(plant)를 이루게 된다.

식물의 형태는 오랜 기간에 걸쳐 형성되고 진화된 것으로 그 형태와 기능은 밀접한 관계가 있다. 일반적으로 식물에 있어서 진화의 정도에 따라 각 기관의 학술적인 구분 정도가 다를 수 있으나 일반론적으로 영양기관(營養器官: vegetative organs)과 생식기관(生殖器官: reproductive organs)으로 크게 구분한다.

1. 영양기관

식물의 영양기관은 식물체를 지탱하고 지하부로부터 양분과 수분을 흡수하는 뿌리, 빛과 대기 중

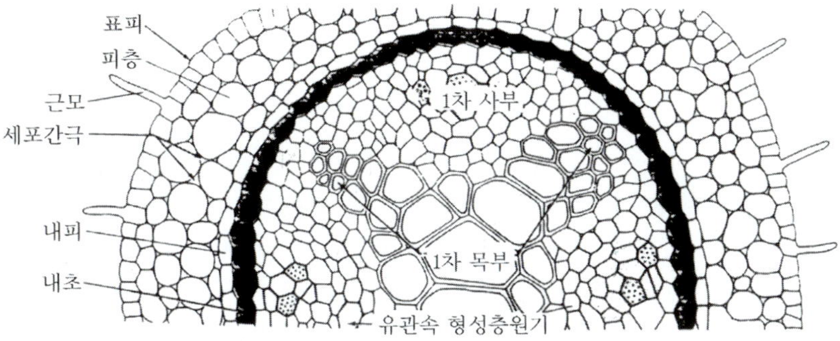

그림 2-105 1차 생장이 끝난 유식물체 뿌리의 단면도(Weier 등, 1974)

의 이산화탄소를 이용하여 광합성을 수행하는 잎, 지상부를 지탱하면서 위와 옆으로 영양생장(vegetative growth)하는 줄기 등으로 이루어진다.

(1) 뿌리

식물의 뿌리는 지하에 위치하므로 분류를 위한 형질특성 구분이 용이하지 않으며 유관속의 배열을 일부 제외하고는 줄기와 구조적으로 큰 차이를 나타내지 않는다(그림 2-105). 그러나 수생식물, 기생식물, 열대 및 아열대식물 등에서는 특수하게 변형된 종들도 있다. 즉, 통발과 같이 뿌리가 없는 식물도 있다.

일반적으로 식물의 뿌리(root)는 지하에서 물, 영양분 등을 흡수하거나 통도 및 식물체의 지지(fixing) 그리고 양분의 저장 등과 같은 역할을 한다. 뿌리는 끝부분에 있는 생장점의 왕성한 세포분열로 신장하는데 생장점은 뿌리골무라고 하는 세포군으로 덮여 보호된다. 종자가 발아하여 나온 최초의 뿌리를 유근(幼根; radicle) 혹은 1차근(1次根; primary root)이라 한다. 대부분의 쌍자엽식물에서 나온 유근은 일생동안 식물을 지지하는 뿌리인 주근(主根; tap root)으로 자란다. 주근에는 많은 측근(側根; lateral root)이 발달한다. 따라서 쌍자엽식물은 직근계로서 중심이 되는 주근과 주근에서

그림 2-106 통발

그림 2-107 열대지방에서 자라는 교목류에서 보여지는 판근(Buttress root)

발달하는 측근의 구별이 명확하다. 그러나 단자엽식물에서는 세근계(細根系; fibrous root system)가 발달하여 주근과 측근이 구별되지 않는 총생의 형태를 띤다. 뿌리의 표면에는 단세포의 많은 뿌리털이 분화되어 토양으로부터 물과 무기염류를 흡수한다. 일반적으로 식물의 뿌리는 수직 방향으로 깊고 수평 방향으로 넓게 퍼지지만 측근의 수직적 분포는 극히 제한되어 있다. 즉, 수분과 양분을 주로 흡수하는 측근은 토양 표면부에 대부분이 모여 있다. 표토 부근은 통기성이 좋아서 뿌리 호흡에 유리하고 무기영양분의 함량이 높으며 적은 강수량에서도 표면수를 이용할 수 있기 때문이다. 참나무와 소나무 숲의 경우에는 표토 12㎝ 이내에 전체 측근의 약 90%가 존재할 만큼 측근은 토양 표면부에 집중되어 있다.

지하부에 있는 굵은 뿌리 이외에도 식물에 따라서는 줄기나 잎에서도 뿌리가 생기기도 하는데 이것을 부정근(不定根; adventitous root)이라 한다. 부정근을 붙여 적당히 잘라서 심으면 개체를 쉽게 번식시킬 수도 있다. 뿌리에서도 눈이 나오기는 하지만 잎으로 분화되는 경우는 거의 없다. 구근식물과 같이 뿌리에 양분을 저장하거나 송악덩굴과 같이 부착기관의 역할을 하는 부착근도 있다. 보통, 관상식물은 뿌리가 땅속에 묻혀 있는 지중근(地中根)이 대부분이며 종에 따라 물속으로 뿌리가 발달하는 수근(水根)을 비롯하여 착생식물과 같이 공기 중에 뿌리가 노출되어 있는 기근(氣根; aerial root)의 형태를 띠는 종도 있다.

1) 부정근(不定根; adventitious root)

기존의 뿌리가 나오는 식물체 조직 이외에서 발생하는 뿌리이며 상해를 받아 절단 혹은 손상된 부위에서 흔히 발달한다.

2) 기생근(寄生根; haustorial root)

숙주 식물체의 조직에 들어가서 물과 양분을 흡수할 수 있는 뿌리(예 : 겨우살이:*Viscum album* var. *coloratum*, 새삼)

3) 괴근(塊根; tuberous root)

영양분을 저장할 수 있도록 비후된 뿌리(예 : 라넌큘러스, 글로리오사, 원추리, 맥문동, 마, 고구마 ; *Ipomoea batatas*)

4) 기근(氣根; aerial root)

공기 중에 노출된 부위에서 뿌리가 발달하여 늘어진 뿌리(석곡, 담쟁이덩굴, 고무나무속)

그림 2-108 고무나무류의 기근

5) 호흡근(呼吸根; respiratory root)

공기 중에 노출되어 호흡을 하는 뿌리로서 물속이나 습한 곳에서 생육하는 낙우송과 맹그로브 등과 같이 대기 중에서 호흡을 하는 뿌리를 지닌다.

6) 균근(菌根; mycorrhiza)

대부분의 관속식물과 상리공생(mutualism)관계에 있는 토양 균류를 균근이라 한다. 균근은 균사의 위치에 따라 내생균근(endomycorrhiza) 과 외생균근(ectomycorrhiza)으로 구분한다. 균근은 토양에서 인 등을 흡수하여 숙주식물에게 제공하며 숙주식물은 탄수화물, 아미노산 등의 유기물을 균근에게 제공한다.

(2) 잎

잎(leaf)은 주로 엽육조직으로 구성되어 있으며 책상조직이나 해면조직에 많은 엽록체를 가지고 있어 녹색을 띠면서, 식물에서 광합성작용을 하는 가장 중요한 기관이다. 줄기나 열매도 초기에는 엽록체를 가지고 광합성을 할 수 있으나 그 양은 많지 않고 목본식물의 경우에는 자라면서 두꺼운 표피로 덮여 광합성 기능은 소실된다. 그리고 표면에는 기공이 있어서 산소와 이산화탄소의 가스교환이 이루어지는 장소이며, 부수적으로 증산작용도 한다. 식물의 잎은 그 모양이 다양하여 식물 분류군을 식별하는 분류키로 이용되기도 한다.

특히 식물의 생육과 분화에 필요한 광합성을 비롯하여 호흡 및 증산작용을 하는 영양기관이다. 그러므로 잎은 넓은 표면적을 대기 중에 노출시킨다. 줄기 직경이 약 1m 정도인 단풍나무에는 약 10만개의 잎이 분포하고 전체 표면적은 약 2,000㎡에 이른다. 이는 농구장 6개 정도를 합쳐놓은 면적에 해당한다. 잎은 엽병(petiole)과 엽신(leaf blade), 탁엽(stipule)으로 구분되며 이들을 모두 갖춘 잎을 완전엽(complete leaf)이라 하고, 이들 중 어느 한두 개가 없는 것을 불완전엽(incomplete leaf)이라고 한다(그림 2-109). 벼과(Gramineae)식물과 같이 엽병이 없는 무병엽(sessile leaf)식물도 있다. 그러나 단자엽식물인 벼과(Gramineae)식물은 엽병이 없고 엽신의 아랫부분이 줄기를 감싸고 있는 엽초(葉鞘 ; leaf sheath)를 형성한다. 따라서 엽신의 크기와 형태, 엽연의 형태, 엽맥의 형태, 잎의 부착형태, 탁엽의 유무 등의 각종 특성이 식물을 분류하는 기준이 된다. 그러나 어린 잎의 경우 크기, 모양 등이 성숙한 잎과 다른 경우가 종종 있다. 또한 한 식물체가 서로 다른 모양의 잎을 지니고 있을 때, 이형엽(異形葉 ; heterophyll)이라 한다.

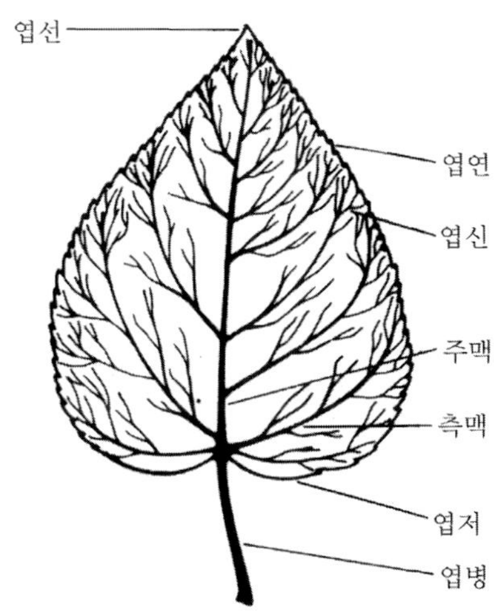

그림 2-109 잎의 구조

1) 피자식물과 나자식물의 잎

피자식물 잎의 엽신을 횡단해보면 햇빛을 직접 받는 면의 상표피(upper epidermis)와 반대면의 하표피(lower epidermis)로 둘러싸여 있다. 특히 상표피의 표면에는 투명한 매니큐어 같은 각피(cuticle)가 있어서 수분 증발을 억제하고 있다. 양 표피세포의 안쪽에는 엽육조직(mesophyll)이 있으며 엽록체를 많이 지니고 있다. 엽육조직 가운데 책상조직(palisade parenchyma)은 윗 부분에 위치하고 표피와 수직 방향으로 긴 세포이며 촘촘히 배열되어 있다. 특히 엽록체를 많이 지니고 있어 광합성 기능을 최대로 발휘할 수 있다. 또 다른 조직인 해면조직(spongy parenchyma)은 아래쪽에 위치하고 세포간극이 발달하여 탄산가스의 확산이 용이하고 둥근 모양의 세포가 불규칙하게 흩어져 있으며 광합성 기능이 있다(그림 2-110).

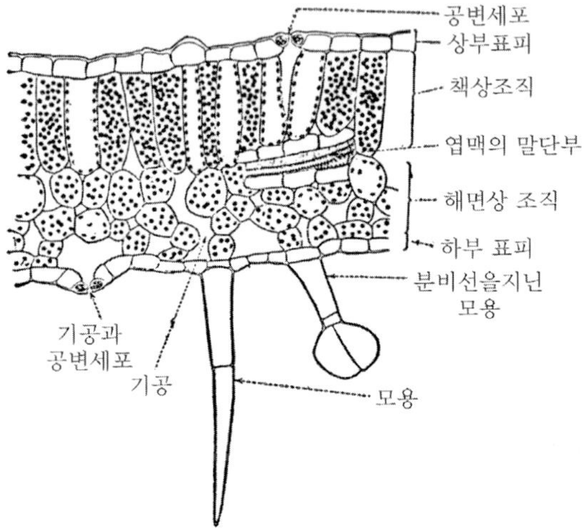

그림 2-110 감자잎 일부의 단면도(Holman & Robbins)

나자식물은 흔히 가는 침엽을 가진 소나무과를 비롯하여 넓은 잎을 가진 은행나무과 등으로 구성되며 줄기에 도관은 없으며 모두 가도관을 갖는 특징이 있다. 환경조건에 대해 나자식물의 잎은 피자식물에 비해 변이가 적은 편이다. 대부분의 나자식물 잎은 상록성(evergreen)이 많지만, 은행나무, 일본잎갈나무, 메타세콰이어와 같이 낙엽성(deciduous)인 종도 있다. 나자식물의 엽육조직은 은행나무, 주목, 전나무 등과 같이 책상조직과 해면조직으로 분화되어 있는 경우도 있으나 소나무류와 같이 분화되어 있지 않은 경우도 있다. 소나무류의 표피조직은 표피세포(epidermis)가 두꺼운 세포벽을 가지고 있고 기공이 함몰형이어서 효율적으로 증산작용을 억제할 수 있다. 엽육조직에는 원형의 수지구(resin duct)가 있어서 휘발성의 수지(resin)를 분비한다. 엽육조직 안쪽에는 치밀한 단일 세포층으로 된 내피(endodermis)가 있고 내피 안쪽에는 이입조직(transfusion tissue)이 있으며 유관속이 한 개인 잣나무류와 두개인 소나무류가 있다.

2) 엽신과 엽병

엽신은 잎의 가장 넓고 편평하게 신장한 부분으로 엽신의 수에 따라 단엽과 복엽으로 구분한다. 엽병은 잎의 자루를 일컫는데 엽신을 지지하여 햇빛을 잘 받을 수 있게 한다. 식물 가운데는 엽병이 없는 무병엽(無柄葉; sessile leaf) 식물도 있다. 벼과식물이 여기에 해당한다.

3) 잎의 종류

① 단엽(單葉; simple leaf)

납작한 엽신이 갈라지지 않고 하나의 엽신으로 이루어진 잎으로 엽병으로 받쳐진다(그림

2-111). 개나리 (*Forsythia koreana*), 느릅나무, 진달래(*Rhododendron mucronulatum*), 박태기나무(*Cercis chinensis*), 단풍나무(*Acer palmatum*) 등의 잎이다.

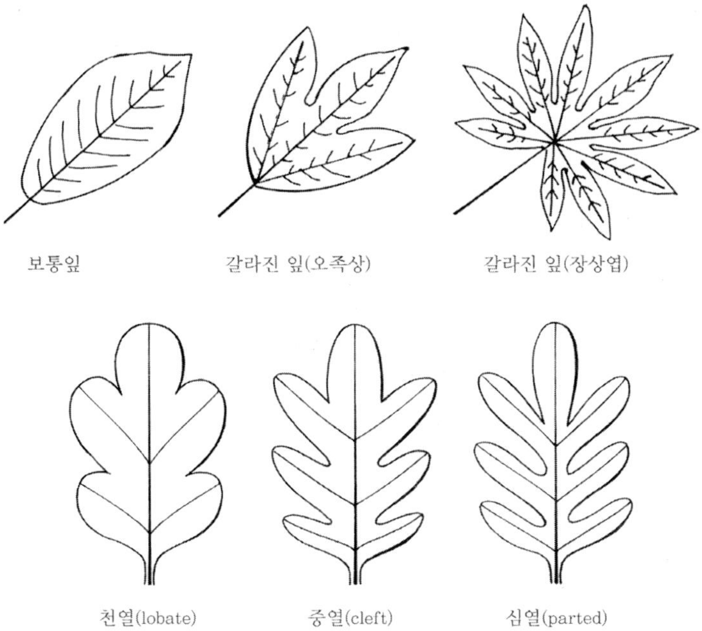

그림 2-111 잎의 여러 가지 형태

② 복엽(複葉; compound leaf)

두 개 이상의 작은 소엽(leaflet)으로 나뉘고, 각각의 소엽은 소엽병을 갖는 경우도 있다. 복엽은 소엽의 착생상태에 따라 우상복엽, 장상복엽으로 구분된다. 우상복엽(羽狀複葉, pinnately compound leaf)은 잎이 새의 깃털모양과 비슷하다는 의미이며 잎이 손바닥처럼 생겼다는 의미로 장상복엽(掌狀複葉, palmately compound leaf)이라 한다(그림 2-112).

그림 2-112 복엽의 여러 가지 형태

그림 2-113 아까시나무의 잎

그림 2-114 좁은잎사위질빵

㉮ 우상복엽: 중륵(midrib)의 양쪽에 소엽이 마주 붙어 깃털처럼 생긴 복엽이다. 소엽의 숫자가 홀수이면 기수(奇數)우상복엽, 짝수이면 우수(偶數)우상복엽이라 한다. 소엽이 다시 복엽을 이루고 있는 것을 2회우상복엽이라 한다.

- 기수우상복엽(奇數羽狀複葉; imparipinnately) : 소엽이 홀수인 우상복엽이다. 쇠고비(*Cyrtomium fortunei*), 소태나무(*Picrasma quassioides*), 가래나무(*Juglans mandshurica*), 호두나무(*Juglans regia*), 칡(*Pueraria lobata*), 아까시나무(*Robinia pseudosieboldianum*), 싸리(*Lespedeza bicolor*), 황기(*Astragalus membranaceus*), 양지꽃(*Potentilla fragarioides* var. *majar*), 개물푸레나무, 산초나무, 멀구슬나무, 좁은잎사위질빵 등
- 우수우상복엽(偶數羽狀複葉; paripinnately) : 소엽이 짝수인 우상복엽이다. 자귀나무(*Albizzia julibrissin*), 실거리나무(*Caesalpinia decapetala*), 무환자나무(*Ficus caria*) 등
- 2회우상복엽(2回羽狀複葉; bipinnately) : 깃털모양으로 2회 갈라져서 소엽으로 구성된 복엽 : 자귀나무, 실거리나무
- 3회우상복엽(3回羽狀複葉; tripinnately) : 깃털모양으로 3회 갈라져서 소엽으로 구성된 복엽

㉯ 장상복엽: 소엽이 3~5장씩 짝을 이루어 손바닥모양으로 반복적인 모양을 나타내는 복엽이다. 반복의 횟수에 따라 1회장상복엽, 2회장상복엽, 3회장상복엽 등으로 부른다. 또한 소엽의 수에 따라 3출엽(trifoliate), 5출엽(pentafoliate), 7출엽(heptafoliate) 등으로 구분된다.

- 1회장상복엽(simple palmately compound leaf) : 소엽이 달린 수에 따라 3출엽을 비롯하여 5출엽, 7출엽 등으로 구분된다. 고추나무(*Staphylea bumalda*), 담쟁이덩굴(*Parthenocissus tricuspidata*), 으름덩굴(*Akebia quinata*), 칠엽수(*Aesculus turbinata*), 오갈피
- 2회장상복엽(bipalmately compound leaf) : 손바닥 모양으로 2회 갈라져서 소엽으로 구성된 복엽이다. 위령선(*Clematis florida*), 자주종덩굴(*Clematis ochotensis*)
- 3회장상복엽(tripalmately compound leaf) : 손바닥 모양으로 3회 갈라져서 소엽으로 구성된 복엽이다. 남천(*Nadina japonica*), 꿩의다리(*Thalictrum aquilegifolium*)

그림 2-115 칠엽수의 잎

그림 2-116 오갈피

㉰ 단신복엽(單身複葉; unifoliate compound leaf) : 큰 소엽 아래에 작은 소엽이 붙어있는 복엽이다.

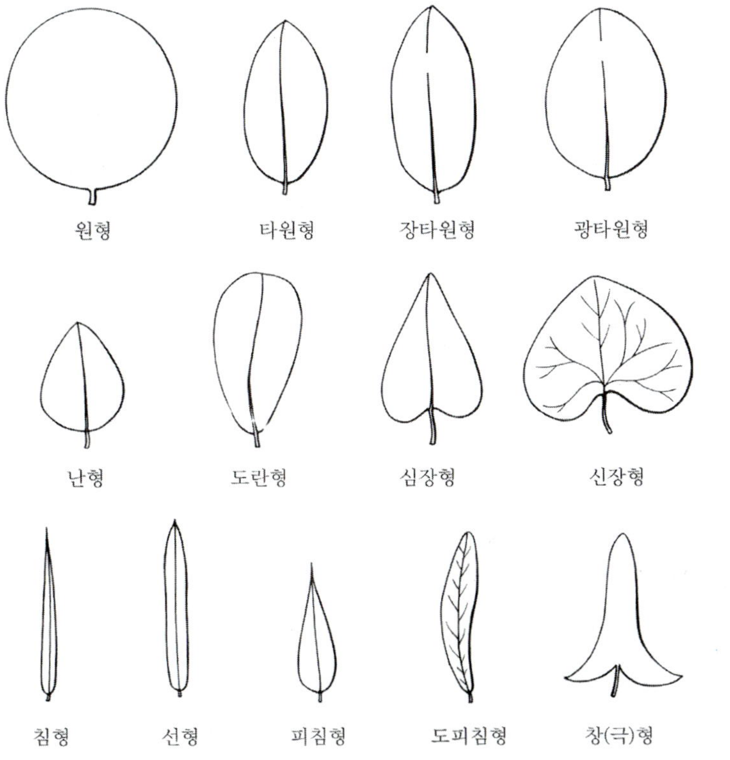

그림 2-117 잎의 다양한 형태

4) 잎의 모양(葉形)

잎의 외부 모양은 식물의 종에 따라 특징적으로 다르다(그림 2-117). 잎의 형태는 보통 주변에서 흔히 연상하기 쉬운 도형이나 특정 사물의 이름을 붙인 것들이 많다. 따라서 잎의 모양은 절대적이지 않으며 주관적이기도 하다. 또한 잎의 연령, 환경조건, 엽서 등에 의해 조금씩 차이가 날 수 있으나 식물분류에 있어 중요하다.

① **원형**(圓形; orbicular)
잎의 모양이 둥근 원형 혹은 원형에 가까운 것/ 깽깽이풀(*Jeffersonia dubia*)

그림 2-118 깽깽이풀

② **타원형**(楕圓形; elliptical)
타원모양이며 길이가 나비의 2배 정도 되는 것/ 매발톱나무(*Berberis amurensis*), 개서어나무(*Carpinus tschonoskii*)

③ **장타원형**(長楕圓形; oblong)
타원모양으로 길이가 나비보다 길며 잎의 양쪽 가장자리가 거의 평행한 것/ 물참대(*Deutzia galbrata*), 대극(*Euphorbia pekinensis*)

④ **광타원형**(廣楕圓形; oval)
나비가 길이의 1/2 이상인 것/ 청미래덩굴(*Smilax china*), 오미자(*Schisandra chinensis*)

⑤ **난형**(卵形; ovate)
달걀모양으로 생겼으며 기부가 넓다/ 푸조나무(*Aphananthe aspera*), 삼지구엽초(*Epimedium koreanum*), 생강나무(*Lindera obtusiloba*), 명아주

⑥ **도란형**(倒卵形; obovate)
난형을 거꾸로 한 모양/ 새덕이(*Neolitsea aciculata*)

그림 2-119 두메대극

그림 2-120 오미자

그림 2-121 명아주

그림 2-122　머위

그림 2-123　동의나물

⑦ 심장형(心臟形; cordate)

심장 모양으로 생긴 것/ 두루미꽃(*Majanthemum bifolium*), 머위(*Petasites japonicus*)

⑧ 신장형(腎臟形; reniform)

콩팥처럼 생긴 것/ 곰취(*Ligularia fischeri*), 동의나물

⑨ 침형(針形; acicular)

잎이 바늘처럼 가늘고 끝이 뾰족한 것/ 소나무(*Pinus densiflora*)

⑩ 선형(線形; linear)

길이가 나비보다 월등히 길고 양쪽 가장자리가 평행하며 좁은 것/ 주목(*Taxus cuspidata*)

그림 2-124　소나무

⑪ 피침형(披針形; lanceolate)

창끝처럼 생겼으며 길이가 나비보다 몇 배 긴 것/ 버드나무(*Salix koreensis*), 여뀌(*Persicaria hydropiper*)

⑫ 도피침형(倒披針形; oblanceolate)

피침형을 거꾸로 한 모양/ 초령목(*Michelia compressa*)

⑬ 창형(槍形; hastate)

극형(戟形)이라고도 하며 창날모양으로 생긴 것/ 고마리(*Persicaria thunbergii*)

5) 엽서(葉序 ; leaf arrangement, phyllotaxy)

줄기를 따라 일정에게 잎이 배열하게 되는 것을 엽서 혹은 잎차례라 한다(그림 2-125). 엽서는 한마디에 붙어 있는 잎의 수와 전체적 배열에 따라 대생(마주나기), 호생(어긋나기), 윤생(돌려나기) 등으로 구분한다.

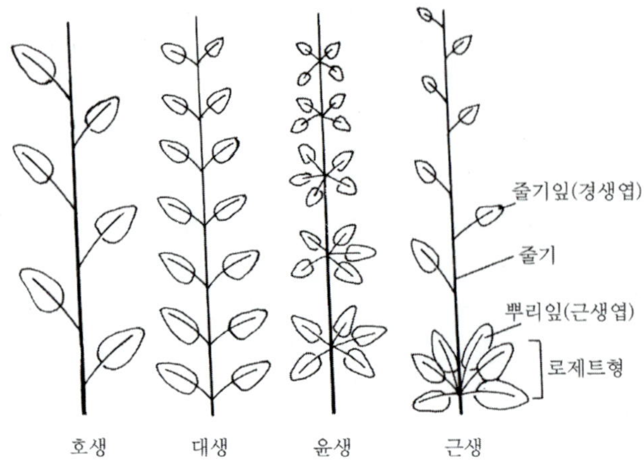

그림 2-125 엽서의 여러 가지 형태

그림 2-126 노랑물봉선(*Impatiens nolitangere*)

그림 2-127 후크시아

그림 2-128 사철나무, 대생엽

① 호생(互生 ; alternate)
한 마디에 잎이 1개씩 달린 것/ 느티나무(*Zelkova serrata*), 느릅나무, 미루나무(*Populus deltoides*), 벚나무(*Punus jamasakura*), 호장근(*Reynoutria japonica*), 삼지구엽초(*Epimedium koreanum*), 개감수(*Euphorbia sieboldiana*), 둥글레, 물봉선, 송악, 서양담쟁이

② 대생(對生 ; opposite)
한 마디에 잎이 2개씩 마주보며 달린 것/ 주목, 광나무(*Ligustrum japonicum*), 단풍나무(*Acer Palmatus*), 사철나무(*Euonymus japonicus*), 댕댕이나무, 마가목, 이질풀(*Geranium thunbergii*), 광대수염(*Lamium album* var. *barbatum*), 후크시아(*Fuchsia hybrida*)

그림 2-129 댕댕이나무(*Lonicera coerulea* var. *edulis*)

그림 2-130 드라세나'Song of India'

③ 윤생(輪生 ; whorled)

한 마디에 잎이 3개 이상 달린 것/ 꼭두서니(*Rubia akane*), 넓은잔대(*Adenophora divaricata*), 연령초(*Trillium tschonoskii*), 삿갓나물(*Paris verticillata*), 말나리, 협죽도(*Nerium indicum*), 칼라데아, 드라세나

④ 속생(束生 ; fasciculate)

마디 사이가 극히 짧아서 마치 총채처럼 잎이 난 것/ 소나무과(*Pinaceae*)

⑤ 과상(跨狀 ; equitant)

아래에 있는 잎의 밑부분이 위의 잎을 감싸고 있는 모양/ 대청부채(*Iris dichotoma*)

⑥ 로제트상(rosette)

저생(底生; basal)이라고도 하며 줄기가 거의 자라지 않아 잎이 거의 땅에 닿을 정도로 낮게 드리워져 자라는 식물로 대부분 종들의 저생엽은 아주 조밀하게 나선상으로 땅위에 배열되는 특징이 있는 것/ 배추(*Brassica campestris* var. *pekinensis*), 질경이, 민들레, 맥문동, 바위취

그림 2-131 하늘말나리(*Lilium tsingauense*)

6) 엽연(葉緣 ; leaf margin)

잎의 가장자리를 엽연이라 한다(그림 2-132). 엽연이 톱니 모양으로 들쭉날쭉 굴곡진 모양을 거치(鋸齒 ; serrate 혹은 indentation)라 하며 가장자리가 파진 모양에 따라 천열(淺裂), 중열(중열), 전열(全裂) 등으로 표현한다.

① 전연(全緣; entire)

엽신의 가장자리가 매끈하여 거치가 전혀 없는 것/ 물매화(*Parnassia palustris*)

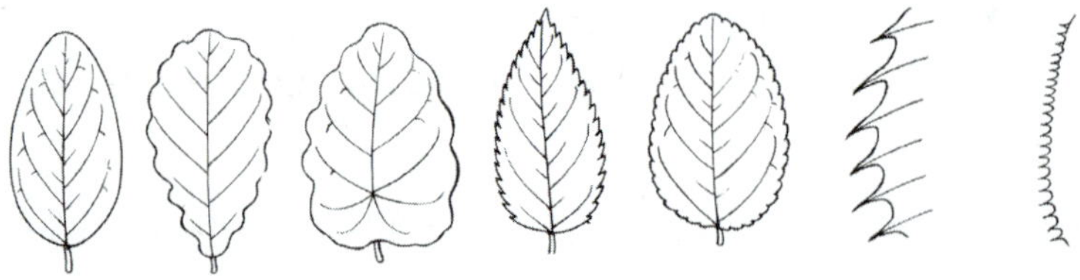

그림 2-132 엽연의 여러 가지 형태

② 파형(波形; repand)

물결모양으로 갈라진 것/ 좀꿩의다리(*Thalctrum minus* var. *hypoleucum*)

③ 심파형(深波形; sinuate)

큰 물결모양으로 갈라진 것

④ 예거치(鋭鋸齒; serrate)

뾰족한 톱니모양으로 갈라진 것/ 바위수국(*Schizophragma paniculatus*)

⑤ 둔거치(鈍鋸齒; crenate)

둔한 톱니모양으로 갈라진 것/ 갓(*Brassica juncea* var. *integrifolia*)

⑥ 침상거치(針狀鋸齒; aristate)

톱니 끝이 바늘처럼 뾰족한 것/ 흰인가목(*Rosa koreana*)

⑦ 세모상거치(細毛狀鋸齒; ciliate)

잔털거치, 톱니가 털모양인 것

⑧ 민들레형 거치(lacerate)

민들레(*Taraxacum platycarpum*)의 잎모양으로 불규칙적으로 거칠게 갈라진 거치

⑨ 결각상(缺刻狀; incised)

톱니가 다시 깊게 갈라진 것 갈라진 모양에 따라 다음과 같이 구분된다.

㉮ 천열(淺裂; lobed): 잎의 가장자리에서 중륵까지 반 이하가 갈라진 것

그림 2-133 흰민들레(*Taraxacum coreanum*)

그림 2-134 환삼덩굴

㉯ 중열(中裂; cleft): 잎의 가장자리에서 중륵까지 반 정도 갈라진 것

㉰ 전열(全裂; parted): 잎의 가장자리에서 거의 중륵까지 갈라진 것/ 산사나무(*Crataegus pinnatifida*)

㉱ 우열(羽裂; pinnatifid): 깃털 모양으로 갈라진 것/ 물개구리밥(*Azolla imbricata*)

㉲ 장상열(掌狀裂; palmatifid) : 손바닥을 편 모양으로 갈라진 것/ 환삼덩굴(*Humulus japonicus*)

7) 엽선(葉先 혹은 葉頂, 葉頭 ; leaf apices)

엽신의 뾰족한 맨 끝 부위를 엽선 또는 엽두, 엽정이라 한다. 잎끝의 형태는 물론 각도 등 모양에 따라 다음과 같이 구분된다(그림 2-135). 그러나 용어에 따라서는 학자에 따라 약간의 차이가 있다.

① 점첨두(漸尖頭; acuminate)

엽신 끝이 점차 좁아지면서 뾰족해지는 모양으로 끝이 약간 길게 발달/ 분버들(*Salix rorida*)

② 예두(銳頭; acute)

엽신 끝이 길지 않고 짧게 뾰족한 모양/ 자작나무(*Betula platyphylla* var. *japonica*), 인동

③ 소철두(小凸頭; apiculate)

엽신 끝이 침처럼 뾰족하게 튀어나와 있는 모양

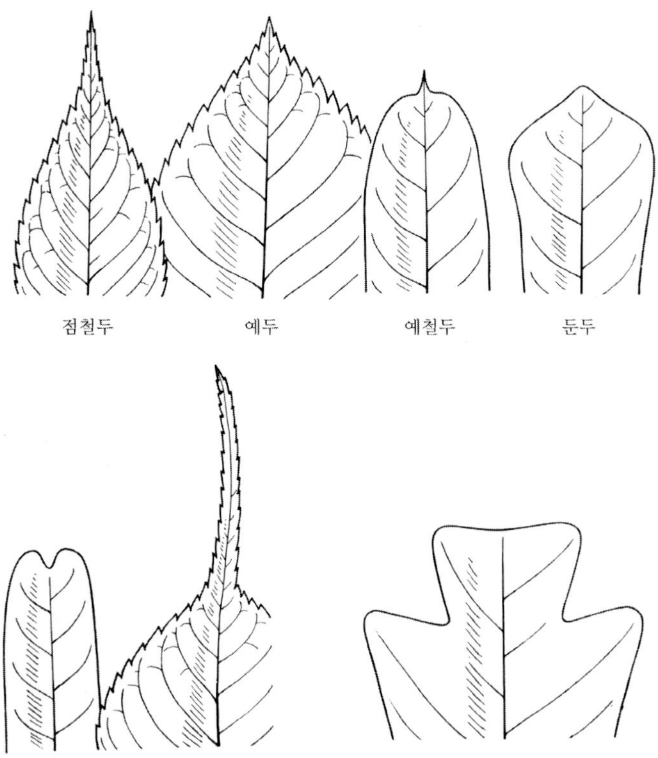

그림 2-135 엽선의 여러 가지 형태

그림 2-136 인동(꽃)

그림 2-137 주목(잎과 열매)

④ 예철두(銳凸頭; cuspidate)

엽신의 끝이 예리하고 뾰족하게 튀어나와 있는 모양

⑤ 미철두(微凸頭; mucronate)

엽신의 주맥 끝이 약간 나온 뾰족한 모양 / 주목(*Taxus cupidata*)

⑥ 미형(尾形; caudate)

엽신 끝이 동물의 꼬리처럼 길고 뾰족하게 튀어나와 휘어진 모양 / 서어나무(*Carpinus coreana*), 쉬땅나무(*Sorbaria sorbifolia* var. *stellipila*)

그림 2-138 섬개야광나무(*Cotoneaster wilsonii*)

⑦ 요두(凹頭; cleft)

엽신의 끝이 오목하게 깊게 파인 모양/ 비수리(*Lespedeza cuneata*)

⑧ 소요두(小凹頭; emerginate)

엽신의 끝이 거의 평평하나 약간 파인 모양/ 솔송나무(*Tsuga sieboldii*)

⑨ 유두형(乳頭形; mucronulate)

엽신의 끝이 유두와 같이 약간 튀어나온 모양

⑩ 둔두(鈍頭; obtuse)

엽신 끝이 뭉툭하게 약간 튀어나와 있는 모양/ 소귀나무(*Myrica rubra*), 섬개야광나무

⑪ 원두(圓頭; round)

엽신 끝이 넓고 둥글게 원형인 모양/ 수련(*Nymphaea tetragona* var. *angusta*)

그림 2-139 수련

⑫ 평두(平頭; truncate)

엽신 끝이 자른 것처럼 평평한 모양

⑬ 침형(針形; spinose)

엽신의 끝이 가시처럼 가늘게 뾰족한 모양

8) 엽저(葉底 ; leaf base)

잎의 밑부분으로 엽병에서 가장 가까운 곳을 엽저라 한다.

① 유저(流底; attenuate)

엽신 양쪽 가장자리 밑이 합쳐지지 않고 잎자루에 날개처럼 붙어 있는 것

② 설저(舌底; cuneate)

쐐기 모양으로 점점 좁아져서 뾰족하게 된 도삼각형 모양

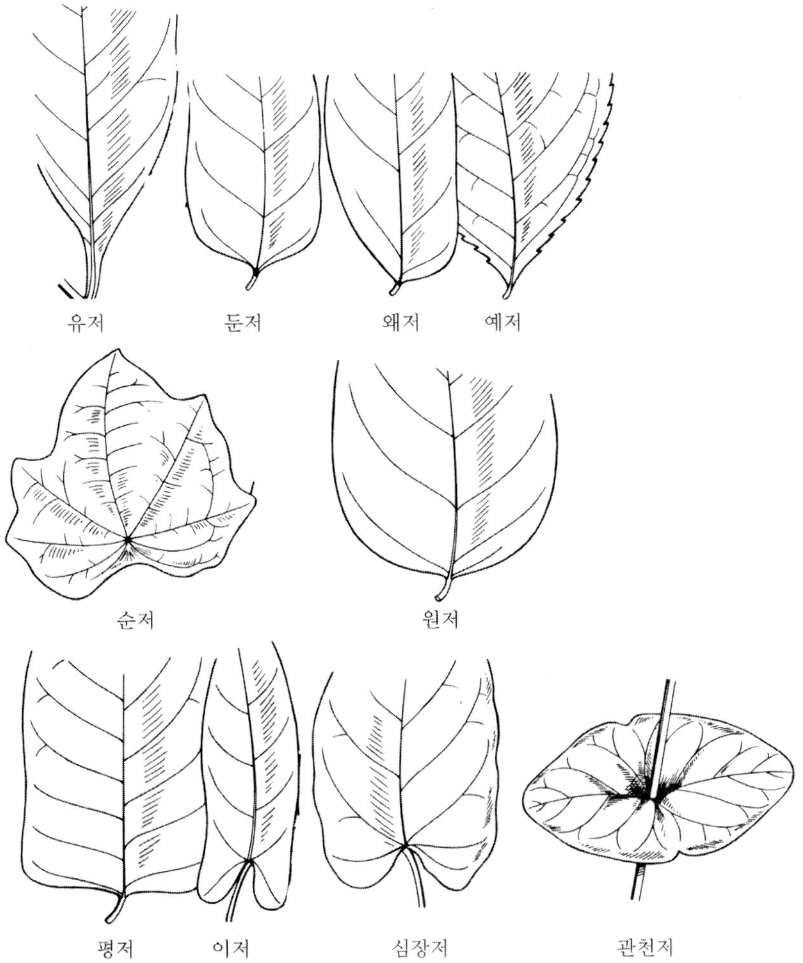

그림 2-140 엽저의 여러 가지 형태

③ 왜저(歪底; oblique)

엽저의 모양이 좌우대칭 되지 않고 일그러져 있는 모양

④ 둔저(鈍底; obtuse)

양쪽 가장자리가 90° 이상의 각으로 합쳐져 뭉툭한 모양

⑤ 예저(銳底; acute)

뾰족하고 짧은 모양/ 능수버들(*Salix pseudo-lasiogyne*)

⑥ 순저(楯底; peltate)

방패 모양

⑦ 원저(圓底; rounded)

엽저가 둥그스름하게 원 모양/ 뻐꾹나리(*Tricyrtis dilatata*)

⑧ 평저(平底; truncate)

엽저가 약 180° 각으로 평평한 모양

⑨ 이저(耳底; auriculate)

귀모양으로 처진 것/ 대청(*Isatis tinctoria* var. *yezoensis*)

⑩ 심장저(心臟底; cordate)

엽저가 심장모양의 밑부분 모양/ 옥잠화(*Hosta plantaginea*), 삼지구엽초(*Epimedium koreanum*)

⑪ 관천저(貫穿底; perfoliate)

잎의 밑부분이 줄기를 둘러싼 것/ 며느리배꼽(*Persicaria perfolilata*)의 탁엽

9) 엽맥(葉脈 ; leaf vein)

엽신에서 유관속이 위치하는 부위이다. 엽신의 가운데 기부에서 잎 끝을 향해 있는 굵은 맥을 주맥(main vein) 또는 중륵(midrib)이라 한다. 주맥에서 좌우로 갈라져 나온 것을 측맥이라 한다. 잎맥의 모양은 주맥에서 측맥이 발달해 그물처럼 생긴 것을 망상맥이라 하고, 주맥과 측맥이 나란히 배열된 것을 평행맥이라 한다. 일반적으로 대부분의 쌍자엽식물의 엽맥은 망상맥을 나타내고 단자엽식물의 엽맥은 평행맥인 경우가 보통이다.

① 단맥(單脈; single vein)

침엽수(소나무(*Pinus densiflora*), 잣나무(*Pinus koraiensis*)의 잎과 같이 한 가닥의 유관속으로 된 것

② 평행맥(平行脈; paralleled veined)

엽저에서 엽선까지 맥이 거의 평행을 이루는 것

㉮ 직맥(直脈; straight veined) : 화본과 식물(Gramineae)

㉯ 만곡평행맥(彎曲平行脈; curve veined) : 비비추류(hosta species), 옥잠화(*Hosta plantaginea*)

㉰ 횡맥(橫脈; transverse veined) : 파초(*Musa basjoo* Sieb. & Zucc.)

㉱ 사출맥(射出脈; radiate veined) : 종려(*Trachycarpus fortunei*)

㉲ 섬유맥(纖維脈; fibrous veined) : 주맥이 뚜렷하지 않고 모든 맥이 거의 동일한 크기의 엽맥

그림 2-141 반입종 비비추류

그림 2-142 은행나무(단풍)

③ 망상맥(網狀脈; netted veined)

주맥에서 그물처럼 가지를 친 모양의 엽맥

㉮ 우상맥(羽狀脈; pinnately veined) : 깃털 모양의 엽맥, 복숭아나무(*Prunus persica*), 수국, 목련, 란타나, 피토니아(*Fittonia*), 필레아

㉯ 연주맥(緣走脈) : 엽맥이 가장자리까지 이른 것, 느티나무(*Zelkova serrata*), 푸조나무(*Aphananthe aspera*)

④ 장상맥(掌狀脈; palmately veined)

유관속이 여러 개로 갈라져 손바닥 모양의 맥, 단풍나무(*Acer palmatum*), 청미래덩굴(*Smilax china*), 제라니움, 한련화, 국화, 팔손이, 페페로미아

⑤ 차상맥(叉狀脈; dichotomously veined)

하나의 유관속이 두 가닥으로 동등하게 갈라지는 것이 연속된 엽맥, 은행나무(*Ginkgo biloba*)

그림 2-143 페페로미아(*Peperomia obtusifolia*)

10) 변형된 특수한 잎

① 덩굴손(卷鬚; tendril)

완두(*Pisum sativum*), 호박(*Cucurbita moschata*), 오이(*Cucumis sativus*), 클레마티스, 청미래덩굴 등의 초본성 덩굴식물의 지지 작용을 위해 변형된 잎

② 탁엽(托葉 ; stipule)

엽병의 아래에 붙어 있는 작은 잎을 탁엽 혹

그림 2-144 호박

그림 2-145 가시로 변한 선인장의 잎

그림 2-146 돌나물

은 턱잎이라고 한다. 탁엽은 광합성을 하거나 눈을 보호하는 역할을 한다. 흰여뀌(*Persicaria lapathifolia*)

③ 가시(spine)

선인장(*Opuntia ficus-indica* var. *saboten*)과 같이 자신을 물리적으로 보호하기 위해 변형된 잎이며 광합성 능력은 없다.

④ 다육질 엽(succulent leaf)

돌나물과(Crassulaceae), 쇠비름과(Portulacaceae) 식물들의 잎과 같이 두텁고 육질성이며 다즙성인 잎이다. 보통 수분과 영양분의 저장기관의 역할을 한다.

⑤ 아린(芽鱗 ; bud scale)

줄기의 정단부 분열조직을 보호하기 위해 변형된 눈비늘을 아린이라 한다.

⑥ 포(苞 ; bract)

꽃의 아래 또는 화병에 형성되는 잎을 말한다. 포는 보통 작으며 발달하는 꽃을 보호하는 작용을 한다. 천남성과(Araceae)의 안스리움, 층층나무속(*Cornus species*)의 산딸나무(*Cornus kousa*)와 같은 종은 포의 관상가치가 높다.

그림 2-147 안스리움

그림 2-148 백합의 인경

⑦ **인엽(鱗葉; scale leaf)**

비늘잎이라고도 하며 백합과(Liliales) 식물의 구근에서 저장양분을 저장하기 위해 육질성으로 변한 저장엽이다.

⑧ **낭상엽(囊狀葉; pitcher leaf)**

식충식물에서 곤충을 유인하고 잡아 소화시키는 잎을 일컫는다. 포충엽이라고도 한다. 네펜데스, 끈끈이주걱, 통발

11) 잎의 내부 구조

잎의 내부를 관찰하면 가장 바깥쪽 표면에 표피조직이 있고 그 안쪽에 기본조직인 엽육조직(mesophyll)이 있다. 엽육조직은 엽록체가 존재하여 광합성이 일어나는 울타리조직(柵狀柔組織; palisade parenchyma)과 광합성에 필요한 공기의 통로 역할을 하는 갯솜유조직(海綿柔組織; spongy parenchyma)으로 이루어져 있다. 또한 엽육조직의 울타리조직과 갯솜유조직 사이에는 다발로 이루어진 유관속조직이 존재한다. 잎의 유관속조직은 엽맥(leaf vein)이라 하며 식물 종에 따라 다르기 때문에 그 특징은 식물분류에 활용되기도 한다.

(3) 줄기

그림 2-149 검종덩굴

줄기(stem)는 식물체의 지상부를 지탱하는 주축이며 양적으로 식물체의 대부분을 차지한다. 그러므로 줄기의 습성 및 형태적인 특성은 분류형질로 매우 중요하다. 줄기는 잎이 붙어있는 마디(節; node)가 있으며 마디와 마디 사이의 절간(節間; internode)으로 구성된다. 줄기의 형태 및 수명에 따라 목본성식물, 초본성식물 그리고 1년생식물, 다년생식물 등으로 구분할 수 있다. 특히 목본식물의 줄기(stem)는 유관속 형성층에 의해 부피 생장이 이루어져서 단단하고 굵다. 나무가 굵은 하나의 줄기만을 가지고 있을 경우, 수간(trunk)이라 부르며 용재로 이용할 경우 목재(wood)라고 한다.

줄기에는 뿌리에서 흡수된 물과 영양분을 잎으로 이동시키고 잎에서 합성된 탄수화물을 식물체 각 부분으로 공급할 수 있는 도관이 분포한다. 이와 같이 그물같이 가는 관으로 이루어진 도관계(vascular system)가 식물체에 발달되어 있다. 도관은 물과 무기염류를 뿌리로부터 수직 이동시켜주는 죽은 세포로 이루어진 물관(xylem)과 식물체 전역에 탄수화물을 공급하는 살아있는 세포로 이루어진 체관(phloem)이 있다.

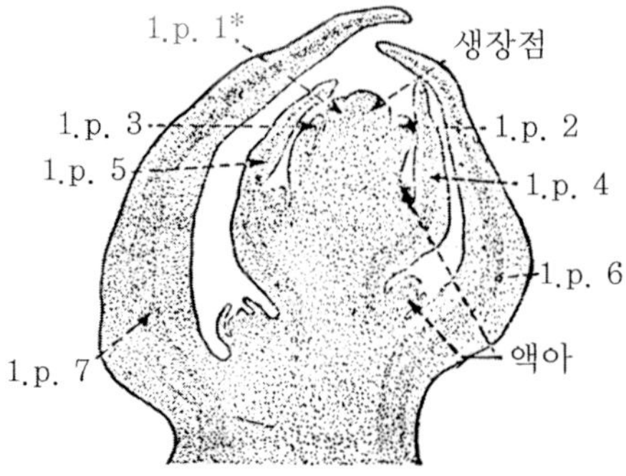

그림 2-150 줄기 정단부 생장점의 일반적인 예(Holman & Robbins)
* 1.p.1 → 가장 어린 잎의 원기
1.p.7 → 가장 오래된 잎의 원기

줄기의 생장은 뿌리 끝과 마찬가지로 정단부에 있는 생장점이 왕성하게 세포분열을 함으로써 이루어진다(그림 2-150). 생장점의 세포분열에 의해 1기 조직을 만들고 길이가 늘어나는 1기 생장이 일어난다. 특히 목본성 식물에 있어서는 1기 생장 후 전형성층(procambium)과 피층(cortex)의 일부 세포층이 유관속형성층과 코르크형성층으로 발달한다. 이와 같은 형성층의 세포분열에 의해 2기 조직을 만들고 줄기가 굵어지는 2기 생장이 일어난다. 식물의 줄기는 뚜렷하게 땅위로 자라는 줄기(莖狀; caulescent)를 비롯하여 민들레(*Taraxacum platycarpum*)와 같이 줄기가 없는 것(無莖狀; acaulescent)처럼 보이는 식물 및 줄기의 마디 사이가 짧아서 잎이 지면을 방석처럼 덮는 식물(叢生狀; cespitose)이 있다. 또한 줄기가 자라는 방향도 위로 곧게 자라는 대부분의 식물을 비롯하여 옆으로 비스듬히 자라는 것도 있다.

1) 줄기의 내부구조

1기 생장을 마친 줄기는 표피조직, 피층 및 수로 이루어진 기본조직, 유관속조직 등으로 이루어져 있다. 그리고 각각의 조직은 이에 관련된 여러 개의 조직을 포함한다.

① 표피조직

줄기는 가장 바깥쪽에 위치하는 한 층의 세포로 된 표피(epidermis)조직으로 둘러싸여 있다. 줄기의 표피조직은 내부 조직의 보호를 위해 세포가 조밀하게 배열되어 비교적 두껍게 각피화하여 기계적으로 보강되어 있다.

② 기본조직

줄기의 기본조직은 피층(cortex)과 수(pith)로 이루어져 있다.

㉮ 피층

줄기의 피층은 얇은 세포벽을 지니고 엽록체를 함유하고 있는 유세포들로 이루어져 있다. 일부 제라늄속(*Pelargonium*) 및 통통마디속(*Salicornia*) 식물의 피층세포는 광합성을 수행하면서 녹말입자도 저장한다.

㉯ 수

수는 줄기 중심부의 유세포로 구성된 기본조직으로 엽록체를 함유하는 경우도 있다. 상당수의 식물에서 생장과정 중에 생긴 물리적인 작용에 의해 수의 중앙부가 파괴되어 빈 줄기를 형성하는 경우가 많다.

③ 유관속조직

줄기 중심부의 수를 둘러싸고 있는 다발 모양의 많은 관을 유관속(vascular bundle) 혹은 관다발이라 하고 물질의 이동통로가 된다. 유관속은 식물의 종류에 따라 특징적으로 다르게 배열하며 분류의 기준이 되기도 한다. 보통 고등식물의 유관속은 기본조직 속에 동심원상으로 배열되어 있으나 옥수수와 같은 단자엽식물에서는 기본조직 전체에 퍼져 있다. 유관속은 뿌리에서 흡수한 물과 무기양분이 위쪽으로 이동하는 통로인 물관부(木部; xylem)와 잎에서 광합성으로 합성된 유기양분이 식물체 각 부분으로 이동하는 통로인 체관부(篩部; phlome)가 다발(bundle)을 이루어 배열되어 있다.

2) 초본성 식물과 목본성 식물의 줄기

① 초본성 식물

초본성 식물의 줄기는 표피(epidermis), 피층(cortex), 중심주(stele)로 구분된다. 피층은 주로 유조직(parenchyma)으로 이루어져 있으며 외피인 표피가 피층을 둘러싸고 있다. 중심주에는 내초, 유관속(관다발; vascular), 수(pith)가 있다.

② 목본성 식물

목본성 식물은 초본성 식물의 줄기와 근본적으로 유사하나 물관부와 체관부 사이의 형성층(부름켜 ; cambium)이 활발한 2차생장을 일으켜 굵기가 굵어지면서 해마다 나이테(annual ring)를 형성하는 비대생장을 계속한다.

목본식물에서 은행나무, 낙엽송, 자작나무, 단풍나무 등의 가지는 두 종류로 구분된다. 장지(long shoot)는 잎과 잎 사이의 마디가 길어 잎이 서로 떨어져 있으며 단지(short shoot)는 마디가 거의 없어 잎이 서로 총생한 것처럼 보인다. 단지는 절간생장을 거의 하지 않은 가지이다. 소나무류의 경우에 엽속(fascicle)은 단지에 해당하고 엽속이 붙어 있는 가지는 장지에 해당한다고 할 수 있다. 은행나무나 낙엽송에서 일부 가지가 고정생장을 할 경우, 단지는 동아에서 유래한 춘엽만을 가지고 있으면서 마디의 길이가 짧으며, 만일 단지가 다시 생장을 시작하면 하엽을 만들면서 자유생장을 함으로써 장지로 바뀐다. 자유생장을 하는 수종이 노령기에 달해 생장이 줄어드는 이유는 대부분의 가지가 고정생장으로 바뀌면서 단지가 되기 때문이다.

3) 단자엽식물과 쌍자엽식물의 줄기

① 단자엽식물

단자엽식물(monocotyledonous plant)의 유관속은 불규칙적으로 줄기 전체에 흩어져 있다. 또한 형성층이 없기 때문에 부피생장을 하지 않는다.

② 쌍자엽식물

쌍자엽식물(dicotyledonous plant)은 초본성 및 목본성 식물이 있으며 유관속이 줄기 가장자리에 윤생으로 배열하고 형성층이 있다.

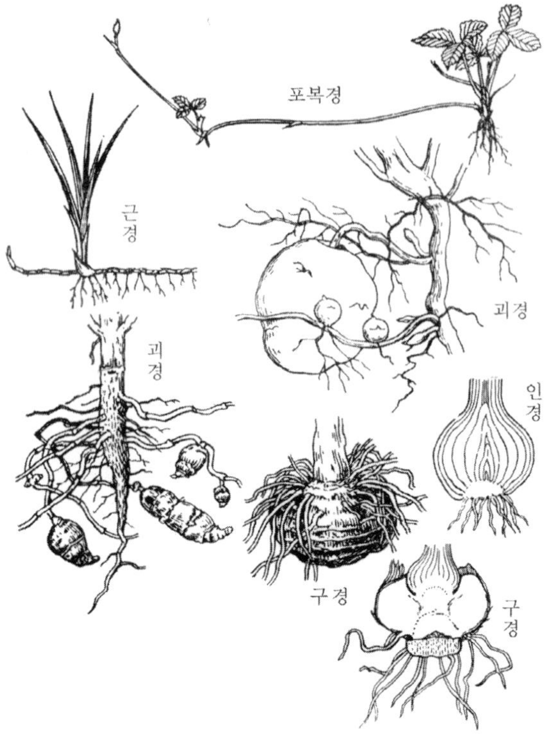

그림 2-151 변태성 줄기의 여러 가지 종류들

4) 변태성 줄기

① 지상부 변태성 줄기(그림 2-151)

㉮ 포복경(stolon) : 줄기의 모양이 달라져 땅속 및 땅위에서 수평으로 자라며 영양생식이 가능하다. 딸기(*Fragaria ananassa*), 우산잔디(*Cynodon dactylon*) 등에서 발달한다.

㉯ 덩굴손(tendril) : 덩굴모양의 줄기를 지탱해주기 위해 변형된 줄기로 포도속(*Vitis*) 및 담쟁이덩굴속(*Parthenocissus*) 등이 있다. 그러나 상당수의 식물에서 잎이 변형된 덩굴손도 있다.

그림 2-152 담쟁이 덩굴

㉰ 경침(thorn) : 줄기에 붙은 가지가 가시 모양으로 변형된 것을 일컫는다. 갈매나무, 산사나무(*Crataegus pinnatifida*), 주엽나무(*Gleditsia japonica*), 탱자나무 등이 있다. 그러나 잎이 가시 모양으로 변형된 것은 엽침이라 하며 선인장류나 아까시나무(*Robinia pseudoacacia*) 등이 있다.

② 지하부 변태성 줄기

㉮ 지하경(rhizome) : 땅속에서 수평으로 자라는 줄기로 아래쪽 표면에 뿌리가 발달한다. 지하

그림 2-153 노랑어리연꽃

그림 2-154 크로커스의 구근

경은 생장환경이 좋지 않은 온대지역의 겨울철에 저장양분을 비축하는 기관인 경우가 많다. 개연꽃(*Nuphar japonicum*)

㉯ 구경(corm), 괴경(tuber), 인경(bulb) : 자연에서 살아남기 위해 저장양분을 다양한 형태로 변형된 지하부 줄기에 저장하는 경우가 많다. 이들은 관상식물에서 구근으로 재배되는 경우가 많다.

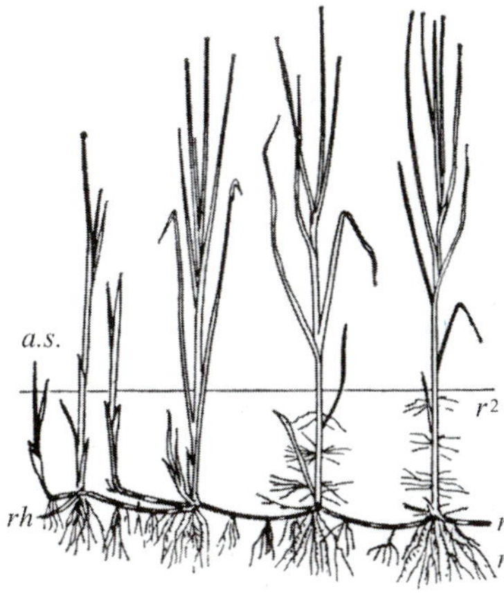

그림 2-155 화본과식물의 근경발달

(4) 눈

눈(芽; bud)은 줄기 끝에 붙는 어린 싹이며 잎이나 꽃으로 발달된다. 또한 엽아(葉芽), 화아(花芽), 잠아(潛芽) 등으로 구분되고, 특히 뿌리에 형성되는 눈을 부정아(不定芽)라고 한다. 그리고 눈이 가지의 끝에 달리면 정아(頂芽), 가지의 옆에 달리면 측아(側芽)로 구분한다.

1) 엽아(葉芽; leaf bud)

잎눈, 자라서 잎이나 가지가 되는 눈

2) 화아(花芽; flower bud)

꽃눈, 자라서 꽃이 되는 눈으로 보통 잎눈보다 짧고 통통하다.

3) 정아(頂芽; terminal bud)

식물의 줄기나 가지 끝에 나는 눈

그림 2-156 매미꽃(*Coreanomecon hylomeconoides*)

4) 측아(側芽; lateral bud)

줄기 옆에 나는 눈으로 정아보다 작고 정아가 생장하는 동안 휴면상태에 있다.

5) 액아(腋芽; axillary bud)

잎 겨드랑이에 나는 눈으로 측아와 동의어로 사용하기도 한다.

6) 잠아(潛芽; dormant bud)

줄기 밑에서 드러나지 않는 눈으로 보통 여러 해가 지나도 발달하지 않고 있다가 가지 줄기가 잘리면 발달하는 눈

7) 부정아(不定芽; adventitious bud)

줄기의 마디 이외의 자리에 달리는 눈, 반대로 일정한 자리에 달리는 눈은 정상아(正常芽; normal bud)라고 한다.

8) 엽흔(葉痕; leaf trace)

잎이 가지에서 떨어진 흔적

(5) 가시, 단지, 소지

가시는 식물의 잎이나 줄기에 뾰족하게 돋아나는 것을 말한다. 가시는 형성기원에 따라 여러 종류로 나뉜다. 단지는 마디 사이가 극히 짧은 가지로 5~6년간 자란다.

1) 경침(莖針; thorn)

가지의 끝이나 전체가 가시로 변한 것/ 주엽나무(*Gleditsia japonica* var. *koraiensis*), 갈매나무(*Rhamnus davurica*)

2) 엽침(葉針; spine)

잎이 가시로 변한 것/ 아까시나무(*Robinia pseudo-sieboldianum*), 꽃기린(*Euphorbia milii* var. *splendens*)

3) 피침(皮針; cortical spine)

표피에서 돋아나온 가시/ 장미(*Rosa hybrida*), 음나무(*Kalopanax pictus*)

그림 2-157 꽃기린

4) 단지(短枝; spur)

마디 사이가 짧은 가지/ 은행나무(*Ginkgo biloba*)

5) 소지(小枝; twig)

지난해에 자란 어린 가지

(6) 털

털(모용, 毛茸; trichome)은 식물체의 모든 기관에서 돋는다. 털의 유무 및 특성은 중요한 분류학적 식별 기준이 되기도 한다.

1) 단모(短毛; simple trichome)

분지되지 않은 털과 돌기를 단모라 하며, 세포가 일렬로 구성된 단열모(單列毛; uniseriate trichome) 및 여러 개의 세포열로 구성된 다열모(多列毛; multiseriate trichome)로 구분된다.

① 구자모(鉤刺毛; uncinate trichome) : 끝이 갈고리 모양으로 굽은 털
② 둔첨모(鈍尖毛; clavate trichome) : 끝이 뭉툭한 털
③ 염주상모(念珠狀毛; moniliform trichome) : 염주 모양으로 긴 모양의 털
④ 원추모(圓錐牟; conical trichome) : 원뿔 모양의 털
⑤ 원주모(圓柱毛; cylindrical trichome) : 원통 모양의 털
⑥ 견모(絹毛; sericeous trichome) : 비단실처럼 부드러운 털

2) 복모(複毛; complex trichome)

분지된 털이나 돌기를 일컬으며 다음과 같이 여러 갈래로 갈라진다.

그림 2-158 부용

그림 2-159 섬바위장대(*Arabis serrata*)

① 인모(鱗毛; peltate trichome)

비늘 모양의 털로서 밑에 자루가 있거나 없는 경우가 있음.

② 성모(星毛; stellate trichome)

성상모(星狀毛)라고도 하며 여러 갈래로 갈라진 별 모양의 털/부용(*Hibiscus mutabilis*), 섬바위장대

③ 다각모(多角毛; multiangulate trichome)

여러 방향으로 돋아난 여러 개의 털

④ T자형모(T字形毛; T-shaped trichome)

T자 모양의 털

⑤ 순형모(楯形毛; peltate trichome)

방패 모양의 털

3) 선모(腺毛; glandular trichome)

샘털이라고도 하며 끝에 분비샘이 발달한 털이다. 끝은 다세포로 이루어져 있고 모양이 둥글게 구형으로 부푼 형태가 가장 많다. 분비되는 물질은 식물의 종류에 따라 다양하나 대체로 점액 또는 수지 등으로 식충식물류나 철쭉류에서 볼 수 있다.

(7) 기타 식물체 표면의 특징

털이나 가시 등이 없는 식물체의 표면은 다음과 같이 다양한 형상을 나타낸다.

1) 평활(平滑; glabrous)

표면에 털이 없고 매끈한 모양

2) 망상(網狀; reticulate)

잎에서의 엽맥이나 종자껍질의 주름 또는 색깔 차이에 의해 그물처럼 보이는 것.

3) 추피상(皺皮狀; rugose)

표면이 주름살처럼 주름진 모양

4) 유두상(乳頭狀; papillate)

젖꼭지처럼 돌기가 올라온 모양

5) 비늘모양(scurfy)

작은 비늘이 덮인 모양

6) 조선상(條線狀; striate)

세로로 줄이 진 모양

7) 점질상(粘質狀; viscid)

끈적끈적한 표면

8) 회청색(灰靑色; glaucous)

표면에 밀랍분으로 덮여 회청색인 모양

2. 생식기관

꽃(flower)은 식물에 있어서 종을 번식시킬 수 있는 기본적인 생식기관이며, 꽃이 지고 난 후 수정에 의해 형성된 종자(seed)를 보호 또는 싸고 있는 열매(fruit)도 있다. 일반적으로 이들 생식기관은 영양기관에 비해 상대적으로 복잡한 구조를 지닌다. 이와 같이 꽃, 열매, 종자 등을 생식기관이라 하고 다음 세대를 만들기 위한 생식생장(reproductive growth)을 한다. 또한 생식기관은 피자식물을 분류하고 동정하는데 중요하다. 특히 꽃은 다른 생식기관에 비해 분류에서 가장 중요한 형질이다.

(1) 꽃

꽃은 외관상으로 꽃받침잎(萼片; sepal), 꽃잎(花瓣; petal) 등과 같은 보호기관(protection organ)과 암술(pistil), 수술(stamen)의 주요 필수기관(essential organ)이 화탁(花托; receptacle)에 붙어 화병(花柄; peduncle)에 연결되어 있다(그림 2-160). 꽃받침잎과 꽃잎을 합해 화피(花被; perianth)라고 한다. 위와 같은 기본적인 모든 구성요소를 갖추고 있는 꽃을 완전화(完全花; complete flower)라고 한다. 그리고 구성요소 가운데 일부가 없는 꽃을 불완전화(不完全花; incomplete flower)라고 일컫는다. 또한 암술과 수술이 함께 있는 꽃을 양성화(兩性花; bisexual flower)라 하고 암술 혹은 수술만 있는 꽃을 단성화(單性花; unisexual flower)라 한다. 단성화 가운데 암술만을 지니고 있는 꽃을 암꽃(雌花; pistillate flower)이라 하며 수술만 지니고 있는 꽃을 수꽃(雄花 ; staminate)

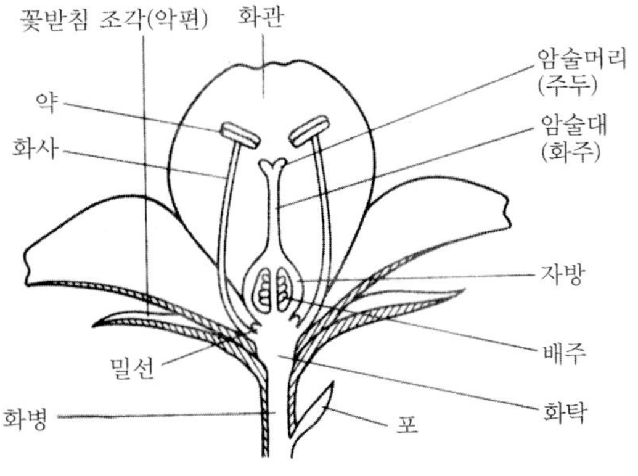

그림 2-160 꽃의 각 부위 명칭

그림 2-161 이팝나무

그림 2-162 백두산떡쑥(*Antennaria dioica*)

그림 2-163 아스파라거스

이라 한다. 암술과 수술이 모두 없는 꽃을 중성화(中性花; neutral flower)라 한다. 한 그루에 암꽃과 수꽃이 모두 피는 것을 암수한그루 또는 일가화(一家花) 또는 자웅동주(雌雄同株: monoecious)라 하며 예덕나무(*Mallotus japonicus*), 개암나무(*Corylus heterophylla* var. *thunbergii*) 등이 있다. 암꽃과 수꽃이 따로 따로 피는 것을 암수딴그루 또는 이가화(二家花) 또는 자웅이주(雌雄異株: dioecious)라 하며 은행나무(*Ginkgo biloba*), 비자나무(*Torreya nucifera*), 돌꽃(*Rhodiola elongata*), 이팝나무, 백두산떡쑥, 아스파라거스 등이 있다.

1) 화서

화축(花軸; floral axis)에 붙은 꽃의 배열된 형상을 화서(花序; inflorscence)라 한다(그림 2-164). 화서는 크게 무한화서(無限花序; indeterminate inflorscence)와 유한화서(有限花序; determinate inflorscence)로 구분한다. 유한화서는 화서의 정단부가 꽃으로 전환되었기 때문에 위 혹은 가운데 꽃이 먼저 피고 이어 아래 또는 가장자리로 피어 내려간다. 무한화서는 꽃이 밑에서부터 위로 혹은 가장자리에서 가운데로 피어 올라가며, 꽃이 피는 동안에도 새로운 꽃들이 정단부에서 발달하기도 한다. 또한 복합적으로 발달하는 복합화서(複合花序; mixed inflorescence) 등이 있다.

① 무한화서

㉮ 두상화서(頭狀花序; head) : 화축이 짧아져 많은 꽃들이 넓은 원반형의 화탁 위에 놓여 있어, 마치 머리에 머리카락이 난 것처럼 보이는 화서/ 국화과식물(*Compositae*), 맨드라미, 스카비오사

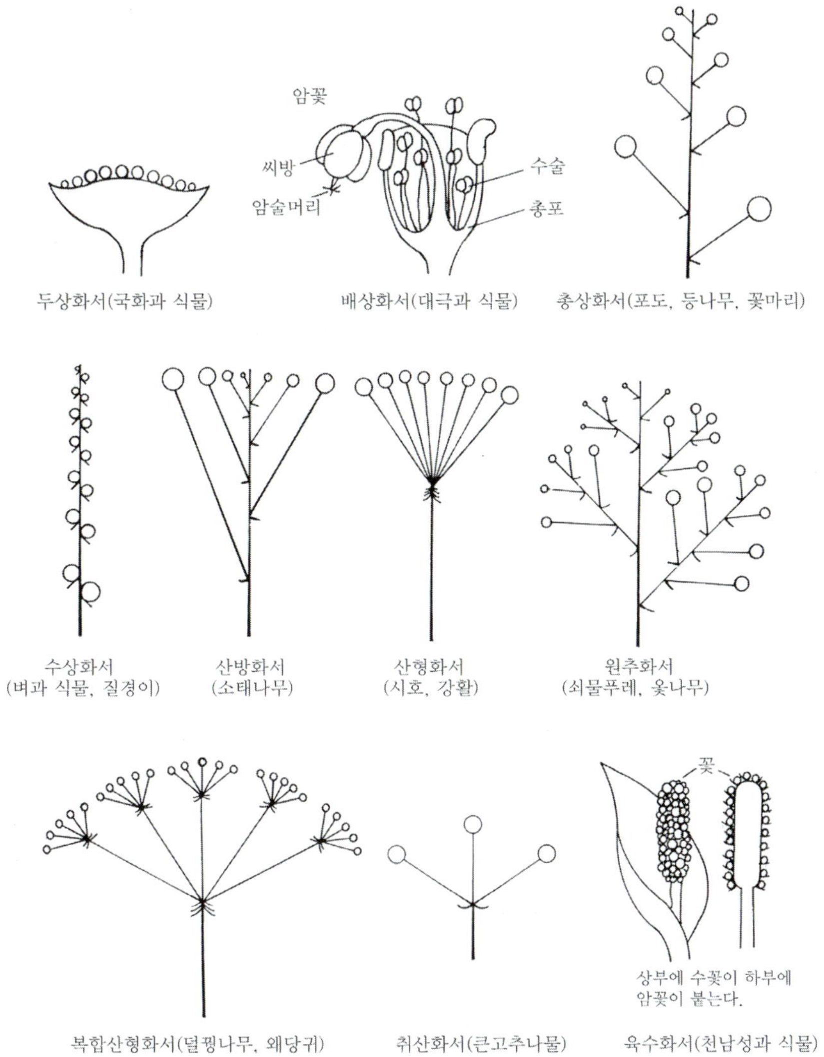

그림 2-164 여러 가지 형태의 화서

그림 2-165 불꽃맨드라미 절화

그림 2-166 스카비오사

㉯ 산방화서(繖房花序; corymb) : 소화경이 거의 같은 높이로 자란 화서/ *Prunus*속, *Crataegus*속, *Spiraea*속, 꿩의비름(*Sedum erythrostictum*), 수국, 조팝나무

㉰ 원추화서(圓錐花序; panicle) : 분지된 총상화서로서 화서 전체가 원추형인 화서 / 쥐똥나무(*Ligustum obtusifolium*), 흰명아주(*Chenopodium album*), 아왜나무(*Viburnum odoratissimum*), 고추나무(*Staphylea bumalda*), 목형(*Vitex negundo*), 예덕나무(*Mallotus japonicus*), 남천

그림 2-167 에리게론(*Erigeron compositus*)

그림 2-168 은방울꽃

㉱ 총상화서(總狀花序; raceme) : 짧은 소화경이 화축에 붙어 길게 자라는 화서/ 아까시나무(*Robinia pseudo-sieboldianum*), 때죽나무(*Styrax hallaisanensis*), 진범(*Aconitum loczynaum*), 현호색(*Corydalis turtschaninovii*), 사철란(*Goodyera schlechten-daliana*), 루피너스, 무스카리, 옥잠화, 은방울꽃, 자리공

㉲ 수상화서(穗狀花序; spike) : 총상화서와 비슷하게 화축은 길게 자라지만 소화경이 거의 없는 화서/ 질경이(*Plantago asiatica*), 사람주나무(*Sapium japonicum*), 쇠무릎(*Achyranthes japonica*), 금창초(*Ajuga decumbens*), 바위솔, 손바닥난초(*Gymnadenia conopsea*), 익시아, 맥문동, 글라디올러스, 프리지아

㉳ 산형화서(傘形花序; umbel) : 화축에서 소화경이 갈라져 마치 우산살과 같은 화서/ 산형과식물(*Umbelliferae*), 호랑가시나무(*Ilex cornuta*), 생강나무(*Lindera obtusiloba*), 산수유(*Cornus officinalis*), 육박나무(*Actinodaphne lancifolia*), 아가판서스, 상사화, 알리움, 문주란, 송악

㉴ 육수화서(肉穗花序; spadix) : 화축이 통통한 육질인 화서/ 천남성과(Araceae), 부들과식물(Typhaceae), 안스리움, 칼라, 몬스테라, 스파티필럼

그림 2-169 섬자리공 (*Phytolacca insularis*)

그림 2-170 줄바꽃 (*Aconitum alboviolaceum*)

그림 2-171 정선바위솔 (*Orostachys chongsunensis*)

그림 2-172 헤데라'Bright Stone'

그림 2-173 헤데라'California man'

㉵ 소수화서(小穗花序; spikelet) : 작은 수상화서/ 벼과(Gramineae), 사초과식물(Cyperaceae)

② 유한화서

㉮ 취산화서(聚繖花序 ; cyme) : 가운데 꽃이 먼저 피고 나서 주변의 꽃이 피는 화서/별꽃(*Stellaria media*), 먼나무(*Ilex rounda*), 푼지나무(*Celastrus flagellaris*), 돌나물(*Sedum sarmentosum*), 방아풀(*Isdon japonicus*), 세잎양지꽃(*Potentila freyniana*), 화살나무

그림 2-174 산부채 (*Calla Palustris*)

그림 2-175 부들

㉯ 배상화서(杯狀花序; cyathium) : 암술과 수술이 각각 1개인 암꽃과 수꽃이 컵같은 화탁 안에 들어있는 화서/ 대극과식물(Euphorbiaceae)

㉰ 권산화서(卷繖花序) : 화축의 일부에서 다른 화축이 나오고 각각의 끝부분에 꽃이 피는 화서

그림 2-176 애기앉은부채(*Symplocarpus nipponicus*)

그림 2-177 느티나무

그림 2-178 화살나무

그림 2-179 대극

2) 꽃받침

꽃받침은 악(萼; calyx, sepals)이라 하며 꽃의 맨 바깥 부분에 해당한다. 적어도 2장 이상의 꽃받침 조각(악편; 萼片; sepal)으로 되어 있으며 대부분이 두터운 녹색이므로 꽃잎과는 쉽게 구분된다. 꽃받침 조각이 낱낱이 떨어지는 것을 이편악(離片萼; polysepalous)이라 하고 서로 붙어있는 것을 합편악(合片萼; synsepalous)이라 한다. 이편악(離片萼)은 꽃받침조각의 수에 따라 다시 이편악(二片萼; disepalous), 삼편악(三片萼; trisepalous), 다편악(多片萼; polysepalous) 등으로 구분한다.

3) 화관

꽃잎(petal)을 총칭하여 화관(花冠; corolla)이라 한다(그림 2-180). 대부분의 꽃에서 화관은 가장 눈에 잘 띄고 크며 화려하여 색깔과 향기가 있다. 일반적인 꽃은 꽃받침의 안쪽과 수술의 바깥쪽에 꽃잎이 있다. 일일초, 팬지, 채송화, 금잔화, 코스모스, 과꽃, 국화, 거베라, 마가렛, 패랭이꽃, 장미, 무궁화 등과 같이 꽃잎이 서로 떨어져 각각 분리되어 있는 것을 이판화관(離瓣花冠; polypetalous

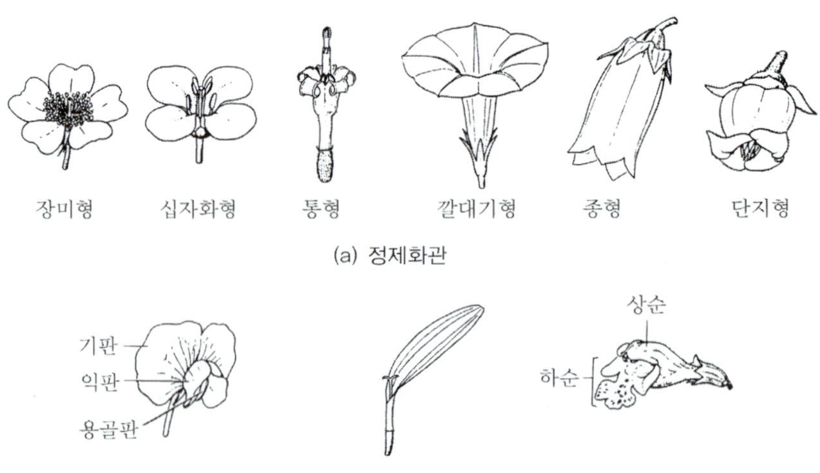

그림 2-180 화관의 종류

그림 2-181 무궁화(배달계)

그림 2-182 무궁화(아사달계)

corolla)이라 하고 분꽃, 나팔꽃, 살비아, 비비추, 옥잠화, 도라지 개나리 등과 같이 서로 붙어 통꽃인 것을 합판화관(合瓣花冠; gamopetalous corolla)이라고 한다. 합판화관은 구조상 판통(瓣筒 ; tube), 판인(瓣咽 ; throat), 판연(瓣緣 ; lobe)의 3부분으로 구성된다. 꽃잎의 크기와 모양이 비슷하게 생긴 것을 정제화관(整齊花冠; regular corolla)이라 하고 불규칙적이어서 각각 다른 것을 부정제화관(不整齊花冠; irregular corolla)이라 한다.

그림 2-183 무궁화(홍단심계)

그림 2-184 몬타늄꽃냉이(*Alyssum montanum*)

그림 2-185 아네모네 (*Anemone multifida*)

그림 2-186 꽃고추(*Capsicum annuum* var. *abbreviatum*)

그림 2-187 도라지

① 정제화관

㉮ 장미형(薔薇形; rosaceous) : 장미꽃처럼 생긴 화관/장미, 코스모스, 아네모네

㉯ 십자화형(十字花形; cruciform) : 십자화과(Cruciferae)의 꽃처럼 십(十)자형 또는 X자형 모양의 화관

㉰ 석죽형(石竹形; caryophyllaceous) : 석죽과(Caryophyllaceae)의 꽃처럼 생긴 화관

㉱ 통형(筒形; tubular) : 국화과(Compositae)의 관상화와 같이 통형인 화관/호야, 아가판서스, 펜타스(*Pentas*)

㉲ 깔대기형(漏斗形; funnel form) : 깔때기 모양의 화관/비비추, 살비아, 디기탈리스, 병꽃나무(Weigela subsessilis), 가지속(*Solanum* species)

그림 2-188 초롱꽃

㉳ 종형(鐘形; campanulate) : 종 모양의 화관/칼랑코에, 초롱꽃과(Campanulaceae)

㉴ 단지형(壺形; urceolate) : 통형과 비슷하나 끝이 뒤로 젖혀져 단지 모양으로 생긴 화관/아부틸론, 산다소니아, 은방울꽃(*Convallaria keiskei*)

② 부정제화관

㉮ 나비형(蝶形; papillionaceous corolla) : 콩과식물(Leguminosae)의 화관이며 기판(旗瓣; standard), 익판(翼瓣; wings), 용골판(龍骨瓣; keels)으로 구성/시클라멘, 알스트로메리아

㉯ 입술형(脣形; bilabiate) : 위, 아래 2개의 꽃이 마치 입술처럼 생긴 화관/새우풀, 꿀풀과(Labiatae), 현삼과(Scrophulariaceae)

㉰ 가면형(假面形; personate, masked) : 입술형 화관과 유사하지만 하순(下脣)이 꽃통(瓣筒; tube)을 막은 화관/네마탄서스, 금

그림 2-189 금어초

어초(*Antirrhinum majus*)

㉣ 설형(舌形; ligulata) : 민들레(*Taraxacum platycarpum*) 등의 국화과(Compositae) 식물의 설상화와 같이 짧은 판통(瓣筒; tube)과 넓고 긴 판연(瓣緣; lobe)으로 된 화관/로벨리아, 옥잠난초

4) 수술

완전화에 있어 수술(雄蕊; stamen)은 꽃잎과 암술 사이에 위치하며 꽃가루(화분, 花粉; pollen)를 생산하는 기관이다. 수술은 수술대(花絲; filament)와 꽃밥주머니(약, 葯; anther)로 구성된다. 꽃밥주머니는 보통 2~4개의 화분낭(pollen sac)으로 이루어져 있다. 화분낭 안에는 꽃가루가 들어있다. 꽃가루는 일반적으로 구형이지만 타원형, 사각형 등 여러 모양이 있다. 꽃가루를 주사전자현미경으로 관찰하면 표면이 매끈한 것을 비롯하여 독특한 돌기를 지니는 것도 있다. 이와 같이 화분의 특징적인 모양도 식물분류의 기준이 되기도 한다. 꽃가루의 크기는 0.1~0.01㎜이며 색깔은 노란색이 일반적이다.

5) 암술

암술은 꽃의 중앙에 위치하며 잎이 변하여 생긴 심피(心皮; carpel)로 구성된다. 하나의 심피로 이루어진 암술은 단자예(單雌蕊; simple pistil) 또는 단심피(單心皮)라고 하며 콩과(Leguminosae), Akebia, Prunus, Daphne, Elaeagnus 등이 있다. 둘 이상의 심피로 이루어진 것을 복자예(複雌蕊; compound pistil)라 하며 Hibiscus, Paeonia 등이 있다. 암술을 형성하는 심피는 자방(子房; ovary), 암술대(花柱; style), 암술머리(柱頭; stigma)의 세부분으로 구성된다. 자방 안에는 앞으로 종자가 될 배주(胚珠; ovule)가 들어 있다. 배주가 자방벽에 붙은 자리를 태좌(胎座; placenta)라 한다. 자방에서 태좌의 위치를 태좌위(胎座位; placentation)라 하는데, 배주의 붙은 모양 및 배열상태를 알 수 있다. 암술대는 자방이 성숙할 때까지 남아 있다가 열매의 일부가 되기도 하고 성숙하기 떨어지기도 한다. 암술머리는 성숙하기 전에는 점액을 분비하여 화분이 잘 달라붙도록 하며 1개 혹은 2개 이상으로 갈라지기도 한다.

그림 2-190 안스리움 절화

6) 포(苞; bract)와 소포(小苞; bracteole)

포 또는 포엽(bract leaf)는 화축의 밑에 있는 비늘 모양의 잎이며 소포는 화축에 있는 포보다 작은 잎이고 일반적으로 포와 꽃받침 사이에 흔히 붙는다. 보통 이들은 광합성 능력은 거의 없거나 전혀 없으며 어린 화아(flower bud)를 감싸 보호하는 역할을 한다. 포는 대부분의 식물에서 꽃이 개화하면 말라붙거

그림 2-191 부겐베리아

그림 2-192 타이탄아룸

나 탈락하는데 안스리움, 칼라, 스파티필럼 등의 천남성과를 비롯하여 포인세티아, 부겐베리아, 산딸나무 등의 경우에는 포가 크게 발달하여 꽃잎처럼 관상가치가 높기도 하다.

7) 화식과 화식도

꽃의 구조를 식으로 나타내는 방법을 화식(花式; floral formula)이라 한다. 화식은 부호와 숫자로 분류군의 특색을 수식처럼 나타낸다. 사용하는 부호는 학자에 따라 약간씩 다르지만 수적 표시는 동일하다. 또한 꽃의 각 부분 위치를 알기 쉽게 평면도로 나타낸 것을 화식도(花式圖; floral diagram)라 한다. 화식도는 기호를 사용하여 동심원 내에 꽃의 각 부분의 수, 구조, 위치 등의 상호관계를 표시한다.

8) 대표적인 특수한 꽃

관상식물에 있어 꽃의 관상 가치는 매우 중요하다. 또한 꽃은 미적 가치뿐만 아니라 색채, 방향성 등의 부가적인 가치도 중요하다. 꽃의 종류에 따라서는 일명 '시체꽃'이라 불릴 정도로 악취가 나는 백합과의 타이탄아룸(*Amorphophallus titanium*)과 같은 특수한 꽃도 있다. 다음의 꽃들은 형태적인 특징에서 특이한 유형의 꽃을 소개한다.

① 국화과

국화과(Compositae) 관상식물의 대부분은 초본성으로 일부 목본성도 있다. 약 1,000속 2만 3천종이 알려져 있으며 현화식물 가운데 다른 과에 비해 종의 수가 가장 많은 분류군이다. 꽃은 두상화서가 특징적이고 국화, 해바

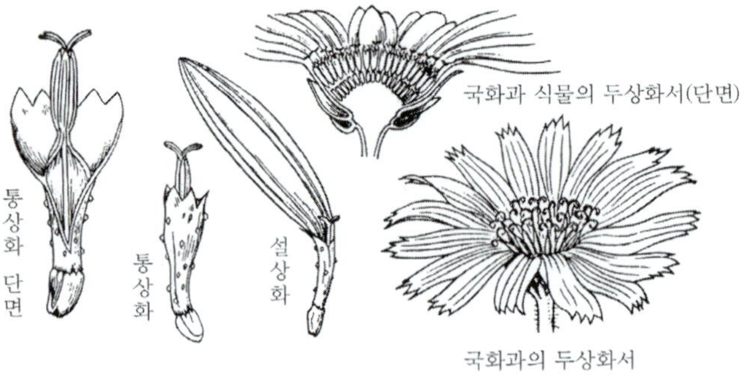

그림 2-193 국화과 관상식물 꽃의 일반적 구조

라기, 코스모스, 과꽃, 거베라, 금계국, 마가렛, 루드베키아, 매리골드, 백일홍, 달리아, 개미취, 벌개미취, 감국, 민들레 등으로 재배식물 및 야생식물의 종이 매우 다양하다(그림 2-193). 두상화서에는 많은 소화가 화경이 단축된 반원상의 화서축 위에 밀집되어 개화하므로 마치 하나의 꽃처럼 보인다. 소화는 바깥쪽의 설상화(ray flower)와 안쪽의 통상화(disk flower)로 구분된다. 그러나 엉겅퀴, 리아트리스 등은 설상화는 없고 통상화만 피는 꽃이다. 통상화는 관상화(管狀花)라고도 한다.

그림 2-194 개미취

그림 2-195 거베라

그림 2-196 털머위

그림 2-197 금계국'Early Sunrise'

그림 2-198 매리골드

그림 2-199 루코스퍼멈(*Leucospermum gueinzii*)

그림 2-200 병아리난초 (*Amitostigma gracilis*)

그림 2-201 심비디움 (*Cymbidium alexanderi*)

그림 2-202 타래난초 (*Spiranthes sinensis*)

② 난과

그림 2-203 새우난초(*Calanthe discolor*)

난과(Orchidaceae)의 관상식물은 단자엽식물에 속하는 초본성 식물로 현화식물 가운데 가장 진화한 식물로 알려져 있다. 전 세계적으로 약 700속 2만 5천종이 알려져 있으며 극지방을 제외한 남, 북반구에도 많은 종이 자생하지만 열대 및 아열대지역에 대부분이 분포하고 있다. 반다(Vanda), 팔레놉시스(Phalaenopsis), 카틀레야(Cattleya), 덴드로비움(Dendrobium), 풍란(Neofinetia), 지네발란(Sarcanthus) 등과 같은 착생란류를 비롯하여 심비디움(Cymbidium)류, 새우난초(Calanthe), 복주머니란(Cypripedium), 자란(Bletilla) 등의 지생란류로 구분하기도 하며 이 외에도 원산지

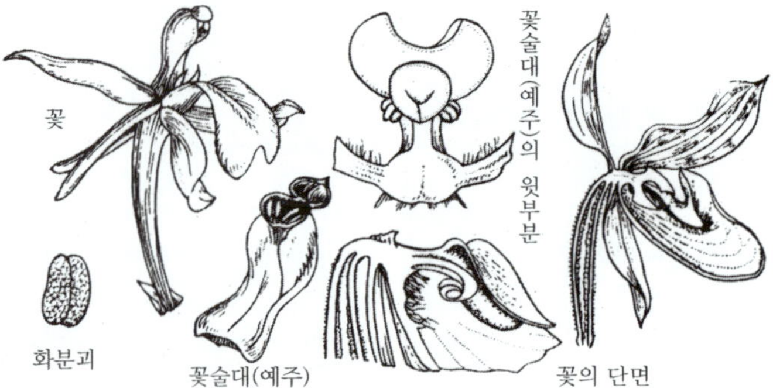

그림 2-204 난과 관상식물 꽃의 일반적 구조

(동양란, 서양란), 줄기의 형태(단경성란, 복경성란), 뿌리의 생육습성(지생란, 착생란) 등으로 구분하는 방법도 있다. 특히 꽃의 관상가치가 높아 오래 전부터 관상식물로 이용되어 왔다. 꽃은 대부분의 종이 총상화서로 긴 화경의 축에 소화경이 있는 소화가 밑에서 위를 향해 핀다. 암술과 수술이 예주(column)라고 하는 하나의 기관에 붙어 있다(그림 2-204). 예주는 난과식물 꽃의 중심부에 기둥상의 기관이며 선단부에는 둥근 모양의 약모가 있다. 약모를 제거하면 보통 2개의 황색 덩어리 모양의 화분이 있다. 이 화분 덩어리를 화분괴(pollinium)라고 한다. 암술은 구조상으로 그 밑 쪽으로 예주 선단부의 오목하게 들어간 부위가 암술머리에 해당한다. 꽃잎은 보통 바깥쪽에 3매(외화피), 안쪽에 3매(내화피)로서 모두 6매로 이루어져 있다. 이 가운데 내화피 중의 한 매가 나머지 2매와는 형태와 색이 완전히 다른 것이 있다. 이를 순판(脣瓣; labellum)이라 한다. 순판은 매개곤충을 유인하기 위해 특별히 진화한 것으로 보이며 관상가치가 높다.

③ 천남성과

천남성과(Araceae) 관상식물은 단자엽식물의 다년초류이다. 디펜바키아, 몬스테라, 스파티필럼, 싱고니움, 안스리움, 알로카시아, 칼라, 칼라디움, 필로덴드론, 반하, 천남성, 창포 등과 같이 대부분의 천남성과식물의 꽃은 관상가치가 높다. 천남성과 식물의 꽃은 육수화서가 특징이며 곤봉상의 돌출물에 꽃잎이 없는 소화가 밀집되어 있으며 이것을 감싸고 있는 포엽이 있다. 포엽은 마치 꽃잎처럼 보이나 화서를 보호하는 역할을 한다.

그림 2-205 반하(*Pinellia ternata*)

④ 콩과

콩과(Leguminosae)의 관상식물은 쌍자엽식물로 초본성식물은 물론 목본성식물도 있다. 전 세계적으로 650속 1만8천종이 알려져 있으며 국화과, 난과에 이어 가장 많은 종이 있는 분류군이다. 콩과식물의 꽃은 여러 유형이 있으나 나비 모양의 접형(蝶形)이 대표적이며 스위트피가 있다. 접형 꽃은 좌우대칭형으로 모양이 다른 5매의 꽃잎이 나비와 같은 특징적인 형태를

그림 2-206 개족도리(*Asarum maculatum*)

그림 2-207 창포(*Acorus calamus*)

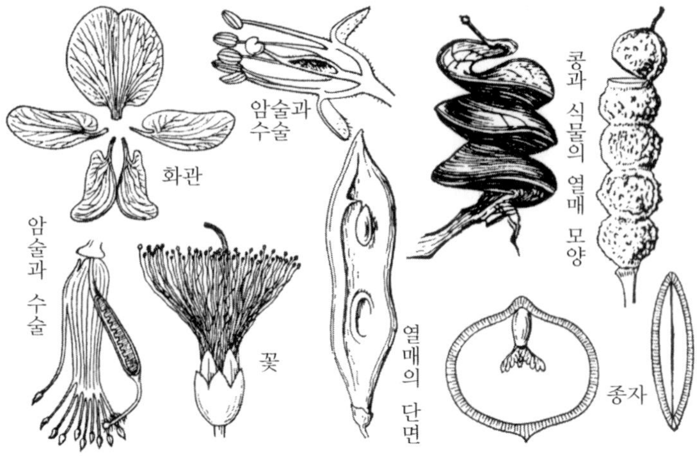

그림 2-208 콩과 관상식물 꽃의 일반적 구조

나타낸다. 5매의 꽃잎 중 상부의 뒷면에 깃발처럼 보이는 넓고 큰 꽃잎은 기판(旗瓣; standard, vexillum)이라 한다. 그 안쪽의 중심부에 새가 날개를 접고 있는 모양의 꽃잎이 2매 있다. 이것은 익판(翼瓣; wing)이라 한다(그림 2-208). 또한 제일 안쪽에는 배의 선단부와 같은 2매의 꽃잎이 있는데, 선판이라 한다. 이 외에도 콩과식물의 꽃은 자귀나무와 같은 볼형을 비롯하여 실거리나무 등의 일반형도 있다.

(2) 열매

일반적으로 열매(fruit)란 식물의 꽃이 수정된 후 자방이 자라서 맺힌 것이라 정의한다. 보통은 과피와 종자로 구성되어 있다. 그러나 엄밀하게는 씨방이 발달하여 된 것을 과실(果實)이라 하고, 밑씨(胚珠)가 발달하여 만드는 것을 씨(種子; seed)라 하므로 열매란 말은 과실에 가깝다고 할 수 있다. 그러나 통상 열매는 두 가지 의미를 모두 포괄하여 사용된다. 일반적인 피자식물의 열매는 과피(果皮; pericarp)와 씨로 구성된다. 과피는 열매의 바깥에서 외과피(外果皮; exocarp), 중과피(中果皮; mesocarp), 내과피(內果皮; endocarp)의 순으로 구분된다. 이 가운데 중과피가 육질인 것을 육과피(肉果皮; sarcocarpium)라 하며, 단단한 내과피가 종자에 붙어있는 것을 핵(核; putamen)이라 한다. 열매 중에서 심피가 발달하여 과피가 된 것을 진과(眞果; true fruit)라 한다. 또한 화탁, 총포, 악, 화탁통과 같은 심피 주위 부분이 함께 발달하여 과피가 된 열매를 가과(假果; false fruit)라 한다. 열매는 과실을 구성하는 자방의 수에 따라 단과, 취과, 복과로 구분된다. 단과는 1개의 자방과 꽃이 결합하여 형성된 열매이다. 취과는 1개의 꽃에 다수의 자방이 결합되어 형성된 것으로 1개의 화탁에 많은 소과실이 붙어 있다. 복과는 많은 수의 꽃과 자방이 모여 1개의 덩이를 이루고 있는 것이다. 또한 열매의 종류는 장과, 핵과, 이과, 협과, 삭과, 수과, 견과, 시과 등으로 구별되기도 한다(그림 2-209).

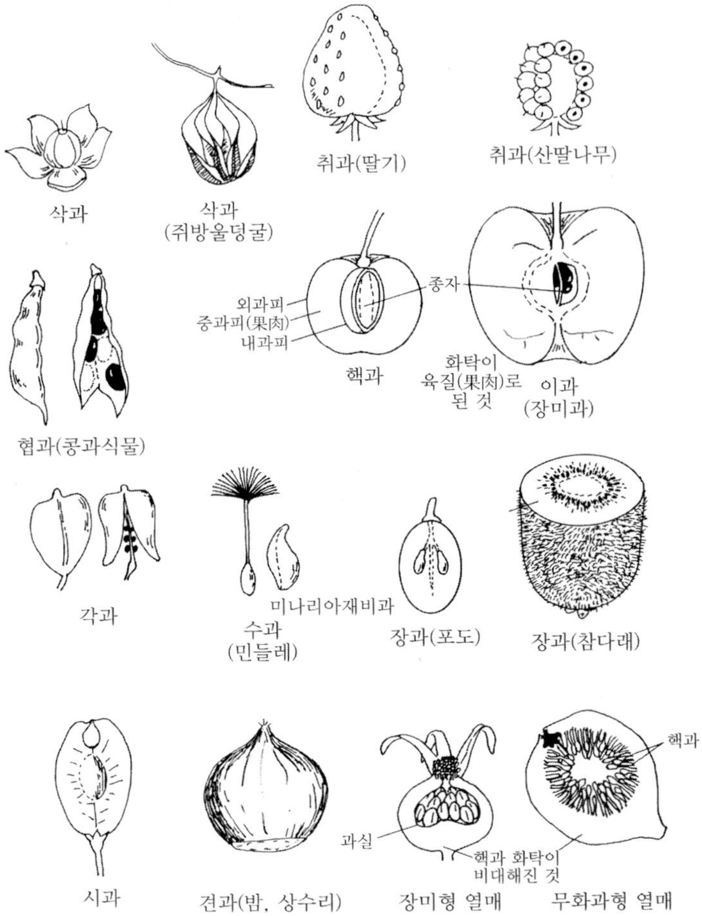

그림 2-209 여러 가지 형태의 열매

1) 진과(眞果; true fruit)

진과는 심피가 발달하여 형성된 과실이다.

① 건폐과(乾閉果; dry indehiscent fruit)

성숙하여 건조되어도 열개되지 않는 열매

㉮ 수과(瘦果; schene) : 1 자방실에 1개의 씨가 들어있고 일반적으로 작고 과피가 얇다. 날개나 깃털이 있다. 으아리(*Clematis mandshurica*), 국화과(Compositae)

㉯ 시과(翅果; samara) : 2개의 심피로 되어 있으며 날개가 달려 있다. 날개가 없다면 견과와 같다. 단풍나무(*Acer palmatum*), 물푸레나무(*Fraxinus rhynchophylla*), 느릅나무(*Ulmus davidiana* var. *japonica*), 미선나무

㉰ 견과(堅果; nut) : 과피가 단단한 목질이며 보통 1개의 종자가

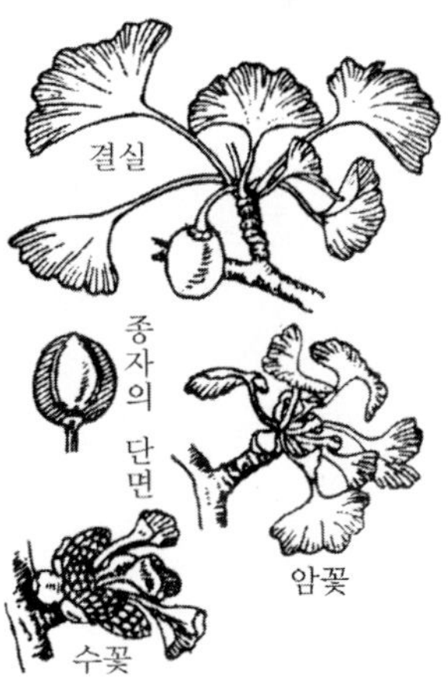

그림 2-210 은행나무의 개화와 결실

들어있다. 밤(*Castanea crenata*), 도토리(*Quercus acutissima* var. *septentrionalis*)

㉱ 낭과(囊果 ; utricle) : 과피가 씨와 분리되는 막질이며 주머니 모양이다. 명아주과(*Chenopodiaceae*), 고추나무(*Staphylea bumalda*), 새우나무(*Ostrya japonica*)

그림 2-211 갯쑥부쟁이

그림 2-212 구름국화(*Erigeron thunbergii* var. *glabratus*)

그림 2-213 단풍나무의 열매

그림 2-214 씀바귀

그림 2-215 미선나무의 열매

그림 2-216 민들레의 수과

② 건개과(乾開果; dry dehiscent fruit)

성숙하면 과피가 열개하여 종자가 노출되는 열매

㉮ 골돌과(蓇葖果 ; follicle) : 단자예로 구성되어 있으며 1개의 봉선에 따라 벌어지고 1개의 심피 안에 1개 혹은 여러 개의 종자가 들어 있다. 목련과(Magnoliaceae), 모란과(Paeoniaceae)

㉯ 협과(莢果 ; legume) : 단자예로 구성되어 있으며 2개의 봉선에 따라 벌어진다. 콩과(Leguminosae)

㉰ 분리과(分離果 ; loment) : 모양은 콩꼬투리와 비슷하게 생겼지만, 열매의 씨가 들어있는 사이가 매우 잘록하여 익으면 여러 동강으로 분리된다. 도둑놈의갈고리(*Desmodium podocarpum* sp. *oxyphyllum*)

그림 2-217 산작약(*Paeonia japonica*)

㉱ 삭과(蒴果 ; capsule) : 다심피로 구성되며 2개 이상의 봉선에 따라 터진다. 진달래과(Ericaceae), 질경이(*Plantago asiatica*), 현호색(*Corydalis turtschaninovii*), 채송화(*Portulaca grandiflora*), 주름잎

㉲ 분열과(分裂果 ; schizocarp) : 중축(中軸 ; stylopodium) 좌우에 달린 열매가 2개로 갈라지는 것으로 갈라진 각 열매를 분과(分果; mericarp)라 한다. 꿀풀과(Labiatae), 지치과(Boraginaceae), 쥐손이풀과(Geraniaceae), 산형과(Umbelliferae)

③ 육질과(肉質果; fleshy fruit)

㉮ 장과(漿果 ; berry) : 다수의 종자가 육질로 되어 있는 내외벽 안에 들어 있다. 포도(*Vitis vinifera*), 자리공, 오갈피

㉯ 감과(柑果; hesperidium) : 과육이 내과피에 의해 여러 개의 방으로 분리된다. *Citrus*속

㉰ 석류과(석류과; balausta) : 과피가 아래, 위 여러 개의 방으로 구성되고 종피도 육질이다. 석류(*Punica granatum*)

그림 2-218 미국자리공

㉱ 핵과(核果 ; drupe) : 열매 중심에 한 개의 목질화된 단단한 내과피로 둘러싸인 종자나 핵(核; pit)이 있고 중과피는 육질이다. 닥나무(*Broussonetia kazinoki*), 복숭아(*Prunus persica*), 살구(*Prunus armeniaca* var. *ansu*)

㉲ 박과(pepo) : 박과식물(Cucurbitaceae)의 특징적인 열매이다. 열매의 바깥쪽에 있는 단단한 겉껍질은 외과피이며 화탁조직에서 발달한다. 안쪽의 연한 육질 부분은 중과피와 내과피이다. 오이(*Cucumis sativus*), 호박(*Cucurbita moschata*).

2) 가과(假果 또는 僞果; false fruit)

① 단과(單果; simple fruit)

1개의 씨방과 꽃의 다른 부분들이 결합해서 커진 과실

㉮ 이과(梨果; pome) : 열매 안쪽의 진과는 자방이 변해서 형성되었고 자방을 둘러싸고 있는 풍부한 육질부분은 화탁이 발달하여 이루어졌으며 여러 개의 종자를 지닌다. 산사나무(*Crataegus pinnatifida*), 사과(*Malus pumila*), 배(*Pyrus pyrifolia* var. *culta*)

㉯ 영과(穎果; caryopsis) : 과피는 막질이고 종피는 과피와 붙어 있다. 화본과(Gramineae)

㉰ 취과(聚果; aggregate) : 하나의 꽃에 있는 여러 개의 분리된 심피들이 1개의 화탁 위에서 발달하는 동안 심피들과 화탁조직이 함께 자라서 생긴 많은 소핵과로 구성된 열매. 딸기(*Fragaria ananassa*), 산딸기(*Rubus crataegifolius*), 목련(*Magnolia nivea*)

② 다화과(多花果; multiple fruit)

다화과는 발달하는 동안 하나의 화서에 각각의 열매들이 모두 합해져 결국 하나의 형태를 지닌 열매가 된 것이다. 무화과(*Ficus carica*), 뽕나무(*Morus alba*), 파인애플(*Ananas comosus*) 등의 열매가 이에 해당한다. 구과(毬果; cone), 상과(桑果; sorosis), 은화과(隱花果; syconium) 등으로 구분하기도 한다.

제 Ⅲ 장 관상식물 재배환경

관상식물의 생육은 광(light), 수분(water), 온도(temperature), 대기(air), 토양(soil) 등의 자연환경에 크게 좌우된다. 이와 같은 환경요인들은 식물의 분포면적 및 생장상태를 지배하고 식물생존의 한계를 설정한다. 그러므로 관상식물 재배에 있어서도 환경조건 상호간을 적절히 조화시켜 식물생육에 적합한 재배환경이 성립될 수 있도록 해야 한다.

그림 3-1 관상식물 재배용구 판매점

그림 3-2 대형화분을 이용한 관상식물 재배와 장식

제 1 절 환경 요인

1. 광선

빛은 식물의 생육에 절대적으로 필요한 광합성(photosynthesis)의 요소이며 광주기성(photoperiodism), 기관형성(photomorphogenesis) 등에 작용한다. 이와 같은 식물의 생리작용에는 빛의 강도, 빛의 성질, 빛의 지속시간 등이 영향을 미친다. 빛은 주로 가시광선(380~760nm) 영역에서 식물에 유효한데 이 빛 에너지에 의해 식물의 생육에 필요한 광합성을 비롯하여 증산작용, 식물의 생장과 분화, 굴광현상, 개화반응, 식물색소의 합성 등의 중요한 생리작용이 일어난다. 우리나라는 북반구의 중위도 지역에 위치하여 계절에 따른 광도, 일장 등의 변화가 심하게 나타난다.

(1) 빛의 성질

빛은 전자파(electromagnetic wave)로 이루어진 에너지로 일정한 파장을 지니고 있다. 이와 같은 전자파가 가지는 에너지는 파장에 반비례하고 일정한 길이 내에서 진동수에 비례한다. 그러므로 파장이 상대적으로 짧은 청색광은 파장이 긴 적색광에 비해 높은 에너지를 지닌다고 할 수 있다(그림 3-3).

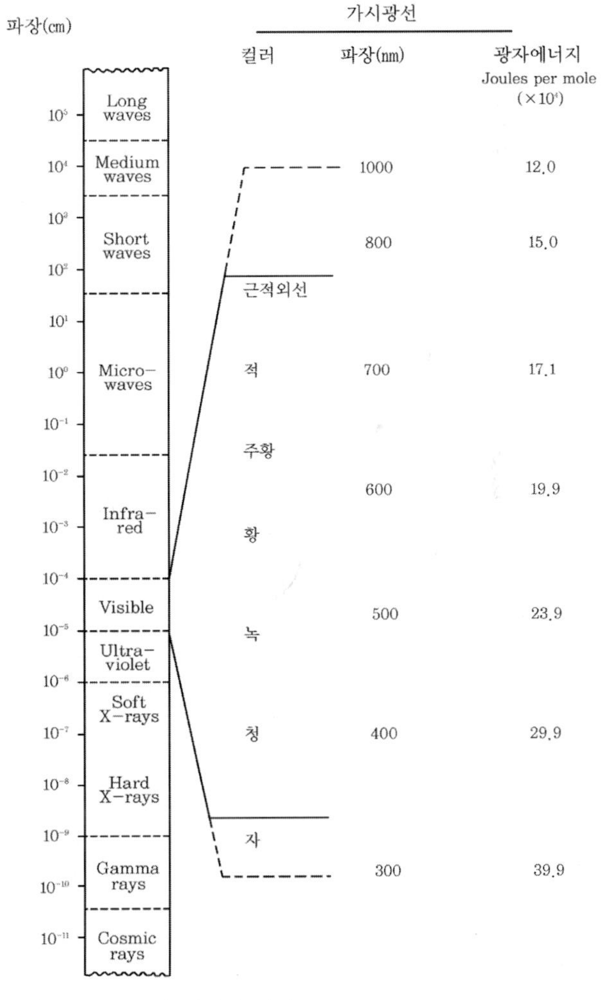

그림 3-3 빛의 파장과 색깔

그림 3-4　멕시코에서의 포인세티아

그림 3-5　세듐(*Sedum gracile*)

(2) 빛의 강도와 식물의 생육

식물이 받는 빛의 강도를 광도(light intensity)라 한다. 일반적으로 광도는 연중을 통해 계절적인 변화는 물론 위도에 따라 변화한다. 하루 중에도 아침에 해가 뜰 때부터 정오까지는 광도가 증가하나 이후 차차 감소하게 되며 계절에 따라서도 여름철에는 높고 겨울철에는 낮은 것이 일반적이다. 지역적으로는 적도 및 그 부근이 높고 위도가 양극점으로 높아지거나 낮아질수록 광도가 낮아지게 된다. 또 대기 중의 먼지나 물입자 등에 의해서도

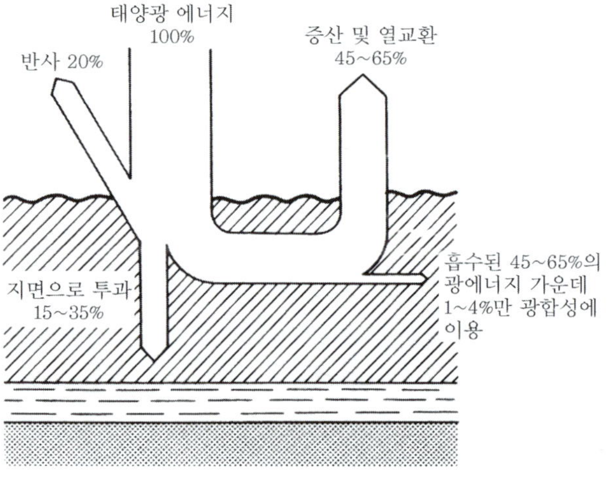

그림 3-6　녹색식물의 잎에 쬐여진 태양광에너지 효율모식도

그림 3-7　반입종 인도고무나무

그림 3-8　반입종 쉐프렐라'Variegata'

그림 3-9　색비름(*Amaranthus paniculatus*)

그림 3-10　수련'Green smoke'

차이가 난다. 광도는 일반적으로 lux 혹은 촉광(ftc) 단위로 나타내는데, 이는 광에너지의 단위는 아니며 사람의 눈이 빛을 감지하는 정도를 나타내는 조도(cilluminance)를 나타낸다. 광에너지는 Wm^{-2} 혹은 $\mu mol/m^2s$로 나타낸다.

보통 식물의 광합성속도는 광도에 비례하지만 광도가 어느 정도에 이르면 광합성속도는 증가하지 않게 된다. 이와 같은 조건에 이른 빛의 강도를 광포화점(light saturation point)이라 한다. 광포화점은 식물의 종류에 따라 다르다. 광포화점이 높은 식물은 비교적 빛이 강한 조건을 좋아하며 양지성식물(sun plant)이라고 한다. 보통 80,000~130,000lux 정도의 강한 광도에 적응한다. 반대로 광포화점이 낮은 식물의 경우는 빛이 약한 장소에서 생육이 좋으며 강한 광선에 의해 도리어 해를 입기도 하는 식물을 음지성식물(shade plant)이라고 하며 보통 50,000lux 정도의 음지 조건을 선호한다(그림 3-12). 또한 고무나무, 쉐프렐라(Scheffera) 헤데라(Hedera) 등의 관엽식물에서 잎에 무늬가 있는 반입성 식물의 경우에는 너무 강한 광선 하에서 잎의 관상가치가 떨어지는 경우도 있다.

그림 3-11　해바라기 절화

식물에 있어 광도가 약해져 광합성을 위한 CO_2의 흡수량과 호흡에 의해 발생하는 CO_2의 배출량이 동일하게 되어 외견상으로 CO_2의 양이 0이 되는 빛의 강도를 광보상점(light compensation point)이라 한다. 보상점은 식물의 종류 및 연령, 계절에 따라 크게 변화한다. 즉 양지성식물에 비교해 음지성식물의 보상점은 상대적으로 낮다. 즉 보상점이 낮은 식물일수록 약한 광선 하에서도 생육

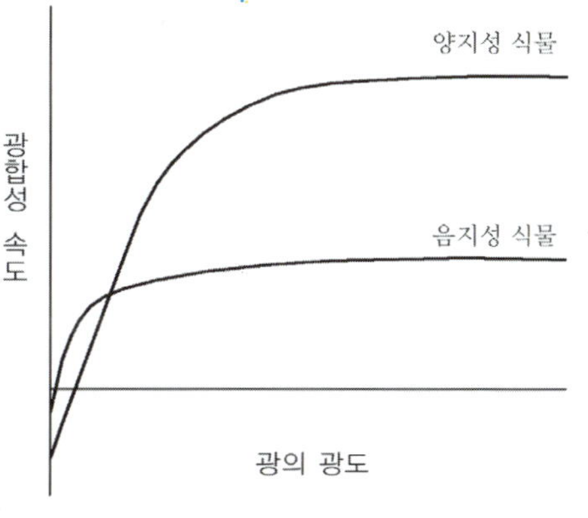

그림 3-12　음지성 식물과 양지성 식물의 광합성 차이

그림 3-13 아디안텀(*Adiantum capilus*)

이 가능하다. 실제로 대표적인 양지성식물인 해바라기의 보상점은 800lux 정도이며 괭이밥의 경우에는 200lux에 불과하다.

빛의 강도가 필요 수준 이하가 되면 잎을 비롯하여 꽃눈의 형성이 불량하게 되고 생육이 부진하며 병충해가 많이 발생하게 된다. 식물이 생육하기 위해 필요한 최소의 수광량을 최소수광량이라고 하며 식물체에서 가장 빛을 많이 받는 부분과 가장 빛을 적게 받는 부분과의 상대치는 양지성식물에서 10~25% 정도, 음지성식물에서 0.5~5% 정도라고 알려져 있다. 같은 식물이라 하더라도 광도가 낮은 조건에서 재배한 식물은 도장하여 잎과 키가 다소 커지고 개화량이 줄어들며 향기와 화색이 줄어드는 경향이 있다. 식재지의 광환경 조건이 불충분한 경우에는 적절한 보광장치를 설치하는 것도 효과적이다(표 3-1). 최근에는 램프를 이용한 인공광이 아닌 태양광을 렌즈로 모아 케이블을 통하여 실내 또는 필요한 장소에 끌어들일 수 있는 장치도 개발되어 있다.

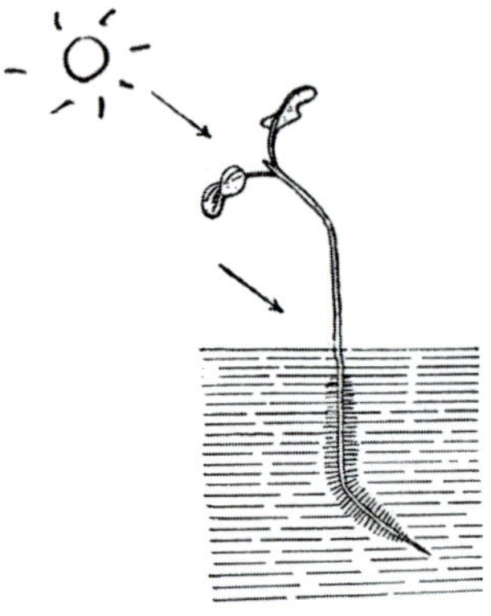

그림 3-14 십자화과 식물 유묘의 굴광성

표 3-1 관상식물 재배에 이용되고 있는 인공광원

구 분	이용효율(%)	파 장	내구성	전력소모량	용 도
백열등	7	f, fr	6개월	낮음	광주성 조절
형광등					
Cool White	21	b, g, y	2년	낮음	발아, 생장상
Warm White	21	b, g, y	2년	낮음	발아, 생장상
고압수은등	13	b, g, y, o	3년	높음	온실용
메탈할라이드등	20	b, g, y, o	2~3년	매우 높음	다용도
저압나트륨등	27	g, y, r	4~5년	중간	온실보광용
고압나트륨등	25	y, o, r	3~4년	높음	온실보광용

* r : red(적색광), fr : far-red(원적색광), y : yellow(황색광), b : blue(청색광), g : green(녹색광), o : orange (등황색광)

(3) 일장과 식물의 생육

일장(day-length, photoperiod)이란 하루 24시간 중에 해가 떠서 질 때까지의 해의 길이를 일컫는다. 일장이 12~14시간 이상인 경우를 장일(long-day)이라 하며 12~14시간 이하인 경우를 단일(short-day)이라 한다. 일장은 식물의 개화 및 결실을 비롯하여 영양기관의 형성 및 비대에 큰 영향을 미친다. 특히 초본성 관상식물에서는 줄기의 분화 및 잎의 형태변화와 같은 식물의 형태 형성, 목본성 관상식물에서의 휴면의 유도를 비롯하여 신장생장, 노화, 내한성의 획득 및 소실 등에도 절대적인 영향을 미치게 된다. 일장조건은 식물의 생육뿐만이 아니라 지구상의 위도에 따른 다양한 식물종의 분포에도 영향을 끼친다.

특히 일장은 식물의 종류에 따라 화아분화 및 개화에 크게 영향을 미치는데, 장일성식물(long day plant), 중성식물(day neutral plant), 단일성식물(short day plant) 등의 3가지 형태로 구분할 수 있다.

이외에도 생육초기에는 단일조건을, 생육후기에는 장일조건을 필요로 하는 단-장일성 식물을 비롯하여 이와는 반대로 장-단일성 식물이 있고 일장시간이 12~14시간 범위에서만 개화하는 중간식물(정일성 식물) 등도 있다.

일장효과(photoperiodism)는 빛의 강도와 파장이 큰 영향을 미치게 되는데 광합성에는 효과가 없을 정도의 약한 조명에도 영향을 받으며 가시광선 중에서 적색광 영역에서 효과가 크고 청색광 영역에서는 큰 효과가 없다고 알려져 있다. 특히 초록색광은 효과를 나타내지 못한다.

(4) 관상식물의 일장처리

일장에 영향을 받는 관상식물의 인위적인 개화조절을 위해 일장을 이용하여 촉성 혹은 억제재배를 할 수가 있다(그림 3-15). 일장처리 방법은 인공광을 이용한 전조(lighting) 혹은 검은 천이나 암막(暗幕)을 이용한 광차단 등의 방법을 이용한다.

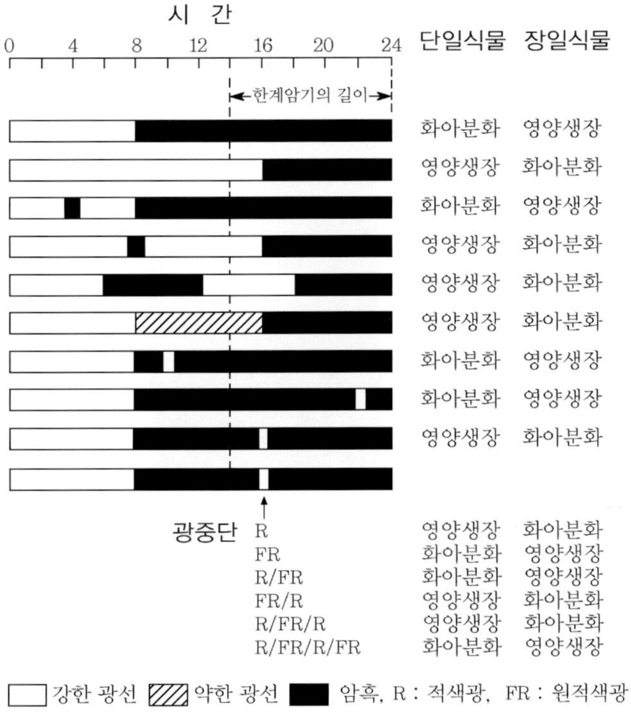

그림 3-15 단일식물 및 장일식물에 있어 화아분화에 영향을 미치는 광주성 효과

1) 장일처리

식물의 일장반응은 명기(明期)의 길이가 아닌 암기(暗期)의 길이에 반응한다는 사실이 밝혀졌다. 그러므로 일몰 후에 인공광을 전조하여 일장을 연장시키는 방법보다 오전 0시를 기준으로 광을 조사하는 것이 더욱 효과적이다. 이와 같은 광조사 방법을 심야조명(深夜照明)이라 한다. 이와 같은 심야조명 중에 과다한 전력소비를 줄이기 위해 일정주기로 조명을 점등 및 소등하여 단속조명하는 경우가 있다. 이는 사이클릭조명(cyclic lighting)이라 하고 보통 타이머를 이용하여 30분 이내의 일정한 주기로 반복한다. 이 때 최소한 200lux 이상의 조도가 유지되어야 한다.

표 3-2　관상식물에 미치는 일장반응 효과(Armitage, 1994)

학 명	우리말 이름	일장반응	
		장 일	단 일
Ageratum houstnianum	아게라텀	개화 촉진	-
Antirrhinum majus	금어초	개화 촉진	개화 지연, 초장 증가
Begonia 'Semperflorens-Cultorum'	베고니아	효과 없음	효과 없음
Catharanthys roseus	일일초	효과 없음	효과 없음
Celosia argentea	맨드라미	초장 증가	생육 촉진
Centaurea cyanus	센토레아	맹아 유발, 줄기 신장 증가	개화 지연, 로제트 유발
Cleome spinosa	클레오메	개화 지연	개화 촉진
Cosmos bipinnatus	코스모스	영양생장 촉진	개화 유발
Dahlia spp.	달리아	영양생장 촉진	개화 유발
Dianthus spp.	다이안서스	효과 없음	효과 없음
Gaillardia spp.	천인국	개화 유발	영양생장 촉진
Gomphrena globosa	천일홍	효과 없음	효과 없음
Ipomea spp.	나팔꽃	영양생장 촉진	개화 유발
Ocimum basilicum	바질	개화 지연	개화 촉진
Pelargonium hortorum	제라늄	개화 증진	생육속도 지연
Petunia hybrida	페튜니아	개화 유발	영양생장 촉진
Phlox spp.	플록스	개화 유발	영양생장 촉진
Rudbeckia hirta	루드베키아	영양생장 촉진	개화 유발
Salvia splendens	샐비어	영양생장 촉진	개화 유발
Scabiosa spp.	스카비오사	개화 및 줄기 신장	꽃이 치밀해짐
Solenostemon scutellarivides	콜레우스	개화 유발	약간의 효과
Tagetes erecta	매리골드	영양생장 촉진, 개화 지연	개화 촉진
Verbend hybrida	버베나	개화 유발	영양생장 촉진
Viola tricolor	팬지	꽃수 증진	줄기생장 강건
Zinnia elegans	백일초	맹아발달 지연	맹아 촉진

2) 단일처리

자연 상태의 장일조건에서 단일식물의 화아분화를 유도시켜 촉성재배를 목적으로 단일처리가 필요하다. 일반적으로 장일식물의 개화를 억제시키기 위한 단일처리는 거의 없다. 단일처리를 위한 광차단 방법은 오후 5시 경부터 다음날 아침 7시까지 암막을 쳐서 암기를 14시간 정도로 연장시키는 방법이 일반적이다. 이 때 주변 환경이 너무 고온다습한 조건에서 야간에 암막을 치게 되면 내부의 공기유통 불량, 기온 상승, 습도 증가에 의해 식물이 상할 수 있으므로 광조사 우려가 없는 한밤중에는 암막을 걷어줄 수 있다.

표 3-3 실내용 관상식물의 재배 적정 광도

학 명	우리말 이름	적합한 광도	
		fc	μmol · $s^{-1}m^{-2}$
Adiantum spp.	봉작고사리	실내조건	실내조건
Anthurium spp.	안스리움	1,000~2,000	200~400
Aphelandra squarrosa	아펠란드라	1,000~1,500	200~300
Araucaria heterophylla	아라우카리아	4,000~8,000	800~1,600
Asparagus spp.	아스파라거스	2,500~4,500	500~900
Begonia rex	렉스베고니아	2,000~2,500	400~500
Calathea spp.	칼라데아	1,000~2,000	200~400
Chamaedorea elegans	테이블야자	1,500~3,000	300~600
C. erumpens	관음죽	3,000~6,000	600~1,200
Chlorophytum comosum	접란	1,000~2,500	200~500
Cissus spp.	시서스	1,500~2,500	300~500
Cordyline terminalis	코르딜리네	2,500~4,500	500~900
Crassula ovata		약광~강광	약광~강광
Crysalidocarpus lutescens	아레카야자	4,000~6,000	800~1,200
Dieffenbachia spp.	디펜바키아	1,500~3,000	300~600
Dracaena deremensis	드라세나	2,000~3,500	400~700
Epipremnum aureum	에피프레늄	1,500~4,000	300~800
Ficus benjamina	벤자민고무나무	3,000~6,000	600~1,200
F. elastica	인도고무나무	4,000~8,000	800~1,600
Fittonia spp.	피토니아	1,000~2,500	200~500
Hedera helix	헤데라	1,500~2,500	300~500
Hoya carnosa	호야	2,000~3,000	400~600
Maranta spp.	마란타	1,000~2,500	200~500
Monstera deliciosa	몬스테라	2,500~4,500	500~900
Nephrolepis exaltata	네프롤레피스	1,500~3,500	300~700
Peperomia spp.	페페로미아	1,500~3,500	300~700
Pilea spp.	필레아	1,500~3,000	300~600
Polyscias spp.	폴리시아스	1,500~4,500	300~900
Sansevieria spp.	산세비에리아	3,500~6,000	700~1,200
Scindapsus pictus	스킨답서스	4,000~6,000	800~1,200
Schefflera spp.	쉐플레라	4,000~6,000	800~1,200
Syngonium podophyllum	싱고니움	1,500~2,500	300~500
Yucca elephantipes	유카	3,500~4,500	700~900

(5) 빛의 파장과 식물의 생육

지구상에 방사되는 태양광의 파장은 보통 280nm에서 700nm의 범위에 있는데 400nm 이하인 단파장의 광선을 자외선이라 하고 800nm 이상의 장파장을 적외선이라고 한다. 자외선과 적외선 사이의 400~800nm 영역을 가시광선이라 하며 식물의 광합성에 가장 유효한 파장 범위로 알려져 있다. 특히 440nm를 중심으로 한 청색광 부근과 660nm를 중심으로 한 적색광 부근의 광선이 식물의 광합성에 효과적이다.

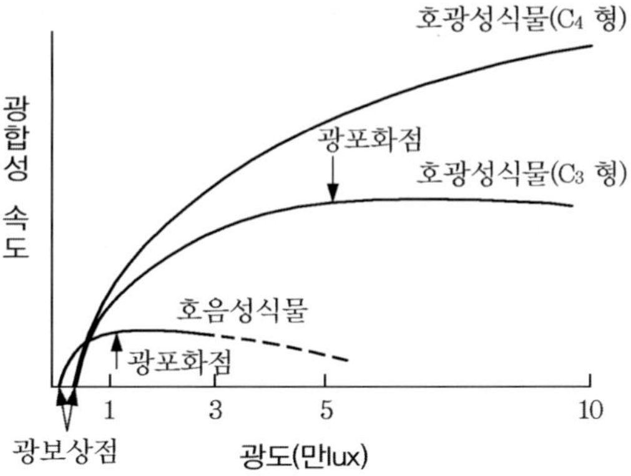

그림 3-16 빛의 세기에 따른 호광성식물(C_4식물과 C_3식물)과 호음성식물의 광포화점 차이

자외선은 주로 고지대에서 많이 내리쬐기 때문에 고랭지에서 재배한 작물이 튼튼하고 아름답게 재배되기도 한다. 따라서 시설 내에서 관상식물을 재배할 때는 자외선의 차단이 큰 유리온실보다는 비닐하우스 등에서 재배하는 것도 한 방편이라고 할 수 있다.

적외선은 열을 동반하므로 식물체의 기공 개폐를 적당히 촉진시켜 줌으로서 증산작용을 활발하게 하고 엽록소의 생성을 비롯한 동화기능에 효과적으로 작용한다.

빛의 다양한 파장이 식물체에 미치는 영향을 고려하여 재배에 응용할 필요가 있다. 즉 실내공간과 같이 외부로부터 자연광이 쉽게 들어올 수 없는 곳에 관상식물을 재배하는 경우에는 인공조명을 사용하여 보광할 경우가 있다. 이때 식물에게 적절한 파장영역의 광선을 발산하는 조명을 선택하여야 한다. 보통 인공광원으로는 백색의 형광등이 많이 이용되고 있는데 광도도 높고 식물에 필요한 파장의 빛이 골고루 나오며 전력소모가 적은 장점이 있다. 백열등은 적색광이 많이 나오나 열이 나오므로 경우에 따라서는 불편한 경우가 많다. 보통은 형광등 5에 백열등 1의 비율로 조명을 설치하면 효과적이다.

그러나 녹색광에 상당하는 510~600nm 파장영역은 식물의 광합성에 거의 이용되지 않으므로 주의해야한다.

(6) 빛과 종자 발아

대부분의 관상식물 종자는 발아하는데 빛을 특별히 필요로 하지 않지만 식물의 종류에 따라서 빛의 유무가 큰 영향을 미치는 경우도 있다. 따라서 빛을 받아야만 발아하는 식물의 종자를 광발아 종자(light sensitive seed)라고 하며 잔디의 종자를 비롯하여 진달래과 식물, *Campunula*속 식물, Lobelia, 소나무, 물푸레나무 등이 있다. 반대로 빛을 받으면 발아가 억제되는 종자도 있는데 이와 같은 경우를 암발아 종자(light hard seed)라고 하며 Amaranthus, Nigella 등이 해당된다. 또한 광선에 관계없이 발아하는 종자(light indifferent seed)들도 있다. 이외에도 금어초와 같이 광선하에서는 25~30℃ 정도에서 발아가 잘 이루어지지만 암흑조건에서는 20℃ 정도에서 발아율이 좋은 빛과 온도가 상대적으로 작용하는 종류도 있다. 일반적으로 광발아 종자인 경우는 형태적으로 미립 또는 극미립 종자가 많다. 그러므로 광발아 종자를 파종할 때는 복토를 얕게 할 필요가 있다.

그림 3-17　볼보코디움 수선화(*Narcissus bulbocodium*)

(7) 식물군락과 광선

그림 3-18　호음성식물인 백량금(*Ardisia crenata*)

야외포장에서 식물을 과밀상태로 재배하여 잎이 서로 엉기고 포개지게 되면 빛의 투과상태가 좋지 않게 된다. 따라서 최하층에 붙어있는 잎에는 최소수광량에도 미치지 못하는 약한 빛이 들어오기 때문에 잎이 말라 고엽이 새기거나 광합성 속도 저하에 따른 생육 불량 현상이 나타나게 된다. 따라서 식물을 대량으로 재배할 때는 수광 능률을 높이기 위해 수광태세가 좋은 식물의 형태(plant type)를 유지하도록 하는 것과 적당한 재식밀도를 유지하도록 관리하는 것이 중요하다. 일반적으로 식물의 군락 표면에 도달한 빛의 일부는 반사되고 상당한 양은 잎에 의해 흡수되므로 실제 하부의 지면에 도달하는 빛은 극히 일부에 불과하다. 그러므로 숲, 초원, 작물 재배지 등과 같은 군락에서는 하부에 도달하는 빛의 양은 상부에 비해 거의 지수함수적으로 약해지게 된다. 결국 군락 하부는 빛의 부족으로 매우 어둡게 된다. 동일한 식물에서도 빛이 잘 드는 상층부의 잎은 하층부의 잎에 비해 엽면적이 작고 엽육조직이 잘 발달하여 두텁고 단단하며 색도 황록색을 띠는 경우가 많다. 그러나 빛이 부족하기 쉬운 하층부의 잎은 상대적으로 엽면적이 크고 연하며 녹색을 띠게 된다.

(8) 식물의 광합성과 양식에 따른 구분

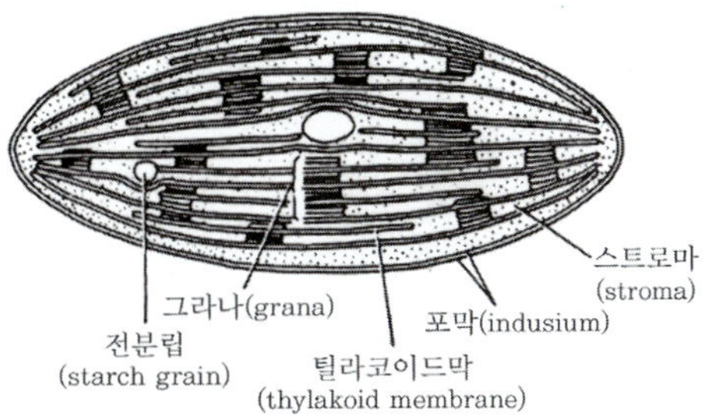

그림 3-19　녹색 식물의 엽록체 구조

엽록체를 지닌 녹색식물의 광합성은 빛에너지를 이용하여 대기 중의 이산화탄소와 물을 유기물인 포도당으로 만드는 과정이다(그림 3-19). 매년 지구상에서 광합성에 의해 고정된 에너지는 3.2×10^{21}J로 지구에 방사되는 에너지의 0.1%에 불과하지만 인류는 이 에너지를 토대로 생활을 영위하고 있다. 이와 같은 광합성 반응은 두 가지 경로에서 일어나는 것으로 알려져 있다. 첫 번째는 명반응(light reaction)이라 불리는 경로로 빛에너지에 의해 추진되며 ATP와 환원된 전자운반자 $NADPH^{+}H^{+}$가 생성된다. 명반응은 빛이 궁극적인 에너지 공급원이므로 ATP 합성을 광인산화(photophosphorylation)라고 한다. 두 번째 경로는 캘빈-벤슨 회로(Calvin-Benson cycle)로 빛을 사용하지는 않으나 ATP, $NADPH^{+}H^{+}$, CO_2를 이용하여 탄수화물을 생성하는 반응이다(그림 3-20). 이 반응은 명반응에 대비하여 단순히 암반응(dark reaction)이라 하기도 하고 광합성탄소환원(photosynthetic carbon reduction; PCR)회로라고도 한다. 녹색식물은 광합성 양식에 의해 다음과 같이 C_3, C_4, CAM식물로 구분하고 있다.

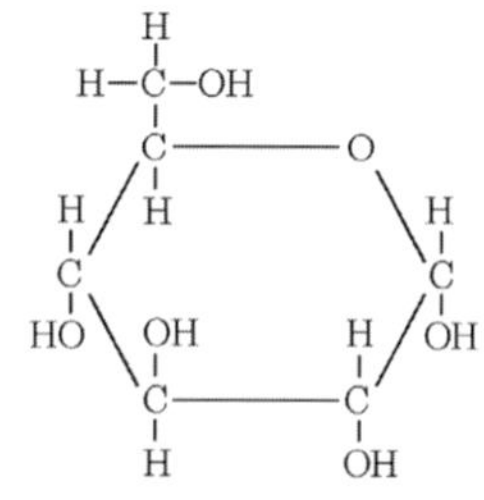

그림 3-20 글루코스($C_6H_{12}O_6$)의 화학구조

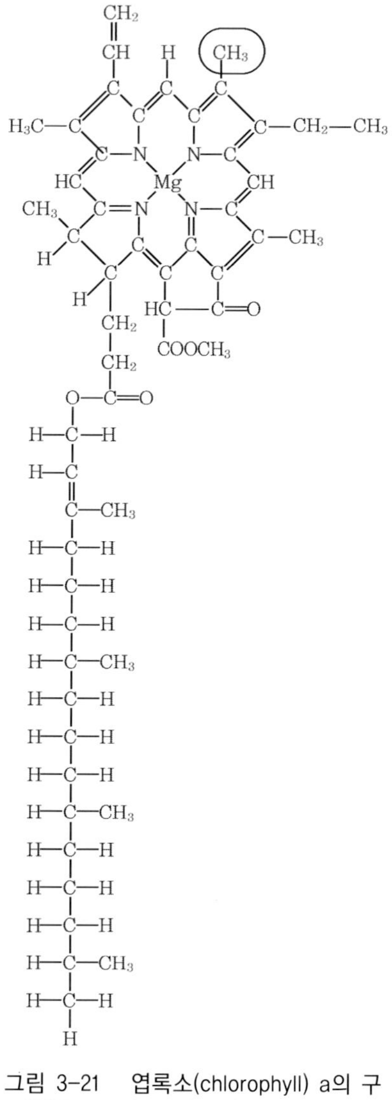

그림 3-21 엽록소(chlorophyll) a의 구조(엽록소 b의 구조는 엽록소 a에서 0로 표시한 부분의 $-CH_3$가 $-CHO$인 것이 다르다.)

1) C_3식물

C_3식물은 광합성의 암반응 과정에서 이산화탄소 고정효소인 루비스코(rubico)를 이용해 광합성 최초산물로 3탄산인 포스포글리세르산(PGA)이라는 C_3 화합물을 합성한다. 캘빈회로에 존재하는 루비스코는 이산화탄소 농도가 낮아지면 산소와 결합하여 산화되고 당이 이산화탄소로 바뀌어 방출되는 광호흡을 시작하게 된다. C_3식물에 있어 이산화탄소와 산소는 루비스코의 동일한 활성 부위에 결합하는 경쟁적인 관계이므로 산소도 쉽게 결합할 수 있다. 일반적으로 C_3식물의 대부분은 광합성 과정에서 고정한 이산화탄소의 30~50%를 광호흡(photorespiration)으로 소비해버리기 때문에 광합성 효율이 상대적으로 떨어지는 특성이 있다.

C_3식물의 광합성은 잎 표면 바로 아래의 엽육세포에서 일어난다. 그러나 기온이 매우 높게 올라가는 한여름에는 조직 내의 수분을 유지하기 위해 기공을 폐쇄하게 된다. 이러한 상태에서 광합성이 진행될수록 잎 내부 공간의 이산화탄소 농도는 떨어지고 산소 농도는 높아지므로 광합성효율이 떨어진다. 대부분 우리들이 이용하고 있는 관상식물은 이 유형에 해당한다(그림 3-22).

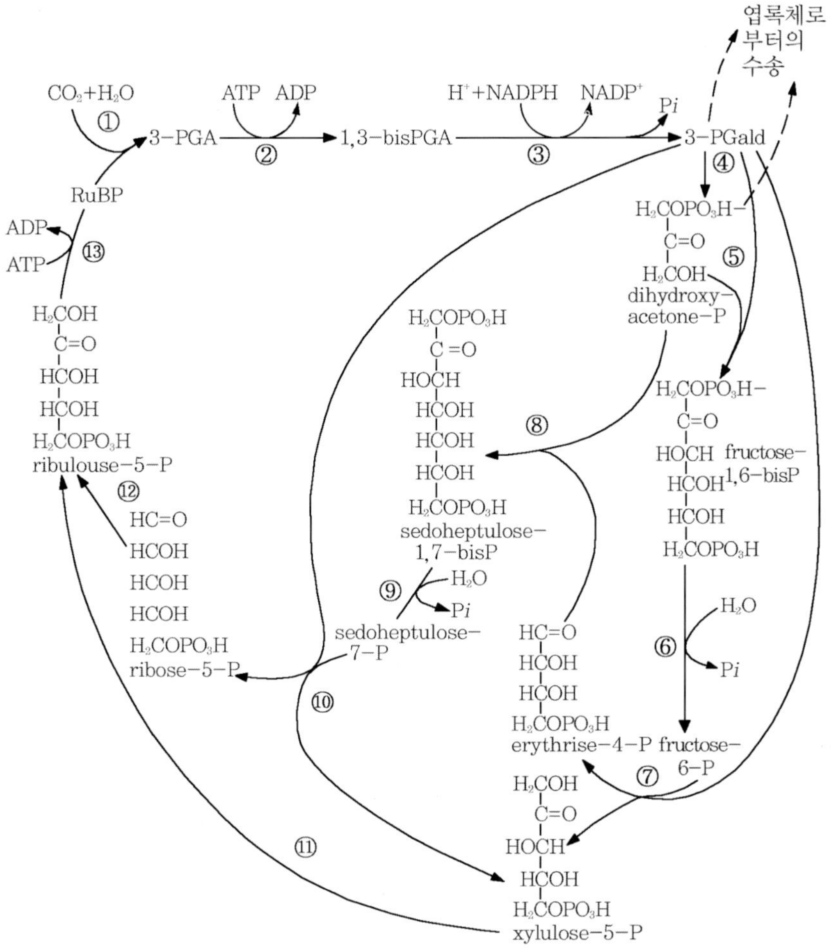

그림 3-22　C_3식물의 Pentose phosphate(Calvin) 회로에서 반응 경로

각각의 반응은 ① RuDP carboxylase에 의해 촉매 되는 CO_2의 3-PGA로의 고정, ② ATP와 phosphoglycerokinase의 촉매에 의한 3-PGA의 1, 3-*bis*PGA로의 인산화, ③ 1, 3-*bis*PGA의 3-PGaldehyde로의 환원, ④ troise phosphate isomerase에 의한 dihydroxyacetone phosphate를 형성하기 위한 3-PGaldehyde의 이성질체화, ⑤ 3-PGaldehyde와 dihydroxyacetone-P가 aldolase에 의해 fructose-1, 6-*bis*P를 형성하기 위한 aldol결합, ⑥ fructose-6-P를 형성하기 위한 Fructose-1, 6-bisphosphate phosphatase에 의해 촉매되는 fructose-*bis*P의 C-1에 있는 인산의 가수분해 ⑦ transketolase에 의해 4탄당인 erythrose-4-P를 방출하며, 5탄당인 xylulose-5-P를 형성하기 위하여 fructose-6-P 상층 두 탄소의 3-PGaldehyde로의 전이, ⑧ aldolase에 의해 sedoheptulose-1, 7-*bis*P를 형성하기 위하여 erythrose-4-P와 dilhydroxyacetone-P의 aldol 결합, ⑨ sedoheptulose-7-P를 형성하기 위하여 sedoheptulose-1, 7-*bis*P의 C-1에 있는 인산의 가수분해, ⑩ transketolase에 의해 ribose-5-P와 xylulose-5-P를 형성, 반응 ⑪에서 xylulose-5-P는 epimerase에 의해 또 다른 5탄당 인산인 ribulose-5-P를 형성하기 위해 이성질체화될 수 있다. Ribulose-5-P는 반응 ⑫에서 기질로써 ribose-5-P를 이용하는 다른 isomerase에 의해 역시 형성될 수 있다. 반응 ⑬에서 ribulose-5-P는 ribulose-5-P kinase에 의해 RuBP로 전환되어 다시 CO_2 고정이 일어날 수 있다.

2) C_4식물

C_4식물은 이산화탄소를 받아들여 옥살아세트산과 같은 C_4화합물을 생성한다. C_4식물은 기온이 매우 높고 건조한 지역에서 자라는 수수, 옥수수, 사탕수수, 일부 난과식물 등과 같은 식물들이 대표적이며 현재 18과 1500여종의 식물이 알려져 있다. C_4식물은 C_3식물에 비해 광포화점이 높아 강한 빛을 잘 이용하고 낮은 이산화탄소에서도 광합성 능력이 뛰어나다. C_4식물도 높은 온도조건에서는 기공을 폐쇄시키지만 광합성률은 떨어지지 않고 광호흡도 일어나지 않는다. 따라서 광호흡을 하지 않으므로 루비스코보다 이산화탄소 고정능력이 강한 PEPcase(PEP carboxylase) 효소를 이용해 엽육세포(mesophyll cell)에서 1차적으로 이산화탄소를 고정한 후 유관속초세포(bundle sheath cell)로 전달되어 광합성 효율이 상대적으로 높다. 보통 PEPcase는 루비스코에 비해 산소화효소(oxygenase) 활성을 지니지 않으며 매우 낮은 농도에서도 이산화탄소를 고정할 수 있는 특징이 있다(그림 3-24).

그림 3-23 카네이션'Castellaro'

C_4식물은 이산화탄소 농도가 낮은 환경에서도 광합성 효율을 높일 수 있도록 C_3식물이 더욱 진화된 유형으로 보고 있다. 대부분이 덥고 건조한 환경 하에서도 잘 자라는 C_4식물의 특성상, 부적절한 환경에서도 잘 적응할 수 있도록 C_3식물이 C_4식물로 진화했다고 가정한다. C_4식물은 C_3식물과는 달리 광합성을 담당하는 기관이 유관속초세포와 엽육세포로 이루어져 있다. 관상식물로 이용되는 종은 억새, 색비름, 천일홍 등이 있다.

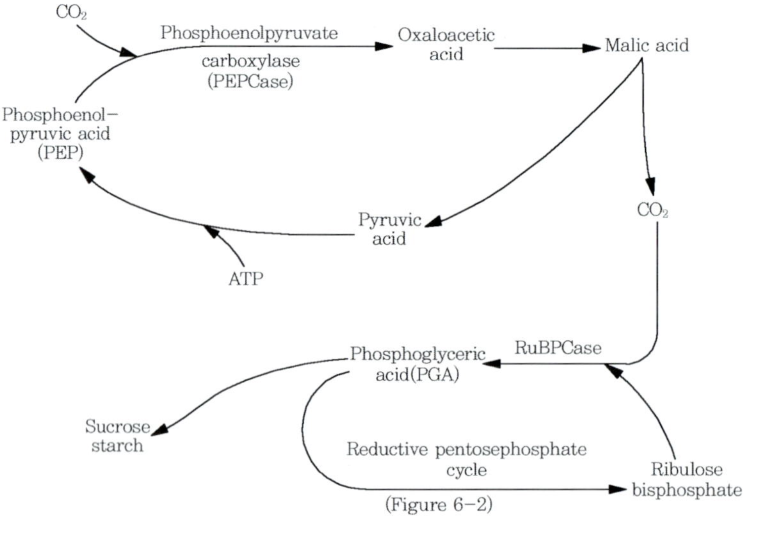

그림 3-24 C_4 식물의 광합성 경로

그림 3-25　콜레우스

그림 3-26　천일홍

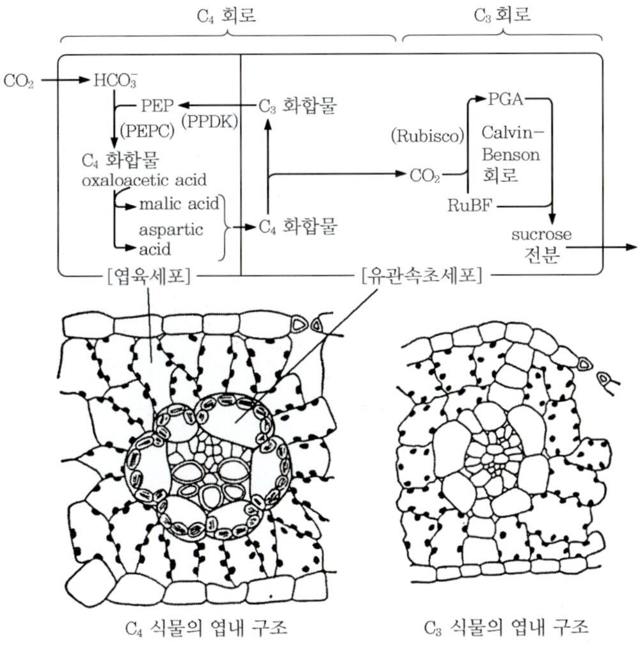

그림 3-27　C_3식물과 C_4식물의 광합성 특성을 나타낸 모식도

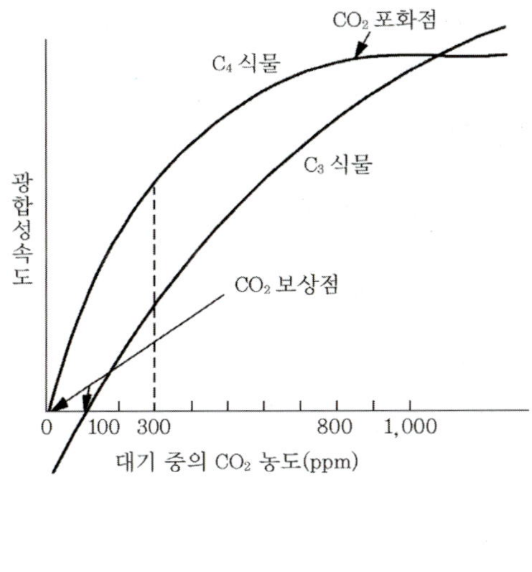

그림 3-28　C_3, C_4식물의 이산화탄소 농도에 따른 식물의 광합성 속도 차이

3) CAM식물

CAM식물(crassulacean acid metabolism plant)은 C_4식물과 유사한 광합성 경로를 거치지만 동일한 세포 내에서 CO_2의 고정이 두 번 이루어진다. 즉 1단계인 PEPcase에 의한 CO_2의 흡수와 고정은 밤에 이루어지고 제2단계인 탄수화물의 합성은 낮에 이루어지는, 즉 시간적 분업을 나누어 하는 것이 C_4식물과 다른 점이다(그림 3-29). 즉 기온이 매우 높고 건조한 낮에는 기공을 폐쇄하여 수분의 손실을 방지하고 기온이 내려가고 상대습도가 높아지는 야간에는 기공을 열어 CO_2를 흡수하고 고정한다. CAM식물은 일반적으로 사막과 같은 건조지대가 원산지인 Crassulaceae과의 다즙성 선인장류에서 나타나는 광합성 유형이다.

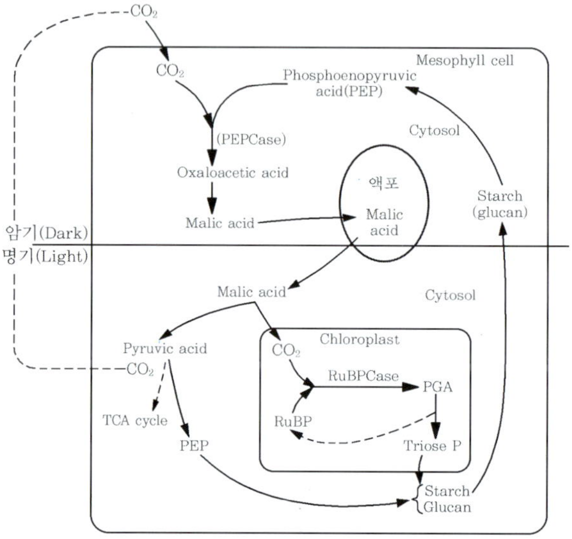

그림 3-29 CAM 식물의 광합성 경로

그림 3-30 반다

그림 3-31 카틀레야(*Cattleya guadricolor*)

그림 3-32 칼랑코에

CAM식물인 관상식물은 꽃기린, 돌나물과 식물, 반다, 카틀레야, 팔레놉시스, 호야, 칼랑코에, 대부분의 선인장류, 대부분의 다육식물류 등과 같이 건조지대가 원산지인 식물들이 대부분이다.

2. 수분

그림 3-33 건조에 강한 선인장류를 이용한 크란츠(리스)

우리나라의 연평균 강우량은 1,200mm 정도로 세계 평균치인 1,000mm에 비해 많은 편이지만 여름 장마철에 대부분의 강우량이 집중된다. 그러므로 야외포장이나 정원 등 노지에 식재된 관상식물의 원활한 생육을 위해서는 봄과 가을의 건조기에 수분관리에 유의할 필요가 있다.

일반적으로 식물의 분포는 강우량과 온도조건에 따라 결정되는 것이 일반적이나 우리나라에서는 국토의 대부분이 식물의 생육에는 충분할 정도의 강우량을 가지므로 온도조건이 식물의 분포를 제한하는 중요한 요소로 작용한다. 자연 상태에서의 강우는 때때로 식물체의 도복을 가져오거나 토양을 유실시키며 다습에 의한 식물의 생리적 장애를 유발시키는 등 부정적인 요소도 있으나 관상식물의 생육에 절대적으로 필요한 토양수분을 공급해주는 중요한 역할을 담당한다.

식물을 정량적으로 조사해보면 식물체의 대부분이 물로 가득 차 있는 것을 알 수가 있다. 목질부 조직에는 전체수분량의 약 50%, 과실에는 85~95%, 종자에도 10% 이상의 수분이 함유되어 있다. 식물체는 물이 가득 찬 하나의 기둥이라고 생각할 수 있다. 이와 같이 수분은 토양으로부터 뿌리에 의해 흡수되어 식물체내로 들어와 체외로 배출되는 과정에서 식물체의 생리작용을 조절하고 유지시켜 준다. 즉, 식물세포의 원형질 상태를 유지시켜 주며, 필수요소를 가용태로 만들어 주는 용매의 역할, 체내의 물질분포를 고르게 해주는 매개체의 역할, 필요물질을 합성하고 분해하는 매개체, 식물체의 팽윤상태를 유지시키는 등의 중요한 역할을 수행하고 있다. 식물세포는 삼투압(osmotic pressure)에 의해 외부로부터 수분을 흡수하고 흡수된 물은 식물의 도관을 통해 증산작용(transpiration)에 의한 흐름을 따라 위로 상승하게 된다(그림 3-34).

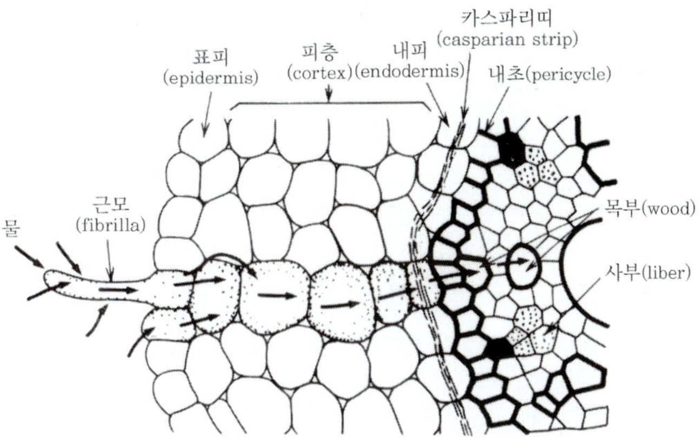

그림 3-34 근모에서 흡수된 물이 도관에 이르기까지의 물의 경로

식물체에 흡수된 수분은 외부에 노출된 식물체의 표면을 통해 증산된다. 이때 활발한 증산을 위해 활짝 열린 기공을 통하여 탄산가스가 충

분히 공급될 수 있고 광합성도 활발히 이루어지므로 식물체의 생육도 좋아지게 된다. 일반적인 환경조건에서 식물체는 오전 10시~12시경이 증산작용과 수분요구량(water requirement)이 가장 많으며 화아분화 및 형성기에 많은 수분을 필요로 한다.

(1) 관상식물과 수분

관상식물의 수분관리는 이식 후 또는 건조한 봄철이나 고온조건이 계속되는 여름철에는 면밀한 관리가 요구된다. 대부분의 관상식물의 관수관리는 하루에 1회가 기준이지만 재배용토의 종류에 따라 적절히 가감한다. 관수의 기본은 식물체의 뿌리에 충분히 물이 도달할 수 있는 정도가 되어야 한다. 화분에 식재한 관상식물의 경우에는 화분 밑으로 물이 흘러나올 정도로 충분히 주어야 한다.

식물체에 관수하는 물은 보통 병균이나 중금속 오염이 없고 염분농도가 높지 않은 연수가 좋다. 관수 시의 수온은 여름철에 25℃ 내외, 겨울철은 10℃ 내외를 유지하도록 하는 것이 효과적이다. 특히 시설 내에서 재배되는 식물의 경우는 수온이 약간 높은 물을 관수하는 것이 식물체에게 스트레스를 일으키지 않으므로 물탱크를 설치하여 어느 정도 수온을 올린 후에 관수한다. 이때 저장중인 물을 직사광선에 노출시켜 수온상승 효과는 물론 소독도 겸할 수 있다.

관수량은 식물체의 종류 및 환경조건에 따라 크게 차이가 나지만 뿌리가 얕은 초본류가 목본류에 비해 관수에 주의를 요한다. 또한 같은 종류의 식물에 있어서도 봄에 파종한 것이 가을에 파종한 것보다 뿌리가 얕게 발달하므로 관수 시에 토양이 마르지 않도록 한다. 이식 후에는 지하부의 상태가 악화되어 있으므로 충분한 관수를 하고 1주일 정도는 세밀히 식물체의 상태를 살펴서 물을 주는 것이 좋다. 보통 여름철에 약 20일 이상, 겨울철에는 30일 이상 노지에서 수분공급이 차단될 경우, 식물체는 건조피해를 받게 된다. 건물에 미치는 하중을 줄이기 위해 토양층을 얕게 조성한 옥상정원이나 인공지반에 식재된 관상식물의 경우에는 자연지반에 비해 쉽게 건조피해를 입을 수 있으므로 적절한 관수대책이 요구된다.

그림 3-35 크리스마스로즈(*Helleborus niger*)

일반적으로 식물체에 관수하는 작업은 상당히 주의를 요하는 번거로운 작업이다. 지하부 및 주변환경이 너무 과습하면 식물체가 도장하고 연약하게 되어 각종 병해충에 감염되기 쉽고 식물체의 관상가치도 저하되며 개화도 잘 안된다. 그러나 반대로 건조한 상태가 지속될 때도 광합성율의 저하는 물론 탄수화물을 비롯한 유기물의 합성도 방해를 받으며 생장이 지연되고 정도가 심한 경우에는 위조(wilting) 상태에 이르러 결국 죽어버리게 된다. 식물체에 있어 수분부족은 식물세포의 팽창이 저해되어 관상가치가 떨어지고 효소 및 호르몬의 생성작용이 저해되며 근모의 파괴, 광합성 저해, 동화물질 전류의 방해, 호흡작용의 비정상화 등과 같은 생리적인 악영향이 따른다. 따라서 관상식물의 종류에 따라 적절한 관수관리가 필요하다.

1) 관수관리 요령

① 토양의 표토는 건조되어 있으나 지하부 0.5~1㎝ 깊이의 토양에 아직 어느 정도의 수분이 남아 있을 때 관수를 하여야 한다.

② 봄, 가을철에는 1일 1회의 관수를 실시하는데 보통 오전 10시경이 좋다. 수분증발이 심한 여름철이나 천남성과 식물이나 돌단풍과 같이 수분을 좋아하는 식물의 경우에는 오후 4~5시경에 한 번 더 관수한다. 될 수 있으면 한낮의 관수는 피하는 것이 좋다. 그러나 관수의 횟수는 식물의 종류, 용토의 성질, 환경조건에 따라 적절히 조절할 필요가 있다.

그림 3-36 돌단풍

그림 3-37 특수한 화분에 재배하는 관상식물은 관수에 유의해야 한다.

③ 재배하는 화분의 재질에 따라서도 관수량을 조절할 필요가 있다. 예를 들어 토분이나 거칠게 구워진 장식분 등에 심어진 자생식물은 쉽게 건조하므로 관수를 자주 하여야 하며 도자기로 만든 화분이나 플라스틱 화분과 같이 수분증발이 잘 안 되는 재질의 경우는 관수량을 상대적으로 줄여도 된다.

④ 화분재배에 사용되는 토양은 시간이 경과하면 토양이 굳어져 물이 잘 스며들지 않으므로 관수 시에 주의를 요한다. 따라서 저면관수를 실시하거나 서서히 관수하여 물이 스며들 수 있는 시간적 여유를 주어 관수한다.

⑤ 너무 찬 물은 주지 않는 것이 좋다. 한 여름에 지하수와 같이 기온과 온도 차이가 심한 물은 좋지 않다. 대부분의

그림 3-38 필로덴드론'Imperior'

그림 3-39　싱고니움(*Syngonium podophyllum*)

그림 3-40　아프리칸바이올렛 분화

관상식물들은 찬 물에도 잘 견디나 필로덴드론, 싱고니움, 아프리칸바이올렛 등과 같은 일부 종의 경우에는 심각한 피해를 입을 수도 있다.

⑥ 노지에 심어진 식물에 관수할 때에는 한 가운데에 심어진 관상식물보다 가장자리에 식재된 식물의 관수가 소홀해지기 쉬우므로 주의하여 관수한다.

⑦ 이식 직후에는 그늘에서 충분히 관수한다.

그림 3-41　양란류는 공중습도를 좋아한다.

2) 화분의 공중습도 유지방법

① 가능한 높이가 높은 화분을 택하여 재배하면 뿌리가 직접 건조한 공기에 노출되지 않는다.

② 지하부의 건조를 막기 위하여 화분 위에 수석과 같은 돌을 올려놓으면 분경과 같은 효과를 낼 수도 있다.

③ 넓은 접시에 물을 담고 작은 자갈을 일정하게 깐 다음 그 위에 화분을 올려놓는다.

④ 높이가 낮고 입구가 넓은 화분에 관상식물을 재배하는 경우에는 용토에 점토질 토양이나 이끼 또는 부엽을 충분히 섞어주는 것이 바람직하다.

⑤ 특히 열대 및 아열대성 식물, 양란류, 식충식물, 다육식물류 등은 높은 공중습도를 요구한다.

⑥ 공중습도는 지상부 생장을 좋게 하며 공중습도의 저하는 잎 끝을 마르게 한다.

(2) 관수시설

재배식물에 관수할 때 식물의 종류, 식물체의 수량, 편의성, 경비 등에 따라 여러 형태의 관수시설 및 관수기구를 사용할 수 있다. 재배면적이 좁고 수량이 적을 경우에는 물뿌리개나 호스(hose)에 살수용 노즐(nozzle)을 부착하여 관수할 수도 있지만 대규모 재배 시에는 따로 관수시설을 갖추기도 한다. 관상식물을 대량으로 노지재배하는 경우에 다음과 같은 시설들을 적절히 이용할 수 있을 것이다.

1) 표토 및 하향관수

비닐하우스나 온실과 같은 시설 내에서 비교적 대규모로 관상식물을 재배할 때는 자동표토 관수장치를 설치하기도 한다. 비닐이나 플라스틱 또는 금속제 파이프의 곳곳에 일정하게 구멍을 뚫어 관수가 가능하게 한 장치로 물이 나오는 노즐의 위치에 따라 표토 또는 식물체의 잎 밑으로 하향관수가 가능하다.

2) 점적(spot irrigation)관수

지하부 혹은 지상부에 부착된 점적용 노즐을 통하여 물방울 형태의 수분을 일정하게 흙 속으로 스며들게 하여 뿌리만 적시게 하는 관수방법으로 설치비가 많이 드는 단점이 있다. 그러나 지하부에만 관수함으로 병충해 발생 가능성을 막을 수 있고 적은 양의 물과 낮은 압력으로도 대규모 면적에 동시 관수가 가능하다. 또한 관수 시에 흙이 식물의 잎에 튀어 기공을 폐쇄시키는 것을 막을 수 있다.

3) 스프링클러(sprinkler)관수

물의 압력에 의해 노즐이 회전하면서 일정한 면적의 재배포장을 관수하는 방법이다. 스프링클러는 이동식은 물론 고정식도 있으며 노즐의 종류에 따라 살수 면적 및 형태도 조절이 가능하고 설치가 간편하며 시설비가 저렴하며 내구성도 좋으나 물의 소비가 많아 비경제적이고 일정한 관수도 어려운 단점이 있다.

4) 위조 상태에 도달한 관상식물의 응급처치법

여름철 장기간 비가 오지 않거나 휴가를 다녀온 후, 그동안 관리하던 관상식물들이 수분부족에 의해 위조 상태에 이른 경우가 있다. 특히 여름철에는 기온이 높기 때문에 식물의 증산작용이 활발하여 며칠만 물을 주지 않아도 쉽게 화분이 마르고 심하면 식물체가 위조 상태에 이른다. 이때 갑자기 많은 물을 관수하여도 식물체는 금방 회복되지 않는다. 도리어 흡수되지 않은 수분이 지하부에 정체되어 식물체가 부패하기 쉽다. 이와 같은 경우에는 식물이 식재된 화분을 그늘에 옮기고 가능한 물을 충분히 준다. 쉽게 식물체가 회복될 기미가 없으면 화분에 투명한 비닐을 씌우고 그늘에서 서서히 비닐봉지의 주둥이를 열어 바람이 통하게 해준다.

3. 온도

식물이 원활히 생육하는 데는 적당한 온도조건이 필요하다. 이와 같은 온도조건은 식물에 따라 적절한 범위가 정해져 있는데 이 범위 내에서 각 식물체의 원산지 내지는 자생지가 결정된다. 특히 극히 다양한 종의 관상식물들이 관상재료로 사용되고 있기 때문에 식물의 종류에 따라 생육최적온도(optimum growth temperature)의 차이가 현저하게 나타난다. 온도가 식물의 생육에 적당한 최적온도 범위 내에 있을 경우에는 광합성률이 높고 호흡작용이 정상적으로 이루어져 튼튼한 식물로 재배관리될 수 있다. 이와 같은 생육최적온도는 식물의 종류에 따라 차이가 나는데 호랭성작물(cool season crops) 및 호온성작물(warm season crops)로 구별하기도 한다.

일반적으로 온대지역이 원산인 식물은 15~25℃ 범위가 생육적온이다. 그러나 온대식물 가운데에도 비교적 한랭한 곳이 자생지인 *Aster*속 식물, 용담, 물싸리, 개불알꽃 등은 월동은 용이한 반면에

그림 3-42 이레시네(*Iresine herbstii*)

그림 3-43 물싸리(*Potentilla fruticosa* var. *rigida*)

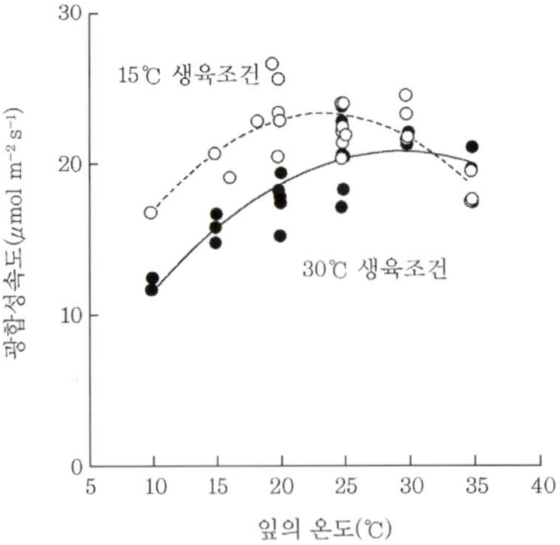

그림 3-44 온도와 광합성과의 관계(彦坂, 2006)

그림 3-45 세엽 크로톤

여름철에 온도를 내려주기 위해 차광망을 비롯한 직사광선 차단 시설 및 환기장치 등을 설치할 필요가 있다.

식물에 있어 각종 생리활동은 생육최저온도(minimum growth temperature)로부터 최적온도에 이를 때까지는 온도가 상승함에 따라 그 속도가 현저히 증가하게 된다. 따라서 온도가 10℃ 올라감에 따라 생리작용의 반응속도가 몇 배로 증가되었는가 하는 것을 수치로 표시할 수 있다. 즉 온도가 10℃ 상승함에 따라 증가하는 반응속도의 배수를 온도계수 또는 Q_{10}이라고 한다. 보통 여름철에 생육이 활발한 식물의 경우 광합성작용은 온도가 30~35℃에 이를 때까지 Q_{10}은 2 내외이고 40~45℃에서 정지하며 호흡작용은 50℃에서 정지하는데 이때의 Q_{10}은 2~3이다. 따라서 고온에서는 광합성에 의한 유기물의 생성은 저하되고 호흡에 의해 유기물의 소모가 증가되므로 동화양분이 식물체내에 제대로 축적되지 못한다. 따라서 온도가 높으면 식물의 성숙이 촉진되며 개화시기가 빨라지고 개화한 꽃은 빨리 노화해버리며 개화 시 화색도 흐려지게 된다. 그러므로 식물의 건전한 생육은 물론 아름다운 식물의 개화유도를 위해 항시 적절한 온도관리가 필요하다. 또한 온도는 항상 일정한 것이 아니라 일변화도 있고 계절적인 변화도 있다. 이와 같은 온도의 주기적인 변화는 식물의 생장과 분화에 큰 영향을 끼치는데 이것을 온도주기효과라고 한다. 온도주기효과는 낙엽수나 월동성 1년생식물에 있어서와 같이 저온기(겨울)와 고온기(여름)가 교대로 변화됨에 의해 식물의 생장과 발육이 촉진되는 연간 온도주기효과(annual thermoperiodicity)와 1년생 초본류에 있어 낮과 밤의 온도 변화에 따라 생장과 분화가 이루어지는 주야간 온도주기변화(diurnal thermoperiodicity) 등이 있다.

(1) 식물 생육과 온도

일반적인 관상식물들은 생육적온이 있으며 이 범위 내에서 식물의 생육이 가장 활발하다. 이 생육적온은 각 식물의 자생지 온도조건에 해당한다. 관상식물은 다른 작물류에 비해 자생지 조건은 물론 초본류, 목본류, 낙엽성, 상록성, 침엽수, 활엽수와 같이 종류도 다양하기 때문에 필요로 하는 생육적온도 다양하다. 또한 태양광선의 복사와 기타조건에 의해 나타나는 지온의 경우에도 식물의 생육에 큰 영향을 미치기도 한다. 대개의 식물은 기온보다 약간 높은 지온에서 잘 생육하는데 이것은 뿌리의 발육촉진과 토양 미생물의 활동이 활발해지는데 따른 것이다. 지온도 식물의 종류에 따라 어느 정도 범위에서 차이가 난다. 일반적인 원예작물의 재배 시 지온을 적절하게 유지 관리하기 위하여 토양피복(mulching) 또는 터널(tunnel)을 설치하는 경우도 많다. 멀칭(토양피복)은 보통 흑색 비닐을 사용하는 것이 일반적인데, 지온상승과 잡초방지의 효과도 더불어 가지므로 대규모로 관상식물을 노지에서 재배하는 경우는 이용해 볼 만하다.

일반적으로 적절치 못한 기온, 즉 고온 및 저온조건에서는 식물의 생육이 순조롭지 못하고 특히 개화 상태가 좋지 못하다. 여름철에는 식물체의 고온장애를 막기 위하여 적절한 볕가림 시설의 설치 및 환기, 냉방장치를 할 필요가 있다. 또는 식물체의 내열성을 높여 주기 위하여 식물체내의 유리 수분량을 줄여 주고 대사 작용을 억제시키고 원형질 내에 있는 단백질의 안정성을 증가시키거나 세포

내의 염류농도를 높여주는 방법(즉 경우에 따라 염화칼리 또는 $MgSO_4$의 시용)도 강구할 수 있다. 겨울철에는 식물체가 냉해, 또는 동해를 입을 수가 있으므로 멀칭, 방한 등의 관리도 필요하다.

일반적으로 내한성이 약하고 한랭에 예민한 열대나 아열대성 식물은 10~12℃ 정도이면 순광합성이 뚜렷하게 감소하며 5~10℃ 정도에서는 CO_2의 흡수가 완전히 멈춘다. 또한 일반적인 식물에서도 식물체의 생리상 무리한 저온조건이 주어진 경우, 온도조건이 정상적으로 회복되어도 저하된 광합성률이 쉽게 회복되지 못하는 경우가 많다. 이와 같은 현상은 엽록체가 한랭 스트레스에 매우 예민하게 반응하기 때문이다. 따라서 다양한 종류의 관상식물을 재배하는 경우에 있어서도 온도관리를 적절히 하여 식물체의 생육이 저해되는 것을 막아야 한다.

그림 3-46 톱야자(*Serenoa repens*)

그림 3-47 브룬펠시아(*Brunfelsia australis*)

그림 3-48 아레카야자(*Areca vestiaria*)

그림 3-49 칼리안드라(*Calliandra haematooephala*)

① 25~30℃ 범위

고무나무, 브룬펠시아(*Brunfelsia australis*), 스트로판투스(*Strophanthus gratus*), 아나나스, 안스리움,

야자류, 칼랑코에, 칼리안드라(*Calliandra haematoephaia*), 쿠페아(*Cuphea hyssopifolia*), 크로산드라(*Crossandra infundibuliformis*), 티보키나(*Tibouchina urvileana*), 페리렙타(*Perilepta dyeriana*), 하와이무궁화

그림 3-50 하와이무궁화

그림 3-51 아나나스

그림 3-52 스트로판투스(*Strophanthus gratus*)

그림 3-53 쿠페아(*Cuphea hyssopifolia*)

그림 3-54 크로산드라(*Crossandra infundibuliformis*)

그림 3-55 티보키나(*Tibouchina urvileana*)

그림 3-56 페리렙타(*Perilepta dyeriana*)

그림 3-57 브룬펠시아(흰색)

② 15~25℃ 범위

대부분의 온대성 관상식물

③ 10~20℃ 범위

구상나무, 자작나무, 에델바이스(솜다리), 설앵초, 시레네(*Sillene acauilis*), 시로미

그림 3-58 시로미

그림 3-59 솜다리(*Leontopodium coreanum*)

그림 3-60 시레네(*Silene acaulis*)

그림 3-61 설앵초

(2) 온도 조절

관상식물재배에 있어 노지재배를 하는 경우, 온도조절은 여름철에 적절한 볕가림과 통풍, 겨울철에는 방한 및 보온 등이 필요하고 시설재배의 경우에는 여름철에 환기, 볕가림, 냉방과 같은 관리가 필요하며 겨울철에는 단순한 보온시설 뿐만 아니라 적절한 가온시설도 반드시 필요하다. 따라서 이와 같은 관리는 단순히 자연환경 조건하에서 식물을 재배하는 것이 아니라 어느 정도 환경을 조절함으로서 식물의 영양생장은 물론 개화조절을 합리적으로 할 수도 있다. 그 조절 방법은 광선조절이나 수분관리 대기 조성 등을 조절하는 방법도 중요하나 온대성 식물의 경우 온도조건을 합리적으로 조절하는 것이 식물 생육에 대단히 중요한 요소이다. 따라서 다음과 같은 주요한 몇 가지 온도관리 방법에 대해 간략히 살펴보겠다.

(3) 미기후 및 온도구배

다양한 조건의 관상식물 자생지 혹은 재배지에서 기온, 바람, 강우량, 지형 등의 제반 요소들의 미묘한 조합에 의해 국지적인 수준의 미기후(microclimate) 차이가 나타난다. 미기후는 높낮이의 차이는 물론 시간의 경과 등을 비롯하여 바람, 수분, 지형, 토양 등의 여러 요소들에 의해 큰 차이를 나타낸다. 예를 들어 야간에 냉각된 하강기류에 의해 계곡사면 하부의 기온이 크게 내려가거나 야간의 고산식물 지표면 온도가 약 30㎝ 상부의 온도보다 최고 20도 정도가 높게 나타나기도 한다고 보고된 바 있다. 이와 같은 미기후 조건은 식물의 분포 및 개체수에 대한 온도의 영향으로서 관상식물 분포와 재배에 매우 중요한 요인 중의 하나이다.

식물체가 자라는 대기 중에는 온도구배(temperature profile)가 존재한다. 해가 지는 야간에는 대기 중에 비해 지표면 및 식물체의 표면이 급속히 냉각되어 온도구배는 상대적으로 저온상태가 된다. 그러므로 이들 표면에 접한 공기는 에너지를 빼앗기고 냉각되어 무거워져 하강하게 된다. 결국 야간에는 지표면에 비해 식물체의 높은 부분이 상대적으로 미묘하게 온도가 높게 나타나는 온도구배가 발생한다. 반대로 해가 비치는 한낮에는 지표면에 온도구배 상 가장 온도가 높은 장소가 된다. 또한 식물 군락 내에서 일어나는 온도구배는 대기 중의 온도구배와는 다른 유형으로 나타난다. 채광과 공기의 흐름 등에 의해 온도구배가 변화한다. 이와 같은 온도구배는 물속은 물론 토양 중에서도 일어난다.

(4) 동계 관상식물 보호

우리나라와 같이 겨울철의 환경조건이 가혹한 지역에서는 재배식물의 동해 및 상해(霜害; 서리 피해)를 방지하기 위해서 가을철에 들어서기 전에 질소비료의 시용을 중단하고 인산 및 칼리 비료를 충분히 시비해주는 것이 원칙이다. 가을철이 되면 식물이 식재된 주변 토양의 배수를 개선하여 토양 수분을 적절히 저하시켜 식물조직이 쉽게 탈수될 수 있도록 배려한다. 그러나 겨울철의 토양조건이

그림 3-62 플루메리아(*Plumeria rubra* 'Kaneoe Sunburst')

그림 3-63 협죽도

그림 3-64 황색협죽도(*Thevetia peruviana*)

그림 3-65 피닉스야자(*Phoenix hanceana*)

너무 건조한 상태는 저온 건조해 및 한풍해를 받을 위험성도 따른다. 그러나 보다 적극적인 식물의 관리방법도 있다. 방한은 한랭하고 건조한 공기가 식물체에 직접 닿지 않도록 관리하는 방법으로서 내한성이 약하거나 건조한 겨울철 바람에 건조피해를 입기 쉬운 식물들을 보호하기 위해 실시한다. 예를 들어 식물체의 지상부를 짚 또는 거적으로 싸주거나 땅속에 묻어주는 방법 등이 있다. 임시방편적인 방법으로는 비닐 등으로 식물체를 덮어 주거나 싸주는 방법이 있는데 식물체의 증산 등에 지장을 주므로 이 경우에는 추위가 극심한 시기만 단기간 방한재료로 사용한다. 단기간동안의 방한을 목적으로 한다면 종이박스, 플라스틱 용기, 낡은 우산, 나무상자 등 주변에서 쉽게 얻을 수 있는 재료로 식물체에 씌워주기만 하여도 큰 효과가 있을 수 있다.

또한 열대, 아열대 원산의 내한성이 약한 식물을 재배하는 경우에는 단순한 방한시설만으로 월동을 하기가 대단히 어렵다. 이때는 온상이나 비닐하우스, 온실과 같은 시설 내에서 식물을 재배하고 외부로 빼앗기는 열을 보존하는 것이 효율적이다. 따라서 단순한 방법으로는 거적 등으로 덮어 시설 내 보온을 하거나 시설 내에 비닐로 이중 커튼 또는 온상 또는 터널 등을 별도로 설치할 수도 있다. 또 지온유지를 위해 짚, 왕겨, 비닐 등으로 멀칭을 해줄 필요도 있다. 특히 내한성에 의한 제약요소

그림 3-66 오월철쭉(*Rhododendron indicum*)

그림 3-67 산케지아(Sanchezia nobilis)

로 인해 식재가 여의치 못한 경우에도 적절한 방한 및 방풍에 의해 한랭한 겨울철에 식물을 보호할 수 있다. 예를 들어 내한성이 비교적 약한 상록성 철쭉류, 대나무류 등을 부득이 식재해야 할 경우, 주위에 교목 및 관목류를 치밀히 식재하여 한풍을 방지하여 공중습도를 유지하여 월동을 가능하게 한다.

또한 내한성이 충분한 관상식물의 잎, 가지, 줄기는 강한 바람과 같은 물리적인 충격에는 약한 경우가 있다. 이와 같은 경우 새끼줄이나 노끈 등으로 가지와 줄기를 잘 정리하여 묶어주는 것도 효과적이다. 특히 남부지방에서 겨울철에도 잎이 그대로 남아 있는 상록성 활엽수를 관리하는 경우 적용해볼만 하다.

(5) 상해 방지

온대성 식물의 내한성이 이미 약화된 상태의 이른 봄, 혹은 아직 충분히 내한성이 획득되지 않은 늦가을에 내리는 서리는 일부 관상식물에게 심각한 상해를 일으킬 수 있다. 생장기에 질소 비료의 시용을 줄이고 인산 및 칼리 비료를 충분히 시용하는 것이 효과적이다. 또한 가을철에 이르면 토양 수분을 현저히 줄여주는 것이 바람직하다. 경우에 따라서는 가을철 단일처리 및 생장억제 유도에 의해 생장을 조기에 정지시켜 휴면상태에 이르도록 하는 것이다. 그러나 보다 적극적인 방법으로 서리의 발생을 방지하는 방법도 있다. 잎 표면에 형성된 수막이 동결되지 않도록 조치하는 방법이다. 화석 연료를 연소시켜 온도를 올려주고 연기를 발생시켜주는 훈연법(燻煙法)을 비롯하여 수목의 표면에 지속적으로 물을 뿌려주는 연속 살수법(連續撒水法), 대형 팬을 돌려 차가운 하강기류를 막아주는 방법 등이 유효한 방법으로 알려져 있다.

1) 훈연법

석탄, 석유, 가스 등을 포장 내에서 태워주는 비교적 단순한 방법이지만 2~3℃ 정도의 기온을 올려주는 정도에 그치므로 기온이 -5℃ 이하로 떨어지는 경우에는 주변온도를 올려주는데 큰 효과가 나타나지 않는다. 그러나 2차적으로 장치에서 발생한 연기는 지표면에 광범위하고 고르게 깔려 지면으로부터의 냉기를 막아줄 수 있다. 낙엽이나 왕겨, 젖은 나무 등을 태워 연기를 대량으로 발생시켜 주는 방법도 효과적이다.

2) 살수법

상해가 예상되는 날, 해 뜨기 전 이른 아침에 식물체 표면에 물을 뿌려주는 방법이다. 물을 뿌려주는 이유는 식물표면의 동결을 녹여주기 위한 조치이다. 일반적으로 자생지에서 아침 햇살이 일찍부터 들어오는 남향 및 동남향에서 상해가 많이 나타나고 햇살이 제대로 들어오지 않는 북향이나 북서향에서는 상대적으로 적게 발생한다. 동해가 발생할 수 있는 한계까지 세포 외 동결로 냉각된 식물의 경우, 해동 속도가 빠를수록 식물체의 동해는 치명적으로 나타난다. 반대로 서서히 해동시키면 동해는 적게 나타나게 된다. 그러나 동결된 식물이 이른 아침의 강한 햇살에 의해 급작스럽게 해동되면 동해가 많이 나타나는 경향이 있다. 그러므로 해가 뜨기 전에, 동결된 식물체에 미리 물을 뿌려 서서히 식물체를 녹여주는 방법이 효과가 있다. 해가 뜨기 전에 물을 뿌려주어 미리 식물체를 녹여주는 방법은 식물체의 조기 해동에 의해 나쁜 영향도 있지만 심각한 상해를 일으키는 동결건조해가 예방되어 상해가 줄어들 수 있다.

3) 빙결법

소규모 녹지에서는 물을 지속적으로 관수하는 방법에 의해 상해를 방지할 수 있다. 기온이 내려가 물 1g이 얼 때 80cal의 잠열을 발생시킨다는 원리를 응용한 것이다. 관수한 물은 얼어서 얼음이 되며, 물과 얼음이 지속적으로 공존하여 계속 잠열을 발생시켜 주기 때문에 주변 환경은 약 0℃의 기온이 유지되기 때문에 상해는 발생되지 않는다. 봄철에 이미 휴면이 해제된 식물체 및 이른 가을철 아직 휴면에 이르지 않은 온대성 낙엽수목은 -2~-3도 정도에서 상해가 발생하므로 빙결법에 의해서 피해를 완화할 수 있다.

4) 팬 설치

아침, 저녁으로 차가워진 하강기류가 밑으로 내려와 지표면에 위치하는 식물의 눈이나 조직을 동결시킬 수 있다. 이 때, 대형 팬을 설치하여 하강기류를 흩어버리는 방법을 이용할 수 있다(그림 3-68).

그림 3-68 서리방지용 팬

5) 방풍망 설치

우리나라에서는 겨울철에 차고 한랭한 북서 계절풍에 의해 식물체가 한해, 동해, 한건해 등이 발생하는 경우가 많다. 대규모로 관상식물을 재배하는 경우 재배지의 북향 혹은 북서향에 방풍막을 설치하여 바람을 막아주는 방법이다. 방풍막은 강한 바람에 견딜 수 있는 재질에 광합성 유효파장의 광선이 통과될 수 있는 초록색 막이 좋다.

(6) 냉방

여름철 고온기에 실내 온도를 적극적으로 저하시켜 식물을 건전하게 생육시킬 수 있도록 하기 위한 관리방법이다. 소규모의 재배시설이라면 지붕위에 물을 계속 흘려줌으로써 기화열에 의해 실내온도를 내려줄 수 있는 냉수관류장치와 같은 방법도 있다. 그러나 이와 같은 방법은 시설비 및 유지관리비가 저렴하나 주변이 과습하기 쉽고 지붕에 이끼가 많이 끼어 채광이 좋지 않을 수도 있다. 이와 같은 방법 이외에도 기화열을 이용하는 냉방법으로서 패트 앤드 팬(pat and fan)식 또는 미스트 앤드 팬(mist and fan)식 등의 간이 냉방장치가 실용화되어 있다. 이들 방법은 미스트나 젖은 패트를 통과한 냉각된 습한 공기를 환기 팬(fan)으로 유입시키는 방법이다. 그밖에도 룸-쿨러(room cooler)에 의해 실내 온도를 냉각시키는 방법이 있는데 효과가 확실하나 전기료 등의 유지관리비가 높으므로 소규모 시설에만 실용 가능하다. 특히 고산성 관상식물의 경우에는 여름철의 고온다습에 매우 약하므로 필요하면 냉방시설이 필요한 경우도 있다.

(7) 식물의 온도 적응

동물과는 달리 이동 능력이 없는 식물은 생육지의 환경조건에 적응하며 생존해야 한다. 특히 온대지역의 겨울철 저온조건은 식물세포나 조직의 동결에 의한 동해 또는 저온탈수에 의한 한건해를 일으킬 가능성이 있다. 여름철의 과도하게 높은 기온 및 초여름을 전후하여 낙동강 중상류 지역 및 남한강 상류 지역에서 흔히 발생하는 푄(föhn)에 의한 고온현상은 관상식물에 고온 장애를 일으킬 수 있다. 다양한 종류의 관상식물은 나름대로의 생육최고온도 및 생육최저온도가 있다. 그러나 이와 같은 한계온도 이상 및 이하의 조건이 지속되면 식물은 생육이 불가능하다.

1) 겨울철 저온조건과 식물의 생리적 반응

우리나라와 같이 사계절이 뚜렷하게 나타나는 온대지역에서는 가을에서 겨울철로 들어서면서 기온은 떨어지고 일장은 단일조건이 된다. 더불어 주변 기상환경 변화에 따라 온대성 식물은 점차로 내동성이 증대되게 된다. 가을철이 되면서 온대성 관상식물은 여름철의 왕성한 생장기에서 휴면기로 들어서게 된다. 온대성 관상식물의 휴면기는 식물의 대사계는 물론 세포의 구조 및 성분에 있어서도 큰 변화가 나타난다. 이와 같이 관상식물의 내동성 증대와 더불어 일어나는 일련의 생리적인 변화를 저온순화(cold acclimation)라 한다. 충분히 내동성이 증대된 관상식물의 세포가 저온상태에 접하게 되면 세포벽에 접한 외부에 얼음이 형성되는 세포 외 동결(extracellular freezing)이 일어난다. 세포 외부에 형성된 얼음 결정에 의해 세포 내외의 수증기압 차이가 나타나 세포 내의 수분이 점차 밖으

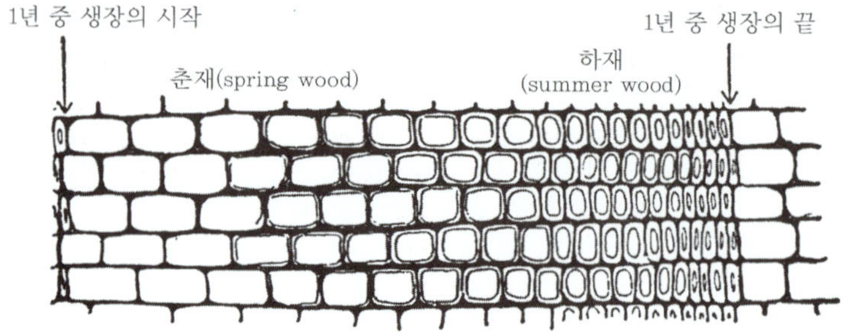

그림 3-69 목본성 관상식물의 춘재와 하재(Wilson)

로 빠져나오게 된다. 세포 내 수분의 지속적인 탈수에 의해 세포는 더욱 수축되고 저온에 대한 저항성이 증대된다. 그러나 세포 외 동결에 의한 세포의 탈수가 충분히 이루어지지 않은 상태에서 저온 상태에 접하게 되면 식물의 세포 안쪽이 얼어버리게 된다. 이와 같은 동결을 세포 내 동결(intracellular freezing)이라 한다. 세포 내 동결이 발생한 식물의 세포는 생존이 불가능하다. 결국 식물은 동해를 받아 고사하게 된다.

그림 3-70 산진달래

그림 3-71 좀참꽃(*Rhododendron redowskianum*)

추운 겨울철이 3~4개월 정도 지속되는 우리나라에서 대부분의 관상식물들은 세포 외 동결 혹은 과냉각(supercooling)에 의해 월동하게 된다. 과냉각이란 순수한 물이 0℃에서 얼지만 그 이하의 낮은 온도조건에서도 얼지 않고 액체상태가 지속되는 경우를 일컫는다. 온대성 식물에서 식물체 전체 혹은 일부분이 과냉각 상태를 유지하며 월동하는 경우가 많다. 예를 들어 대부분의 온대성 식물의 종자를 비롯하여 상록성 활엽수, 상당수 온대성 낙엽활엽수의 가지 목질부 방사조직 및 벚나무속, 진달래과 식물의 화아(flower bud) 등에서 많이 나타난다.

2) 저온과 식물의 피해 현상

온대지역의 관상식물에서 추운 겨울철에 흔히 발생할 수 있는 피해는 저온피해와 설해가 있다. 저온피해(cold injury)는 다시 동해(freezing injury)와 저온 건조해(winter desiccation)로 구분할 수 있

그림 3-72 동해방지 대책

다(그림 3-73). 치사한계온도 이하의 저온으로 냉각된 식물의 세포가 결국 세포내 동결(Intracellular freezing)을 일으켜 고사하는 피해를 일반적으로 동해라 한다. 또한 봄철의 늦서리 혹은 가을철의 이른 서리에 의해 내동성이 충분히 형성되지 않은 식물이 받는 상해(霜害)도 동해의 범주에 넣는다. 그러나 엄밀하게 구분하면 동해는 온대성 수목의 겨울철 휴면기에 세포외 동결 혹은 과냉각 상태로 월동하던 식물체가 세포내 동결에 의해 받는 피해를 일컫는다. 우리나라에서 겨울철은 식물의 세포 내 함수량은 최소상태가 되며 기후는 한랭하고 건조한 계절풍이 끊임없이 불어오는 조건이 된다. 특히 토양이 동결된 상태로서 식물 뿌리에서 수분 흡수가 거의 불가능한 조건에서 지속적인 바람은 식물의 증산을 촉진시키고 결국 저온건조해에 의해 고사하게 한다. 우리나라와 같은 전형적인 온대기후대에서 발생하는 저온피해는 예상치 않은 한파가 몰아닥치는 경우를 제외하고는 저온건조해에 의한 식물의 피해가 가장 많이 발생한다. 겨울철 수목에서 나타나는 피해로 동열(frost crack) 현상이 있다. 강원도 산간지역이나 미기후상 겨울철 이상한파가 자주 발생하는 지역에서 나타나는 현상으로 줄기의 목질부 안쪽에서 바깥쪽으로 길게 갈라지는 피해현상이다. 동열현상은 극심한 저온에 의한 목질부와 수피부의 수축 차이에 의해 발생한다. 겨울철에 바람이 심한 지역에서 자라는 상록성 활엽수 및 대나무류의 잎이 떨어져 봄철의 신초생장 및 발아에 악영향을 주는 피해 현상을 한풍해라 한다. 남부지역에 식재된 귤나무나 상록성 조경수목에서 발생하기도 한다.

설해는 강설에 의한 수목류의 물리적인 피해현상이라 할 수 있다. 우리나라에서 겨울철의 일부 다설 지역에서는 수관부에 쌓이는 설압에 의해 수형의 변형 및 가지 찢어짐, 절단 등 피해가 나타날 수 있다. 어린 나무는 줄기나 가지가 유연하여 큰 피해는 나타나지 않지만 상대적으로 성숙한 나무에서는 심각한 피해가 나타나기도 한다. 이와 같은 설해는 수목의 적절한 정지, 전정 관리에 의해 어느 정도 완화할 수도 있다.

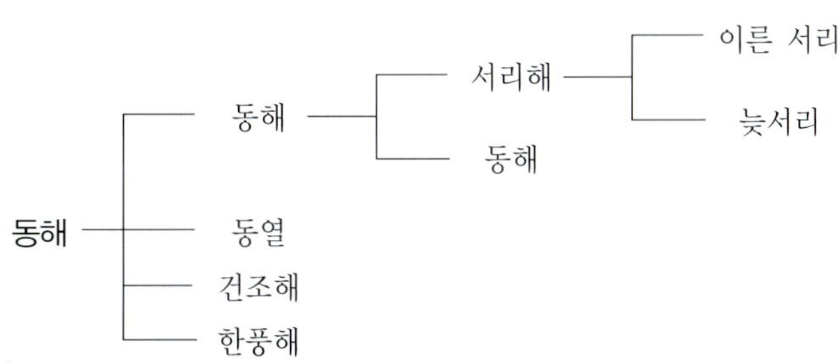

그림 3-73 관상식물에서 나타나는 겨울철 동해의 종류

3) 난방

그림 3-74　겨울철 난방이 필요한 커피나무

우리나라에서 난방시설은 보통 11월부터 이듬해 4월까지 약 6개월간 가동하게 된다. 식물의 내한성 정도 및 시설의 규모에 따라 난방의 종류도 달라질 수 있으나 일반적으로 시설비를 비롯하여 연료비가 저렴한 난방 방법으로는 화석연료를 연소시켜 나오는 열을 시설내로 직접 송풍하는 온풍난방을 많이 이용하고 있다. 그러나 이 방법은 온도분포가 일정하지 않을 수 있고 유해가스와 시설 내에 건조장애를 가져올 수도 있는 결점이 있다. 이와 같은 방법 이외에도 증기난방법은 보일러, 방열기, 각종 배관시설 등에 필요한 시설비가 많이 드는 단점이 있으나 넓은 면적을 가온할 수 있는 장점이 있다. 소규모의 재배시설이라면 간단한 시설만으로 난방이 가능한 온수난방법을 이용할 수도 있다. 가정에서는 난방장치가 된 실내에서 월동시키는 방법을 들 수 있는데 실내공기의 교환이나 관수 및 광도조절 등에 유의한다.

난방용 연료로 주로 사용되는 종류는 발열량이 크고 완전연소가 가능하고 점화 및 소화가 용이하며 타고난 후 재가 남지 않는 등유, 경유, 중유 등의 액체연료가 많이 사용된다. LNG, LPG 등의 기체연료도 일부 사용되고 있으나 연료비가 많이 드는 단점이 있어 일반적이지는 못하다.

4. 공기

시설이나 실내에서 관상식물을 재배하는 경우에는 환경조건을 적절히 유지시켜 줄 필요가 있다. 즉 여름철의 재배시설 내 온도조건은 직사광선에 의한 복사열의 축적에 의해서 외부에 비해 상당히 높이 올라간다. 또한 식물체의 활발한 광합성은 시설 내의 이산화탄소(CO_2) 농도를 저하시킴으로서 식물체들 사이에 탄산가스 쟁탈을 가져오게 된다. 따라서 기온의 과도한 상승이나 이산화탄소 농도의 저하는 식물체의 광합성을 방해하고 원활한 생육을 불가능하게 한다. 또한 공기가 적

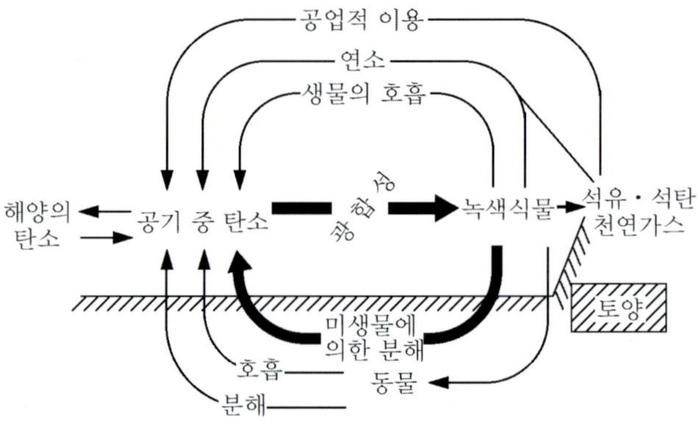

그림 3-75　지구상의 이산화탄소 순환

절히 순환되지 않는 시설 내에서는 공중습도가 80~90% 정도로 높아질 수도 있다. 그러므로 이와 같은 문제를 해결하기 위해 필요에 따라서 적절하게 시설 내와 외부와의 공기를 순환시켜 항시 일정하고 적절한 환경조건을 유지하도록 해야 한다. 이와 같은 환기는 창을 열거나 출입구를 개폐시키는 자연환기와 동력장치를 사용하여 강제로 환기를 시켜줄 수 있는데, 최근에는 환기 전용의 팬을 널리 사용하고 있다. 특히 아파트 등에서 알루미늄 새시가 설치되어 사방이 밀폐된 베란다와 같은 곳에서 관상식물을 재배할 때에는 공기순환에 신경을 충분히 써야 한다.

관상식물의 육묘나 번식 또는 반음지성, 음지성 관상식물을 시설 내에서 재배하는 경우 광도를 적당히 조절할 필요가 있다. 강한 직사광선을 차단하여 시설내의 온도상승을 막아주거나 광도를 낮추기 위하여 주로 한랭사나 발 등이 많이 이용되고 있다.

(1) 대기와 바람

대기는 약 79%의 질소와 약 21% 정도의 산소로 구성되어 있으며 이들 두 가지 가스가 거의 전부를 차지하며 식물체의 광합성에 필수적인 탄산가스는 약 0.03%로 비율이 상대적으로 낮으며 이외에 기타 여러 종류의 가스류와 수증기 및 고형물질로 구성되어 있다. 이와 같은 대기(공기)는 공기층의 온도 차이에 의해 이동이 일어나는데 이것을 바람이라고 한다.

1) 바람과 식물

바람이 녹화식물에 미치는 작용은 기계적인 작용과 생리적인 작용으로 구분할 수 있다. 바람에 의해 모래나 눈 혹은 염분 등이 운반되어 직접 식물체에 영향을 끼치는 작용을 기계적인 작용이라 한다. 특히 한랭지의 다설 지역에서 겨울철에 강풍을 동반한 강설은 바람의 방향에 접한 수목의 가지에 쌓여 얼어붙게 된다. 결국 동결된 눈과 얼음덩어리의 무게에 의해 가지가 부러지거나 피해를 받는다. 이와 같은 현상이 지속적으로 일어나게 되면 바람에 접하는 방향의 가지가 일률적으로 없어지는 현상이 나타나게 된다(그림 3-76).

또한 생리적인 작용으로는, 적당한 바람은 지면으로부터 수분증발을 촉진시켜 과습을 방지하고 식물의 증산을 촉진하여 기공을 통한 탄산가스(CO_2)의 확산을 증가시키는데 효과가 있고 식물의 잎을 움직여 줌으로서 식물체 내부에 위치한 잎까지도 채광을 좋게 도와준다(그림 3-77). 따라서 적당한 바람에 의해 광합성 효율이 증가됨은 물론이고 병충의 발생을 감소시키며 풍매화의 수정을 조장하며 이른 봄과 늦은 가을의 서리도 어느 정도 막아

그림 3-76 바람의 피해를 받은 관상수

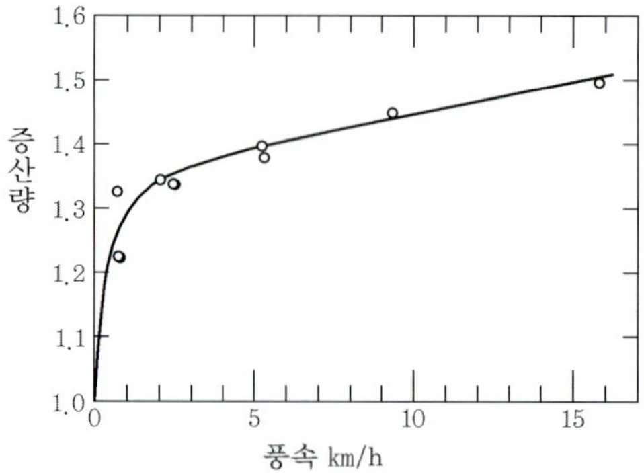

그림 3-77 해바라기의 증산작용과 풍속과의 관계(Martin & Clements)

그림 3-78 하늘매발톱(*Aguilegia japonica*)

줄 수 있다. 그러나 바람은 잡초의 종자나 병균, 해충의 알이나 성충을 멀리까지 전파시키고 건조기에 식물체의 건조를 더욱 촉진시키는 불리한 면도 있다. 또한 일정 풍속 이상의 강풍은 식물체에게 도복 또는 잎이나 줄기 손상 등의 물리적인 피해를 줄 수가 있다. 따라서 관상식물을 식재할 때에는 바람에 손상되기 쉬운 종들은 개활지에 독립적으로 심는 것보다는 교목의 하부식재 또는 군식의 형태로 식재하는 것이 바람직하다. 특히 강한 바람에 의한 식물의 피해가 우려되는 녹지대에는 사전에 충분한 방풍림의 설치도 고려할 필요가 있다.

2) 공해와 관상식물

아직까지 다양한 분야의 연구재료로 널리 이용되지 못한 관상식물은 공해(air pollution)에 대한 피해현상에 대해서 구체적으로 밝혀진 바 없다. 그러나 금어초, 팬지, 과꽃, 카아네이션, 국화, 장미 등의 대표적인 원예작물들이 공해에 심각한 피해현상이 발생한다는 결과에 비추어 관상식물도 아황산가스, 불화수소가스, 각종 분진 등의 공해에 식물체가 피해를 입을 수 있는 가능성이 높다. 그러므로 식재장소는 너무 공해발생이 심한 곳을 피하고 시설재배 시 대기관리에 유념하며 통기조건을 좋게 해주는 것이 필요하다.

그림 3-79 팬지

그림 3-80 카네이션

3) 이산화탄소 시비

자연 상태의 대기 중 이산화탄소 농도는 약 330ppm 정도로 알려져 있다. 그러나 시설 내에서 밀식된 관상식물은 한낮의 활발한 광합성에 의해 이산화탄소가 저하되는 경우가 종종 있다. 이와 같은 경우에 개체들 간의 이산화탄소 경쟁이 일어나 생장이 원활하지 못하게 된다. 관상식물을 시설 내에서 상업적으로 재배하는 경우에 인위적으로 이산화탄소를 시용하여 대기 중의 농도를 높여주는 방법이 있다. 보통 다음과 같은 방법들이 이용되고 있다.

① 연소가스를 이용하는 방법

LPG나 등유 등의 화석연료를 연소시킬 때 발생하는 이산화탄소를 이용하는 방법이다. 비용이 저렴하고 쉽게 이산화탄소를 발생시킬 수 있으며 난방을 겸할 수 있는 장점이 있다. 그러나 연소가스에서 나오는 일산화탄소, 아황산가스 등의 식물체에 유해한 기체들에 의한 피해가 발생할 수 있다. 또한 여름철에는 과다한 열이 발생할 수 있으므로 사용에 유의해야 한다.

② 고압 이산화탄소를 이용하는 방법

용기에 충진된 고압의 이산화탄소를 노즐을 통해 일정한 농도로 시용하는 방법이다. 사용이 간편하고 농도조절이 용이한 장점이 있어 최근 시설재배에서 가장 널리 사용되고 있다. 그러나 용기의 구입 및 가스의 교환에 비용이 드는 단점이 있다.

③ 화학적인 방법

탄산칼슘($CaCo_3$)이 주성분인 대리석, 조개껍질 등을 황산에 반응시켜 이산화탄소를 얻는 방법이다. 대량의 이산화탄소 시용은 어렵고 조제법이 번거로운 단점이 있다.

④ 드라이아이스의 사용

이산화탄소를 고체 상태로 얼려놓은 드라이아이스(dry ice)를 기화시켜 이산화탄소를 발생시키는 방법이다. 소규모 시설에는 이용이 가능하나 대량의 이산화탄소 발생에는 비용이 드는 단점이 있다.

(2) 식물의 호흡

식물은 끊임없이 잎의 기공을 통해 산소(O_2)를 흡수하고 이산화탄소(CO_2)를 방출하면서 호흡을 한다. 외관상 나타나는 식물의 호흡작용을 아래와 같이 단순하게 정리하면 산소를 흡수하여 포도당과 같은 체내 유기물질을 산화시켜 화학적인 에너지를 얻고 이산화탄소와 물을 배출하는 작용이라 할 수 있다. 보통 식물은 광합성산물의 약 50% 정도를 호흡으로 소모한다고 알려져 있다. 작물 재배적인 입장에서의 생산량 증대 측면에서 식물의 생장을 감소시키지 않는 범위 내에서 호흡량의 억제가 필요하다고 보고 있다.

$$C_6H_{12}O_6 + 6O_2 \rightarrow 6CO_2 + 6H_2O + \text{energy}$$

대부분의 고등식물은 생장과 생명유지에 필요한 에너지를 얻기 위해 광합성에 의해 고정된 광합성산물을 산화함으로서 얻는다. 이와 같은 호흡은 식물세포의 세포질과 미토콘드리아에서 일어난다.

호흡의 전 과정은 해당작용(glycolysis), 시트르산 회로(citric acid cycle), 산화적 인산화 반응(oxidative phosphorylation) 등의 3과정이 연속적으로 일어난다. 해당작용은 세포질(cytosol)에서 일어나고 나머지 반응은 미토콘드리아에서 일어난다.

식물에 있어 호흡작용에 영향을 미치는 주요 요인은 온도, 산소의 농도, 이산화탄소의 농도, 기타 cynamide 등과 같은 호흡억제제가 있다.

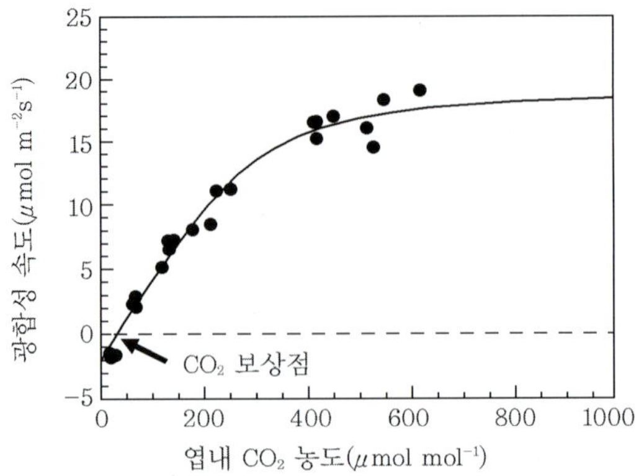

그림 3-81 CO_2 농도와 광합성 속도와의 관계

1) 해당과정

식물 세포의 세포질에서 일어나는 호흡의 예비단계로 산소가 필요 없는 무기(anaerobic) 상태의 반응이다. 또한 포도당(glucose) 1분자를 2분자의 피루브산(pyruvic acid)으로 전환시키는 탄수화물 이화작용(catabolism)의 주된 과정이다. 이 과정에서 2분자의 NADH와 4분자의 ATP가 생성된다.

$$\text{Glucose} + 2\text{ADP} + 2\text{H}_3\text{PO}_4 + 2\text{NAD}^+ \rightarrow 2\text{pyruvic acid} + 2\text{ATP} + 2\text{NADH} + 2\text{H}^+ + 2\text{H}_2\text{2O}$$

2) 시트르산 회로

시트르산 회로는 Krebs cycle 혹은 TCA cycle(tricarboxylic acid cycle)이라고도 하며 총 8단계의 반응들로 이루어진다(그림 3-83). 각각의 반응단계는 특정 효소(enzyme)들에 의해 촉매된다. 해당작용에서 생성된 피루브산은 유기(aerobic) 상태에서 식물세포의 미토콘드리아 내로 확산되어 들어간 후, CO_2로 완전히 산화되고 ATP를 생성하는 과정이다.

미토콘드리아 안으로 피루브산이 들어오고 피루브산의 아세틸CoA(Acetyl- CoA)로의 전환은 해당과정과 시트르산 회로를 연결시킨다. 2-탄소 아세틸기는 4-탄소인 옥살로아세트산(oxaloacetic acid)과 결합하여 6탄소인 시트르산(citric acid)을 형성하며 이 시트르산은 옥살로아세트산으로 다시 분해된다. 이 시트르산 회로를 통해 2분자의 CO_2가 생성되어 방출되고 1분자의 ATP가 형성되며 전자들이 NAD^+와 FAD로 넘겨져 1회전 당 3분자의 NADH와 1분자의 $FADH_2$가 생성된다.

그림 3-82 콜레우스의 행잉바스켓

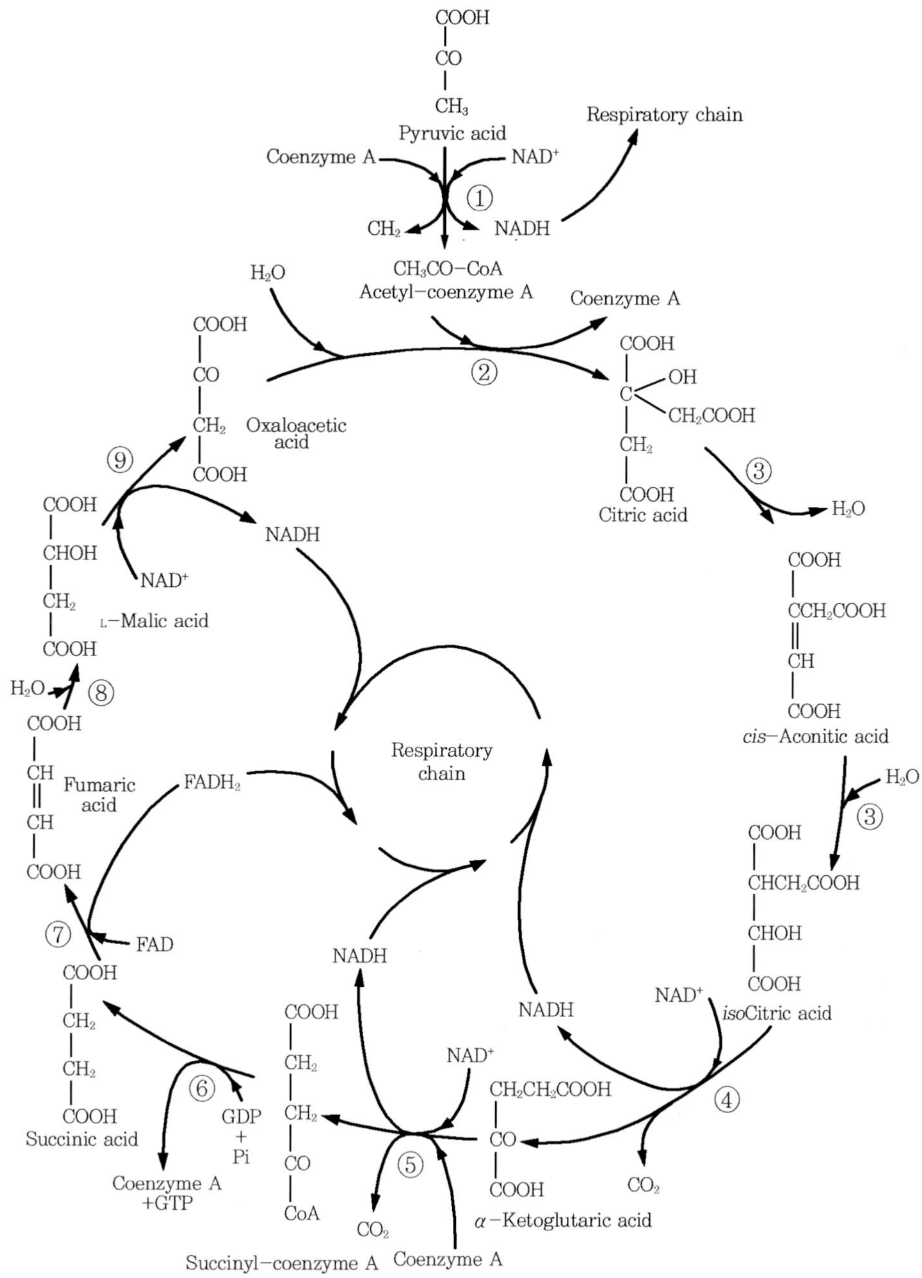

그림 3-83 시트르산 회로(Tricarboxylic acid cycle, TCA회로)의 상세 경로.
① pyruvic dehydrogenase, ② citric acid synthetase, ③ aconitase, ④ isocitric acid dehydrogenase, ⑤ α-ketoglutaric acid dehydrogenase, ⑥ succinyl coenzyme A sythetase, ⑦ succinic acid dehydrogenase, ⑧ fumarase, ⑨ malic acid dehydrogenase

3) 산화적 인산화 반응

환원된 조효소인 NADH와 $FADH_2$가 미토콘드리아 내막의 전자전달계를 통해 ATP를 합성하는 과정이다.

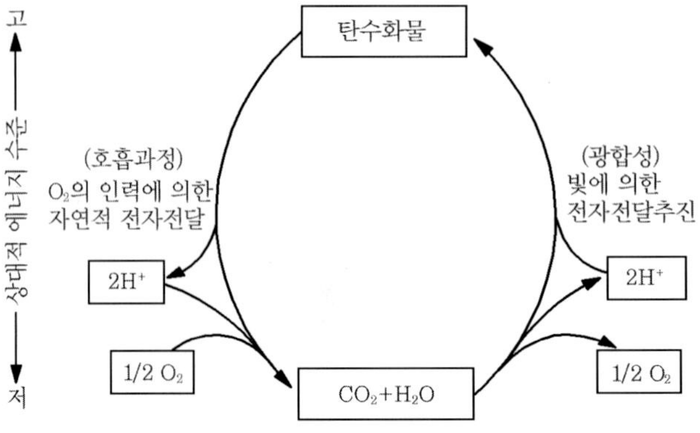

그림 3-84 광합성과 호흡의 특성 비교

표 3-4 식물의 광합성과 호흡작용의 상대비교

내용	호흡	광합성
일어나는 장소	모든 세포	엽록체
일어나는 시기	모든 시기	낮 혹은 밤(CAM 식물)
기질	유기물, 산소	이산화탄소, 물, 빛에너지
기체교환 유형	산소 흡수, 이산화탄소 방출	이산화탄소 흡수, 산소 방출
물질의 변화	유기물 → 무기물	무기물 → 유기물
에너지	에너지 발생	에너지 저장

제2절 토양 및 비료 요인

1. 토 양

그림 3-85 도시녹화를 위해 인공지반에 식재된 관상식물

관상식물들이 자라고 있는 산이나 들에 나가 보면 토양조건에 따라 서식하고 있는 식물의 종류나 형상이 현저하게 다르다는 것을 알 수가 있다. 창포, 벗풀, 부처꽃, 물옥잠, 부들, 갈대, 줄 등과 같이 하천 주변이나 습지와 같이 점질토양에 습기가 많은 곳에서 자라는 종들도 상당수 있지만 대부분은 물빠짐과 통기성이 양호한 사질양토 혹은 식양토에서 자라고 있는 것을 볼 수 있다. 식물의 뿌리는 지하에 묻혀 있지만 지상부와 마찬가지로 활발한 호흡작용을 한다. 따라서 물빠짐이 좋지 못하면 뿌리는 질식하여 썩어버리고 만다. 습지에서 생육하고 있는 관상식물들이 질식되지 않고 살아가는 것은 물속의 공기를 이용하거나 지상부의 잎에서 흡수한 산소를 뿌리에까지 이동시킬 수 있는 통기조직이 잘 발달되어 있기 때문이다. 그러나 일반적인 식물에서는 토양의 제반 조건들이 적합하지 않으면 식물생육이 좋지 못하고 결국은 죽어버리고 만다. 특히 최근에는 토양기반이 열악한 인공지반이나 옥상 등에 관상식물을 식재하는 경우가 많으므로 토양특성에 대해 충분히 이해할 필요가 있다.

이와 같이 식물의 생육에 있어 중요한 토양은 식물체를 물리적으로 지지하고 유기물을 비롯한 각종 물질을 분해하여 식물의 생육을 돕는다. 또한 자연환경의 중요한 요소로서 물질순환 및 환경 구성체가 된다.

(1) 토양의 특성

토양은 암석이 풍화되어 형성된 무기질 입자의 집합체로서 식물을 지지해주는 매체이며 뿌리에 수분과 양분을 공급하고 기타 생장환경을 제공하여 식물생육의 기반이 된다. 온도나 광조건과는 달리 그 자체가 매우 복잡한 계(system)를 형성한다. 모암이 풍화된 광물질과 동식물의 잔재물 및 배설물 등의 유기물을 비롯하여 수분, 무기염류, 공기, 생물체(소형동물, 미생물) 등의 토양구성 성분이 복

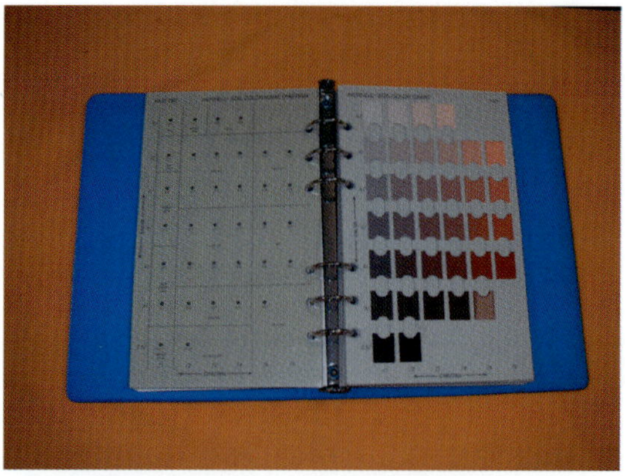

그림 3-86　토양색도표

합적으로 작용하여 물리적, 화학적, 생물적 성질 등의 다양한 토양특성이 나타나는 층을 구성한다. 이와 같은 토양의 독특한 성질은 식물생육에 크게 영향을 미치는데, 이것을 지력이라고 한다. 식물의 효과적인 재배를 위해 토양의 지력향상은 물론 적절한 유지관리가 필수적이다.

토양구조가 교란되지 않은 일반적인 자연림이나 초원에서 토양단면을 관찰하면 아래 그림과 같이 수직구조 층의 구분이 가능하다(그림 3-87). 이와 같이 토양은 위에서 아래로 형성되므로 토양단면(soil profile)이라 한다. 지표면에는 무기질의 토양입자가 포함되어 있지 않은 유기물만의 층이 있는데 A_0 또는 O층(organic층의 의미)이라 한다. A_0층은 유기물의 분해정도에 따라 위에서부터 L층, F층, H층(부식층)으로 다시 나누어지기도 한다. A_0층은 무기질 토양층에 부식질 공급원이 되는 10㎝ 정도의 얕은 층이다. 또한 A_0층은 빗방울에 의한 토양의 충격을 완화시켜 주고 토양표면으로부터 수분증발을 억제시켜 주는 멀칭(mulching; 피복)의 효과도 있다. A_0층의 하부에는 무기질 토양층이 존재하는데 A층, B층, C층으로 구분이 된다. A층은 A_0층의 바로 밑에 존재하기 때문에 어느 정도의 부식질이 포함되어 있으며 토양 내의 동물이나 미생물 등의 활동이 활발하게 나타나는 층이며 약간 검은 빛을 띠고 있다. 식물의 뿌리활동은 주로 이 A_0층 및 A층에서 주로 이루어진다. A층을 거쳐 빗물이 밑으로 이동할 때 토양 내에 여러 가지 물질(예 ; $CaCO_3$)을 빼앗아 가는 (용탈)현상에 의해 A층을 용탈층(溶脫層; eluvial horizon)이라고도 한다. B층은 A층의 하부층으로 부식질은 거의 없으며 A층에서 용탈된 점토질이나 철, 알루미늄 등이 많이 축적되어 있다. A층으로부터 용탈된 물질들이 축적되어 있는 경우가 많으므로 B층은 집적층(集積層)이라고도 한다. C층은 B층의 하부층으로서 토양화가 별로 이루어지지 않았고 암석이 풍화된 작은 부스러기(토양모재)들로 이루어진 층이다. C층은 B층의 밑에 있으며 아직 토양화가 제대로 이루어지지 않았고 암석이 풍화된 작은 입자의 토양모재층(土壤母材層)이다. C층의 하부에는 아직 풍화되지 않은 암석층으로 이루어진 암반층인 R(rock의 의미)층이 존재한다. 그러나 토양의 최종 상태는 토양 모재의 종류와 기후 및 식생특성에 의해 결정된다. 일반적으로 침엽수림에서는 용탈된 점토질이 B층에 지속적으로 축적되어 결국 단단한 경토층(硬盤 ; hardpan)이 형성되어 낙엽이 분해되지 않고 두텁게 쌓여 강산성 토양이 된다. 반대로 활엽수림에서는 낙엽층이 얕고 토양산도는 높지 않다.

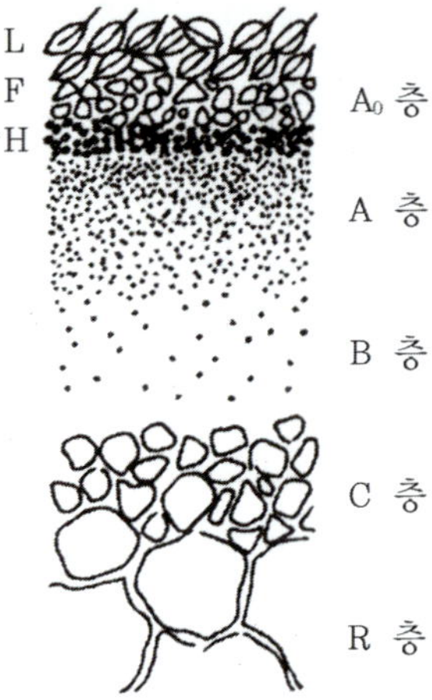

그림 3-87　자연 상태의 토양층 단면

관상식물을 재배할 때의 표토 또는 표층토는 일반적으로 A층까지를 일컫는다. 자연지형을 인위적으로 변형시켜 조성된 관상식물 재배지는 토양층이 교란된 경우가 많다. 특히 절개지의 경우 표토층이 소실되고 지표면으로 아직 미성숙한 B, C, R층이 노출되어 있는 경우도 많다. 성토지에는 하층토(B층, C층)가 대량으로 반입되어 조성된 경우가 많다. 또한 이와 같은 장소는 작업용 대형차량이 빈번히 드나드는 경우가 많다. 만일 관상식물 재배지가 이와 같은 경우라면 관상식물 재배에는 매우 불리한 조건이다.

토양의 물리 화학적인 지력조건을 토양의 비옥도(soil fertility)라고 하는데 효과적으로 관상식물을 식재하기 위해서 식물의 생육이 주로 이루어지는 표토에서의 토양 비옥도 증진을 위한 토양의 물리적인 성질 개량과 적절한 시비작업 및 토양의 pH 등 제반관리를 사전에 재배 관상식물에 알맞게 조정하는 작업이 필수적이다.

특히 화학비료와 유독성 농약에 의존하는 기존의 식물재배법은 장기적인 지력의 유지 및 관리 등에 불합리하며 결과적으로 토양파괴의 직접적인 요인이 된다. 즉, 유산을 포함하는 비료를 지속적으로 시용함에 의해 SO_4^{2-}와 같은 산성이온들이 축적되고 유기물의 투입이 줄어듦에 따라 토양의 완충능력이 저하되고 토양이 산성화되어 토양의 단립화가 방해되며 점차적으로 토양의 물리화학적 성질이 악화된다. 토양은 지구의 긴 역사와 더불어 생성된 귀중한 자원으로서 그 한계가 정해져 있는 유한한 자원이라 할 수 있다. 그러므로 인간이 토양 본연의 생산능력을 초과하는 생산성을 추구하는 것은 토양의 또 다른 기능이라 할 수 있는 환원, 정화, 저수, 투수 기능 등을 저하시켜 자연환경 악화를 불러오는 결과를 가져오게 된다.

(2) 토양의 성질

1) 토양의 물리적 성질

① 입경 조성

토양의 입경 구분(粒徑區分)은 국가 또는 관련학회에 따라 기준의 차이가 있다(그림 3-88). 입경 2㎜ 이상을 자갈이라 하고 2㎜ 이하를 이른바 모래(sand), 미사(silt), 점토(clay)로 구분하고 있는 것은 거의 비슷하다. 그러나 입자의 크기가 2㎜ 이하의 미세한 토양에서는 경계 입경이 조금씩 차이가 있다. 토양은 다양한 크기의 입자 집합체이고 입경 조성의 차이에 의해 토양의 물리적, 화학적인 성질도 큰 차이가 난다. 국제법에서는 모래, 미사, 점토의 세 종류의 비율을 삼각좌표로 표시하고 토성을 구분하고 있다. 이와 같은 구분은 각각의 독특한 기준에 의해 만들어진 입경구분이므로 토성 구분에도 큰 차이가 난다는 것을 염두에 두고 주의하여야 한다.

② 삼상분포

토양의 유기질 및 무기질의 고체입자 사이에는 공극이 있고 공극에는 물과 공기가 붙어 있다. 이와 같은 고상(고체), 액상(물), 기상(공기)을 토양삼상이라 한다. 삼상이 차지하는 비율(체적%)을 삼상분포라고 한다. 삼상분포는 토양의 조밀함과 습기 유지 상태를 나타내는 지표가 되며 식물의 뿌리생육과 밀접한 관계가 있다.

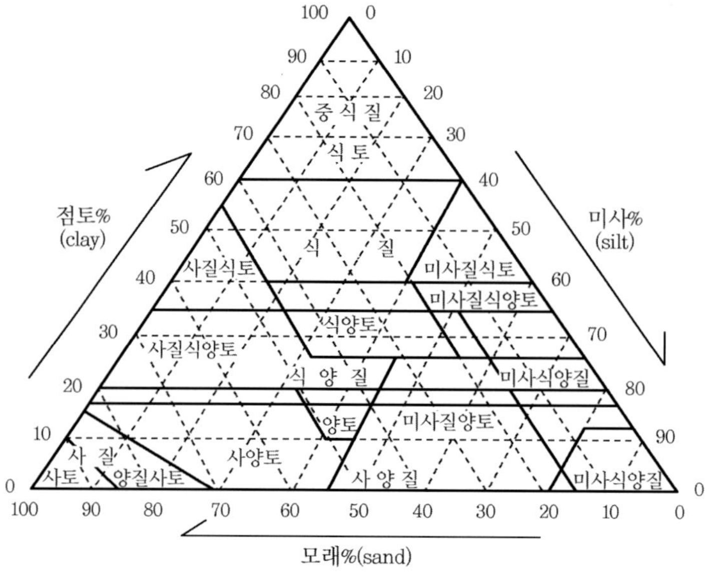

그림 3-88 국제토양학회법에 의한 토성 구분

③ 토양수분

토양수분은 식물의 증산작용에서 소비하는 물의 대부분을 공급하고 물이 토양에 재공급될 때까지 토양 중에 물을 저장하고 있는 것이다. 또한 토양수분은 수용액으로 양분과 다른 수용성 염의 치환과 이동에 관여한다.

세탁물을 물에서 건지면 물이 흘러내린다. 손으로 힘을 주어 짜게 되면 물이 더 많이 떨어지며 탈수기에 넣게 되면 더욱 탈수된다. 그러나 아직 세탁물에는 수분이 남아있는 상태이다. 이것을 햇볕에 말리거나 고온건조기에 건조시키면 습기를 느낄 수 없을 정도로 수분이 없어진다. 이와 같은 사실은 물이 다양한 힘에 의해 세탁물에 붙어 있다는 것을 나타낸다. 토양 중에 존재하는 물분자도 다양한 힘에 의해 토양입자에 붙어 있다.

물 분자가 토양입자에 붙어있는 힘을 수분장력이라고 한다. 수분장력은 조건에 따라 계속 변화하지만, 물의 운동성이나 식물의 수분흡수에 미치는 영향이 비교적 명확하게 나타나는 값이 있다. 이와 같은 값을 토양의 수분항수(水分恒數)라고 한다. 또한 이와 같은 수분항수 차이를 기초로 토양수분을 다음과 같이 크게 3가지로 나눌 수가 있다.

표 3-5 토양의 보습성에 대한 간이 판정법(일본녹화센터, 1999)

평 가	건습 정도	촉 감
불량	건	토양을 손에 쥐었을 때 손에 물기가 느껴지지 않음
보통	반건	토양을 손에 쥐었을 때 물기가 느껴지지만 젖지는 않음
양호	반습	토양을 손에 쥐었을 때 물기가 느껴지며 물기가 남음
보통	습	토양을 손에 쥐었을 때 손이 젖음
불량	과습	토양을 손에 쥐었을 때 물이 나옴

㉮ 중력수(重力水 ; gravitational water)

중력수는 강우나 관수에 의해 토양의 큰 공극을 채우고 있는 수분으로서 중력에 의해 쉽게 하부로 이동한다. 이와 같은 중력수의 이동이 거의 정지한 시점에 있어서 토양수분량을 포장용수량이라고 한다. 중력수에 의해 차지하는 공극 이른바 포장용수량의 시점에 있어서 기상이 되는 공극을 조공극 또는 비모세관 공극이라고 한다. 중력수는 식물에 있어 대부분 불필요한 과잉 상태의 수분으로 적절한 배수에 의해 제거될 수 있다.

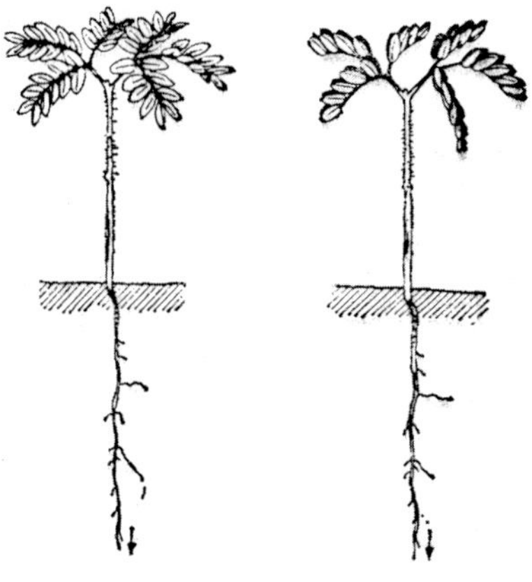

(a) (b)

그림 3-89 토양수분 조건에 따른 *Caesalpinia pyramidalis*(콩과) 유묘 잎의 변화
(a) 충분한 토양 수분
(b) 건조한 토양 조건

㉯ 모관수(毛管水 ; capillary water)

모관수는 토양의 작은 공극 속에 표면장력으로 유지되는 수분으로서 식물이 주로 이용하는 수분이다. 모관수는 표면장력에 의해 작은 모세관 공극 중에 존재한다. 포장용수량에서 점차로 수분이 감소하게 되면 모세관에 의한 수분의 이동은 거의 정지하고 식물의 수분흡수에 지장을 초래하게 된다. 이 점을 모세관 연락 절단점(毛細管連絡切斷点)이라 한다. 토양수분이 더욱 감소하게 되면 식물체는 물을 흡수할 수 없는 상태에 이르러 시들기 시작한다. 이와 같은 점을 초기위조점(pF 3.8)이라 한다. 이 상태에서 건조가 더 진행되면 식물은 수분을 보급하여도 회복이 불가능한 상태가 되어 버린다. 이와 같은 점을 영구위조점(pF 4.2)이라고 한다.

일반적으로 포장용수량에서 영구위조점 사이(pF 1.8~pF 4.2)의 수분을 유효수분이라 하는데, 특히 pF 4.2는 유효수분의 상한이라 할 수 있다. 식물체가 이용하기 용이한 수분은 포장용수량에서 모세관 연락절단점 사이의 수분, 즉 pF 1.8~pF 2.8의 수분이다.

㉰ 흡습수(吸濕水 ; hygroscopic water)

습한 공기 중에서 분자간 인력에 의해 토양입자의 표면에 흡착되어 있는 수분으로서 pF 4.5~pF 7.0에 해당하고 식물체는 거의 이용 불가능하다.

㉱ 단위물기둥의 높이와 pF와의 관계

토양이 수분을 흡착하여 유지하고 있는 힘은 동일한 힘을 지니고 있는 단위물기둥(單位水柱)의 높이로 나타낼 수 있다(표 3-6). 단위물기둥의 높이가 높을수록 그 힘이 크다고 이해할 수 있다. 이러한 방법에 의해 토양이 수분을 유지하는 힘을 중력단위로 나타낼 수 있다. 또한 토양에 흡착된 수분을 제거하는 데 필요한 힘(水分張力)을 알 수 있다. 그러나 이와 같은 방법에 의하면 너무 큰 수치로 표시가 되므로 물기둥(水柱) 높이(㎝)의 대수(logarithm)를 취해 pF(potential force)치로 표시한다. pF치는 0-7이 있으며 표에서 보는 바와 같이 pF 1은 물기둥의 높이 10㎝에 해당하는 압력으로서 약 0.01기압(bar)의 힘으로 토양입자에 흡착된 수분을 나타낸다.

표 3-6 단위 물기둥의 높이와 pF와의 관계

단위 물기둥의 높이(㎝)	pF	기압(bar)
10	1	0.01
100	2	0.1
346	2.53	1/3
1,000	3	1
10,000	4	10
15,849	4.18	15

2) 토양 화학성

토양의 화학적 특성은 영양분 함량, 가용성, 유기물, 탄소 및 질소의 순환, 토양의 물리적 특성 등 다양한 요소에 의해 나타난다. 흔히 토양은 역동적인 시스템으로 정의한다. 이 시스템의 상당부분은 토양 내에서 고유하게 일어나는 화학반응 과정들이다. 이와 같은 일련의 화학반응들은 단순화가 진행되는 과정이라 할 수 있다. 즉, 복잡한 물질이 식물과 다른 생물에 이용될 수 있는 단순한 물질로 변환되는 것이다. 그 과정은 토양의 모재, 최종생성물의 제거 속도, 생물활동의 정도와 특성, 온도, 습도, 통기성과 같은 환경요인의 영향을 받아 반응속도가 결정된다.

토양의 화학적 특성은 물리적 특성에 비하여 쉽게 조절될 수 있다. 그러므로 석회시비를 통한 토양산도의 조절을 비롯하여 시비에 의한 영양분의 조절이 가능하다.

① 양이온 치환

토양 콜로이드(점토 광물 및 부식질) 표면은 음으로 대전되어 있어 양이온을 흡착한다. 이러한 토양 콜로이드 표면에 흡착된 양이온과 토양용액 중에 용해되어 있는 양이온과의 사이에 교환반응이 일어난다.

주요한 치환성 양이온은 Ca^{2+}, Mg^{2+}, K^{+}, Na^{+}, H^{+} 등이 있으며 산성 조건하에서 $Al(OH)_2^{+}$가 치환성 양이온으로 존재한다. 이 치환성 알루미늄 이온은 중성 및 알칼리성 조건하에서는 난용성의 $Al(OH)_3$가 된다.

양이온 치환용량(cation exchange capacity, CEC)은 토양이 지닐 수 있는 치환성 양이온의 총량을 당량으로 표시한 것이다. 보통 토양 또는 교질물 100g이 지니는 치환성 양이온의 총량을 mg 당량(milli equlvalent; me)으로 나타낸다. 즉 양이온 치환용량이란 토양이 지니는 음전하의 수와 같다. 양이온 치환용량은 토양양분을 저장할 수 있는 능력을 나타내는 것으로 토양의 보비력을 짐작할 수 있는 중요한 지표가 된다. 일반적으로 양이온 치환용량이 큰 토양일수록 비옥한 토양이라고 이해하여도 무방하다.

② 토양 pH

토양의 산성, 중성, 알칼리성 등으로 구분되는 토양 pH는 토양 내의 화학적 반응 및 토양생물

활성에 의해 영향을 받게 된다. 토양산도는 흔히 pH로 나타낸다.

$$pH = \log[H^+]^{-1} \qquad [H^+]는\ 수소이온\ 농도(g/l)$$

일반적으로 토양산도가 pH 6.5 이하인 토양을 산성 토양이라 하고 pH 7.2 이상을 알칼리성 토양이라 한다. 토양 pH는 토양에 증류수를 가하여 충분히 혼합하여 그 침출액의 pH를 유리전극과 표준전극을 이용하여 이 때 생기는 전위차를 조사하여 기계적으로 측정하거나 물 대신에 1N의 KCl용액을 처리하여 측정하기도 한다. 토양 중 염류농도가 높은 경우에는 pH 측정치가 염류의 영향을 받을 수도 있다.

그림 3-90 할미꽃

대부분의 관상식물은 pH 5.5-7.0에서 가장 생육이 좋으나 식물의 종류가 다양하므로 선호하는 토양산도도 다양하다.

③ 토양 전기전도도

식물 세포 내 원형질에 존재하는 물과 토양용액 사이에는 농도 차이가 있다. 대부분의 경우 염농도는 토양용액에서 낮기 때문에 발생하는 삼투압 차이로 인해 물은 토양에서 식물로 들어간다. 이 때 세포벽은 반투과성막 역할을 한다. 세포 밖의 용해염 농도가 세포 내 농도보다 높으면 삼투압이 커져 식물의 물 흡수는 억제된다. 이 때 식물은 수분스트레스의 영향을 받아 토양의 수분함량이 충분한 경우일지라도 일시 또는 영구위조 상태에 도달한다. 이와 같은 현상을 염분피해라 한다. 강수량이 충분한 대부분 온대지역의 토양은 삼투압 차이로 인해 식물이 물을 흡수하지 못할 정도까지 악화되지는 않는다. 그러나 가뭄이 계속되는 시기에 다량의 시비를 하거나 겨울철 도로에 살포한 제설용 염분이 축적된 경우에는 염분피해가 발생할 수 있다(그림 3-91). 또한 강수량에 비해 증발량이 많은 건조지 및 반건조지의 토양에서는 염분피해가 흔히 발생한다.

토양용액의 전기전도도는 용해염의 농도가 어느 정도인지를 간접적으로 나타낼 수 있다. 순수한 물은 전류가 통하지 않지만 분해된 염이온의 농도가 증가하면 용액의 전

그림 3-91 도로 주변에 조성된 화단은 토양의 염분 축적이 우려된다.

기전도도는 증가한다. 그러므로 토양의 전기전도도는 용해염의 유해성을 나타내는 지표로도 이용할 수 있다. 염분이 축적된 토양은 다량의 관수를 통해 염분을 용해시켜 주거나 퇴비와 같은 유기물의 시용에 의해 유해한 염분을 흡수시킬 수 있다. 특히 야생상태의 신선한 토양에 적응된 관상식물은 일부 염생식물을 제외하고는 염분피해가 나타날 수 있으므로 토양의 염분관리에 주의한다.

3) 토양생물

토양 중에는 다양한 생물들이 서식하고 있다. 토양과 토양생물과는 밀접한 관계가 있으며 상호간에 영향을 받는다. 토양생물은 토양동물과 토양미생물로 나누어 살펴볼 수 있다.

① 토양동물

토양동물은 몸체의 크기에 따라 다음과 같이 구분할 수 있다. ① 소형 토양동물(몸길이 0.2㎜ 이하: 편모충, 섬모충류), ② 중형 토양동물(0.2~2㎜: 진드기, 선충), ③ 대형 토양동물(2㎜ 이상: 지렁이, 노래기 등), ④ 거대 토양동물(두더지, 두꺼비 등)의 4그룹으로 구분된다.

이와 같은 토양동물들의 역할은 지상에 쌓인 낙엽이나 동식물들의 잔재물과 같은 유기물을 분해하거나 토양 내를 이동하면서 토양을 부드럽게 경운해주는 등 역할이 다양하다.

부식질이 낮은 토양은 서식하는 토양생물의 수도 현저히 적다. 토양부식질은 대부분의 토양동물 활동을 활발히 해주고, 토양동물들은 자신의 배설물이나 사체로 토양에 부식질을 공급하여 토양구조를 발달시켜 준다. 그러므로 일반적으로 부식질과 토양동물과의 상호작용에 의해 토양의 비옥화가 진행된다.

② 토양 미생물

토양 미생물류에는 세균, 방선균, 사상균, 조류 등이 있다. 이들 중에는 병원성을 지닌 유해 미생물도 있지만 토성에 영향을 미치는 유용 미생물도 많다.

유기물에 포함되어 있는 질소분(유기태 질소: 有機態窒素)은 그대로는 식물에 이용될 수 없고 무기 상태로 식물체에 이용될 수 있다. 이러한 분해과정에서 토양 미생물이 분해자의 역할을 담당한다.

콩과식물과 주로 공생관계에 있는 뿌리혹박테리아나 오리나무속 식물 등과 공생하는 방선균류는 공중질소를 고정하여 식물에 질소분을 공급한다는 것은 널리 알려진 사실이다. 또한 대부분의 식물들과 공생하는 균근류들은 식물의 뿌리를 보호해줄 수 있고 인산 등의 양분흡수 능력을 향상시켜 주며 건조 및 병원균에 대한 저항력을 높여주는 것으로 알려져 있다.

(3) 관상식물 재배에 좋은 토양조건

재배하려고 하는 관상식물의 종류에 따라 적합한 토양의 특성도 다양하다. 그러나 일반적으로 식물의 생육이 활발하게 나타나는 토양은 토양공극이 풍부하여 통기성은 물론 배수성, 보습성이 양호하다. 따라서 물리 화학적인 성질 및 생물학적인 성질이 양호하고 염기포화도가 높고 치환성 칼슘, 마그네슘의 함량이 많으며 토양 반응이 약산성 또는 중성에 가깝고 붕소 등의 다양한 미량원소를 풍부히 포함하는 것이 좋다. 토양의 물리 화학적인 지력조건을 토양 비옥도(soil fertility)라고 한다. 효과적으로 관상식물을 재배하기 위하여는 토양비옥도 증진을 위해 토양의 물리적인 성질의 개량과 적절한 시비작업 및 토양의 pH 등 제반관리를 사전에 재배식물에 알맞게 조정하는 작업도 필요하다. 다음에서 토양을 구성하는 각 요소 및 특성을 살펴보고 다양한 종류의 관상식물 재배에 적당한 조건을 조성한다.

표 3-7 토성에 따른 주요 관상수목의 분포(국립산림과학원, 2006)

토 성	수 종
사토	소나무, 리기다소나무, 버드나무, 아까시나무, 황철나무 등
사질양토	대부분의 수종 생장 가능
양토	잣나무, 참나무류 등 대부분 수종 생장 가능
미사질양토	잣나무 등 대부분 수종 생장 가능
식질양토	전나무 등
식토	낙엽송, 서어나무, 가문비나무, 벚나무 등
석력토	대나무, 밤나무 등

1) 토양 경도

토양경도란 토양의 굳기를 말한다. 토양의 굳기는 점토, 유기물의 함량, 토양구조의 발달상황 이외에 수분함량과도 관계가 있으며 토양구조의 발달이 불량한 무기질 토양이 건조하게 되면 경도가 더욱 높아지게 된다. 토양경도는 식물의 뿌리발달과 밀접한 관계를 갖는다. 토양이 단단하면 잔뿌리(細根)발달이 불량하고 지하부 생육이 지장을 받고 식물체의 증식속도가 느리게 나타나며 토양의 물리적인 성질이 악화되어 통기성 및 배수불량에 의해 2차적인 식물피해도 나타난다. 이와 같은 피해현상은 공사 중 빈번한 대형차량의 출입에 의해 토양이 단단하게 경화된 장소에 관상식물을 식재하였을 때 문제가 될 수 있다. 또한 절토지에 식재를 할 때에는 견고한 하층토(B층, C층 또는 R층)가 지표층으로 드러나는 경우가 빈번한데 이때에도 토양불량이 문제가 된다. 공원이나 광장 등에 관상식물을 식재한 후에 많은 이용자들의 답압에 의한 표토의 경화도 문제가 될 수 있다. 토양이 굳어지는 문제는 토양의 삼상분포, 토양경도, 통기성, 투수성 등과 같은 토양의 물리적 성질에도 악영향을 미친다. 따라서 토양이 단단한 경우에는 적절한 토양개량에 의해 토양을 부드럽게 하고 통기 및 배수를 촉진시켜야 한다. 일반적으로 부드러운 토양을 조성하기 위해서는 입자가 굵은 마사토를 주로 사용하고 부엽과 같은 유기물을 충분히 혼합하여 주면 좋다.

2) 통기성 및 배수성이 좋은 토양

토양은 토양입자와 토양공극에 있는 물과 공기로 구성되어 있는데 이것을 고상, 액상, 기상의 3상이라고 한다. 식물생육에 적합한 토양의 3상분포는 고상이 40~50%, 액상과 기상이 각각 25~30% 정도가 알맞다고 알려져 있다. 토양의 이와 같은 3상이 전체에서 각각 차지하는 비율에 따라 식물의 생육이 현저하게 다르게 나타날 수 있다. 특히 고체 성분의 독특한 성질이나 입자의 크기가 큰 영향을 미친다. 일반적으로 관상식물을 재배하는 토양의 입자는 지름 6mm 이상의 굵은 것을 기본으로 하여 보통 3~6mm 정도의 대체로 굵은 입자를 지닌 용토를 사용하는 것이 통기와 배수에 좋다.

그림 3-92 통기성이 좋은 야자섬유 화분

다양한 종류의 토양을 식물에 따라 적절히 혼합하여 재배토양으로 사용하는 것이 좋다. 토양 내의 공극량이 너무 적거나 너무 작은 공극만 있으면 공기유통이 불량하여 식물의 뿌리가 질식되기 쉽고 수분정체에 의해 뿌리 썩음이 일어나기 쉽다. 반대로 공극이 너무 크면 공기유통은 양호하나 보습성이 없어 쉽게 수분부족을 일으키기 쉽고 비료분의 유실이 크게 나타난다. 토양 내의 공기유통은 기상 중에서 산소와 이산화탄소의 함량이 문제가 된다. 토양 중의 산소공급은 토양 내의 비료분해를 돕고 호기성 미생물의 활동을 왕성하게 한다. 또 지온을 유지하며 새 뿌리와 근모의 발생을 촉진하고 뿌리신장 및 세근발달을 촉진하며 양분과 수분흡수를 촉진한다. 또한 체내의 양분축적에 의한 생육촉진은 물론 종자의 경우는 발아를 촉진하는 작용을 한다. 토양 내의 이산화탄소는 비료분을 분해하고 토양 내 유기산을 중화시켜 준다. 그러나 이산화탄소의 농도가 너무 높으면 뿌리의 활동이 억제되기도 하고 산소의 부족을 초래하기도 한다.

이렇게 토양의 통기성 및 배수성은 작물생육에 큰 영향을 미치므로 관상식물의 노지재배 시 식재지는 될 수 있는 한 깊이 경운하고 추비나 기타 유기물을 적절히 시용하여 토양의 입단화를 증진시켜 토양공극이 많아지도록 한다.

3) 적절한 보습성

배수성이 너무 좋은 토양은 식물의 건조피해가 일어나기 쉽고 토양양분이 쉽게 유실된다. 따라서 관수작업이 번거롭고 식물의 생육이 지연되는 경우가 많다. 따라서 배수도 잘되며 동시에 어느 정도의 보습성도 지니는 토양이 바람직하나 이와 같이 이상적인 토양은 그리 흔하지 않다. 따라서 최대한 배수성 및 보습성을 좋게 하기 위해서는 발효가 잘된 부엽의 혼합비율을 높이거나 유기질비료를 충분히 시용하고 적절한 토양개량을 실시한다. 일반적으로 보습성이 있는 토양은 비료분을 축적하는 보비력도 더불어 좋은 것이 일반적이다. 관상식물의 경우 너무 비옥한 토양에서 재

그림 3-93 습기를 좋아하는 부처꽃

그림 3-94 삼백초

그림 3-95 소귀나물

배하게 되면 식물체가 과다하게 도장하여 쇠약하게 되거나 초장이 너무 길어져 관상가치가 없어지는 경우가 많으므로 주의한다. 또한 부처꽃, 숫잔대, 삼백초, 소귀나물 등과 같이 습지에 생육하는 관상식물들은 보습성이 좋아야 하므로 재배용 토양의 준비에 유의하여야 한다.

4) 적당한 양분을 가질 것

식물은 생육과정에 필요한 양분의 일부를 토양으로부터 공급받는다. 식물의 생육에 필요한 양분을 공급하여 주기 위하여 토양 자체가 가지고 있는 양으로 부족할 때는 인위적으로 공급해 주는 것을 시비라고 한다. 대부분의 토양 내에는 작물의 생육에 필요한 각종 성분들이 모두 포함되어 있다. 그러나 토양에 따라서는 이와 같은 성분들이 너무 적게 함유되어 있어 시비하지 않고는 식물의 재배가 거의 불가능한 토양도 있다. 토양에 함유된 식물의 유효 성분량을 지력이라고 하고 시비를 하지 않은 상태에서도 작물이 생육할 수 있는 토양의 힘을 자연 지력이라고 한다. 따라서 관상식물을 효과적으로 재배하기 위해서는 자연지력이 풍부하고 더불어 식물이 토양 중에 함유되어 있는 자연지력을 충분히 흡수 이용할 수 있는 조건을 만들어 주는 것이 필요하다. 자연지력은 토양 내에 존재하는 부식질에 의해 크게 좌우된다. 토양 내의 부식질은 토양의 물리성, 화학성, 생물성에 크게 관여하며 다음과 같은 영향을 미친다.

① 부식질은 식물체에 직접 양분으로 이용되지는 않지만 분해되어 질소분 또는 그 밖의 양분원소를 다량 방출한다(양분의 공급원).

② CEC가 크기 때문에 양분(양이온)의 흡수를 비롯하여 저장능력(保肥力)이 크며 각종 토양반응에 대한 완충능력이 뛰어나다. 그러므로 토양에 산성물질 또는 알칼리성 물질의 첨가 시에도 급격한 pH 변화를 막아줄 수 있다.

③ 토양의 단립화를 촉진한다.

④ 유익한 토양동물을 비롯하여 미생물의 활동을 활발하게 한다.

부식질을 토양에 공급하기 위하여 분쇄목(wood chip), 수피(bark) 등과 같은 유기질 토양개량자재가 널리 시용되고 있지만, 시용할 때에는 C/N비율(탄소와 질소의 비)에 주의를 기울여야 한다. 신선한 상태의 유기물은 충분히 분해가 되지 않았기 때문에 C/N비가 높게 나타난다. 토양 내에 C/N비가 40을 넘게 되면 질소의 무기화가 거의 이루어지지 않은 상태라고 할 수 있다. 이것은 토양 미생물이 분해된 질소를 자신의 증식을 위해 소비하는 상태이므로 무기태의 질소가 아직 토양 중에 원활히 공급되지 않기 때문이다. 이러한 상태를 질소 기아현상이라고 한다. 잘 관리된 경작지나 우량한 임목지의 표토에서는 C/N비가 10~15 정도로 나타난다. 시판 중인 바아크 추비의 C/N비가 거의 30 전후로 나타나지만 경우에 따라서는 60을 넘는 경우도 있다. 유기질 토양개량제를 사용하는 경우 가능한 C/N비가 낮고 충분히 완숙된 것을 사용하는 것이 좋다.

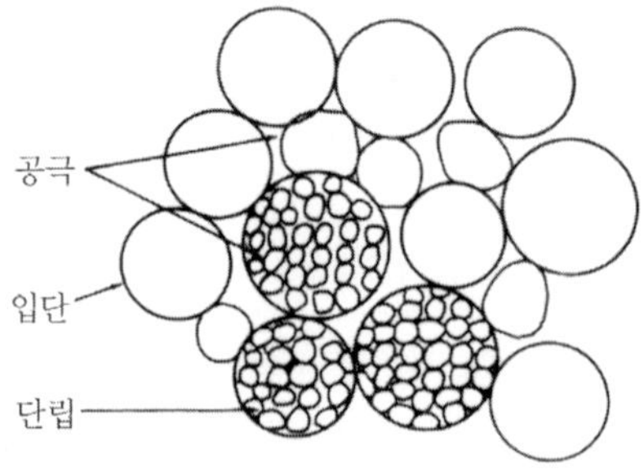

그림 3-96 재배 토양의 입단 구조

5) 적당한 토양 pH

일반적으로 약산성 또는 중성토양에서 식물의 생육이 가장 좋게 나타난다. 이런 이유는 양분 원소들의 유효성이 pH에 의해 크게 변화하기 때문이다. 정상적인 토양 생성과정을 거쳐 생성된 토양의 pH는 4.0~10.0 범위이다. 관상식물은 종류에 따라 각기 적절한 생육 pH를 가지나 일반적으로는 중성 근처의 토양에서 잘 자란다. 일반적인 재배토양이 산성화되는 주요 원인은 소나무와 같은 침엽수의 잎이 토양 중에서 썩거나 각종 유기물들이 부패하여 발생하는 탄산에 기인한다. 또한 Ca, Mg 등의 염기성 물질들이 유실되어 나타나는 경우가 많다. 그러므로 우리나라와 같이 여름철의 집중강우가 나타나는 지역에서는 산성토양이 많다. 또한 화학비료의 잦은 시용은 산성기를 토양에 남게 하여 산성화를 가져온다. 산성토양을 중화하기 위해서는 석회를 시용하거나 Ca, Na, Mg 등을 많이 함유하고 있는 물로 관수하는 것이 좋다. 또는 유용한 유기물을 충분히 시용하거나 부족한 인산질 비료를 보충해 주는 것도 좋다.

산성 토양에서는 수소이온 농도가 높아져 식물체가 직접적인 해를 받거나 비료분의 불균형이 초래되고 알루미늄이나 망간, 철 등이 녹아나와 식물에 피해를 입히는 등 일반적으로 식물생육이 좋지 못하다. 또한 식물체가 토양 내의 인산성분을 이용하기 어려운 상태가 된다. 또한 산성비에 의한 토양의 산성화도 세계적으로 문제화되고 있다. 산성 토양의 개량을 위해서는 석회를 시용하거나 유기물을 충분히 넣어 완충시킨다.

알칼리성 조건하에서는 Fe, Mn, Zn, Cu, Co 등의 원소들이 불용성 수산화물을 생성하여 유효성이 저하한다고 알려져 있다. 알칼리성 토양은 온도가 높고 비가 적은 지역에 많은데 미량요소가 불용화되고 염류농도가 너무 높기 때문에 식물의 생육에 적절치 못하다. 또한 콘크리트 구조물로부터의 Ca 용탈에 의해 도시토양의 알칼리화가 지적된 바 있다. 최근에는 토목, 건축공사에서 부수적으로 나타나는 인위적인 알칼리화도 문제가 된다. 그 원인으로 a. 시멘트 조각이 섞인 토양의 객토, b. 건축의 기초공사에서 지하수 방지 대책을 위해 시행하는 시멘트 방수공사, c. 도로공사에서 기반재로 사용하는 알칼리성 골재로부터 침수에 의해 알칼리성 물질의 침출, d. 레미콘 공장에서 유출되는 미처리된 물, e. 석회공장에서 날리는 분진 등을 지적하고 있다. 인위적인 알칼리화에 대해서는 우선 그 원인을 제거할 필요가 있다. 현대 생활 중에 콘크리트 구조물에서 용탈되는 Ca 축적에 의해 서서히 진행되는 알칼리화는 어쩔 수 없지만 재배토양의 알칼리화를 막을 수 있는 방법은 적극 강구되어야 한다. 특히 토양 내에 함유된 부식질 함량에 따라 첨가되는 Ca에 의한 알칼리화 정도는 다르게 나타날 수 있다. 즉, 부식질은 CEC(양이온 교환용량)가 크기 때문에 그 만큼 양이온 유입에 대한 완충작용이 크게 나타난다. 콘크리트 구조물로 둘러싸인 도시환경에 있어서의 관상식물 식재지 토양에서는 부식질을 충분히 공급하는 것이 바람직하다. 보다 적극적인 방법으로는 황산석회를 시용하거나 염류를 씻어주기 위해 충분한 관수를 행하고 수분증발을 막기 위하여 토양피복을 해주는 것이 좋다.

① pH 4 이하의 강산성 토양을 좋아하는 관상식물
대부분의 진달래과 식물, 치자나무

그림 3-97 꽃치자

그림 3-98 베고니아(*Begonia bowerae*)

② pH 5 정도의 산성 토양을 좋아하는 관상식물
공작고사리, 프테리스(pteris), 베고니아, 은방울꽃, 칼라, 왜철쭉

③ pH 6 정도의 약산성 토양을 좋아하는 관상식물
장미, 시클라멘, 후크시아, 유포르비아, 크로톤, 포인세티아, 백합류, 프리뮬라, 글라디올러스, 국화

그림 3-99 유프로비아(*Euphrobia cyparissias*)

그림 3-100 시클라멘 분화

④ pH 7의 중성 토양을 좋아하는 관상식물

잔디류, 느티나무, 이베리스(Iberis), 고데치아(Godetia), 락스퍼(Larkspur), 클로키아(Clarkia), 루피너스, 매리골드, 마가렛(Marguerite), 물망초, 팬지, 스카비오사(Scabiosa), 스타티스(Statice), 금어초(Antirrhinum), 아프리칸바이올렛, 카네이션, 수레국화, 과꽃을 비롯한 대부분의 관상식물

그림 3-101 매리골드

⑤ pH 7~8의 약알칼리성 토양을 좋아하는 관상식물

시네라리아(Cineraria), 선인장류, 다육식물류 등의 건조지 식물

그림 3-102 조각자나무 (*Gleditsia sinensis*)

그림 3-103 포도옹(*Cyphostemma* spp.)

그림 3-104 알로에(*Aloe ferox*)

그림 3-105 알로에(*Aloe mitriformis*)

그림 3-106 알로에(*Aloe stricta*)

그림 3-107 용설란(*Agave americana*)

그림 3-108 용설란(*Agave ferox*)

⑥ pH 8 정도의 알칼리성 토양을 좋아하는 관상식물

거베라, 저먼아이리스, 스위트피

6) 병충해 오염이 없는 토양

작은 흙덩어리 안에도 수많은 생물들이 서식하고 있다. 예를 들어 세균, 조류, 사상균 등의 미생물을 비롯하여 선충, 지렁이, 진드기, 개미 등 매우 다양하다. 이와 같은 토양생물들은 토양 내 유기물의 분해 및 토양의 입단화, 유리질소의 고정 등과 같이 식물체에 유리한 것들도 있으나 몇 종류의 미생물이나 선충 등은 식물에게 병을 일으키거나 유해한 환원성 물질을 생성하고 식물과 생물 간의 양분 및 수분쟁탈 현상 등을 일으켜 식물재배에 불리한 경우도 있다. 따라서 식물체에 유해한 이러한 생물들에 오염되지 않은 신선한 토양에 작물을 재배하는 것이 효과적이다(그림 3-109).

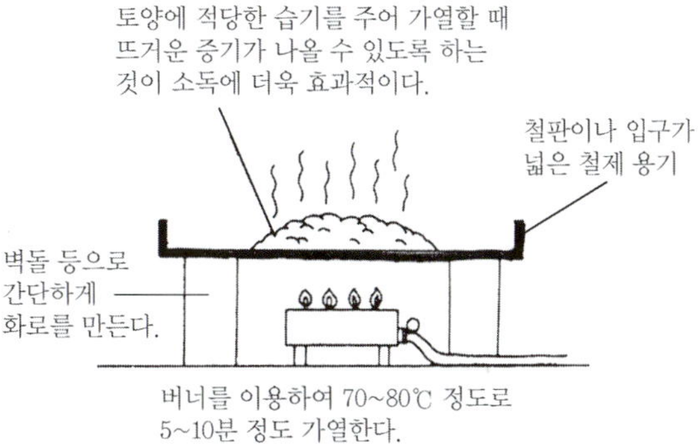

그림 3-109 토양의 간이 화염소독 모식도

7) 염분축적 및 유해물질이 없는 토양

염분축적은 강수량에 비해 증발량이 많은 건조지대에서 흔히 나타나는 현상이다. 이와 같은 토양에서 절굿대, 선인장류와 같이 생육이 가능한 식물도 있으나 대부분은 생육이 원활하지 못하다. 장기간 동안 관상식물을 반복적

그림 3-110 절굿대

으로 재배하였거나 화분이나 재배용기와 같이 제한된 공간의 토양에는 Na, Ca, Mg, Cl, K 등의 염류가 축적된 경우가 많다. 이와 같은 토양에서는 삼투압은 물론 영양분의 흡수가 용이하지 않아 생육장애가 일어나기 쉽다. 보통은 충분한 관수에 의해 염류를 용해시켜 제거할 수도 있으나 환토, 객토 등으로 토양을 개선해줄 필요가 있다. 또한 동일한 장소에서 연속적으로 식물을 재배한 결과, 특정 양분의 결핍, 병해충의 잠재 혹은 식물생장억제물질 등이 축적되어 있는 경우도 있다. 이와 같은 경우에 식물체가 피해현상을 나타내는 경우를 연작피해라 한다. 국화, 거베라, 스위트피 등에서 연작피해가 흔히 나타난다.

8) 장기간에 걸쳐 경제적으로 입수가 가능한 토양

아무리 물리 화학적인 성질이 뛰어난 토양이라고 할지라도 일반 가정에서 분갈이를 하거나 이식을 위해 토양을 구하는 경우에 쉽게 입수하기가 어려우면 문제가 많다. 따라서 값싼 가격에 언제든지 구할 수 있는 토양을 사용하여 관상식물을 재배하는 것이 좋다.

(4) 용토의 종류와 특징

관상식물을 재배하기 위한 용토는 야외에서 쉽게 채취하여 사용할 수도 있으나 도시생활에서는 쉽지가 않다. 따라서 원예자재점에서 용토를 구입하여 사용하는 경우가 많다. 또한 입수한 용토들은 단용으로 사용하기도 하나 대부분은 적절하게 혼합하여 사용하는 것이 일반적이다.

1) 마사토

주로 하천 상류에서 채취되는데 거칠고 병충해 오염이 거의 없는 깨끗한 토양이다. 양분은 거의 없으며 배수성 및 통기성이 좋아 분재 재배 등에서 단용하거나 혹은 점토나 피이트모스, 부엽 등과 적절히 혼합하여 관상식물 재배 및 삽목에 널리 이용한다.

2) 황토

황적색을 나타내는 점질토양으로 직경 0.02㎜ 이하의 입자로 구성된 토양이다. 보수성 및 보비성이 뛰어나지만 물빠짐과 통기성이 좋지 않으므로 마사토 등과 혼합하여 사용하며 산성을 띄는 경우가 보통이다.

3) 부엽토(leaf mold)

참나무류, 밤나무 또는 단풍나무, 느릅나무, 플라타너스 등과 같이 섬유질이 많은 낙엽활엽수의 낙엽을 흙과 함께 퇴적하여 발효시킨 것이다. 다른 토양과 적당히 혼합하여 사용하면 토양을 팽윤화시켜 물리화학적인 성질을 개량할 수 있는 좋은 토양재료이며 토양미생물의 활동이 왕성하고 비료성분도 지니고 있다. 부엽토는 적어도 1년 이상 지난 것을 사용하는 것이 안전하다. 부엽토의 조제에 있어 석회질소 혹은 과린산석회를 가용하여 부속효과를 좋게 하는 경우도 있다. 부엽토는 잡초종자나 각종 병해충이 잠복되어 있을 가능성이 높으므로 적절하게 사전 처리하여 사용하는 것이 바람직하다. 일반적으로 침엽수의 낙엽은 정유성분에 의해 식물의 생장에 좋지 못하다고 알려져 있다. 또한 대나무의 낙엽은 식물병의 발생을 조장하는 경우가 있으므로 흔히 사용하지 않는다.

그림 3-111 부엽 대신 사용하는 야자섬유

4) 밭흙

일반적으로 야외에서 채취할 수 있는 신선한 식양토 혹은 사질양토를 일컫는다. 보통 20% 이상의 부식질이 함유되어 있고 장기간 동안 식물이 생육하였기 때문에 토양의 물리화학적 성질이 양호하며 한번 건조되면 비교적 잘 부서지지 않는 단점이 있다. 보습성과 보비성이 좋은 토양으로 다른 종류의 토양과 혼합하여 사용하는 것이 일반적이다.

5) 목탄

참나무, 소나무, 대나무 등의 수목류를 구워서 만든 숯을 관상식물 재배토양으로 사용하는 것으로 입자가 큰 것을 그대로 사용하기도 하고 잘게 부수어 용토에 혼합하기도 한다. 토양 내의 수분유지 능력이 뛰어나고 토양 내의 유해물질을 제거하거나 통기성을 좋게 해주기도 한다.

6) 물이끼(水苔; sphagnum moss)

습기가 많고 한랭한 고산지나 고위도 습지에서 채취하는 이끼를 말려서 조제한 것으로 보수성이 좋고 가벼우며 통기성이 뛰어나다. 병균이 거의 없고 가벼우며 보습성이 뛰어나다. 건조시킨 물이끼를 잘게 부수어 삽목용토로 사용하거나 충분히 물을 흡수시켜 호기성 관상식물을 재배하는데 사용한다. 물이끼에는 비료성분이 거의 없으므로 필요시에는 인위적으로 시비를 해야 하며 pH는 강산성을 띈다. 일부 난과식물의 어린 묘를 비롯하여 습기를 좋아하는 사라세니아, 네펜데스, 끈끈이주걱 등의 식충식물 재배에 사용한다.

그림 3-112 사라세니아(*Sarracenia*)

7) 왕겨 및 훈탄

왕겨를 그대로 사용하거나 태워서 훈탄을 조제하여 토양에 혼합하면 토양이 굳어지는 것을 방지하고 보습성 및 배수성을 개선시킬 수 있다. 그러나 훈탄은 알칼리성을 띄므로 관상식물의 종류에 따라서는 사용에 유의한다.

8) 피트모스(peat moss)

수생식물이나 습지식물의 잔재가 연못 등에 퇴적되어 나오는 흑갈색의 단립성 토양으로 보수력 및 통기성이 뛰어나다(그림 3-113). 질소질이 약 1% 정도 포함되어 있으나 인산 및 칼리 성분은 거의 없다. 일반적으로 다른 용토와 섞어서 사용하는데, 덩어리에 물을 소량 가하여 깨뜨리면 부드러운 가루로 부서진다. 대부분이 pH 3.0~6.0의 강산성을 띠므로 사용에 있어 주의를 요한다.

그림 3-113 피트모스

9) 버미큘라이트(vermiculite)

질석을 약 1,000℃ 정도로 가열하여 조제한 운모질 광물로서 화학적으로는 마그네슘, 알루미늄, 철을 소량 포함하는 규산질 물질이다. 무게는 모래의 1/15로 가볍고 pH는 중성을 나타내며 물에 녹지 않고 보수력이 매우 높다. 특히 배수성이 뛰어나므로 토양개량제로 이용되기도 한다. 토양양분은 포함되어 있지 않으며 수분을 머금은 상태에서 압력을 받으면 공극이 없어져 사용이 불가능하므로 주의한다.

그림 3-114 버미큘라이트

10) 펄라이트(perlite)

화산의 용암지대에서 채취한 회백색의 진주암을 분쇄하여 고온(750~1250℃)으로 처리하여 해면상으로 조제한 토양이다. 매우 가볍고 무균상태이며 버미큘라이트와 비슷하게 사용되나 내구성이 좋다. 무균하므로 파종, 삽목용토 등으로 널리 이용하고 단용 혹은 혼용한다.

그림 3-115 펄라이트

11) 바크(bark)

수피층이 두터운 참나무류의 껍질을 잘게 파쇄한 토양으로 통기성과 보습성이 좋아 착생란의 식재용토로 흔히 사용한다. 때로는 혼합용토 배합용으로 이용하거나 토양피복용으로도 사용한다.

12) 하이드로볼(hydroball)

황토를 둥글게 뭉쳐 고열 처리한 인공토양으로 다공질이며 무균한 특성이 있다. 보습성과 통기성이 좋아 주로 난 재배용으로 사용되며 그 외에도 수경재배, 테라리움, 비바리움 등의 용토로 이용된다. 다양한 입자 크기가 시판되므로 적절하게 사용한다.

그림 3-116 하이드로볼

표 3-8 토양의 색에 따른 토양의 특성(국립산림과학원, 2006)

토 색	토양 특성
흑색	높은 유기물 함량과 함께 비옥함. 그러나 배수가 불량할 수 있음
적색	배수가 잘 되며 상대적으로 건조
황색	적색 토양보다 상대적으로 습함
회색	점토, 석회, 염을 포함
청색	산소의 결핍, 과도한 수분이 정체
갈색	대부분의 산림토양. 유기물과 철산화물이 혼합
다양한 색깔의 혼합	산화 환원이 교대로 일어남. 지하 수위가 높고 변동이 심함

2. 시비

식물에 대한 시비는 식물의 생육을 촉진하고 품질을 향상시키기 위하여 토양이나 식물체에 부족한 성분을 공급하는 것이다. 특히 관상식물은 좁은 면적에서 집약재배를 하는 경우가 일반적이므로 시비관리가 매우 중요하다. 일반적으로 식물에게 비료를 주어 효과가 나는 시기는 식물이 뿌리로부터 양분을 흡수하고 잎의 엽록소에서 광합성이 활발한 시기가 좋다. 즉 생육기에 하는 것이 좋다. 잎이 없는 시기나 너무 덥거나 너무 추워서 식물의 생리활동이 둔화된 시기에는 별로 효

그림 3-117 에피덴드럼(*Epidendrum polybulbon*)

과가 없다. 또는 꽃이 피기 약 1개월 전, 봄비가 내리는 시기, 가을철에 비가 지속되는 시기에는 비료를 주지 않는 것이 좋다. 일반적으로 관상용 고산식물은 고온이 지속되는 시기에는 절대 시비하지 않는 것이 원칙이다. 또한 대부분의 식물은 저온기에는 시비하지 않는다. 일 년 내내 꽃이 피거나 새롭게 나온 줄기에서 꽃을 계속해서 피우는 경우는 비료를 계속해서 주는 것이 원칙이다.

관상식물에 있어서 그릇된 시비작업이 식물체를 도장시켜 쇠약한 식물체로 만들거나 관상 가치를 떨어뜨리는 요인이 될 수 있다. 식물은 자기 스스로 동화양분을 생성하여 생육이 가능하며 생명유지에 필요한 무기물들은 토양 중에 당분간 사용할 수 있을 만큼은 지니고 있다. 그러므로 관상식물을 재배하는데 있어서의 시비관리는 가능한 "모자라는 듯" 하게 주는 것이 이상적이다. 따라서 속효성의 화학 비료보다는 완효성 비료가 안전하다. 특히 술패랭이꽃이나 패랭이꽃과 같이 척박지에서 생육하는 자생식물들은 과다한 시비를 하여서는 안 된다. 또한 한라구절초나 눈개쑥부쟁이, 좀씀바귀와 같은 자생 국화과 식물들도 가능한 비료를 적게 주는 것이 초장이 짧고 좋은 꽃을 볼 수가 있다.

(1) 비료의 주요 성분

식물이 성장하여 꽃을 피우고 좋은 열매를 맺기 위해서는 여러 가지 양분을 필요로 한다. 이러한 양분 가운데에서 가장 부족되기 쉽고 식물체에 필요한 요소로서 질소(N), 인(P), 칼륨(K) 등이 있는데 이들을 비료의 3요소라고 부른다. 특별히 화분에 관상식물을 재배할 때 부족되는 경우가 많으므로 신경을 쓸 필요가 있다. 특히 꽃이 잘 피는 관상식물이라 할지라도 칼륨이나 인산질 비료가 부족하면 좋은 꽃을 볼 수가 없다. 비료의 3요소가 충족된 비료도 꽃이 피기 직전이나 개화한 상태에서는 주지 않는 것이 안전하다. 또한 종자를 받아 다음해에 대량번식을 하고자 하는 경우에는 칼륨과 인산질 비료를 충분히 주어야 종자가 잘 여문다. 이외에도 식물의 양분에는 생육에 필수적인 각종 미량요소(micro element)가 존재한다.

1) 질소(N)

질소(nitrogen)는 식물에 가장 중요한 무기성분으로 식물세포의 원형질에는 건물 중의 약 40~ 50% 정도를 차지하고 있으며 식물의 엽록소 단백질을 비롯하여 각종 분열조직 및 종자의 중요한 구성요소이다. 따라서 뿌리혹박테리아를 가진 스위트피, 루피너스 등 콩과의 관상식물을 제외하고는 식물에서 가장 많이 부족한 비료이다.

질소성분이 부족하면 식물의 잎은 황백화현상(chlorosis)이 일어나고 영양생장이 나빠진다. 질소는 주로 잎을 무성하게 생육시키므로 "잎 비료"라고도 할 정도이다. 그러나 질소가 너무 과다하게 되면 식물체는 너무 웃자라게 되어 세포벽이 얇아지고 조직이 연해지며 각종 스트레스에 대한 저항성이 약해지므로 병충해 발생이 심해진다. 또한 식물체의 개화반응을 지연시키는 경우도 있다. 질소가 주성분인 비료는 요소를 비롯하여 유안, 초안 등이 있다. 또한 계분, 돈분, 인분 등의 유기질 비료에도 질소분 함량이 높다.

2) 인(P)

인(phosphate)은 식물의 분열조직에 관여하고 주요한 식물효소의 구성성분으로서 광합성을 비롯한 각종 생리적인 작용에 영향을 끼친다. 따라서 인이 부족하면 뿌리의 생육이 정지되고 잎이 작아지고 절간마디도 짧아지고 생육이 정지된다. 잎에 자주색 혹은 갈색 무늬가 생기며 묵은 잎은 황화하기도 한다. 또한 줄기가 가늘고 딱딱해지며 열매가 작아지고 성숙이 지연된다. 인은 특히 꽃이 피거나 열매가 맺는데 대단히 중요하다. 부족 시에는 꽃이 제대로 피지 못하고 열매가 비정상으로 발육하기 때문에 "꽃과 열매 비료"라고도 부른다. 특히 인은 토양 내에서 이동성이 적고 용탈도 잘 안되므로 식물을 심을 때 밑거름(基肥)으로 적당히 넣어주면 좋다. 인이 주성분인 비료는 과린산석회, 용성인비, 골분, 쌀겨 등이 있다.

3) 칼륨(K)

칼륨(potassium)은 질소 및 인산과는 달리 작물의 단백질, 엽록소, 지방, 탄수화물 등과 같은 유기물의 구성성분은 아니나 여러 식물효소들의 활성제로서의 역할을 하고 각종 생리적인 대사 반응에 관여한다고 알려져 있다. 특히 칼륨이 부족한 식물은 초기에 증상이 잘 나타나지 않으나 전체적으로 생육이 부진하며 오래된 잎에서부터 황백화현상이 일어나고 줄기와 뿌리생육이 현저히 억제되기 때문에 "줄기와 뿌리 비료"라고도 일컫는다. 그러므로 구근식물의 구근형성과 발달에 중대한 영향을 끼친다. 또한 각종 병해충이나 내한성 등의 외부환경에 대한 저항력이 약해지는 것으로 알려져 있다. 칼륨은 식물의 생육 초기와 개화기에 특히 필요한 요소이므로 밑거름(基肥)으로 시용하여 충분히 흡수시키고 개화기에 앞서 덧거름(追肥)으로 시용하는 것도 좋다. 칼륨이 주성분인 비료는 황산칼리, 염화칼리, 식물을 태우고 남은 재 등이 있다.

4) 칼슘(Ca)

칼슘(calcium)은 식물성분 중에서 네 번째로 많은 물질로서 토양과 식물체에 널리 존재한다. 식물의 세포막을 강건하게 하고 식물체의 골격을 형성하며 세포 내로 들어가는 해로운 물질을 걸러준다. 칼슘은 식물체 내에서 거의 이동하지 않고 수동적으로 흡수되며 결핍되면 식물의 생장점 또는 그 부근의 잎과 눈, 꽃봉오리가 말라 죽고 생장이 억제된다. 또한 엽맥을 따라 괴사현상이 일어나며 잎 끝이 말리는 등의 증상이 나타나기도 한다.

5) 마그네슘(Mg)

마그네슘(magnesium)은 식물의 엽록소 구성성분이며 생체 내에서 각종 효소의 활성에 관여한다. 결핍되면 엽록소의 함량이 적어져 광합성이 제대로 일어나지 않아 생장이 부진하게 된다. 외관상으로는 철분 부족 현상과 유사하게 잎이 황백화되어 심하면 낙엽이 진다. 보통 어린 잎보다 성숙한 잎에서 증상이 먼저 나타난다.

6) 미량 요소

① 철(Fe)

철분(iron)은 엽록소 형성에 관여하기 때문에 결핍되면 잎맥부분을 제외한 잎 전체가 황화현상이 일어난다. 특히 철은 미량요소 가운데 식물이 가장 많이 필요로 하는 원소이다. 생체 내에서 효소의 구성 성분이며 산화, 환원반응 등에 역할을 한다. 철분 부족은 산성 토양을 좋아하는 관상식물이 알칼리성 토양에서 재배되거나 토양이 건조하여 철분 흡수가 원활하지 못한 경우에 흔히 나타난다.

② 붕소(B)

붕소(B)는 식물에 따라 요구량과 식물체 내의 함량이 다르며 대체로 체내 붕소 함유량이 많은 식물이 요구량이 많은 경향이 있다. 붕소는 생장점 부근의 조직 세포벽에 많이 존재하며 결핍되면 잎, 줄기, 꽃, 열매 등이 기형화되고 생장이 억제된다. 또한 동화물질의 전류가 억제되고 옥신이 지나치게 많이 생성되기도 한다. 그러나 부족한 것도 문제가 되지만 너무 과다하여도 잎 가장자리가 갈색으로 변하고 꽃과 잎의 품질이 저하한다.

③ 망간(Mn)

망간(manganese)은 결핍에 의한 장애보다 오히려 산성토양에서 과다 흡수에 의한 장애가 문제되는 경우가 있다. 망간은 광합성의 물분해 과정과 질소대사, 엽록소의 합성 등에 관여한다고 알려져 있다. 체내 이동이 원활하지 않으므로 묵은 잎에서 증상이 먼저 나타난다. 부족 시 엽맥 사이에 반점을 동반한 황백화가 나타난다.

④ 황(S)

황(sulfur)은 단백질을 구성하는 아미노산인 메티오닌, 시스테인, 글루타민 등에 포함되어 있으며 엽록소의 생성에 간접적으로 관여한다. 부족하면 어린 잎에서 황백화가 나타난다.

⑤ 구리(Cu)

구리(copper)는 산화환원반응 효소와 결합되어 있으며 산화효소 구성의 필수 요소이다. 구리가 부족하면 꽃 및 과실의 모양이 기형화 되고 생장이 억제되며 정단부의 분열조직이 괴사하거나 어린 잎이 뒤틀리고 비정상적인 무늬가 나타나기도 한다.

⑥ 기타

위에서 밝힌 비료의 주요 요소 및 미량요소를 제외하고도 효소활성에 주로 관여하는 아연(zinc; Zn)을 비롯하여 콩과식물의 질소대사에 중요한 역할을 하는 몰리브덴(molybdenum; Mo) 등도 있다. 또한 염소(chlorine; Cl) 및 니켈(nickel; Ni) 등도 식물체 내에서 적은 양이지만 반드시 필요한 미량요소로 알려져 있다.

(2) 비료의 종류와 시비방법

비료는 사용상 여러 가지 종류로 나누어 구분하고 있는데 관상식물 재배에 필요한 대표적인 몇 가지만 살펴보겠다.

1) 천연비료

일부 동물성 또는 식물성 재료를 주성분으로 조제한 비료이며 유기질 비료 혹은 완효성 비료라고도 한다. 이와 같은 비료는 토양 내에서 미생물에 의해 서서히 분해되어 무기태로 식물체에 흡수되므로 효과는 금방 나타나지 않으나 비료과다 및 염류피해를 줄일 수 있으며 토양의 물리, 화학적 성질을 개선할 수 있기도 한 장점이 있다. 천연비료로 사용되는 재료로는 낙엽, 깻묵, 생선뼈, 골분, 쌀겨, 닭똥 및 소나 돼지똥 등이 이용된다. 이들은 발효 중에 심한 악취가 날 수 있으므로 조제 및 사용이 번거로워 최근에는 완전히 발효된 재료들을 고형비료로 조제하여 판매하기도 한다. 소규모 관상식물 재배에 사용할만한 비료이다.

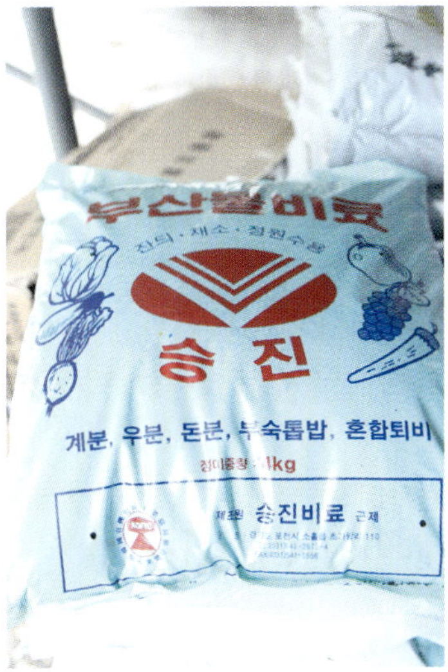

그림 3-118 유기물 천연비료

2) 화학비료

무기질비료라고도 하며 식물에 필요한 3요소 및 미량요소를 화학적으로 합성하여 조제한 비료를 화학비료라고 한다. 이와 같은 화학비료는 단순하게 몇 가지 주요 성분만을 지닌 비료를 비롯하여 다양한 성분을 적절히 혼합하여 만든 복합비료도 있다. 조제방법도 액체 상태, 고체 상태, 분말 상태 등으로 다양하여 용도에 따라 적절히 선택하여 사용할 수가 있다. 특히 사용이 간편하며 빠른 시비효과가 확실하고 위생적이다. 그러나 너무 과다한 농도를 사용하면 식물체에 비료중독이 일어날 수 있고 토양의 산성화 및 염류축적이 될 수 있으므로 주의한다.

3) 원예용 비료

가정원예에 간편하게 사용할 수 있도록 상품으로 조제한 비료이다. 보통 무기질 원예용 비료 및 유기질 원예용 비료 등으로 다양한 종류가 판매되고 있다. 무기질 원예용 비료는 사용이 간편하고 효과가 확실하도록 복합비료 성분으로 조제되며 시판 중인 액제로서 하이포넥스(Hyponex) 액제, 북살(Wuxal), 아미노그린, 비왕, 나루젠, 니트로자임 등이 있다. 시판 중인 무기질 원예용 비료 분말제로는 하이포넥스, 부리오, 피터스 등이 있다. 유기질 원예용 비료는 깻묵이나 골분 등을 충분히 발효시켜 냄새가 나지 않도록 하여 고형 혹은 액제로 만든 비료이다.

그림 3-119 시판 중인 원예용 비료

4) 적절한 시비 방법

그림 3-120 제라늄

다양한 종류의 관상식물들은 각자의 특성이 독특하므로 재배경험에 의해 적절하게 조절하는 것이 중요하다. 일반적인 재배작물의 경우에는 어느 정도의 시비량에 대한 기준이 있으나 종류가 다양한 관상식물은 아직 이와 같은 연구결과가 특별히 없으며 단지 식물의 종류, 재배하는 장소, 용기의 크기 및 형태, 토양 특성 등을 고려하여 비료를 주는 횟수 및 시비량을 가감한다.

시비 시기는 주로 봄철에 새싹이 나올 때 고형비료를 소량 주거나 액비를 묽게 타서 한번 정도 준다. 그리고 생장이 활발하게 일어나는 초여름에 양 또는 농도를 약간 더 높여 다시 한 번 시비한다. 그러나 식물체를 이식한 직후나 상태가 좋지 않은 경우, 고온기 및 식물의 지하부 활동이 정지된 휴면기에는 시비를 금한다. 특히 이른 봄에 꽃이 피는 관상식물들은 너무 과다하게 시비하는 것이 좋지 않고 가을철에 시비하는 것이 효과적이다.

고산식물, 착생란, 어린 묘의 경우에는 요소비료 0.5% 정도의 가능한 묽은 농도의 액비를 소량으로 주는 것이 안전하다. 농도가 높으면 식물체를 고사시키는 경우도 있다. 따라서 시판하는 고형비료를 화분 가장자리에 놓아두거나 지표면을 약간 파고 묻어 주는 것이 좋다.

재배기간이 상대적으로 짧은 관상식물은 밑거름만 주고 재배기간이 긴 관상식물은 추비를 수차례 하는 것이 좋다.

① 시비를 많이 필요로 하는 관상식물

국화, 백합, 튤립, 카네이션, 아스파라거스, 제라늄, 비비추류, 장미과 식물, 포인세티아, 수국류, 고무나무, 기타 대부분의 양지성 식물

그림 3-121 채송화

그림 3-122 군자란

그림 3-123 철쭉꽃

그림 3-124 네프로네피스

② 시비 요구도가 보통인 관상식물
모란, 작약, 안스리움, 시클라멘, 채송화, 데이지, 금어초, 군자란, 프리지아, 장미, 아네모네, 거베라, 작약

③ 시비가 크게 필요 없는 관상식물
진달래류, 동양란류, 아디안텀, 네프로네피스, 선인장류, 식충식물류, 아나나스류, 프리뮬라, 기타 대부분의 음지성 식물

그림 3-124 사라세니아(*Sarracenia leucophylla*)

5) 엽면시비

일반적인 관상식물의 시비방법은 토양 중에 한다. 그러나 식물의 지하부 뿌리상태가 좋지 못하여 비료분의 흡수 능력이 저하되었거나 병충해에 의해 식물체가 쇠약하게 되었을 경우, 단시간에 시비효과를 보기 위하여 엽면시비를 하는 경우도 있다. 엽면시비를 하는 경우에는 반드시 기공이 많이 분포되어 있는 잎의 뒷면에 액체비료가 잘 묻을 수 있도록 살포한다. 경우에 따라 비료의 흡수와 효과를 높이기 위해 0.01% 정도의 농업용 전착제를 사용하기도 한다. 그러나 화분재배를 하는 경우에 너무 잦은 엽면시비는 화분 표면에 이끼 등이 무성하게 자라 용토의 통기성을 해치므로 주의한다.

6) 공생 미생물과 무기양분의 흡수

대부분의 식물들은 토양으로부터 무기양분을 흡수할 때에 공생하는 세균이나 균근(mycorrhiza)의 도움을 받는 것으로 알려져 있다. 현재까지 제비꽃과 같은 극히 일부 식물을 제외하고는 대부분의 고등식물들은 나름대로 특정한 공생균근이 있는 것으로 보고되어 있다. 공생하는 기주식물의 뿌리세포나 조직 내부에 자리 잡은 균근은 내생균근(endomycorrhiza)이라 하고 뿌리세포나 조직 외부에 존재하는 균근은 외생균근(ectomycorrhiza)라 한다.

제 3 절 관상식물의 병해충 및 잡초 관리

관상식물들도 각종 병충해 발생이 우려된다. 야외에서 생육 중인 관상식물을 자세히 관찰하면 곰팡이, 세균, 바이러스 등에 의한 식물병이나 진딧물, 응애를 비롯하여 식물체를 가해하는 각종 해충들의 피해를 받고 있는 것을 알 수 있다. 또 토양조건이나 기상조건의 불량, 작업 중에 발생하는 물리적인 손상 등과 같은 무생물적 병해가 나타나기도 한다. 특히 실내에서 재배하는 관상식물은 열악해진 재배 환경조건 하에서의 병해충 방제에 더욱 주의를 기울여야 한다.

특히 관상식물은 꽃은 물론 식물체의 관상가치가 중요하므로 병해충의 방제대책이 매우 중요하다. 또한 다른 작물에 비해 종류가 많고 외국으로부터 도입된 관상식물도 매우 다양하므로 우리나라 자연환경에 적응하지 못하고 생리적인 장애가 나타나거나 아직 생소한 외국의 병해충이 발견되기도 한다.

그림 3-126 소철의 절엽

1. 식물병해충

(1) 병해

1) 바이러스 및 바이로이드병

① 원인 및 증상

식물 바이러스(virus)의 주요 감염경로는 감염된 식물체를 다루었던 가위, 칼 및 각종 농기구에 의한 전염이 가장 많다. 일부 흡즙성 곤충인 진딧물 등의 해충에 의해서도 전염되는 것으로 알려져 있다. 식물 바이러스는 분구, 분주 등의 영양번식을 하는 구근류와 같은 초본성 다년생 작물들에 광범위하게 발생한다. 식물 바이로이드(viroid)는 바이러스에는 전형적인 단백질 껍데기가 없고 염기 수 200~400개 정도이며 작은 고리모양의 사슬 RNA만 있는 구조로 고등식물에 병을 일으킨다.

식물 바이러스에 감염된 관상식물은 종류와 식물체의 상태에 따라 차이가 있을 수 있으나 일반적인 증상은 꽃이나 잎 등에 모자이크상의 얼룩무늬(얼룩무늬, 줄무늬, 둥근무늬, 띠무늬), 반점, 뒤틀림과 같은 비정상적인 외형적 현상이 보여진다. 또한 성장이 불량하여 생장이 지연되면 꽃이나 잎의 크기, 초장, 등이 작아지고 색깔이 흐려지는 경향이 있다. 목본성 관상식물의 바이러스 감염은 크게 문제가 되지 않지만 튤립, 글라디올러스, 백합 등의 구근성 식물이나 페튜니아, 국화과, 난과 등의 다년생 초본류에서는 크게 문제가 되고 있다.

그림 3-127 식물병을 일으키는 박테리아의 간균류 (a), 구균류(b)

② 방제법

바이러스에 감염된 식물체는 빨리 제거한다. 가능하면 다른 식물에 전염되지 않도록 깊이 묻거나 태워버린다. 또한 사용한 농기구는 항시 흐르는 물이나 가열소독하여 청결하게 사용하는 것이 좋다. 바이러스 감염의 매개체가 되는 응애, 진딧물과 같은 흡즙성 해충방제를 철저히 하고 가능하면 바이러스 무병주 및 내병성 품종을 재배하는 것이 안전하다.

③ 진단

다른 식물병에 비해 식물 바이러스는 아주 작고 단순하며 병징도 애매모호한 경우가 많아 감염된 개체의 진단이 어려운 편이다. 일반적으로 이용되고 있는 진단법은 전자현미경을 이용한 직접적인 검경방법, 바이러스 항체를 이용한 혈청학적 방법, 명아주와 같이 감수성이 높은 식물을 이용한 생물검정법 등이 흔히 이용된다.

2) 세균병

① 원인 및 증상

식물의 세균병을 일으키는 세균(bacteria)은 대체로 한 개의 원핵세포로 구성된 미생물로서 일반 광학 현미경으로도 관찰할 수 있다. 대부분이 사물기생을 하며 인간에게 이익을 주는 경우가 많지만 일부 세균은 인간이나 다른 생물에 질병을 일으켜 간접적으로 사람들에게 해를 주기도 한다. 세균은 이분법과 같은 무성생식으로 단순 분열하여 매우 빨리 증식한다. 긴 털과 같은 편모가 있어 운동성이 있으나 자체적으로는 짧은 거리만 이동할 수 있으며 주로 수분을 따라 이동하면서 병을 일으키는 수인성(水因性)이다. 그러므로 따뜻하고 습기가 있는 곳이라면 어디서나 질병이 발생할 수 있다. 주로 비에 씻기거나 빗물에 튀어 다른 식물체로 이동하며 식물체의 다른 부위 혹은 토양으로부터 식물체의 낮은 부위로 이동된다. 어떤 종류의 세균들은 곤충의 체내에서 장기간 견딜 수 있으므로 증식과 이동을 곤충에 의지하기도 하고 조류나 동물들도 식물체를 옮겨 다니며 세균을 옮길 수 있다. 사람 역시 작업 중에 세균을 먼 거리까지 이동시켜주는 역할을 한다. 세균 스스로는 식물 내부로 침입할 능력이 없다. 세균이 식물체로 침입하는 경로는 상처와 기공이나 밀선 등의 자연개구 등을 통해서이다. 세균이 식물체 내로 침입하여 흔히 일으키는 대표적인 세균병은 식물의 조직이 물러지고 결국 식물체가 고사하는 연부병

(軟腐病), 잎에 점 모양의 무늬가 생기는 반점병, 가지나 잎 등 식물 기관의 일부 혹은 전부가 말라죽는 마름병, 지상부가 시드는 시들음병, 가지나 줄기 및 뿌리 등에 혹이 생기는 혹병 등이 주요 병증이다. 프리뮬라, 시클라멘, 아이리스, 아프리칸바이올렛, 백합류, 수선 등에서 발생하는 연부병을 비롯하여 달리아의 풋마름병, 글라디올러스의 목썩음병, 카네이션의 반점성 세균병, 목본류의 근두암종병 등이 주요 세균병의 예이다.

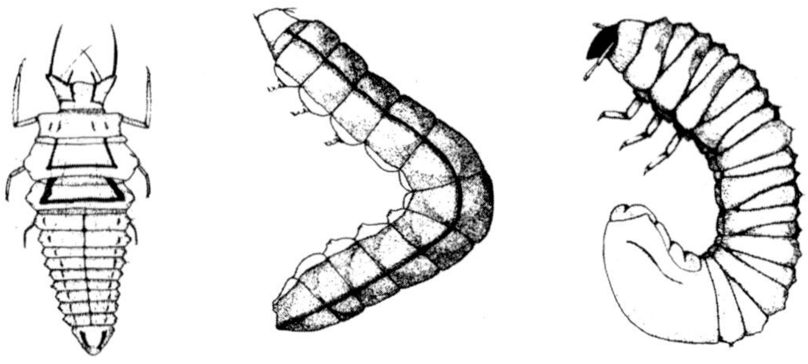

(a) (b) (c)

그림 3-128 곤충의 다양한 유충 형태
(a) 캄보데이형, (b) 털벌레형, (c) 땅벌레형

② 방제법

식물의 세균병은 일반적으로 방제하기가 매우 어려우며 다양한 방제법을 종합적으로 세워야 한다. 우선, 재배포장이나 식물체가 세균으로부터 오염되는 것을 회피하기 위해 토양소독이 필요하고 무병종자나 무병식물체를 식재해야 하며 병든 식물체를 제거하고 작업 후 농기구를 철저히 소독하는 등 포장위생에 주의해야 한다. 또한 식물체를 건전하게 재배하기 위해 과다한 시비 혹은 관수를 줄이는 등의 재배적 방법도 필요하다. 여러 종류의 작물을 돌려짓는 작부체계도 제한적으로 효과가 있다. 세균병에 대한 저항성 품종을 선별하여 재배하는 것도 효과가 있다.
발병한 식물체에는 구리화합물 농약이 좋은 효과를 보이며 농업용 항생제인 스트렙토마이신 제품이나 옥시테트라이클린 제품들을 이용하여 방제한다.

3) 곰팡이병

① 원인 및 증상

식물병의 대부분은 곰팡이(fungi)에 의해 발생하는 경우가 많다. 곰팡이는 엽록소가 없으며 진핵(eukaryon)을 가진 종속영양생물(heterotroph)로 육안으로도 대부분이 감염여부를 관찰할 수 있을 정도의 크기이다. 곰팡이는 기주생물에 기생하거나 유기물에서 부생을 하며 대부분이 균사(hypae)와 포자(spore) 형태로 월동하고 적당한 조건에서 공기 중에 비산되어 전파된다. 포자는 무성생식에 의해 형성되는 무성포자와 유성생식에 의해 형성되는 유성포자로 구분된다. 곰팡이에서 방출된 포자는 수분, 바람, 매개곤충을 비롯한 동물, 사람 등에 의해 이동된다. 병원성 곰팡이의 식물체 침입은 기공 혹은 상처 난 표피를 통해 이루어진다. 식물체의 외관에 나타나는 곰팡이병의 주요 병징은 반점, 변색, 부패, 변형, 위조, 분비물 등이며 내부적으로는 균사와 균핵이 나타난다. 식물병을 일으키는 곰팡이류는 조균(藻菌)류, 자낭균(子囊菌)류, 담자균(擔子菌)류, 불완전균(不完全菌)류 등이 대표적이다.

그림 3-129 모과나무의 적성병

조균류에 의한 금어초, 카네이션, 백합류 등의 역병과 페튜니아, 금어초, 금잔화, 과꽃, 쉐플레라, 스토크 등에서 발생하는 묘입고병 등이 있다. 자낭균에 의한 관상식물의 곰팡이병은 장미, 단풍나무, 배롱나무, 봉선화 등의 백분병(白粉病; 흰가루병)을 비롯하여 흑반병(黑班病) 등이 있다. 담자균에 의해서는 국화에서 흑수병(黑銹病; 검은녹병), 가을철 잔디류 및 카네이션에서 발생하는 수병(銹病; 녹병), 장미과 식물의 잎에서 발생하는 적성병(赤星病; 붉은별무늬병) 등이 있다. 불완전균에 의한 식물병은 국화 등의 시설재배에서 습도가 너무 높고 배수가 불량한 경우에 발생하는 회색(잿빛)곰팡이병 등이 알려져 있다.

② 방제법

묘입고병을 방지하기 위해 종자는 반드시 파종하기 전에 철저히 소독을 하고 토양소독을 한 후 정식한다. 또한 백분병은 통풍과 채광조건을 개선하고 톱신엠, 다이젠, 훼나리 등의 살균제로 방제한다. 흑수병 및 수병의 예방을 위해 비가 오거나 관수 시에 토양이 잎에 튀어 오르지 않도록 주의하며 토양의 배수성을 확보하고 통풍을 좋게 한다. 적성병의 예방을 위해 기주식물인 향나무과 식물을 감수성이 있는 장미과 식물 가까이에 식재하지 않는다. 또한 농약으로 방제하는 경우에는 발병한 식물체뿐만 아니라 주변의 향나무도 모두 소독하도록 한다. 곰팡이병의 예방을 위해 과다한 질소질 비료의 시용을 억제하며 병든 잎이나 포기는 재배에 지장이 없는 한 발병 즉시 제거하는 것이 좋다. 약제로는 다이센, 다코닐, 샤프롤, 프란트박스, 베노밀, 파아람, 바이코, 트리후민, 시스텐, 바리톤, 훼나리 등이 유효하다.

4) 마이코플라스마

식물병을 일으키는 원인으로 마이코플라스마(mycoplasma)가 있다. 이것은 세균류 중 크기가 0.2㎛ 정도에 불과한 작고 형태가 일정하지 않은 세균으로 "마이코플라스마형 박테리아(mycoplasma-like organisms/MLO)"라고 하기도 한다. 예전에 바이러스가 원인인 식물병으로 추정했던 병들이 마이코플라스마가 원인 것으로 판명된 경우가 많다. 최근에 밝혀진 마이코플라스마에 의한 병은 오갈병(옥수수, 과꽃, 복숭아, 밤나무), 빗자루병(대추나무, 알파파, 감자, 고구마), 국화황화병 등이 있다.

(2) 충해

관상식물을 가해하는 해충은 식물체를 직접 갉아먹거나 즙을 빨아서 피해를 주기도 하지만, 간접적으로 식물병을 전파시키고 관상 가치를 떨어뜨리는 등 2차적인 피해를 주기도 한다. 진딧물류나 노린재류 등의 해충은 가해과정에서 각종 식물 바이러스병을 옮겨주고 해충이 파고 들어간 부위는 상처가 나므로 그 부위에 병원균이 묻으면 식물병의 침입이 용이하게 된다. 또한 최근에 메뚜기나 잎벌레류와 같이 식물체를 갉아먹는 입을 가진 해충류도 병을 옮겨주는 것으로 밝혀지고 있다. 특히 식물즙액을 빨아먹는 깍지벌레류나 진딧물류의 배설물에 그을음병균이 발생하게 되면 잎이 까맣게 되고 광합성을 억제하여 생육에 지장을 주기도 한다. 그러므로 해충의 발생초기에 적절하게 방제하여야 할 것이다.

1) 갉아먹는(食害性) 해충

① 나비 및 나방류

배추흰나비의 애벌레 및 도둑나방 등은 잎이나 줄기 또는 뿌리를 갉아먹어 피해를 주며 좀나방류는 잎 속에 굴을 파고 들어가 가해한다. 이와 같은 갉아먹는 해충들은 관상식물의 여러 부위에 직접적인 피해를 주며 먹은 형태에 따라 피해흔적이 남게 되어 관상가치가 떨어진다.

② 달팽이류

달팽이류는 곤충류는 아니지만 난과식물 등과 같은 다육질 뿌리의 끝부분을 주로 야간에 가해하거나 지상부의 부드러운 생장점 부위를 갉아 먹는 하등동물이므로 반드시 구제하여야 한다. 껍질을 업고 있는 명주달팽이와 껍질이 없는 민달팽이가 있다. 사과껍질 또는 오이조각 등을 접시에 담아 식물주변에 놓아두면 밤중에 달라붙는데 이때 잡아준다. 번거로운 경우에는 나메돌, 나메킬, 치오디카브(thiodicarb) 등과 같은 먹이 형태의 달팽이약을 접시와 같은 얕은 용기에 담아놓아 포살한다.

2) 즙액을 빨아먹는(吸汁性) 해충

① 진딧물

진딧물은 전체적으로 몸이 둥글고 다리가 달려 있고 주변에 적응된 보호색이 있어 초록색, 갈색 등으로 색깔이 여러 가지이고 날개가 있는 것과 없는 것도 있다. 입이 날카로운 침처럼 생겨 직접 식물의 잎이나 줄기, 과실로부터 즙액을 빨아먹어 잎이 오그라들고 영양부족으로 식물이 잘 자라지 못하게 한다. 간접적 피해로는 병든 작물에서 즙액을 빨아 먹을 때 바이러스를 전파시키며 배설물로 인해 잎이 번쩍거리고 그을음이 생겨 관상가치가 떨어진다. 방제는 스프라사이드, 스미치온 등을 살포한다.

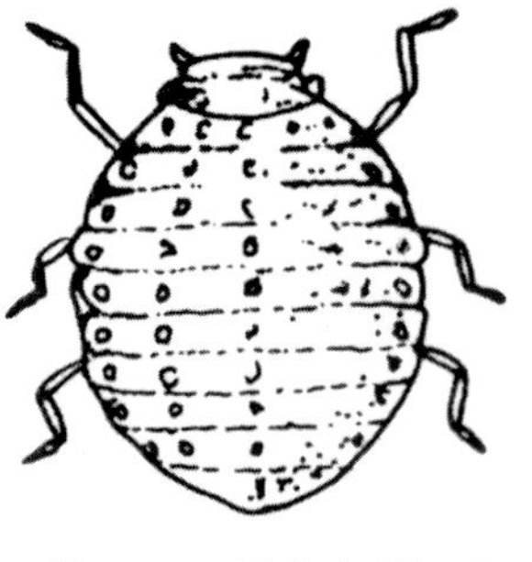

그림 3-130 날개가 없는 모양의 진딧물

② 깍지벌레

깍지벌레는 습기가 적은 건조한 곳에서 많이 발생한다. 발생 초기에는 눈에 잘 띄지 않으나 점차 자라 잎은 물론 엽병 등에 붙어 즙액을 빨아먹어 식물의 생장을 저하시키고 빨아먹은 자리에 반점이 생겨 관상가치가 떨어진다. 깍지벌레의 배설물은 마치 솜을 뭉쳐 놓은 듯이 보이며 부드러운 새순 등을 많이 가해한다. 손이나 솔 등으로 떼어 내고 물로 깨끗이 씻어내 제거할 수 있으나 방제가 용이하지 않다.

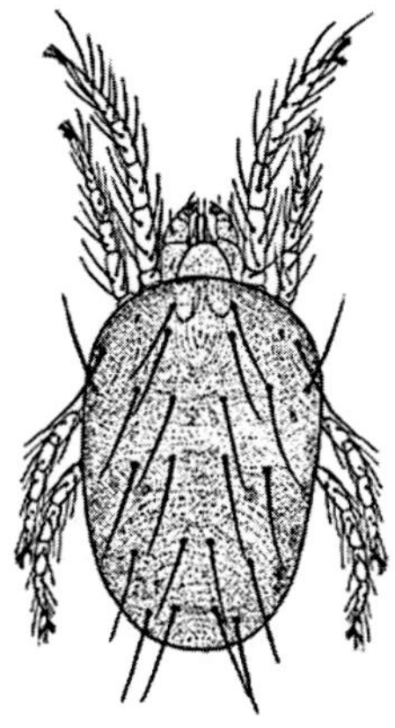
그림 3-131 벚나무응애

③ 응애

응애(mite)는 몸길이가 0.2㎜ 내외로 매우 작아 눈에 보이지 않을 정도의 매우 작은 절지동물이다. 몸구조는 거미류와 비슷하여 몸이 둥글고 표면에는 수많은 강모가 나있다. 주로 어린 잎이나 꽃봉오리의 즙액을 빨아먹어 가해한다. 응애 전용의 약제를 사용해 퇴치할 수 있으나 일반 약제에는 내성이 강하므로 구제가 까다롭다. 보통 건조하고 통풍이 안 되는 곳에서 주로 발생한다. 지페트, 오마이트, 아크라마이트, 켈센, 살비왕 등을 1개월 간격으로 약종을 바꾸어 가면서 살포하여 방제한다.

④ 선충

식물기생성 선충(Nematoda)은 선형동물문(Nemathelminthes)에 속하는 실모양의 길고 가느다란 동물로서 곤충 다음가는 큰 동물군이다. 선충은 보통 직경 50㎛, 길이 1㎜ 정도로 체절이 없으며 능동적인 이동성은 거의 없다. 선충의 해를 입은 식물은 양분을 빼앗겨 식물체가 시들고 생장이 지연되며 꽃과 열매의 발달이 제대로 되지 않는다. 또한 선충이 침입한 상처와 내부기생성 선충에 의해 조직이 파괴되어 썩기도 하며 세포의 이상비대 또는 선충의 증식으로 식물체에 혹이 생기기도 한다. 방제는 전용의 살선충제(namaticide)를 이용하여 제거한다.

(3) 생리적 장해

관상식물에 직접적인 피해를 주는 기생성 병원균이나 해충과 같은 생물체에 의하지 않고 불량한 생육환경 혹은 식물체 자체의 생리적인 요인 등에 의해 발생하는 비정상적인 반응을 생리적 장해(physiological disorder) 또는 비기생성 질병(non-parasitic disease)이라 한다. 관상식물에 대한 부적당한 생육환경은 식물의 불량한 생육은 물론 식물체의 형태적 손상, 고사 등으로 나타날 수 있고 식물 병해충 감염의 간접적 요인으로 작용하기도 한다. 관상식물 재배에서 일컫는 부적당한 생육환경 조건은 광조건을 비롯하여 온도, 수분, 토양조건 등이 있다. 그 외에도 과다한 농도의 농약살포에 의해 잎이나 식물체에 농약피해를 받은 경우도 이에 해당될 수 있다.

1) 광조건

햇볕을 좋아하는 양지성 식물이 음지에서 재배될 때 흔히 일어나는 잎의 황화현상 및 낙엽, 도장

등은 생리적인 장해라 할 수 있다. 음지성 식물의 경우에도 너무 강한 직사광선은 잎이 작아지고 황화현상이 나타날 수 있으며 심각한 일소현상(日燒現象; sun burn)이 발생한다.

2) 온도

관상식물의 생육에 부적당한 최저 혹은 최고기온 한계를 넘는 온도조건은 식물에 생리적인 장해를 가져온다. 온대성 식물의 생육기에 가해지는 저온조건 혹은 열대 및 아열대성 식물의 생육 최저기온 이하에서 나타날 수 있는 냉해(cold injury)도 대표적인 생리적인 장해라 할 수 있다. 그 외에도 겨울철 저온에 의한 식물의 동해 및 늦은 가을 혹은 이른 봄에 발생하는 상해 등도 있다. 기온이 높고 공중습도가 높은 우리나라의 여름철에는 서늘한 조건을 좋아하는 고산식물이나 고위도 원산의 관상식물은 생육이 불량하거나 병충해 피해를 가져오는 생리적 장해가 발생하는 경우가 흔하다.

3) 수분

지나친 수분 부족에 의해 식물체가 시들어 위조 상태가 되거나 황화현상, 고엽 및 낙엽 등이 일어날 수 있다. 또한 수분과다에 의한 뿌리 썩음, 지나친 도장에 의한 관상가치 저하 등도 대표적인 생리장애라 할 수 있다. 일부 열대성 및 아열대성 관엽식물의 경우에는 너무 온도가 낮은 찬물을 관수하면 식물체가 일시적으로 위축, 변형이 오는 경우도 있다.

그림 3-132 적절하지 못한 환경은 관상식물의 가치를 떨어뜨린다.

4) 토양

재배토양의 배수 및 통기불량을 비롯하여 특정 비료성분의 부족으로 인한 황화현상, 백화현상, 낙엽, 괴사현상, 잎이나 식물체의 변형 등이 있다.

5) 공해

도시의 자동차나 공장 등에서 많이 발생하는 아황산개스(SO_2)에 장기간 노출된 식물은 잎의 책상조직 세포들이 수축되고 붕괴되어 황화현상을 일으킨다. 또한 오존(O_3)은 식물의 대사과정에 이상을 일으켜 생육이 불량해지고 노화촉진, 낙엽 등이 나타난다. 그 외에도 불화수소개스(HF), 산성비, 미세먼지 등도 식물의 생장에 악영향을 주는 것으로 알려져 있다.

2. 병충해 경감을 위한 일반적인 재배방안

관상식물의 경우 가능하면 비료나 관수를 부족한 듯하게 관리하는 것이 식물체를 강하게 해줄 수 있다. 즉, 줄기나 잎이 작아지고 세포벽이 두터워져 키도 작아지며 따라서 병충해에 대한 저항성이 커진다. 식물체에 있어서 과다한 시비 및 관수는 사람에 있어서의 영양과다에 의한 비만현상과 마찬가지로 식물체가 도장하여 연약한 식물체를 만들기 쉽다.

(1) 재배적 방제법

1) 과다한 비료 및 관수를 피한다.

식물체를 너무 과보호하여 잦은 시비나 관수를 하는 것은 앞에서 밝힌 바와 같이 식물체를 연약하게 한다. 특히 질소질 화학비료의 사용은 효과가 빨리 나타나지만 식물체를 도장시켜 약하게 되는 경우가 많다.

2) 적절한 채광과 통기를 유지한다.

햇빛이 강한 여름철이라 하여 무조건 차광망 등을 쳐 준다면 식물체 주변의 통기성이 악화되기 쉽다. 햇빛이 줄어들고 통기성이 나빠지면 식물체가 연약하게 자라 도장되기 쉽고 병원체의 온상이 되기 쉽다. 따라서 관상식물 재배의 경우 식물생육에 적절한 광도와 통기성을 개선할 수 있는 방법을 궁리하는 것도 대단히 중요하다.

3) 고온다습한 조건은 좋지 않다.

병충해 발생에 가장 주의해야 할 시기는 역시 기온이 높고 강우가 계속되는 장마철이라고 할 수 있다. 대부분의 질병은 고온다습한 환경에서 발생하는 것이 보통이다. 그러므로 이 시기에는 사람들도 한밤까지 이어지는 열대야 현상 때문에 잠들기조차도 어렵고 생활주변 곳곳에 곰팡이가 발생하여 불편하다. 식물의 경우에도 마찬가지이다. 식물에게 각종 질병을 일으키는 병원성 세균이나 곰팡이는 장마철 조건이 번식 및 생육에 가장 알맞은 시기이다. 보통 잎이 넓은 털머위, 칼랑코에, 철쭉, 장미 등에 흰가루병이 많이 발생되는데, 이때에는 비가 가끔 개이면 화분에 적당히 바람을 쏘이고 햇빛을 보이게 하며 식물체에 발생한 각종 질병을 늘 꼼꼼히 살핀다. 필요에 따라서는 다코닐이나 톱신엠, 다이젠엠 등의 살균제를 살포하여 방제한다.

많이 발생되는 해충은 진딧물, 응애, 개각충(깍지벌레), 달팽이류 등이 대부분인데 이와 같은 해충들도 식물체에 질소 비료 등을 과다하게 시비하여 조직이 연약해진 경우에 널리 나타난다. 달팽이류를 제외하고 대부분의 해충들은 주변 환경이 고온 건조한 상태로 장기간 재배되면 많이 발생하는 경향이 있다. 따라서 건조한 봄철이나 장마철이 끝난 후 계속되는 고온 건조한 조건에서 식물체 관리에 유의해야 한다. 한, 두 마리 정도라고 하면 손으로 잡아주어도 좋으나 식물체 전체에 발생된 경우에는 살충제를 살포해준다.

살충제를 살포하는 경우에는 진딧물은 D.D.V.P. 또는 스미치온 등이 효과가 있으며 응애에는 켈센이나 아카루를 살포한다. 개각충은 스프라사이드와 같은 개각충 전용의 농약을 살포한다. 이들 살충제는 독성이 강하므로 사용에 주의한다. 또한 대부분의 관상식물에는 무당벌레나 거미 등과 같이 해충들에게 천적인 곤충들도 함께 서식하므로 농약을 살포할 때에는 주의하는 것이 좋다. 사람이나 가축에게도 좋지 않으므로 가정에서는 가능한 고독성의 농약은 살포하지 않는 것이 바람직하다. 가정에서 관상식물을 재배, 감상할 때에 관상 가치를 크게 떨어뜨리지 않는 정도의 병충해 감염은 식물체의 생육에 심각한 영향을 주지 않으므로 가벼운 마음으로 그대로 재배하는 것도 권할 만하다.

4) 농기구를 청결하게 관리한다.

방제하기 힘든 바이러스성 식물병은 오염된 농기구를 통해 전염되는 가능성이 높으므로 반드시 전정가위, 칼, 꽃삽 등은 청결하게 다루는 것이 좋다. 만일 바이러스가 의심되면 감염된 식물체는 반드시 제거한다.

5) 경운

재배지 토양을 깊게 뒤엎어 병해충의 잠복처를 제거하거나 햇빛에 의해 소독이 가능하다. 땅 속 깊이 서식하는 병해충을 노출시켜 제거하거나 알, 번데기, 애벌레, 성충 등을 흙으로 묻어 지상으로 나올 수 없도록 하기도 한다. 또한 식물체의 지하부의 통기성을 좋게 하여 식물체를 튼튼하게 자랄 수 있게 한다.

6) 무병주의 재배

병해충에 감염되지 않은 건전한 관상식물 종묘를 재배하는 것은 예방적 차원에서 대단히 중요하다. 특히 육안으로 쉽게 진단이 되지 않는 바이러스 식물병을 비롯하여 잠복기 중에 증상이 잘 나타나지 않는 세균병, 곰팡이병, 각종 해충, 선충 등의 피해를 받은 종묘를 피해야 한다. 난과 관상식물, 카네이션, 국화 등의 조직배양 무병묘를 재배하는 것도 이와 같은 바이러스병을 회피하기 위한 수단이라 할 수 있다.

(2) 물리적 방제법

1) 차단

병해충의 감염을 사전에 차단하여 예방하는 방법이다. 바이러스병의 매개체인 대표적인 흡즙성 해충인 진딧물의 침입을 방지하기 위해 관상식물 주변에 한랭사를 치거나 꽃봉오리나 묘에 봉지 등을 씌워 재배하는 것이 대표적이다. 그 외에도 청결한 환경조건에 격리재배를 하는 방법도 차단의 한 방법이라 할 수 있다.

2) 유살 및 포살

해충을 유인하여 방제하는 방법을 유살이라 한다. 또한 해충을 직접 잡아서 죽이는 방제방법을 포살이라 한다. 드물게 해충을 유인하는 합성 페로몬을 이용하여 유살하는 방법도 이용되고 있으나 특정 해충이 좋아하는 색채나 물질을 흔히 이용하여 유살한다. 진딧물은 황색이나 청색에 유인이 잘되므로 황색 혹은 청색의 점착제를 발라 유살하는 예도 있다. 포살은 가장 원시적인 방법이지만 가장 확실한 방제법이기도 하다. 특히 소규모 취미로 관상식물을 재배하는 경우에 효과적이다. 포살효과를 높이기 위해서는 해충의 발생경과와 습성을 잘 알고 있는 것이 중요하다.

(3) 생물적 방제법

1) 천적의 이용

해충을 포식하는 천적들을 이용하여 방제하는 방법이다. 천적의 종류는 다양하여 어류, 양서류, 조류 등을 비롯하여 거미류, 잠자리류, 무당벌레류, 노린재류 등이 있다. 이들 가운데 거미류는 포식성이 강해 효과적인 천적이다. 천적을 이용한 해충의 방제는 독성이 없고 친환경적인 방법이지만 천적의 생육과 활동에 적합한 환경조건의 조성이 매우 중요하다.

2) 기생 생물의 이용

해충의 체외 및 체내에 기생하여 결국 해충을 사멸시키는 생물을 이용하는 방법이다. 이와 같은 기생성 생물은 해충의 체내에서 병을 일으키는 미생물에서부터 여러 종류의 곤충류들이 있다. 해충에 대한 병원성 미생물로는 바이러스, 원생동물류, 박테리아류, 균류 등이 있다. 또한 해충의 체내에 기생하는 대표적인 곤충은 기생벌과 기생파리가 있으며 나비목, 매미목, 파리목, 딱정벌레목, 벌목 등의 해충에 기생하는 것으로 알려져 있다.

3. 잡초 대책

우리들이 관상식물로 이용할 수 있는 대부분의 식물들도 실제로 원산지에서 자라고 있을 때에는 단순한 잡초로 분류되었을 뿐이다. 다시 말하면 자연 상태에서는 많은 종류의 다른 잡초들과 어울려져 공존하고 있던 식물체를 인공적이고 제한된 공간으로 옮겨온 것이다. 그러므로 관상식물을 화분재배하는 경우에 있어서도 다른 관상식물 즉, 잡초가 한, 두 종류 함께 자라는 것을 보는 것도 더 큰 자연미를 안겨줄 수 있다. 경우에 따라서는 이끼와 같은 선태류를 식물체 주변에 함께 자라게 하는 것도 좋다. 그러나 대부분의 잡초들은 광합성기작이 일반 관상식물과는 근본적으로 차이가 나므로 번식력이 왕성하고 생장속도가 빠르며 강건하여 양분 및 수분 경합이 일어날 수 있다. 따라서 이와 같은 경우에는 손으로 일일이 뽑아주는 것이 좋다. 화분을 잘 관찰하면서 손으로 제초작업을 하는 과정 중에 식물체에 발생한 질병이나 상태도 살필 수 있는 좋은 기회가 되기 때문이다. 그러나 노지 정원에 심어진 관상식물이나 대규모 면적으로 심겨진 경우에 제초작업은 시기에 맞게 제초제를 사용할 수도 있다.

잡초는 원하지 않는 장소에 발생하여 자라는 식물을 포괄적으로 일컫는 용어이며 경제적인 가치가 없어 인간이 원하지 않는 식물 종이다. 이와 같은 잡초의 특성은 경제 작물에 대해 생태적, 생리적으로 강건하여 경쟁력이 있으며 포장에서 지속적으로 발생하고 유해성이 있다는 것이다. 이와 같은 잡초를 방제하기 위해 재배 관상식물을 잡초보다 발아속도 및 본엽 전개 속도가 빠른 종을 선택하여 재배하거나 재식 밀도 줄이고 이랑을 좁게 하여 잡초가 발생할 수 있는 여지를 주지 않는 방법도 있으며 비닐 등으로 이랑을 멀칭하여 재배하는 등의 재배적 방제가 있다. 또한 보다 적극적으로 잡초의 발아전과 후에 제초제를 살포하는 화학적인 방제법도 있다.

4. 농약 살포방법

관상식물을 가정에서 취미로 재배하는 경우에는 가능한 농약을 사용하지 않는 것이 바람직하나 경우에 따라서는 부득이하게 사용해야 하는 경우도 있다. 대부분의 농약은 정도의 차이는 있으나 강한 독성을 지니고 있으므로 사용에 주의를 기울여야 한다.

(1) 농약의 정의

농약은 "수목 및 농림산물을 포함한 모든 농작물을 해하는 곤충, 응애, 선충, 바이러스, 기타 농림부령이 정하는 동식물 방제에 사용되는 살균제, 살충제, 제초제와 농작물을 생리기능을 증진 또는 억제하는 데 사용되는 생장조절제 및 약효를 증진시키는 자재를 말한다."라고 농약관리법에 정의되어 있다.

(2) 농약의 종류

농약은 사용목적, 화학적 조성, 형상 등에 따라 여러 종류로 구분하고 있다.

1) 살균제

식물병을 일으키는 병원성 균이나 세균 등을 방제하는 농약을 일컫는다. 살균제에는 병원성 균의 포자가 식물체 내에 침입하는 것을 방지하는 보호살균제와 병원균을 직접 사멸시켜 식물병 치료를 목적으로 하는 직접살균제로 구분된다.

2) 살충제

살충제는 관상식물을 가해하는 해충을 방제하는 농약을 일컫는다. 이와 같은 살충제에는 해충의 먹이가 되는 식물체에 농약을 살포하여 먹이와 함께 해충의 소화기관으로 침투한 농약이 독성을 발휘하여 해충을 죽이는 소화중독제를 비롯하여 접촉독제, 침투성살충제 등의 여러 종류가 있다. 접촉독제 살충제는 해충에 직접 살포한 농약이 해충의 체내에 침투하거나 접촉하여 독성에 의해 죽이는 농약으로 카바메이트계, 유기인계, 합성 피레스로이드계 등이 있다. 침투성 살충제는 약제를 식물에 1차적으로 살포하여 흡수시킨 후 가해하는 해충을 방제하는 살충제로서 진딧물이나 응애 등의 흡즙성 해충의 방제에 흔히 이용된다.

3) 살비제(살응애제)

응애류의 방제에 이용되는 농약이다. 응애의 성체뿐 아니라 유충이나 알 등도 방제하는 효과가 있으나 다른 곤충에도 강한 독성을 나타내므로 사용에 주의한다.

4) 살선충제

토양이나 식물체에 존재하며 가해하는 선충류를 방제하는 농약으로 흔히 훈증제의 형태로 이용되나 최근에는 입제 농약도 판매되고 있다.

5) 제초제

작물을 재배하는 과정에서 관상식물과 수분, 양분, 햇빛 등에 대해 경합하면서 자라는 잡초를 방제하기 위해 이용하는 농약을 일컫는다. 제초제는 처리방법에 따라 토양처리제, 경엽처리제로 구분되며 제초효과에 따라 선택성 제초제, 비선택성 제초제 등으로 구분된다.

6) 식물생장조절제

작물의 생장을 촉진하거나 억제하는데 이용하는 농약을 일컫는다. 식물호르몬을 비롯하여 다양한 종류의 합성 생장조절물질이 관상식물의 재배에 널리 이용되고 있다.

(3) 농약 살포 방법

1) 농약액의 조제

농약의 형상에 따라 입제, 분제, 액제, 수화제, 수용제, 훈연제 등 종류도 다양하다. 그러나 일반적으로 흔히 사용하는 농약은 약액을 물에 희석하여 살포하는 액제, 수화제, 수용제 등이다. 그러므로 이와 같은 농약을 희석한 농약액은 조제방법과 농도에 따라 약효가 떨어지거나 식물에 피해를 줄 수 있다. 그러므로 반드시 규정된 농도를 준수하여야 하며 충분히 혼화시켜 균질한 농약액을 조제하여야 한다.

농약의 희석방법으로 흔히 이용하는 배수조제법은 다음과 같이 한다.

$$약량(ml,\ g) = \frac{단위\ 면적\ 당\ 살포\ 농약량(ml)}{희석\ 배수}$$

2) 농약 살포 방법

최근에는 각종 농약을 스프레이 형태로 용기에 충진하여 간단히 가정에서 살포할 수 있게 만들어진 제품들도 있다. 농약은 대부분이 독성이 있으므로 자칫 잘못 사용하면 사람에게 치명적인 피해를 줄 수도 있다. 특히 가정에서 취미로 관상식물들을 재배하는 초심자들의 경우에는 농약살포 경험이 거의 없는 것이 보통이므로 주의해야 한다. 그러나 농약살포가 반드시 필요한 경우에는 무엇보다도 사용농도를 잘 지키고, 약제를 혼용하여 살포하는 경우에는 사용설명서를 잘 읽고 주의사항을 충분히 이해한 후 시행한다. 또한 사용하고 남은 약제를 보관하는 경우에는 어린이의 손이 미치지 않는 곳에 잘 보관하여야 한다. 다음과 같이 일반적인 농약살포 시의 주의사항을 간략히 정리하였다.

- 농약은 가능한 맑은 날을 택하여 오전 중에 살포하는 것이 좋다.
- 반드시 마스크와 장갑 정도의 보호장구는 착용한다.
- 야외에서 살포하는 경우는 바람을 등지고 살포한다.
- 약제는 약액이 잎 끝으로 떨어지지 않을 정도의 양을 살포한다. 즉, 과다한 약제의 사용은 금한다.
- 약제를 살포한 후에는 반드시 얼굴과 손을 흐르는 물에 깨끗이 씻는다.
- 실내에서 농약을 살포한 후에는 창문을 열어 환기를 잘 시킨다.
- 시판되고 있는 스프레이 타입의 농약을 살포하는 경우에는 식물체로부터 약 30㎝ 이상 떨어진 곳에서 살포하는 것이 안전하다. 너무 가까운 거리에서 살포하게 되면 충진용매의 분사에 의해 식물체가 냉해를 입기 쉬우며 너무 많은 양의 농약이 살포될 위험성이 있다.
- 해충에 따라서는 농약에 내성을 나타내는 종도 있으므로 수차례 방제하는 경우에는 적당히 농약을 바꾸어 살포할 필요가 있다.

제 IV 장 관상식물 번식

관상식물 번식도 일반적인 재배작물과 마찬가지로 종자번식(sexual propagation)과 영양번식(vegetative propagation)에 의해 이루어진다. 종자번식은 성숙한 종자를 파종하여 개체를 증식하는 방법으로 단시간에 대량번식이 가능하고 교잡에 의해 변이종이나 새로운 식물체를 만들 수 있는 장점이 있으나 자식물에서 유전적인 변이(variation)가 발생하는 단점도 있다. 영양번식은 식물 영양체의 일부를 사용하여 번식하는 방법으로 삽목(꺾꽂이; cutting), 접목(접붙이기; grafting), 취목(layering), 분주(포기나누기; division) 등의 방법이 있다. 초본성 관상식물을 영양 번식하는 경우에는 주로 줄기 또는 싹을 꺾꽂이 하거나 포기 나누기 및 휘묻이가 널리 이용되고 있으며 가정에서도 손쉽게 할 수가 있는 방법이다.

그림 4-1　양치식물 포자 발아

관상식물의 번식방법
- 포자번식: 고사리류의 번식
- 종자번식(유성번식): 꽃이 피는 대부분의 관상식물류
- 영양번식(무성번식) : ① 삽목 또는 삽아
  ② 분주 및 분구
  ③ 접목
  ④ 취목
- 조직배양: 난과 식물의 번식 및 관상식물의 대량번식, 무병주 생산

제 1 절 관상식물의 종자번식

1. 종자와 종자번식의 특성

식물체가 일정한 연령에 도달하여 적절한 환경조건이 주어지면 생식기관의 형성과 발달이 일어난다. 이와 같은 현상을 개화라고 하며 뒤이어 수정(fertilization)의 결과 생기는 완전한 식물체를 종자라고 한다. 아름다운 관상식물을 감상하기 위한 첫걸음은 우량한 종자를 구해서 파종하는 것이다. 일반적인 재배작물과 마찬가지로 거의 모든 관상식물도 종자번식이 가능하다.

종자번식은 묘의 대량번식이 가능하고 식물체가 튼튼하게 자라며 새로운 신품종을 육성할 수 있는 장점이 있다. 특히 제비꽃류나 매발톱꽃류는 영양번식도 가능하나 종자번식된 묘가 생육이 양호하고 착화상태도 좋다고 알려져 있다.

종자는 일반적으로 배(embryo), 배유(endosperm), 종피(seed coat)의 주요한 세부분으로 나뉘며 배는 다시 유아(plimula), 유근(radicle), 자엽(cotyledon)으로 구성된다. 배유는 배가 발아하여 활동할 때에 양분으로 이용될 저장양분을 지니고 있으며 식물의 종류에 따라 전분 또는 지질, 단백질 등을 함유한다. 종피는 배와 배유를 기계적으로 보호하기 위해 일반적으로 견고한 구조를 가진다. 또한 1㎖ 당 20개 미만을 차지하는 큰 종자를 대립종자라 하고 1㎖ 당 100~300개인 종자를 중립종자라 하며 1,000~2,000개로 작은 종자를 소립종자라 한다. 또한 담배 혹은 초롱꽃 종자와 같이 먼지처럼 미세한 종자를 미립종자로 구분한다.

종자번식에서의 성공여부는 우량한 종자의 선별에서부터 시작된다. 우량한 종자는 종의 특징적인 형질이 잘 나타나며 충분히 성숙되어 생명력이 충만하여 발아세가 우수한 종자이어야 한다. 이와 같은 종자들은 식물에 따라 수확하는 시기를 잘 맞추어야 한다. 수확시기가 적절하지 못하면 종자가 미성숙 상태로 남아 있거나 과숙하여 저절로 떨어져 나가버린다. 우량한 종자는 발아성적이 뛰어나며 이물질의 혼입이나 병충해의 감염이 없어야 한다.

2. 파종 준비

(1) 파종시기 및 방법

관상식물 종자의 파종 시기는 종자의 종류나 용도에 따라 다르나 대부분은 봄(3~4월) 및 초여름(6~7월), 가을(8~9월)에 파종하는 것이 보통이다. 일반적으로 노천매장에 의한 겨울 동안의 냉습적을 거친 종자나 휴면성이 없는 종자는 봄철에 파종한다. 그러나 냉습적 및 발아를 억제하기 위한 보호저장이 필요한 참나무과 종자인 도토리, 호두 등은 가을에 노지 파종한다. 또한 온습적과 냉습적을 요구하는 종자나 채종 후 이내 활력이 저하되어 저장력이 없는 종자는 여름철에 파종하는 것이 관행이다.

파종방법은 야외포장에 직접 파종하는 직파(field sowing)와 별도의 파종상을 준비하여 파종하는 상파(bed sowing)로 구분할 수 있다. 일반적으로 발아 후 이식을 싫어하거나 종자가 크고 발아 직후에 유묘의 생육이 빠르고 성질이 강건하여 잡초 등에 의해 도태될 위험이 적은 종의 종자들은 주로 직파한다. 그리고 종자가 미세하여 지속적인 관리가 필요하거나 유묘의 생육이 느린 종, 초기세력이 약한 종, 뿌리가 직근성인 종, 야자류와 같이 발아가 느린 종들을 비롯하여 발아과정에서 특수한 환경조건을 필요로 하는 종들은 적당한 파종상에 상파하는 것이 바람직하다. 관상식물의 경우, 일부 종자를 제외하고는 자연 상태에서 수정이 제대로 이루어지지 않아 배가 충실하지 못한 경우도 많으므로 대량의 종자를 야외에 직파하는 경우도 있다. 직파하는 경우에는 흩어뿌리기(散播; spread sowing) 보다 줄뿌리기(條播; line sowing) 또는 점뿌리기(點播; spot sowing), 모아뿌리기(摘播)를 하는 것이 발아 후의 어린 묘를 관리하는데 효과적이다. 종자를 직파하기 위해서는 포장을 잘 경운한 후에 이물질을 제거하고 토양을 부드럽게 하는 것이 좋다. 이랑을 조성할 경우에는 남북으로 길게 조성하는 것이 좋다.

파종량은 식물의 종류에 따라 다르다. 발아율이 높아 확실히 발아하는 종자는 1립씩 파종하여도 큰 문제가 없으나 대부분의 대립종자는 2~3립, 소립종자는 8~12립을 직파하면 실패하지 않는다. 파종 후에도 토양의 건조, 종자가 바람 등에 날려 없어지거나 기타 물리적인 피해를 방지하기 위해 짚 등으로 엷게 피복(mulching)을 해준다. 별도로 준비된 파종상에 파종하는 경우는 채광 및 통풍이 좋은 포장의 일부에 적절한 크기와 형태로 파종상을 설치하고 토양은 ϕ9㎜ 정도의 체로 쳐서 팽윤시킨 후 종자를 파종하고 관리한다. 관상식물의 종류나 파종량에 따라 적당한 파종 상자를 준비하여 파종하기도 한다. 보통 파종 상자는 나무를 이용하여 간단히 제작하지만, 시판하는 플라스틱제 상자

그림 4-2 프티코스페르마야자 (*Ptychosperma macarthurii*)

나 화분을 사용하기도 한다(그림 4-3). 파종 상자는 배수 및 통기를 좋게 하기 위해 밑 부분에 구멍이 뚫려 있어야 자갈이나 굵은 모래를 깔아 배수층을 만들어 준다. 용토는 신선한 밭흙 1 : 부엽 1 또는 밭흙 1 : 피트모스 1을 혼합하여 조제한다. 경우에 따라서는 마사토를 1의 비율로 첨가하기도 한다. 용토는 잡초의 종자나 각종 병균 및 해충의 알 등을 제거하기 위해 열탕 또는 증기소독, 소각처리를 하여 사용하는 것이 좋다.

그림 4-3　종자 파종상 준비

특히 소량의 종자를 파종하는 경우에 발아 직후의 어린 유묘가 잡초나 병해충에 의한 도태를 방지하기 위해 용토를 철판 위에서 볶아 사용하거나 거의 무균상태에 가까운 피트모스와 버미큘라이트를 1 : 1로 혼합한 용토에 파종하는 것도 효과적이다.

준비된 파종상이나 파종 상자는 긴 막대기를 이용하여 수평면으로 골라준다. 파종방법은 줄뿌리기가 일반적이나 소규모의 파종상에서는 흩어뿌리기도 좋다. 파종한 종자 위에 종자 크기의 2~3배 정도로 복토해준다. 그러나 크기가 매우 작은 미세종자나 이미 알려진 광발아 종자의 경우에는 거의 복토를 하지 않거나 흙으로 가볍게 덮어준다. 그러나 종자의 크기가 큰 대립종자는 약간 두껍게 복토하는 것이 좋다. 또한 점질토양에 파종한 경우에는 사질토양 조건에 비해 상대적으로 얇게 복토해 주는 것이 수분관리 및 종자호흡에 유리하다. 보통 복토를 얇게 해주면 발아 후 유근의 발달이 불량하고 관수 시에 묘가 도복되기 쉽다. 그러나 너무 두껍게 복토를 하면 발아기간이 길어지거나 발아에 실패할 수도 있다. 파종이 끝난 파종 상자나 화분은 위에서 직접 관수하지 말고 파종상 밑의 배수공을 통해 저면관수를 하는 것이 안전하다. 파종상은 바람이 너무 강하게 불거나 직사광선이 내리쬐지 않는 온화한 곳에서 관리하며 식물에 따라 적당한 환경조건을 맞춰주며 관리한다. 파종 후에 건조방지 및 지온상승을 위해 신문지나 비닐, 유리 등을 덮어주어도 좋다.

(2) 종자소독 및 전처리

일반적인 소독방법은 50~60℃ 정도의 온수에 10~20분간 종자를 담갔다가 꺼내는 온탕침법이 있는데 바이러스 오염 등에 효과가 있다. 또한 가정에서 흔히 사용하는 락스 10~15% 용액에 15분 정도 또는 2% 정도의 칼슘하이포클로라이드 용액에 담갔다가 흐르는 물에 잘 씻어 파종하는 방법도 있다. 시판 중인 종자소독제 티아졸, 베노람 수화제, 지오람 수화

그림 4-4　소나무의 종자

제 등에 1~2시간 담갔다 파종하기도 한다. 어떤 경우이든 너무 장시간 동안 처리하지 말아야 하며 소독이 끝난 종자는 곧바로 파종해야 한다.

대부분의 종자는 파종하기 전 물에 하루 정도 담가 두었다가 파종하면 발아기간을 앞당기고 고른 발아세가 나타난다. 또한 종피에 왁스질이 발달한 콩과식물의 종자는 70~90℃ 정도의 더운물에 2-3분 정도 담갔다가 파종하면 발아율이 높아진다. 종피가 너무 단단한 종자는 사전에 기계적인 가상처리를 하거나 황산(비중 1.84) 등의 강산으로 처리하는 것도 효과적이다.

(3) 발아에 영향을 미치는 종자의 생리적 특성

파종한 종자가 발아하기 위해서는 적당한 환경조건 및 종자 내부의 생리적인 요건이 충족되어져야 한다. 대개의 종자는 알맞은 수분, 온도, 산소 조건이 주어지면 발아를 시작하게 된다. 일부의 미립종자는 광을 필요로 하는 경우도 있다. 그러나 이와 같은 환경조건들이 적절한 경우에도 종자 내부의 생리적인 요인에 의해 발아하지 않는 경우도 있는데 이것을 휴면(dormancy)이라고 한다. 휴면에는 종자발아에 불량한 환경조건에 의해 발아가 진행되지 않는 것을 타발적 휴면(quiescence)이라 하고 종자 내부의 생리적인 요인에 의해 발아가 일어나지 않는 것을 자발적 휴면(dormancy)으로 구분하고 있다. 일반적으로 종자의 휴면이라 함은 자발적 휴면을 의미하는 경우가 대부분이다. 휴면은 두터운 종피 또는 종자내부에 발아억제 물질이 존재할 때, 또는 배가 미숙한 경우에 일어나므로 이들 요인을 제거해 주어야 한다. 일반적으로 습윤한 상태로 종자를 저온저장(층적처리; stratification)하거나 지벨레린(gibberellin) 등의 생장조절물질을 처리하여 좋은 효과를 나타내고 있다.

1) 휴면

많은 종류의 관상식물 종자는 휴면성(dormancy)을 지니는 경우가 많다. 몇 가지 종류의 콩과식물 종자 및 감자, 오크라, 나팔꽃의 종자는 종피가 단단하여 불투수성인 경우도 있다. 이때에 종자가 소량인 경우에는 사포 등에 문질러 파종하기도 하지만 종자가 대량일 때는 모래나 자갈 등과 종자를 함께 넣고 섞어서 종피에 상처를 주는 방법이 발아에 효과적일 수 있다. 또한 장미과의 관상식물 및 은행나무, 물푸레나무과 같이 온대지역이 원산인 몇몇 목본식물의 종자, 인삼 등은 배휴면성인 경우가 많다. 이와 같은 경우는 층적 처리에 의해 종자의 후숙을 도모하는 것이 효과적이다. 층적처리의 효과는 반드시 저온(3~7℃) 조건이어야 하며 습기가 있어야 하고 통기가 충분한 조건에서 일정한 기간을 경과시켜야만 한다. 일부 종자에서는 층적 처리 대신에 100ppm 정도의 지벨레린 처리를 대신할 수 있는 경우도 있다. 지벨레린 처리의 경우에는 유효한 식물의 종류가 있으며 지벨레린의 종류 및 농도에도 큰 차이가 있으므로 사용에 주의를 요한다. 배휴면성인 종자의 경우에는 채종 시 종자 내의 배가 근본적으로 미발달 상태에 놓여있기 때문에 파종하여도 발아가 되지 않는 경우가 있다. 호랑가시나무류가 이와 같은 경우에 해당되는데, 층적 처리에서와 같이 저온조건 보다는 온화하고 습한 조건에서 종자를 처리할 필요가 있다.

종자 내에 암모니아(ammonia), 에틸렌(ethylene), 불포화유기산, 알칼로이드(alkaloid), 쿠마린(coumarin), 엡사이식산(ABA), 페놀산(phenolic acid), 카데킨(catechin) 등의 매우 다양한 발아억제 물질의 존재에 의해 휴면성이 있는 경우도 있다. 보통 발아억제 물질은 종자의 과육 등에 많이 존재하므로 종자 채취 시에 종자에 붙어 있는 과육을 충분히 제거하는 것이 효과적이다. 일부 종자에 있어서는 위에서 밝힌 여러 종류의 휴면들을 복합적으로 지니는 경우가 있는데 이것을 이중휴면(double dormancy)이라고 한다. 이중휴면성 종자는 대개 2년 발아 종자가 대부분이다. 이와 같은 경우는 종피처리와 더불어 단기간의 고온 층적처리와 일정기간의 저온처리가 효과적일 수 있다. 이중휴면성 종자는 초화류에서보다 목본류에서 주로 나타난다.

2) 여러 가지 발아촉진 처리법

앞에서 종자 내부의 각종 발아억제 요인들을 해결하는 방법들을 제시하였다. 그러나 단순히 이와 같은 방법으로 종자를 처리하여 정상적인 발아를 도모할 수도 있지만, 제반 방법들을 복합적으로 처리하거나 기타 다른 방법에 의해 종자발아를 촉진할 수도 있다. 재배 화훼작물의 경우에는 여러 종류의 질산화합물 또는 티오요소(thiourea)를 비롯하여 과산화수소, 몇 가지 종류의 청산화합물, 각종 식물 호르몬류들의 효과가 인정되기도 하였다. 그러나 아직 식물 종자에 대한 일반적인 유효성에 대해서 확실한 바가 아니므로 연구결과가 보고된 바 없는 다양한 종류의 관상식물에 사용하는 경우에 사용 농도 및 처리방법 등에 주의해야 한다.

① 냉습적(cold stratification)

종자발아를 촉진하기 위해 5~10℃의 습윤한 저온상태로 7일에서 길게는 6개월 이상 처리하는 것이다. 이와 같은 냉습적에 의해 휴면 중인 온대성 종자의 배 후숙을 조장하고 종피의 흡습성을 높이는 휴면타파 효과가 있다. 관상식물의 종류에 따라 처리방법 및 기간은 다양하나 보통은 이끼류, 청결한 모래, 버미큘라이트, 톱밥 등의 보습제와 함께 저온처리를 한다. 대부분 종자의 저온처리 과정에서 유의할 사항은 충분한 산소와 수분유지가 발아에 효과적이라 알려져 있다. 냉습적 후 종자의 선별은 체를 사용하면 편리하다.

② 가상처리(mechanical stratification)

종자 표면이 물리적으로 너무 단단하거나 불투수층이 발달되어 있는 경우 화학물질 또는 기계적인 과정을 통해 종피의 일부를 깎아 주어 발아를 촉진하는 방법이다. 종자 표면에 상처를 내는 방법은 종피를 사포(sand paper)나 줄로 마찰하는 방법, 종피를 망치로 깨는 방법, 화학약품을 사용하는 방법 등으로 다양하다. 황산, 염산 등의 강산이나 KOH 등의 강알칼리 또는 NaOCl, $CaOCl_2$ 등의 화학약품을 이용한다. 콩과나 아욱과의 관상식물인 경우는 ether이나 acetone 등의 유기용매로 종피를 처리하여 수분흡수를 돕기도 한다. 대표적인 난지형 잔디인 한국잔디(*Zoysia japonica*)의 종자는 15% 정도의 KOH에 30~50분 침지처리하고 수세한 후 햇볕에 광처리하여 파종한다.

③ 화학물질 처리

티오-요소(thio urea) 0.2% 용액에 종자를 침종하여 맨드라미, 플록스, 채송화 등의 발아를 촉진하였으며 지베렐린 200ppm 용액에 40분간 처리는 발아기간이 단축되고 에틸알코올과 같은 유기용매가 효과를 나타내는 경우도 있다. 기타 휴면성 종자에서는 지베렐린이 저온처리를 대신하여 발아에 촉진적으로 작용한다는 보고가 있다. 그러나 식물생장억제제인 maleic hydrazide를 비롯하여 일부 옥신류는 종자발아를 억제하기도 한다.

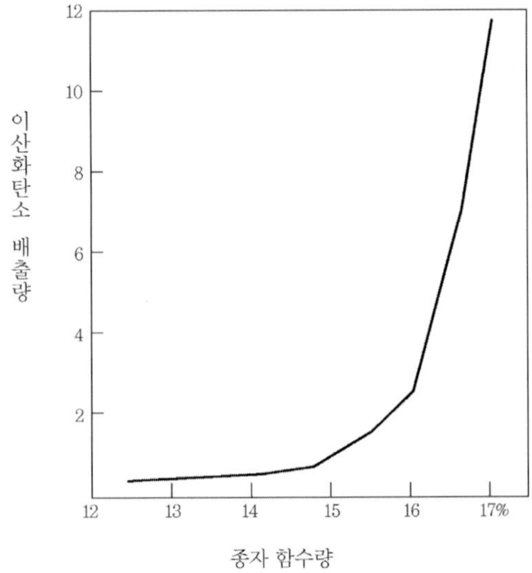

그림 4-5 밀 종자의 함수량과 호흡율과의 관계 (Bailey & Gurjar)

④ 침수처리(seed soaking treatment)

종자를 파종하기 전에 물에 24시간 정도 침수처리하는 것이다. 침수처리는 종피를 부드럽게 하고 발아억제물질을 제거하여 고른 발아세와 발아율을 향상시키는 효과가 있다(그림 4-5). 모란, 작약, 칸나, 스위트피(sweet pea), 꽃아카시아 등의 종자는 75℃ 정도의 열탕에 처리하고 냉수로 식혀 종자를 팽윤시키는 방법을 사용하기도 한다. 또는 35~40℃ 온수에 수 일간 처리한 후 파종하는 방법도 있다.

⑤ 프라이밍 처리

종자발아에 필요한 대사과정을 자극하여 종자 내의 유근 발달을 촉진하는 처리이다. 프라이밍 처리를 한 이후에는 곧바로 파종하여 유근 발달이 지속될 수 있도록 해야 한다. 프라이밍 처리 방법은 KNO_3, KH_2PO_4, K_3PO_4, $Ca(NO_3)_2$ 등을 100mM 농도로 3~5일 정도 침지처리하거나 PEG 8000(polyethylene glycol) 등으로 삼투용액 처리를 하는 방법이 가장 일반적이다.

(4) 종자파종

종자를 파종하면 신속하고 고르게 발아하고 발아한 어린묘의 초기생장이 왕성하게 나타나는 것이 이상적이다. 따라서 고른 발아세와 종자의 발아율을 높이기 위해 종자 특성에 알맞게 발아촉진 전처리를 비롯하여 적절한 환경조건을 다음과 같이 유지관리하는 것이 중요하다.

1) 광선 관리

광선(light)은 식물종자의 발아 및 발아한 유묘의 생장에 영향을 준다. 식물종자가 발아할 때에는 광선을 절대적으로 필요로 하는 종자(호광성종자; light-favoured seed)들이 있는데 초본류의 경우에는 주로 극미세종자나 미세종자의 경우에 이와 같은 경우가 많다(표 4-1). *Primula*속, *Campanula*속,

표 4-1　　여러 관상식물의 종자 발아와 광선과의 관계

구 분	종 류
광발아 종자	페튜니아, 꽃담배, 금어초, 로벨리아, 프리뮬라, 베고니아, 글록시니아, 캄파눌라, 칼세올라리아, 진달래류, 들잔디, 소나무, 한련화, 사라세니아(*Sarracenia*), 칼랑코에, 시클라멘, 자작나무, 오리나무, 버드나무, 포플러, 뽕나무, 미세 종자 류
암발아 종자	고데치아(*Godetia*), 스키잔서스(*Schizanthus*), 니겔라(*Nigella*), 델피니움(*Delphinium*), 색비름, 맨드라미, 백일초, 복수초, 캘리포니아양귀비, 백합
광선과 무관한 종류	스위트피, 미모사 등의 대부분 콩과 식물, 아스파라거스, 대부분의 대형 종자

*Lobelia*속, 잔디류, 진달래류, 금어초, 콜레우스, 페튜니아, 디기탈리스, 베고니아, 글록시니아 등이 해당된다. 또한 목본류의 경우에도 뽕나무, 자작나무류, 오리나무류, 버드나무류, 오동나무류 등의 종자는 광선이 있으면 발아에 더 유리하다. 그러나 발아 시에 광선을 피하는 종자(혐광성종자; light-inhibited seed)도 있는데 대부분의 대형 종자들을 비롯하여 *Allium*속, *Amaranthus*속, *Phlox*속, 금잔화, 시클라멘, 맨드라미, 백일홍, 가지, 호박, 수세미 등이 있다. 그러나 학술적으로 빛과 발아와의 관계를 깊이 연구하면 위에서 밝힌 구분은 단순히 피상적인 구분에 불과하며, 실제로는 광발아성에 대해서는 상당히 애매하고 복잡한 면이 있다. 그러나 일반적으로 호광성 종자의 경우는 파종 시에 복토를 얇게 하거나 거의 하지 않는 것이 발아가 잘되며 묘의 출현도 빠르다. 반대로 혐광성 종자의 경우는 복토를 더 깊게 해주는 것이 좋으며 주로 건조한 사막지대가 원산인 식물들이 대부분이다.

그림 4-6　　글록시니아

발아한 유식물체가 정상적으로 발육하기 위해서는 적절한 광선을 필요로 한다. 광선이 부족하면 황화현상은 물론 유식물의 생장도 비정상적으로 도장하거나 약해진다. 그러나 너무 강한 광선은 아

그림 4-7　　캄파눌라(*Campanula kemulariae*)

그림 4-8　　알리움(*Allium albidum*)

직 연약한 유식물에게 피해를 일으키므로 적당한 차광(partial shading)이 필요하기도 하다. 또한 강건한 묘를 생산하기 위해서는 어느 정도의 단파장의 청색광을 쬐어주는 것이 중요하다. 적색광이 주로 쬐어지면 식물체는 도장하여 약해지기 쉽다.

2) 수분

종자발아는 마른 종자의 낮은 수분포텐셜 때문에 물(water)을 흡수하는 팽윤(imbibition) 과정에서부터 시작한다. 저장중인 종자는 내부 수분함량이 보통 10% 내외이지만 외부로부터 적절한 수분을 흡수하여 종자내부의 발아에 필요한 생리작용이 활발해진다. 따라서 종자발아기간 동안 계속해서 고른 수분조건을 유지해 줄 필요가 있다. 파종상의 수분상태를 고르게 유지하기 위해서 관수에 대한 세심한 배려는 물론 피복(mulching)이 필요하기도 하다. 때에 따라서는 파종상의 수분함수량이 낮아져 토양 내의 염류농도가 높아지는 경우도 있다. 토양의 고염류 농도는 발아가 억제되고 묘의 생육이 좋지 못한 결과를 가져온다. 이와 같은 가용염류는 토양자체에 이미 침적된 경우도 있고 관수용 물속에 녹아 있을 수도 있으며 비료 등에 의해서 공급될 수도 있으므로 제반조건을 잘 검토하여 대책을 마련한다. 또 경우에 따라 수돗물을 관수하게 될 때에는 Cl 농도 0.1~0.6ppm 정도는 큰 해를 미치지 않는다고 알려져 있다.

3) 온도

종자가 발아하기 위해서는 알맞은 온도(temperature)조건이 필요하다. 현재 이용하고 있는 관상식물은 종류가 대단히 많고 같은 종에서도 상태에 따라 발아적온이 다르므로 적당한 온도영역을 나타내기는 어렵다. 그러나 일반적으로 온대지역이 원산지인 식물의 종자는 15~20℃ 정도에서 발아가 잘된다. 한대지역 원산 종자는 10℃ 전후, 아열대지역 원산 종자는 20~25℃, 열대지역 원산 종자는 25~35℃ 범위가 발아적온이다. 종자는 이와 같은 최적 발아온도 이상의 고온이나 저온이 계속되면 종자가 발아하지 않음은 물론 해를 입거나 2차 휴면 상태에 들어가는 경우도 있다.

발아상의 온도 조건은 일정한 최적온도에서 계속 발아시키는 것보다는 최적온도의 상한선 온도와 하한선 온도를 교대로 주는 것이 효과적이라고 알려져 있다. 그러나 이와 같은 변온(alternating temperature)은 대개 18시간 동안 15~20℃ 정도로 처리하고 나머지 6시간 동안을 25~30℃로 관리하기도 한다. 변온처리는 발아촉진은 물론 묘의 생육에도 효과적이라고 알려져 있으나 종자의 후숙 정도 및 주어진 온도 차이에 따라 같은 종에서도 다르게 나타난다. 따라서 경우에 따라서는 전혀 효과가 나타나지 않는 경우도 있다.

적절한 온도 조건은 발아는 물론 묘의 생장에도 큰 영향을 미친다. 일반적으로는 발아적온보다 약간 낮은 온도에서 묘의 생육이 좋게 나타나는 경향이 있다.

4) 통기성

공기 중에는 산소(oxygen)가 약 20% 정도 포함되어 있는데 파종상에서의 가스 교환은 토양의 깊이

표 4-2 여러 관상식물의 발아 시 필요로 하는 산소요구도

구 분	종 류
산소요구도가 높은 종자	코스모스, 색양배추, 꽃고추, 스위트피, 콩, 보리
산소요구도가 보통인 종자	꽃담배, 토마토, 물망초, 패랭이꽃, 석죽
산소요구도가 낮은 종자	상추, 당근, 벼, 샐러리, 연꽃, 금어초, 페튜니아, 대부분의 수생식물

가 증가하는데 따라 감소하고, 더욱이 토양표면이 단단히 굳어져 있을 때에 산소의 확산은 현저히 제한된다. 또한 토양수분이 지나치게 많을 때에도 산소공급이 제한되므로 파종상에 사용하는 토양은 배수가 잘되고 쉽게 굳어지지 않는 토양이 바람직하다. 종자가 발아하는 과정에서 산소를 흡입하여 호흡을 하고 이산화탄소를 배출한다. 그러므로 배수가 불량한 파종상에서는 산소부족에 의해 발아가 좋지 못한 경우도 있다.

5) 발아기간

관상식물 종자에 최적의 환경조건이 주어졌을 때 발아하는 기간은 관상식물 종류에 따라 다르게 나타난다. 이와 같은 것을 각 식물에 있어서의 평균발아기간이라고 한다. 또한 평균발아기간은 종자의 성숙정도 및 발아조건 등에 따라서 같은 종류에서도 차이가 나타난다. 근래에는 각종 생장조절물질 및 물리적인 방법을 사용하여 발아기간을 인위적으로 조절하기도 한다. 그러나 대개의 온대성 관상식물에서는 파종 후 15일~1개월 정도에 발아하는 것이 일반적이다. 그러나 발아하는데 수개월 또는 1년 이상의 시간을 요하는 관상식물들도 있다.

(5) 종자 보관

대부분의 온대성 관상식물에서 가을철에 채취한 종자는 이듬해 봄까지 보관하여도 발아력이 크게 저하되지 않는 것이 보통이다. 따라서 다음과 같은 요령에 의해 종자를 안전하게 저장하였다가 파종한다.

1) 종자 채취시기

우선 충분히 성숙한 종자를 채취하는 것이 장기저장이 가능하며 발아율도 높게 나타난다. 따라서 종자 꼬투리 색깔이 누렇게 또는 갈색으로 마르게 되면 꼬투리채로 채취하여 그늘에서 적당히 말린다. 꼬투리가 알맞게 건조되면 손으로 비벼서 안에 들어있는 종자를 털어내고 각종 불순물을 제거한 후 용기에 담아 저장한다. 미세종자나 크기가 작은 꼬투리의 경우에는 꼬투리채로 그대로 이듬해 봄까지 저장하여도 관계없다. 무궁화나 콩과식물과 같은 열개성 열매의 종자는 멍석 위에서 말려서 채종한다. 소나무류의 솔방울은 멍석 위에서 2~12주 동안 말리면 열매가 벌어져 채종이 가능하다. 그러나 과육이 많은 장미과 관상식물의 종자는 채종 후 곧바로 과육을 제거하는 것이 좋다.

2) 종자 저장법

채취한 종자는 사용하고 남은 플라스틱 필름통이나 소형의 유리용기, 또는 비닐봉지나 종이봉투 등에 담아 단단히 밀봉한 후, 5℃ 전후의 건조하고 어두운 장소에서 보관하는 것이 바람직하다. 특히 높은 온도와 습도, 산소는 종자수명을 단축시키는 가장 큰 요인이므로 관리에 유의한다. 종자의 수명은 짧게는 며칠에 불과한 종에서부터 수십 년에 걸쳐 활력을 유지하는 종도 있다. 보통 종자수명의 장단에 따라 다음과 같이 구분한다(표 4-3).

표 4-3 관상식물 종자의 수명

구 분	발아 가능 기간	종 류
단명성 종자	1~3주	버드나무류, 느릅나무, 차나무, 고무나무
	3~6주	아레카야자(*Chrysalidocarpus*), 비로야자(*Livistona*), 공작야자(*Caryota*)
보통 종자	1년	거베라, 구근베고니아, 단풍나무, 드라세나(*Dracaena*), 샐비어(*Salvia*), 락스퍼, 아마릴리스, 꽃댑싸리, 칼세올라리아(*Calceolaria*), 크레마티스, 토레니아, 트리토마, 플록스(*Phlox*), 바이올라(*Viola*)
	2년	과꽃, 그록시니아, 델피니움, 팬지, 백일초, 베고니아, 스타티스, 아게라텀(*Ageratum*), 유포르비아, 카네이션, 코스모스, 클레오메(*Cleome*), 페튜니아, 매리골드, 프리지아, 아이리스, 도라지, 프리뮬러, 스위트피, 버베나(*Verbena*)
	3년	금계국, 금어초, 나팔꽃, 데이지, 해바라기, 디몰포세카, 센토레아, 스카비오사(*Scabiosa*), 스토크, 채송화, 시클라멘, 캄파눌라, 빈카(Vinca), 국화, 코스모스, 알리섬(*Alyssum*)
장명성 종자	4~5년	금잔화, 루드베키아(*Rudbeckia*), 루피너스(*Lupinus*), 고데치아(*Godetia*), 봉선화, 안개초, 색비름, 연꽃, 맨드라미, 달리아, 로벨리아(*Lobelia*), 투구꽃(*Aconitum*), 짚소필라(*Gypsophila*)

그림 4-9 연꽃

그림 4-10 달리아'Art Fair' 절화

① 장명성 종자(수명 약 4~6년)

연꽃, 맨드라미, 달리아, 루피너스, 루드베키아, 팥, 담배

② 단명성 종자(수명 약 1~2개월)

버드나무, 일부 야자류, 고추냉이, 고추, *Allium* spp., 메밀, 포플러, 버드나무, 느릅나무, 몇 종의 단풍나무류

③ **보통 종자**(수명 약 2~3년)

대부분의 관상식물이 해당하며 1~3년 정도의 저장력을 지닌다.

그림 4-11 울릉도의 고추냉이

제 2 절 관상식물의 무성번식

영양번식은 무성번식이라고도 하며 모식물체에서 생성된 잎, 줄기, 뿌리의 일부분과 같은 영양기관을 분리하여 새로운 개체로 번식시키는 것이다. 영양번식은 세포분열에 있어서 염색체가 그대로 증식되므로 유전적 형질이 모체와 동일하고 근본적으로 종자 결실이 어려운 식물의 번식에 이용할 수 있다. 또한 영양번식에 의한 식물체는 생장과 개화가 종자번식 식물에 비해 빠른 장점이 있어 당년에 꽃을 볼 수도 있고 키우기도 쉬운 장점이 있다. 그러나 이와 같은 영양번식법은 대부분 작업이 번거롭고 종자번식에 비해 대량번식이 어려운 단점도 있다. 그러나 식물에 적합한 번식기술과 시설을 이용하여 효과적인 관상식물 생산도 가능하다. 영양번식은 종류도 많고 번식기술도 다양하나 관상식물류의 번식에 응용 가능한 몇 가지 대표적인 방법들을 소개하겠다.

1. 삽 목

삽목(cutting)은 식물체의 재생능력(regeneration)을 이용하여 인위적으로 번식시킬 수 있는 대표적인 영양번식방법으로 목본성 관상식물은 물론 대부분의 초본성 관상식물들에서도 효과적인 번식방법으로 이용된다. 이 방법은 식물체의 일부를 상토에 꽂아 절단면으로부터 부정근을 발생시키는 번식방법이다. 삽목은 삽수의 굳기 정도에 따라 녹지삽, 반숙지삽, 숙지삽 등으로 나뉘며 사용하는 부위에 따라서는 엽삽, 엽아삽, 경삽, 근삽 등으로 구별하고 삽수의 조제방식에 따라 보통삽(normal cutting), 곰방메삽(mallet cutting), 단자삽(earth-ball cutting), 할삽(cleft cutting) 등으로 복잡하게 구분하기도 한다.

(1) 삽목용토

삽목상에 이용하는 삽목용토는 삽수를 기계적으로 지지하고 삽수에 수분을 공급하며 삽수의 하단부에 공기를 공급하는 역할을 한다. 그러므로 삽목용토는 보수력과 통기성이 좋으며 배수성도 좋아야 한다. 삽목용토는 보통 청결한 마사토를 이용하나 버미큘라이트(vermiculite), 펄라이트(perlite), 피트모스(peat moss) 등을 이용한다. 이들은 단용으로 사용하기도 하지만 적당한 비율로 혼용하여 사용하기도 한다. 특히 버미큘라이트와 펄라이트를 동일한 비율로 혼합하거나 펄라이트와 피트모스를 2:1 또는 3:1의 비율로 조제하거나 모래와 버미큘라이트 등을 섞어서 사용한다. 버미큘라이트는 반복하여 여러 번 사용하면 공극이 없어져 통기성이 나빠지므로 반복하여 사용하는 것은 가급적 피한다. 최근에는 꽃꽂이에 사용하는 오아시스 혹은 수경재배용 암면을 이용하기도 한다. 용토는 비료분과 염분이 없어야 하며 병충에 오염되지 않은 청결한 토양이어야 한다. 또한 통기성과 배수성이 좋으며 적당한 보습성을 지녀야 한다.

(2) 발근촉진물질

삽목을 할 때에는 적당한 발근촉진 물질을 많이 이용하는데 특히 옥신(auxin)이 대표적이다. 옥신은 IAA(indole acetic acid)가 대표적이나 삽목에 주로 사용되는 옥신류에는 IBA(indole butyric acid), NAA(naphthalene acetic acid), 2,4-D, 2,4,5-T 등의 합성옥신류가 안정되고 경제적이므로 널리 사용된다. 옥신의 처리방법은 50ppm 정도 수용액 상태의 저농도를 장시간 처리하는 방법과 1,000ppm 내외의 고농도를 순간 처리하는 방법이 있는데 주로 삽수의 하단을 침지처리한다. 이외에도 사용하기 편리한 시판의 분말상 옥신류(Rootone)도 있다. 옥신은 일반적으로 단용으로 처리하나 2가지 이상의 옥신류를 같은 비율로 섞어 혼용처리하면 효과가 높게 나타난다는 연구보고도 있다. 옥신류 외에도 가성소다나 황산 같은 산 또는 알칼리를 처리하는 경우도 있으며 비타민 B_1 등도 효과가 인정된 경우도 있다. 그러나 제라늄, 카네이션, 베고니아, 포인세티아, 아프리칸바이올렛 등의 초본성 관상식물은 발근력이 뛰어나 굳이 발근촉진물질을 처리하지 않아도 무방하다.

그림 4-12　포인세티아

(3) 삽수의 조제

삽수의 조제는 관상식물의 종류에 따라 다르나 적어도 상하 2개의 눈을 부착하여 조제하며 도장하지 않고 영양조건이 양호하며 모체의 연령이 될 수 있는 한 어린가지에서 채취하는 것이 좋다. 목본성 식물의 경우 10~15㎝ 정도 길이로 조제하며 초본성 식물의 경우는 줄기나 잎 등을 주로 사용하는데 10㎝ 내외의 길이로 조제한다. 특히 초본성 식물인 용담이나 쑥부쟁이류, 패랭이꽃 등과 같은 식물들은 싹을 잘라낼 때에 버리는 싹을 이용하면 좋다. 이와 같이 생산된 묘는 그 해 가을에 꽃을 볼 수 있고 초장이 길지 않기 때문에 화분에 심어 감상하기에도 좋다. 또한 엽삽으로 주로 번식하는 페페로미아, 아프리칸바이올렛 등은 엽병을 부착하여 삽수를 조제하는 것이 좋다.

삽수 밑 부분의 절단면은 흡수면적을 넓게 하기 위해 비스듬히 자르는 것이 좋고 위는 가능한 똑바로 잘라 절단 면적을 최대한 좁게 하여 수분증산량을 적게 한다. 삽수의 절단은 바이러스 및 세균에 오염되지 않은 청결한 가위나 칼을 이용한다.

(4) 삽목상

삽목상은 적절한 수분을 가지고 있어야하고 삽수의 하단에는 공기를 충분히 공급하여야 한다. 또한 지상부의 환경조건도 높은 습도를 유지하는 것이 유리하며 지상부의 온도는 낮은 것이 눈의 발달을 억제하므로 저장양분의 소모를 억제하여 발근에 유리하다. 그러나 삽목상은 충분한 습도를 유지해야 하기 때문에 곰팡이나 세균 등에 의한 부패가 일어나기 쉬우므로 살균제를 적절하게 살포해 줄 필요가 있다. 가정에서 소량의 삽수를 꽂을 때에는 내구성이 있는 상자나 화분을 이용할 수 있으나 대량으로 삽목할 경우에는 노지에 삽목상을 설치하는 것이 좋다.

발근된 관상식물의 어린 묘는 알맞은 장소에 이식하게 되는데 뿌리가 상하지 않도록 조심한다. 이식한 후에는 충분히 관수를 하고 약 일주일 가량을 습하고 그늘진 곳에서 적응시킨 후 천천히 야외로 옮기는 것이 좋다.

그림 4-13 삽수의 발근 과정

토양 절단면이나 경사지와 같이 식물의 이식이 곤란한 경우에는 성질이 강건하고 삽수의 발근력이 매우 뛰어난 왜성 관목류나 초본류의 줄기를 직접 삽목하여 피복하는 방법도 있다. 필요에 따라서는 옥신류의 식물생장조절물질을 삽수에 처리하는 것도 효과적이다. 식재지에 직접 꺾꽂이하여 녹화하는 경우에도 수분 관리를 철저히 할 필요가 있다.

1) 미스트 삽목

채취된 삽수는 뿌리가 없는 상태이므로 지상부의 증산작용에 필요한 수분흡수가 원활하지 못하여 삽수가 고사하기 쉽다. 특히 삽수에 잎을 부착한 상태의 녹지삽 및 반숙지삽은 지하부로부터의 수분흡수와 지상부의 잎을 통한 증발산에 의해 수분 불균형에 의한 삽수의 고사현상이 종종 발생한다. 그러므로 삽목상 내에 안개와 같이 미세한 물방울 입자를 수시로 분무시켜 삽수 잎의 기공을 적당히 조여줌으로써 증산을 억제하여 발근을 촉진한다. 이와 같은 시설을 미스트(mist)라 한다. 미스트 분무 방식은 일정한 시간 간격으로 뿜어지거나 습도를 감지하여 자동적으로 미스트가 뿜어지는 방식의 두 가지가 흔히 적용된다. 미스트 삽목상은 습하기 쉬우므로 적당한 간격으로 통기를 시켜주거나 살균제 등을 살포해줄 필요가 있다.

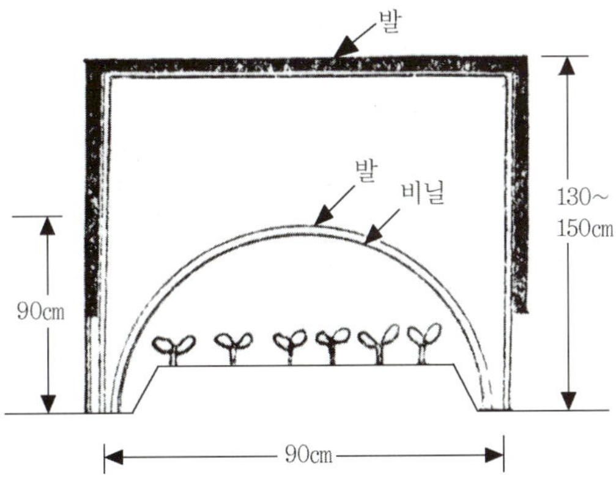

그림 4-14 일반적인 밀폐삽목상 조성 방법

그림 4-15 밀폐삽목상은 수시로 환기를 해주어야 한다.

2) 밀폐삽목

미스트 시설은 삽수의 발근 효과는 좋으나 초기 시설비 및 관리비가 많이 드는 단점이 있다. 그러므로 소규모 농가 혹은 취미를 위한 관상식물 재배가들은 쉽게 설치하기 어려운 시설이다. 그러므로 비닐로 삽목상을 밀폐한 간이 밀폐삽목실을 설치하여 높은 습도를 유지시켜 삽수의 발근을 촉진하는 시설이다. 밀폐삽목실은 삽수의 왕성한 증산 억제 및 시설 내의 온도상승을 방지하기 위해 차광막이나 발을 쳐서 약간의 그늘을 만들어주는 것이 좋다. 또한 과습을 방지하고 밀폐실 내의 개스교환을 위해 한낮에는 비닐을 수시로 걷어주는 것이 좋다(그림 4-14).

3) 저면가온법

겨울철 혹은 이른 봄에 숙지삽을 하는 경우 발근을 촉진하기 위해 삽목상의 지하부를 전열온상선 등을 이용해 적당히 가온해주는 방법이다. 보통 지하부는 가온하여 발근을 촉진하고 지상부는 찬 공기에 접하게 하여 삽수의 눈 발달을 억제함으로서 저장양분이 소모되지 않도록 하는 것이 좋다. 저면가온법에 의한 삽목상은 수분이 쉽게 말라버리므로 정기적인 수분보충 및 관리가 필요하다.

(5) 삽목 방법

그림 4-16 부처손

대부분의 초본성 및 온대성 관상식물의 경우 5~6월경에 줄기가 적당히 굳어진 녹지(softwood) 상태에서 줄기를 잘라 꽂으면 뿌리가 잘 내린다. 또한 목본성 관상식물의 경우에는 새순이 반 정도 굳어진 반숙지(semi-hardwood)를 7~8월에 삽목하기도 한다. 낙엽이 지고 휴면에 들어가는 온대성 목본식물은 충분히 굳어진 숙지

(hardwood)를 휴면기~이른 봄에 걸쳐 삽목하기도 한다. 대부분의 관상식물은 2~5매 정도의 잎을 붙인 줄기를 잘라 삽목하는 것이 효과적이다. 이것은 잎에서의 광합성 및 식물생장 호르몬 생성을 촉진하는 효과가 있다. 그러나 과다하게 잎을 남기면 절단면으로부터의 수분흡수와 잎에서의 증산작용이 불균형을 일으켜 고사하기 쉽다.

그림 4-17 칼랑코에(*Kakanchoe pinnata*)

삽목을 하기 위하여 줄기나 순, 싹 등을 채취하는 경우에는 도장하지 않고 병충해 피해를 입지 않은 건전한 식물체에서 실시한다. 이 때 바람이 잔잔하고 습도가 높은 흐린 날 오전에 실시하는 것이 효과적이다. 채취할 때에는 가위 등을 사용해도 무방하나 예리한 칼로 절단면이 깨끗하게 자르는 것이 좋다. 기린초, 말똥비름 등의 돌나물과 식물, 선인장, 칼랑코에, 크라슐라 등과 같이 다육질 식물들은 줄기를 잘라 바람이 잘 통하는 반그늘에서 하루 정도 말린 후 꽂는 것이 좋다. 동백나무, 고무나무와 같이 잎이 큰 식물은 잎을 1/2~1/3 정도 잘라주는 것이 수분흡수와 증산에 균형을 맞추어줄 수 있다.

삽목상은 미리 적당한 용토를 채운 후에 물을 뿌려 축축하게 해놓은 다음 자 등으로 일정한 간격으로 표시한 후 나무젓가락 등으로 구멍을 뚫어 꽂는 것이 좋다. 삽목상에는 가능한 한 가지 종류만 꽂는 것이 발근에 좋다. 또 반그늘에서 항시 충분한 습도를 유지시켜 주는 것이 이상적이다. 필요에 따라서는 비닐 등으로 밀폐하거나 미스트(mist) 장치를 이용할 수도 있다. 비닐로 밀폐하는 경우에는 한낮에 비닐을 걷어주고 환기를 잘 시켜주며 가끔 살균제를 살포하는 것도 효과적이다.

(6) 엽삽(잎꽂이), 근삽(뿌리꽂이), 기타

삽목은 주로 줄기를 이용한 영양번식 방법이지만 식물에 따라서는 잎이나 뿌리를 꽂아 뿌리를 내리게 하는 방법도 있다. 예를 들어 바위떡풀, 돌나물, 말똥비름, 바위솔, 꿩의비름, 처녀치마, 베고니아, 부처손, 페페로미아, 필레아, 산세베리아, 아프리칸 바이올렛, 글록시니아, 달리아, 알로에 등은 엽삽에 의해서 쉽게 뿌리가 내리는 식물이다. 엽삽은 엽병을 붙이거나 렉스베고니아, 글록시니아, 페페로미아 등과 같이 엽신만을 삽목하는 경우도 있다. 또한 엽상과 경삽의 중간인 엽병과 액아를 붙인 엽아삽(leaf bud cutting)도 있는데, 국화, 인도고무나무, 동백, 치자나무, 수국 등에서 이루어진다.

관상식물들 가운데에는 뿌리나 땅속줄기(근경)를 잘라 심으면 증식이 잘되는 종류도 있다. 노루귀를 비롯하여 둥굴레, 윤판나물, 약모밀, 삼지구엽초, 억새 등은 근경을 잘라 땅속에 꽂아 놓으면 새싹이 곧 발생된다. 민들레, 설앵초, 숙근아지랭이꽃, 아칸더스, 제비꽃, 플록스, 국수나무, 개나리, 등나무, 명자나무, 산사나무, 오동나무 등은 뿌리를 잘라 꽂아도 증식이 쉽게 된다. 뿌리를 꽂는 경우에는 뿌리의 아래-위(극성)가 바뀌지 않도록 꽂는 것이 중요하다.

그림 4-18 베고니아'Rex'

그림 4-19 탐라산수국

그림 4-20 알로에

그림 4-21 세듐 (*Sedum kamtschaticum*)

그림 4-22 세듐(*Sedum pilosum*)

그림 4-23 수국'red beauty lily'

그림 4-24 약모밀

그림 4-25 에피미디엄 (*Epimedium pinnatum*)

그림 4-26 삽목상

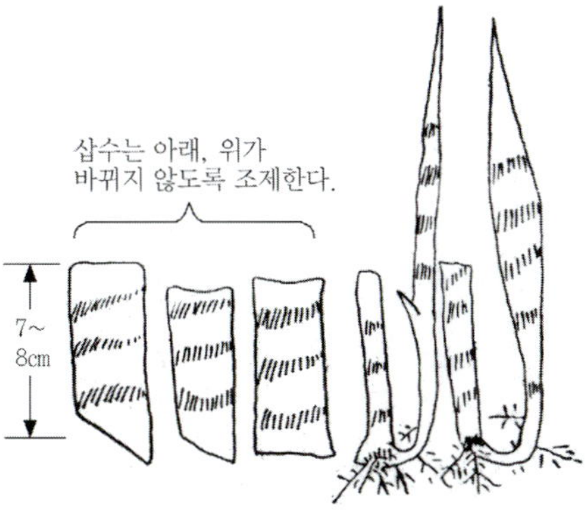

그림 4-27 산세베리아의 엽삽과 발근

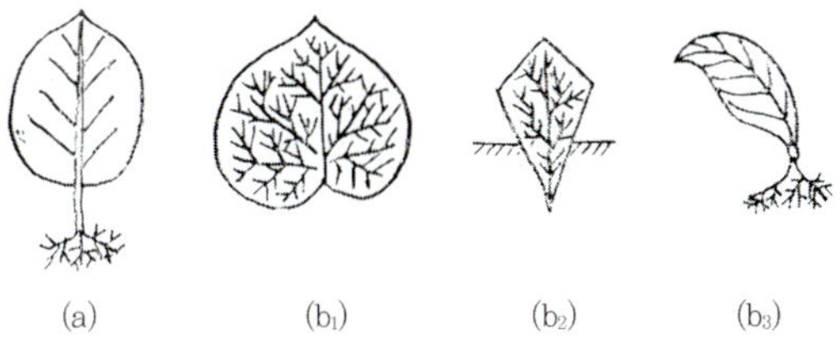

그림 4-28 엽삽의 종류((a) 엽병을 부착한 경우, (b_1~b_3) 엽신만을 삽목한 경우)

백합, 아마릴리스 등의 나리류는 인경의 비늘줄기(인편: scale)를 떼어내 하나씩 꽂아도 증식이 잘

그림 4-29 중나리

된다. 인편은 인경에 붙어있는 위치에 따라 저장양분의 차이가 보여진다. 인경의 가장 바깥쪽에 붙어있는 인편의 일부와 가장 가운데 부분의 인편은 저장 양분이 적어 삽수로 적당하지 않다. 보통 인편삽을 하는 시기는 8~9월이 적당하며 옥신을 50~100ppm 정도 침지처리하는 것이 효과적이다. 삽목용토는 모래, 화산회토, 버미큘라이트 등을 단용하거나 1 : 1로 혼용하여 사용한다. 상토의 깊이는 보통 10㎝ 정도이면 가능하고 삽상온도는 종에 따라 다르나 백합은 20~25℃, 아마릴리스는 25~30℃를 유지하는 것이 좋다(그림 4-30). 백합 인편삽에 의한 발근일 수는 약 1개월 정도이다. 아마릴리스의 인편삽은 7월 경에 실시하며 인편의 단축경이 밑으로 향하고 인편의 1/2 정도가 용토에 묻히도록 비스듬히 삽목한다. 삽목 간격은 4.5~6.0㎝ 정도가 좋다. 삽목 후에는 신문지 등으로 강한 햇볕을 가려주고 온도유지에 유의한다. 인편이 차츰 녹색으로 변하면 발근이 되기 시작한 것이므로 햇볕을 서서히 쬐여주기 시작한다. 발근하여 새로운 잎이 2~3장이 발달하면 서리가 오기 전에 정식해주면 4~5년 후 개화구로 발달한다.

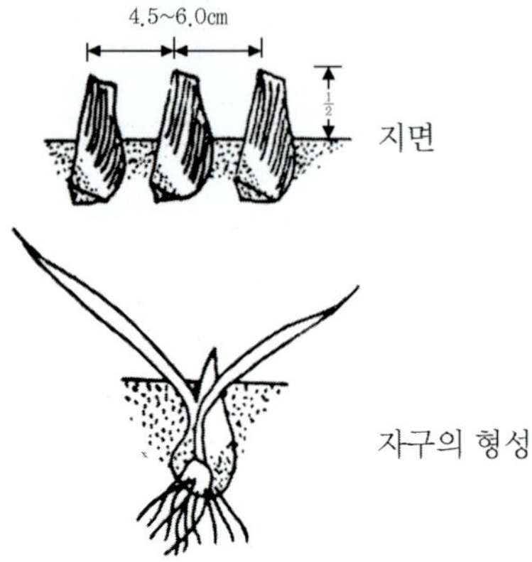

그림 4-30 아마릴리스의 인편삽목 방법과 자구 형성

2. 접 목

접목(grafting)은 분리된 두 식물체의 조직을 유합시켜 하나의 식물체로 만드는 번식방법이다. 보통 뿌리가 있어 접목 시에 밑 부분에 해당하는 식물체를 대목(root stock)이라 하고 위에 위치하여 새 가지와 줄기를 내어 접목된 식물의 주체를 이루는 부분을 접수(scion)라 한다. 특히 종자번식이나 삽목발근이 어려운 관상식물의 번식에 이용될 수 있으며 개체가 지니는 특이한 형질을 그대로 유지시킬 수 있다. 그 외에도 접목에 의해 번식된 관상식물은 실생번식된 개체보다 개화결실이 촉진되는 경향이 있고 수세를 조절할 수 있다. 또한 대목이 지니는 환경 적응성 및 저항성을 이용할 수 있다. 관상식물의 번식과는 별도로 병증이 나타나지 않는 바이러스(virus)의 보균식물(symptomless carrier)을 검증하기 위해 접목을 하기도 한다. 그러나 접목은 숙련된 기술이 필요하고 접수 및 대목의 확보에 제한이 있다는 단점도 있다. 접목은 일반적으로 유전적으로 근연관계에 있는 식물들끼리 친화력이 높다.

(1) 대목과 접수

접목 활착은 대목과 접수의 친화성이 매우 중요하다. 친화성이 없으면 접목부위가 유합되지도 않고 시간이 경과한 이후에 분리될 수도 있다. 또한 가능한 대목의 굵기는 접수와 비슷한 것이 바람직하다. 접수는 채취하여 시간이 오래 경과되지 않은 신선한 가지를 사용한다. 대목은 하나의 식물체로 활착되면서 생장상태, 내병충해성, 수형 등과 같은 접수의 형질에 중대한 영향을 미치는 경우가 많다.

(2) 접목시기 및 준비물

1) 접목시기

접목의 시기는 관상식물의 종류와 접목방법에 따라 차이가 난다. 절접, 할접, 합접 등은 2~4월경의 이른 봄에 저장된 휴면지를 이용하여 실시하는 것이 좋다. 또한 아직 굳어지지 않은 여린 가지를 접목하는 녹지접은 보통 6~7월에 실시한다. 9월경의 가을철에 접목을 하는 경우도 있다.

2) 접목 준비물

대목은 실생으로 준비하거나 삽목 또는 취목에 의해 양성한다. 대목은 수세가 강하고 접목친화력이 높으며 세근 발달이 좋은 개체가 바람직하다. 접수는 온대성 낙엽수목의 경우, 휴면기에 미리 채취하여 5℃저온 조건에 저장한다. 접수는 가지의 굵기가 적당하고 눈이 충실하며 도장하지 않은 것이 좋다. 접도(grafting knife)는 잘 관리하여 날이 날카로운 것이 좋다. 접밀(grafting wax)은 식물체에 잘 점착하고 빗물에 잘 씻기지 않으며 바람에 쉽게 마르지 않는 것이 좋으며 가열식(hot or hard wax)과 상온식(cold wax) 접밀이 있다(그림 4-32). 접목부위를 고정하고 보호하는데 이용하는 접목용 끈(wrapping materials)은 비닐이나 고무테이프, 반창고, 천 등을 흔히 사용한다. 최근에는 대량으로 접목을 하기 위해 접목용 기계가 고안되어 실용화되기도 한다.

그림 4-31 시판 중인 접도의 여러 종류

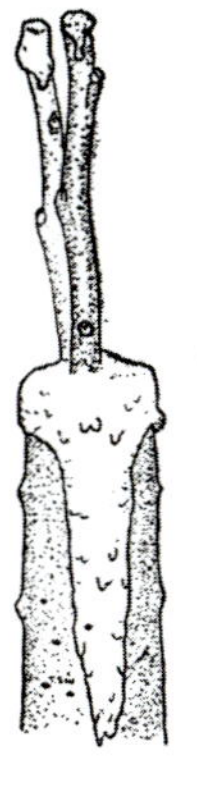

그림 4-32 접목 후 접밀을 도포한 모습

(3) 접목 활착에 영향을 미치는 요인

그림 4-33 접목 작업 후 끈 감아주기

1) 대목과 접수의 불화합성

대목과 접수 간의 불화합성(incompatibility)은 접목활착에 큰 영향을 미친다. 보통 접목불화합성은 접목률을 낮추거나 근본적으로 접목활착을 불가능하게 한다. 반대로 접목 친화성은 식물의 분류학상 근연인 경우에 높게 나타난다.

2) 접목기술의 숙련도

적용하고자 하는 접목방법에 숙련된 기술을 가진 사람이 접목하는 것이 활착률이 높다. 접목기술이 좋지 않으면 유합이 지연되고 초기 성장에 영향을 주기도 한다.

3) 접목 환경조건

접목 부위의 유합이 정상적으로 이루어지기 위해서는 적절한 환경조건이 필요하다. 보통 15℃ 이상, 30℃ 이하의 적정한 온도조건과 충분한 습도조건이 필요하다고 알려져 있다. 그러나 이와 같은 환경조건은 접목시기 및 접목방법, 식물의 종류 등에 따라 다르다는 것을 염두에 두어야 한다.

4) 대목의 활력

대목의 활력과 생리상태도 접목활착에 큰 영향을 미친다. 그러므로 언제나 생장이 양호한 건전한 상태의 대목을 사용하여야 하며 대목의 생장기 혹은 휴면기 등의 생리적인 상태도 잘 맞추어야 한다. 또한 접수와 대목의 극성을 잘 맞추어 주는 것도 반드시 필요하다.

5) 식물의 종류

접목번식을 시도하는 식물의 종류에 따라 원래부터 접목활착이 어려운 식물들이 있다. 예를 들어 참나무류, 너도밤나무류, 호두나무류 등은 접목번식이 어려운 것으로 알려져 있으며 식물의 종류에 따라 적용 가능한 접목기술 및 시기가 있다. 일반적인 동백나무(*Camellia japonica*)는 삽목 및 접목이 잘되나 중국 남부지방이 원산인 운남동백(*Camellia reticulata*)은 접목이 어려운 편이다. 또한 단풍나무류는 봄철에 수액의 분비가 왕성하므로 주의한다.

6) 병해충 오염

접수는 물론 대목은 바이러스를 비롯하여 각종 병, 해충에 감염되지 않은 건전한 식물체를 이용하여야 한다. 소나무류의 접목에서 접목부위에 침입한 진딧물은 캘러스 조직으로부터 수액을 흡입하여 유합을 방해하기도 한다.

7) 활착촉진 물질의 이용

접목 부위의 세포분열을 촉진시키는 옥신류를 비롯한 생장조절물질을 비롯하여 기타 다양한 활착촉진물질의 이용이 보고되어 있으나 큰 효과가 나타나지 않았다는 사용결과도 있다.

(4) 접목의 종류

접목의 종류는 접수의 채취방법이나 시기, 접목 부위 등에 따라 다양하다(그림 4-34). 어떤 방법이든 대목과 접수의 형성층을 잘 합착시켜 유합되도록 하여야 한다. 활착률을 높이기 위해 대목의 수액이동을 접수보다 며칠 빠르게 조장하는 인위적인 조절이나 접목 후에 접목 부위의 유합 및 건조를 방지하기 위한 적절한 조치가 필요하다. 또한 접목방법의 구분은 사람에 따라 각기 다르나 일반적으로 다음과 같이 살펴볼 수 있다.

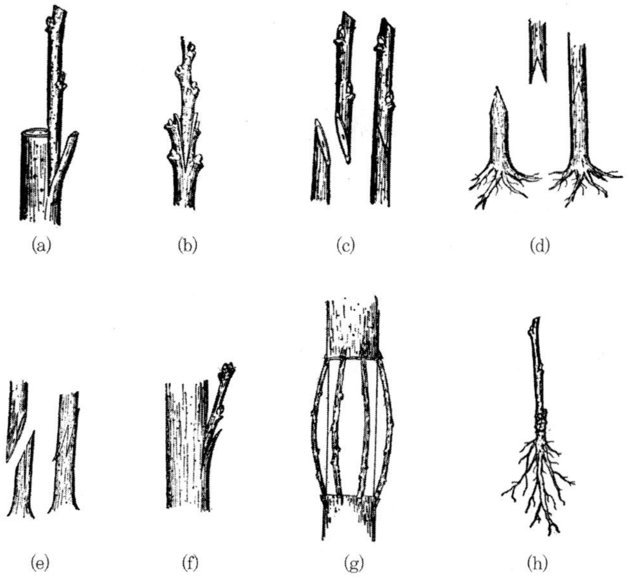

그림 4-34 접목의 종류 (a) 절접, (b) 할접, (c) 합접, (d) 안장접, (e) 설접, (f) 복접, (g) 교접, (h) 근접

1) 지접(가지접; scion-grafting)

지접(枝接)은 접목에서 가장 널리 이용되는 방법으로 땅에 심어져 뿌리가 있는 대목(臺木)에 접수(椄穗)를 접붙여 하나의 식물체로 육성하는 방법이다. 접수는 휴면 중인 가지나 발아하기 직전의 가지를 흔히 이용한다. 지접은 대목과 접수의 굵기, 접목부위, 접목방법 등에 의해 다음과 같이 여러 종류가 있다. 과수류나 화목류 등의 접목번식에 흔히 이용되며 주로 겨울~이른 봄철에 접목을 한다. 접수는 1-6개 정도의 건전한 눈을 지닌 가지를 잘라 조제한다.

① **근관접**(crown-grafting)

절접(veneer grafting), 할접(cleft grafting), 합접(splice graft), 탑접(whittle graft), 안장접(saddle graft), 호접(inarching graft), 설접(tongue graft)

② **복접**(side-grafting)

단순복접(stub graft), 복절접(veneer side graft)

③ **고접**(top-grafting)

목본성 관상식물의 종 혹은 품종갱신을 위해 새로운 종이나 품종을 원줄기, 주지, 곁가지 등에 접목하는 방법이다.

④ **교접**(bridge-grafting)

접수식물의 뿌리에는 문제가 없으나 수피가 상한 경우에 보철을 위한 접목방법이다.

⑤ **호접**(inarching)

뿌리를 지닌 두 개체를 상호 접목하는 방법으로 활착 후에는 접수 부분의 뿌리부분을 잘라버린다.

⑥ **이중접**(double-working)

대목에 다른 대목을 접목하여 키운 후 다시 그 위에 접수를 접목하는 방법이며 가운데의 대목을 중간대목이라 한다.

⑦ **녹지접**(softwood-grafting)

접수가 굳어지기 전인 5월 하순~6월 중순 경에 실시하는 접목이다.

2) 근접(뿌리접; root-grafting)

근접(根接)은 굵은 뿌리를 대목으로 접수를 절접이나 할접 등으로 접붙이기 하는 방법이다.

① **전근접**(whole-root grafting)

근계 전체를 대목으로 사용하는 접목이다.

② **편근접**(piece-root grafting)

뿌리를 절단하여 일부분만 대목으로 사용하는 접목이다.

3) 아접(눈접; budding)

아접(芽椄)은 줄기를 대목으로 하여 형성층까지 수피를 예리한 칼로 T자형 혹은 방패형 등으로 깊게 도려내고 눈을 끼워 넣고 빗물이 스며들지 않도록 비닐 등을 감아 단단히 고정시켜 접붙이는 방법이다. 장미 등의 화목류나 목본류 번식에 이용한다(그림 4-36).

그림 4-35　모란

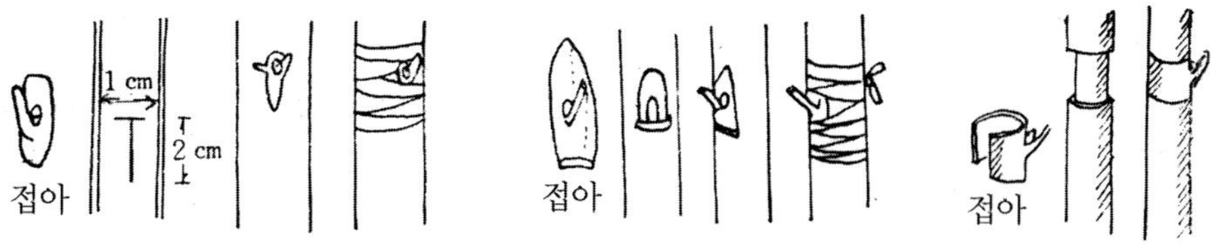

(a) T 아접　(b) 패치아접　(c) 환상박피아접

그림 4-36　여러 종류의 아접 방법

① T아접(T-budding)
　대목의 수피에 T자형으로 칼자국을 내고 접아를 넣어주는 아접이다. 아접 후 보통 10일 정도 경과하면 활착여부를 알 수 있다.

② 패치아접(patch-budding)
　주로 수피가 두꺼운 수종에서 접수를 패치형으로 떼어내 아접하는 방법이다. T아접에 비해 아접방법이 간단한 장점이 있다.

③ 환상박피아접(ring or annular budding)
　대목의 수피를 박피하고 박피된 접아를 접착시켜 아접하는 방법이다. T아접이나 패치아접에 비해 비교적 활착률이 높은 장점이 있으나 아접 방법이 번거로운 것이 단점이다.

(5) 접목 후 관리

접목 후 접목부위를 비닐 끈 등으로 단단히 묶어주고 1개월 이상 적절한 볕가림과 방풍조치를 해야 한다. 강한 햇볕과 바람은 식물체의 호흡과 증산을 촉진시켜 식물체의 저장양분과 수분을 고갈시켜 결국 활착되기도 전에 고사하기 쉽다. 그러므로 접목된 식물체는 공중습도가 유지되는 시설 내에서 관리하거나 식물체 표면에 파라핀(paraffin) 코팅을 해주는 것도 좋다. 보통 접목 후 1개월 정도가 경과하면 접목의 성공여부를 알 수 있다. 일반적인 관상식물 종류는 접목 후 약 2개월 정도 경과하면 묶어준 부위를 풀어주는 것이 좋다. 너무 장기간 동안 묶어놓으면 접목 부위가 잘록해져 관상가치가 떨어지거나 부러지기 쉽다. 또한 대목으로부터 맹아지가 발생하는 경우도 종종 있는데, 이는 수시로 제거하는 것이 좋다.

3. 분주 및 분구

대부분의 초본성 관상식물들은 뿌리줄기(근경)와 곁가지(측지)를 지하에 지니고 있는 다년초들이므로 특별한 경우를 제외하고는 원줄기 근처의 땅속에서 나오는 뿌리가 일부 달린 곁눈(측아) 또는 측지를 잘라서 옮겨 심어 번식시킬 수가 있다. 이와 같은 영양번식법을 분주(포기나누기: division)라 하고 대부분의 초본성 관상식물 및 명자나무, 진달래류, 조팝나무,쥐똥나무, 화살나무, 모란 등의 관목류에서 실시한다.

(1) 분주

분주는 3~4월 경에 주로 실시하지만 지상부 잎이 지고난 후의 가을에 실시하기도 하며 관상식물을 번식시킬 때 가장 손쉽고 안전하며 확실한 번식방법이다. 따라서 종자를 파종하거나 삽목에 의해 번식이 불가능한 관상식물들의 효과적인 번식방법으로 이용할 수 있다. 그러나 종자를 뿌리거나 꺾꽂이를 하는 것에 비해서는 대량의 묘를 생산하기에 어려운 단점도 있다. 앵초, 매발톱꽃, 원추리, 초롱꽃 등은 매년 분주를 해주어야만 생육이 좋고 꽃도 아름답게 피는 경우도 있다. 분주는 식물의 종류에 따라 적절한 시기가 있으므로 시기 및 환경에 맞춰 실시할 필요가 있다. 또는 이른 봄철 땅이 녹은 후에 화단을 정리하거나 화분갈이를 할 때 함께 실시하는 것도 좋다. 일반적인 방법은 큰 포기를 캐어 뿌리에 붙은 흙을 적당히 정리한 후 눈을 2~3개 정도 붙여 다른 곳에 떼어서 심는다. 노루

그림 4-37 튤립

그림 4-38 앵초

그림 4-39 금붓꽃

그림 4-40 노랑무늬 붓꽃

귀, 복수초, 원추리, 꿩의다리 등은 포기나누기에 의해 건전한 꽃을 볼 수도 있다. 창포, 붓꽃류, 범부채, 구절초류 등은 땅속줄기를 잘라 포기나누기를 한다.

(2) 분구

분구(알뿌리나누기: off-set division)에 의한 관상식물의 번식은 구근류의 지하에서 생성된 자구(bulblet)나 구근의 일부분을 분리하여 증식시키는 방법이다. 대표적으로 백합과의 *Allium*속 및 *Lilium*속에 속하는 관상식물 및 백합, 히아신스, 튤립, 수선화, 상사화, 글로리오사 등과 같이 인경으로 서로 떨어져 새로운 개체를 형성하고 있는 종류들은 쪼개서 심거나 모식물체에 붙은 자구를 떼어내 증식시킨다. 특히 피나물, 홀아비바람꽃과 같이 작은 괴경(tuber)들이 모여서 큰 덩이를 형성하는 종들은 괴경을 잘게 떼어내 심으면 종자번식에 못지 않은 대량번식이 단시일 내에 가능하기도 하다. 개구리갓, 달리아 등은 괴근(tuberous root)을 지니고 코스투스(*Costus spiralis*), 꽃생강(Ginger), 칸나 등은 근경(rhizome)을 가진다. 또한 천남성과 식물 및 글라디올러스 등과 같은 구경(corm)류에서도 모구에 붙은 자구를 심어 번식시킬 수 있으며 나비난초, 옥잠난초, 새우난초 등도 알뿌리를 나누어 이끼에 심으면 증식이 가능하다.

그림 4-41 글로리오사 (*Gloriosa superba*)

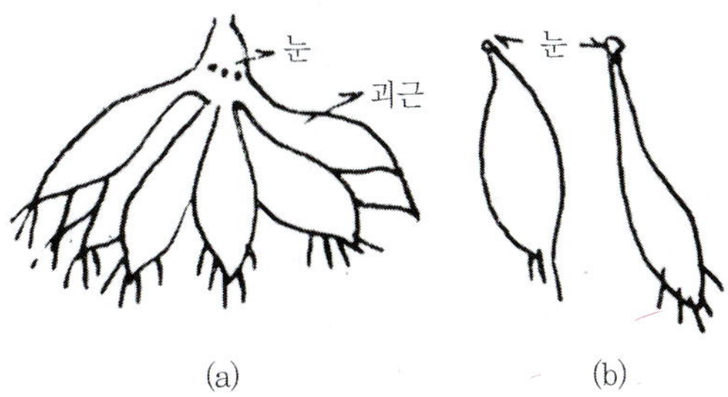

그림 4-42 수확한 달리아 구조(A)와 분구(B) 방법

이와 같은 번식법들은 종자번식에 비해 번식률은 많이 떨어지나 번식이 난해한 관상식물의 경우에도 안전하게 모식물체와 동일한 자식물체를 얻을 수 있는 장점도 있다.

그림 4-43 달리아 구근

그림 4-44 복수초

그림 4-45 코스투스 (*Costus spiralis*)

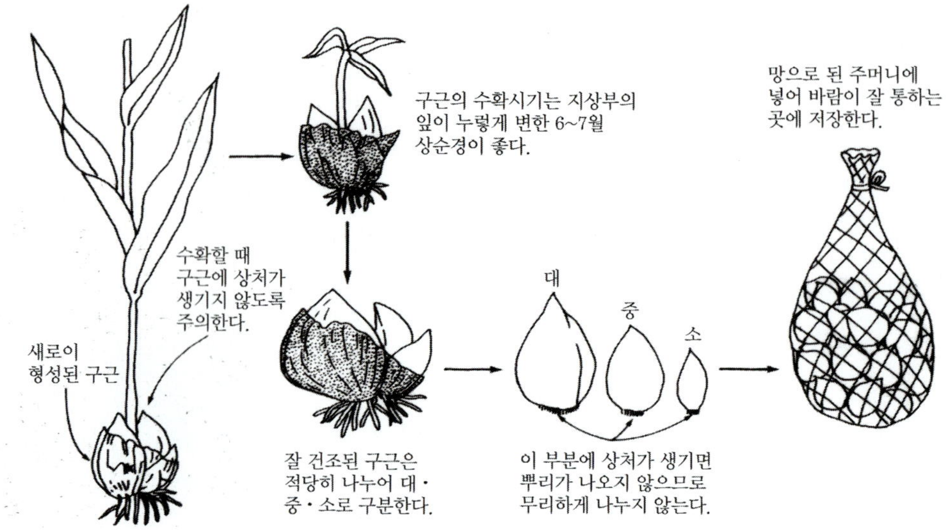

그림 4-46 튤립 구근의 수확과 저장

1) 히아신스 기부 절제처리(basal cuttage)

그림 4-47 아마릴리스

인경류인 히아신스, 아마릴리스 등의 구근 비대를 억제하고 자구 형성을 촉진하기 위해 식재 전에 인경의 기부를 물리적으로 처리해주는 방법이다. 보통 인경의 둘레가 17㎝ 정도의 충실한 구근이면 기부 절제 처리를 할 수 있다. 처리 부위 및 방법에 따라 다음과 같이 구분된다. 인편번식에 비해 번식률은 그리 높지 않으나 구의 수량과 중량은 상대적으로 우수하다. 절제처리를 하기 전에 구근은 살균제로 미리 소독을 하는 것이 좋으며 처리 후에는 곧바로 모래나 버미큘라이트 등의 상토에 재식하는 것이 좋다.

① **스쿠핑**(scooping)

구근의 밑 부분을 예리한 칼이나 전용의 스쿠핑-나이프 등을 이용하여 적당히 구의 약 1/4~3/4 정도의 깊이로 넓게 도려내어 자구 발생을 촉진시키는 방법이다. 너무 깊게 기부를 도려내면 구근이 죽어버리는 경우도 있다. 보통 자구의 발생 수는 40~50개 정도로 나타난다. 밖으로 드러난 인편의 기부에 부정 인편이 새로 발달하게 된다.

② **노칭**(notching)

구근의 밑 부분을 예리한 칼로 깊이 칼집을 넣어 꽃눈과 생장점을 제거하는 방법이다. 구근의 크기에 따라 칼집을 2~6번 낸다. 상처의 깊이는 1/2~2/3에 이르도록 한다. 자구는 15~30개 정도가 형성되어 스쿠핑보다 효율이 떨어지나 자구의 크기는 상대적으로 커지는 경향이 있다.

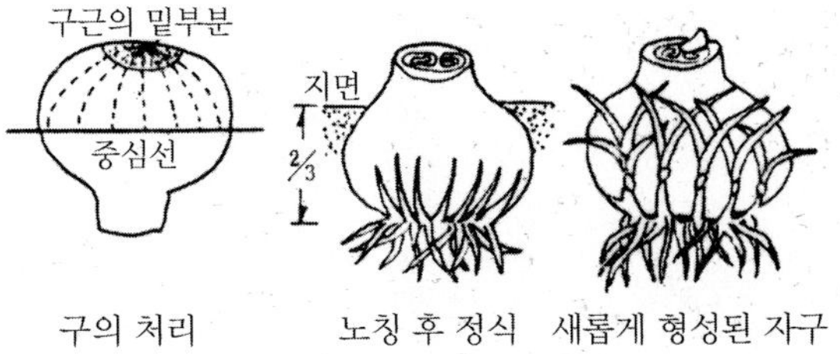

그림 4-48　노칭에 따른 자구의 형성

③ 코어링(coring)

스쿠핑과 반대로 구근의 윗부분의 생장점을 제거하는 방법으로 스쿠핑과 노칭의 중간 정도 효과가 있다.

2) 괴근류의 분단법

달리아, 구근 베고니아(tuberous begonia), 고구마 등의 괴근류는 마디가 없으며 눈(bud)이 붙어 있는 근관부(crown)가 존재하는 특성이 있다. 그러므로 괴근류의 극성은 괴경류와는 반대 방향에 있다. 이와 같은 구근식물은 근관부에 있는 눈을 붙여서 분단(division)하여 증식할 수 있다. 달리아와 같은 괴근류의 구근은 가을철에 채취하여 2~3일 정도 공기 중에서 건조시킨다. 표면이 적당히 건조된 구근은 건조한 톱밥이나 토탄 등에 묻어서 4~10℃ 조건에 겨울 동안 저장한다. 이른 봄에 구근을 꺼내 근관부에서 분단하여 식재한다. 분단을 할 때에는 1개의 구근에는 1개의 눈이 반드시 붙여져야 한다. 분단된 구근은 적당한 온도와 습도에 의해 눈이 발달하여 성장과 분화가 일어나게 된다.

3) 참나리의 주아번식

인경류인 참나리, 중나리의 경우에는 지상부 엽액 부위에 직경 0.5~1㎝ 정도의 검고 윤기가 도는 소구가 형성된다. 이것은 2차 인경에 해당하는 주아(bulblet)라고 하며 8~9월 경에 암갈색으로 성숙되어 쉽게 탈락된다. 이들 주아를 채취하여 10월경에 토양에 식재하여 번식하면 이듬해 봄에 싹이 나오고 2년 정도 경과하면 개화주로 성숙한다.

4. 취 목

주로 덩굴성 관상식물의 경우에는 지면에 닿는 마디에서 쉽게 뿌리가 내리는 성질을 지니고 있다. 예를 들어 메꽃, 인동덩굴, 계요등, 능소화, 덩굴장미, 포도나무, 양지꽃, 좀씀바귀 등은 긴 덩굴이나 줄기가 번어가면서 땅에 닿는 곳에서 뿌리가 발생하기 쉬운 식물들이다. 따라서 이와 같은 식물들은 덩굴 마디에 부드러운 흙을 올려놓으면 금방 뿌리가 내리고 새로운 싹이 나오게 된다. 이렇게 모체

그림 4-49　석류

그림 4-50　크로톤'Harvest moon'

의 뿌리가 그대로 붙어있는 상태에서 부정근 발생에 의한 번식방법을 취목(layering)이라 한다. 가지에서 뿌리가 발생된 이후 모체에서 분리하여 심으면 새로운 식물이 된다. 괭이밥이나 골무꽃, 벌깨덩굴, 광대나물, 금창초 등의 초본류나 철쭉류, 명자나무 등의 관목류도 흙으로 주변을 북돋아 주면 쉽게 뿌리가 나온다. 특히 이와 같은 취목법을 성토법이라고 한다. 취목은 삽목이나 접목으로 번식이 용이하지 않거나 고가의 식물, 특정식물 등의 관상식물을 번식하는데 흔히 이용한다. 또한 고무나무류, 크로톤, 드라세나, 쉐프렐라, 석류나무 등의 관상식물은 줄기에 폭 1㎝ 정도의 환상박피 혹은 굵은 철사로 묶어준 후 청결한 수태를 감싸고 비닐로 덮은 다음 비닐의 아래, 위를 묶어주고 수태가 마르지 않게 매일 관수를 해주면 발근이 된다. 이 때 덮어준 비닐은 통기가 가능하도록 적당히 구멍을 내주고 위는 관수가 가능하도록 느슨하게 묶어주는 것이 요령이다. 발근이 되면 줄기에서 잘라 옮겨 심으면 된다. 이와 같은 취목법을 공중취목법(air layering)이라 한다(그림 4-52).

그림 4-51　인도고무나무(*Ficus robusta*)의 공중취목 번식법

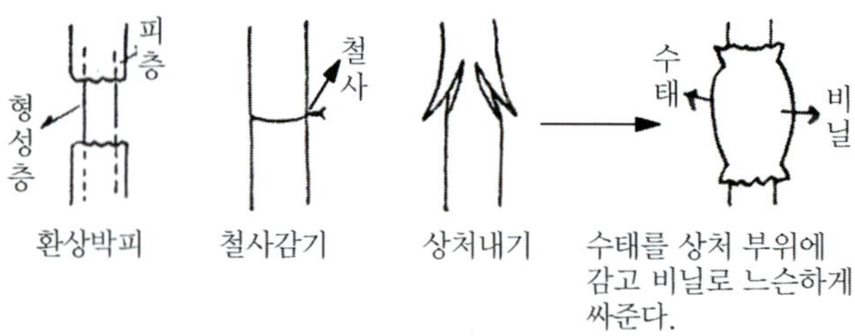

그림 4-52　공중취목하는 방법

취목은 최초에 줄기가 모체에서 분리되지 않은 상태이므로 목부가 그대로 유지되고 물과 양분이 지속적으로 공급되기 때문에 삽목이나 접목에 비해 확실한 결과를 얻을 수 있다. 취목의 경우에도 모식물체와 동일한 유전형질을 지니며 희귀식물이나 일반적인 번식법에 의해 증식이 어려운 식물에서 사용할 수 있으나 대량증식의 어려움이 있다. 취목에는 파상취목(波狀取木; serpentine layering), 성토법(盛土法; mound layering), 공중취목(空中取木; air layering) 등의 여러 방법들이 있다(그림 4-54).

그림 4-53 관상식물의 공중취목

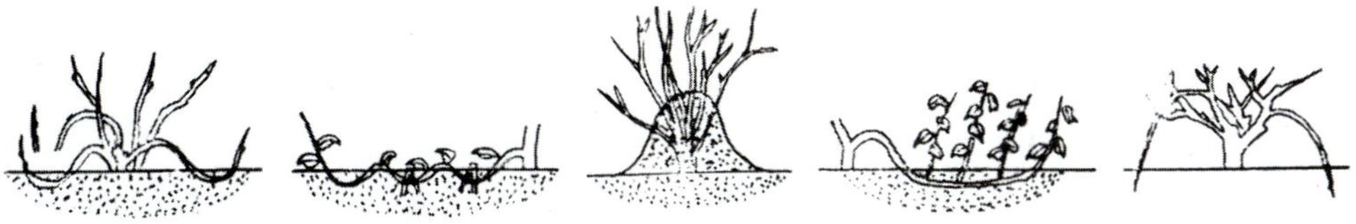

(a) 곡취법 (b) 파상취목 (c) 성토법 (d) 복취법 (e) 선취법

그림 4-54 다양한 취목 번식 방법

5. 식물조직배양

조직배양(tissue culture)은 식물의 조직 일부분을 떼어 영양배지 안에서 무균적으로 배양하여 번식하는 방법이다. 조직배양의 원리는 Schleiden(1838) 및 Schmann(1839) 등에 의해 식물은, 세포만으로도 전체를 재생할 수 있는 능력(totipotency)이 있다는 것을 발표하면서 시작되었다. 그 후 Simon(1908)은 포플러의 줄기세포를 배양하여 캘러스(callus), 뿌리, 눈 등을 얻는데 성공했다. 그러나 1934년 White와 Gautheret의 식물조직배양 연구 이전에는 진정한 의미의 조직배양이라 하기 어렵다. White는 당, 무기염류, 효모 추출물 등을 첨가한 배지 내에서 토마토의 뿌리를 무한정 배양하는데 성공했다. 또한 Gautheret는 시카모아(*Acer pseudoplatanus*)의 조직 절편체에서 성공적으로 캘러스를 형성시켰다. 그 후 많

그림 4-55 보춘화 조직배양

은 연구가 이어졌고 1957년에는 Skoog와 Miller에 의해 식물의 기관형성과 옥신 및 시토키닌 등과 같은 생장조절물질과의 관계에 대해 발표하였다. Morel(1960)은 난과식물의 생장점 배양에 의한 대량번식 가능성을 언급하여 비로소 식물조직배양의 실용화가 열리게 되었다. 또한 Murashige와 Skoog(1962)는 새로운 고농도 무기물 배지에 생장조절물질을 첨가하여 식물의 기관형성을 조절할 수 있는 새로운 배지를 제안하기에 이른다.

(1) 관상식물 조직배양의 장단점

1) 장점

① 영양계의 급속증식

조직배양을 통해 단기간에 영양계 식물의 대량 급속번식이 가능하다. 상업적인 조직배양으로 번식하고 있는 관상식물 가운데에는 난과식물을 비롯하여 초화류, 목본류, 양치류에 이르기까지 매우 다양하다.

그림 4-56　식물조직 배양실

② 좁은 번식시설에서의 대량번식

실험실 수준의 좁은 면적에서도 식물의 대량번식이 가능하다. 미국에서는 영리를 목적으로 한 개인 실험실이 무려 100여 곳 이상이며 대상 식물도 300종 이상인 것으로 알려져 있다.

③ 무병주 식물 생산

일반적인 식물번식법으로는 감염된 식물체로부터 병원균을 제거하기가 쉽지 않다. 그러나 무병주 식물(pathogen free plant)을 생산할 수 있는 가장 효과적인 방법은 0.05~0.1㎜(높이) 크기의 생장점 배양 기술이다. 식물의 생장점 조직배양을 통해 바이러스(virus), 바이로이드(viroid), 마이코플라스마(mycoplasma), 박테리아(bacteria), 균류(fungus) 등과 같은 병원균들을 제거할 수 있다.

그림 4-57　으름난초 (*Galeola septentrionalis*)

④ 신품종의 육종

다양한 유형의 조직배양을 통해 용이하게 얻어지는 변이체식물은 새로운 품종으로 활용할 수가 있다. 또한 조직배양 과정에서의 인위적인 조작에 의해 발생된 반수체식물이나 돌연변이식물을 효과적인 육종의 수단으로 이용하고 있다.

⑤ 번식이 난해한 식물의 번식

생장점 배양 혹은 특정한 식물의 조직을 이용한 조직배양에 의해 종자번식이나 영양번식이 어려운 관상식물의 번식이 가능하다.

⑥ 식물유전자원의 경제적 보존

재배 포장에서의 식물유전자원을 장기보전 하는 경우에는 천재지변이나 환경변화, 병충해 등에 의해 식물체가 도태될 위험성을 항시 지니고 있다. 또한 유지 및 관리에 지속적인 경제적 비용이 따르는 단점이 있다. 그러나 식물유전자원의 생식질(germplasm)을 조직 배양하여 일정한 장소에 장기보존이 가능하다. 이와 같은 장소를 특별히 생식질은행(germplasm bank)이라 한다.

⑦ 국제간 종의 교환용이

조직배양에 의해 무균상태로 관리된 배양용기 내의 소식물체(plantlet)는 병원균의 감염 위험성이 없고 포장 및 운반이 용이하여 국제간의 이동이 쉽다.

2) 단점

① 비용

조직배양을 위해 실험실을 설치하고 각종 기기 및 시약을 구비하기 위해 초기에 많은 투자비용이 필요하다(그림 4-58).

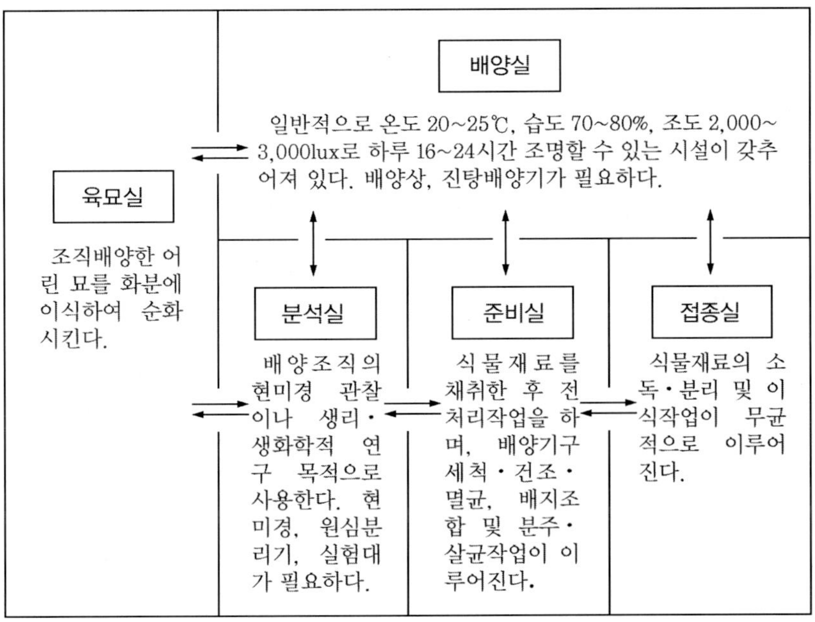

그림 4-58 일반적인 조직배양 실험실의 구조 및 설비

② 전문 인력의 구비

숙련된 조직배양 기술을 지니고 관상식물의 종류 및 조건에 따라 적절한 배양기술을 적용할 수 있는 전문적인 인력의 확보가 필요하다.

③ 모본의 유지관리에 어려움

병해충에 오염되지 않고 유전적으로 안정된 건전한 모본의 유지 및 관리가 용이하지 않다.

④ 계대배양의 반복에 따른 퇴화묘의 발생

경제성을 위해 장기간 동안 계대배양을 통해 생산된 조직배양묘는 개화 및 생장이 불량한 퇴화묘가 나타날 수 있는 가능성이 높아진다.

(2) 관상식물 조직배양의 종류

1) 난과식물의 무균배양

난과식물의 종자는 성숙되는데 비교적 오랜 기간이 걸린다. 종류에 따라서는 1년 이상 걸리는 종도 있다. 또한 크기도 미세하고 일반적으로 배유가 없으며 미분화 상태의 배와 1겹의 막과 같은 종피로 이루어져 있다. 그러므로 자연 상태에서는 균근(mycorrhiza)과 같은 공생균의 도움이 없이는 발아가 매우 어렵다. 그러므로 인공배지에 난과식물의 종자를 파종하여 발아를 시킨다.

① 난과식물의 종자 채취 및 전처리

성숙한 난의 씨꼬투리 표면을 70% 에탄올에 30~60초간 침지하여 1차 소독 후, 2% sodium hypochlorite 용액으로 10분간 소독하여 외과용 메스 등을 이용하여 씨꼬투리를 벌려 종자를 채취한다. 만일 충분히 성숙하여 이미 씨꼬투리가 벌어졌다면 오염의 가능성이 높으므로 소독에 유의해야 한다. 비커(beaker)에 채취한 종자를 3~6% H_2O_2에 10~15분간 살균하거나 0.5%로 15분간 살균한다. 살균이 끝난 종자는 멸균된 거름종이 위에 부어 종자를 모은 후 멸균수로 2~3회 세척한다.

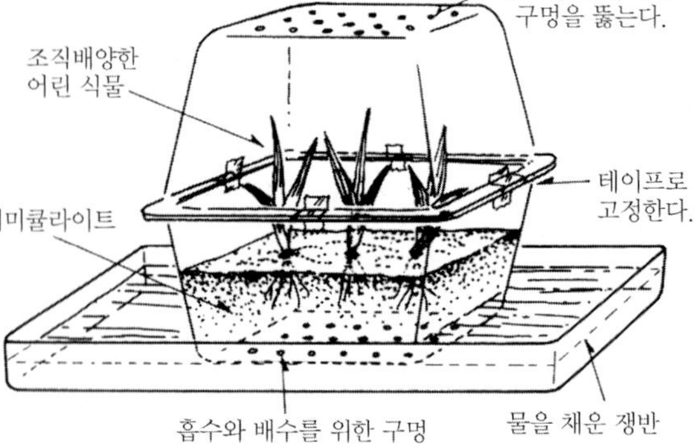

그림 4-59 조직배양으로 번식된 어린 식물체의 순화를 위한 간이 장치(Ozawa, 1977)

② 파종용 배지

난과식물의 무균배양에는 hyponex 배지, Knudson C 배지, Vacin&Went 배지, Murashige-Skoog 배지 등이 일반적으로 이용된다.

③ 배양 조건

접종된 배양용기는 1,000~3,000 lux 정도의 광도에 20~25℃ 정도의 환경조건 하에서 배양한다. 인공배지에 무균상태로 파종된 종자의 배는 비대해져 원괴체(protocorm)로 불리는 구형체가 된다. 이 원괴체로부터 뿌리와 신초가 발달하여 어린 실생주가 된다. 그러나 한란이나 춘란 등의 온대성 심비디움속 난과식물은 무균배양에서 원괴체 대신 근경(rhizome)이 형성되고 여기에서 뿌리와 신초가 분화된다.

2) 생장점 배양

관상식물의 생장점배양(apical meristem culture)은 정단부배양(shoot tip culture)과는 달리 엽원기(葉原基)가 전혀 부착되지 않은 상태의 생장점만을 배양하는 것이다. 생장점은 이론상 어떤 병원균도 존재하지 않는 무균상태이다. 그러나 생장점배양은 정단부배양에 비교해 생존율 및 분화력이 낮다고 알려져 있다. 그러므로 경제적인 면에서 생장점배양은 그리 실용적이지 못하다.

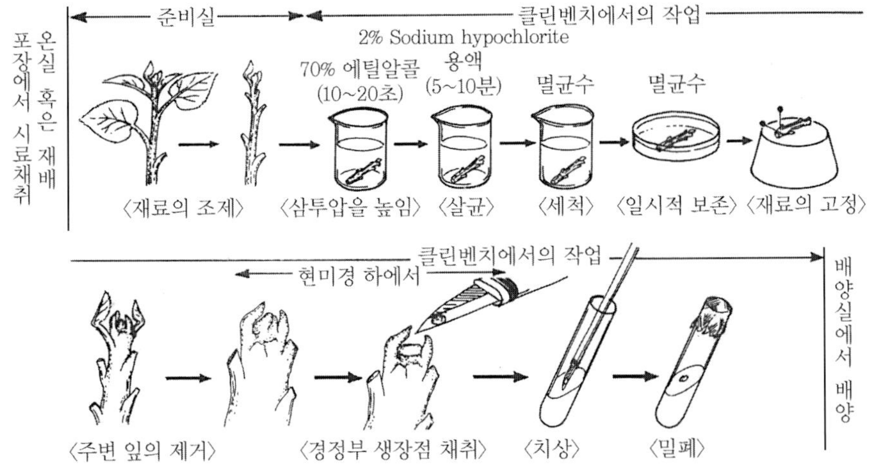

그림 4-60 관상식물의 정단부 생장점 배양을 위한 과정(Yokada)

제 V 장 관상식물의 개화와 생장조절물질

제 1 절 개화생리

일반적인 의미의 식물의 생장(growth)은 키가 자라고 줄기나 뿌리의 직경이 커지는 것을 말한다. 이와 같은 식물의 생장은 크게 두 가지로 구분된다. 줄기, 뿌리 및 잎과 같은 식물체의 영양기관이 자라 개체의 크기가 커지는 영양생장(vegetative growth)과 꽃이 피어 종자를 맺어서 다음 세대를 만들기 위한 생식생장(reproductive growth)이 그 것이다. 이와 같은 두 가지 유형의 생장은 식물체에서 동시에 일어날 수도 있고 영양생장이 정지된 이후에 줄기의 정단부에서 분화가 이루어져 꽃이 피는 경우도 있다. 그러나 대부분의 식물은 생식생장에 이르기 전에 최소한의 영양생장이 이루어져야만 하며 이 과정을 유년기(juvenile stage)라 한다. 유년기에는 보통 생식생장으로의 전환이 어렵다.

식물에서 꽃이 피는 개화(flowering) 현상은 꽃눈(花芽)의 형성을 의미한다. 화아형성을 위해서는 유전적인 요인뿐만 아니라 최적의 외적 환경요인에 의해 이루어진다. 식물의 개화에 관련한 연구는 19세기 말부터 많은 관심을 갖기 시작했다. Sachs(1882)는 특별한 기관형성물질이 꽃, 뿌리, 잎, 줄기 등의 식물기관을 형성한다고 하였으며, Klebs(1918)는 개화와 관련한 저온 및 일장조건에 대해 논했다. Garner와 Allard(1920)는 광주기(photoperiod)와 광주기성(photoperiodism)이라는 용어를 사용하였다. Moshkov와 Chailachjan(1936)은 가상의 호르몬성 물질인 플로리겐(florigen)을 제안하였다.

꽃의 관상가치가 중요한 의미를 지니는 관상식물에서의 개화에 대한 이해는 매우 중요하다. 꽃의 발달과정은 화아분화(differentiation of flower bud), 화아발달(flower bud development), 개화(flowering)으로 구분되며 아래와 같은 요인들에 의해 영향을 받는다.

1. 식물의 화아형성 요인

(1) 내적요인

1) 내적인 생체 리듬

광주기에 의해 개화가 유도되는 식물의 경우에 나름대로 광에 대한 생체의 내적리듬이 존재함이 알려져 있다. 이와 같은 학설은 모든 광주기성 식물에 적용시키기는 무리가 있으나 외부 환경조건과는 별개로 식물체 내의 규칙적인 리듬을 유발시키는 진동자(振動子; oscillator)가 있다고 추정하고 있다.

2) C/N율

잎에서의 광합성에 의한 탄수화물과 뿌리에서 흡수된 질소성분의 비율에 의해 식물의 영양생장 및 화아분화가 영향을 받는다. Kraus와 Kraybill(1918)은 탄수화물과 질소의 비율에 따라 개화현상이 유발된다고 하였다. 보통 식물체 내의 질소성분 과다는 화아형성이 늦어지고 식물체가 도장하기 쉽다. 이미 1878년에 Vchting는 고등식물의 개화현상은 강한 광선의 조사에 의한 동화작용의 산물과 깊은 관련이 있다고 밝혔다. 그러므로 식물에 충분한 광선을 쬐어주고 환경조건을 최적으로 하여 광합성을 좋게 해야 한다. 광조건이 적절하지 못한 온실장미의 경우, 동화양분의 부족에 의해 블라인드(blind) 현상이 나타나기도 한다.

3) 파이토크롬

1950년대 Borthwick, Hendricks, Parker 등은 식물에 대한 광처리 효과에 있어 660nm의 파장이 최대효과가 있음을 발견하였다. 이미 1937년 Flint와 McAlister는 광발아성인 상추 종자의 발아에 대해 최종 처리된 적색광 혹은 근적색광이 발아에 영향을 미친다는 것을 밝혔다. 결국 광주성 식물의 개화는 적색광 및 근적색광을 흡수하는 색소체와 연관되어 일어난다고 할 수 있다. 식물체에는 파이토크롬(phytochrome)이라는 극히 미량의 청색색소가 있는데, 적색광을 흡수하는 P_r(혹은 P_{660})과 근적색광을 흡수하는 P_{fr}(혹은 P_{730})로 구분된다. 파이토크롬은 단백질 분자에 4개의 pyrrole ring이 연쇄적으로 연결된 발색단(發色團; chromophore)으로 구성되며 분자량은 약 120,000으로 알려져 있다. 아직까지 R 및 FR 광선 조사 시에 발색단의 분자수준 변화에 대해 구체적으로 밝혀진 바는 없으나, 가설은 세워져 있으며 파이토크롬의 단백질 부분도 광에 의해 가역적으로 변화되는 것으로 추정하고 있다.

4) 플로리겐

1964년 Lincoln 등은 식물에서 수용성 산성물질을 추출하여 "florigenic acid"라고 명명하였으나 화학구조는 밝혀지지 않았다. 여러 식물 생리학자들에 의해 개화를 유도하는 어떤 물질이 외부 자극에 의해 형성된다고 가정하였으며, 이를 플로리겐이라 하였다. 그러나 개화생리에 대한 많은 연구가 진행되었음에도 불구하고 아직까지 플로리겐의 실체에 대해서는 구체적으로 밝혀지지 않았다.

(2) 외적요인

1) 광주기성

광주기성(photoperiodism)이란 식물이 일장(photoperiod)을 감지하여 화아분화가 일어나는 식물체의 반응을 광주기성이라 한다. 광주기성에 따라 식물을 단일식물, 장일식물, 중일식물로 구분한다. 또한 광주기성에 대한 민감도도 식물의 종류에 따라 다양한데, 도꼬마리(*Xanthium pennsylvaicum*)는 단 한 번의 단일처리로 개화가 유도될 정도로 민감한 식물이다.

2) 춘화 처리

온대지역에서의 겨울철 저온조건과 같은 특정 온도자극이 일부 식물의 개화에 영향을 미친다는 연구가 이루어졌다. 독일의 Gassner(1918)은 최초로 온도의 변화가 개화를 조절하는 중요한 환경적 요소라는 사실을 밝혔다. 그는 봄에 파종되어 발아한 겨울형 밀과 귀리가 당년 여름에 개화하지 않고 영양생장만 계속한다는 사실에 주목하였다. 이와 같은 결과는 생장기간의 단축에 의한 것이 아니라 발아 시 혹은 발아 이후의 저온처리가 없었기 때문이라고 단정하였다. 이와 같은 연구는 러시아에서 더욱 활발히 연구가 진행되었다. Lysenko 등(1928)은 발아 초기상태의 겨울형 밀을 눈 속에 묻어두었다가 이듬해 봄에 식재하여 정상적인 개화를 유도하였다(그림 5-1). 이러한 저온처리를 춘화처리(vernalization)라 한다. 춘화처리의 효과적인 온도는 1~2℃ 정도이며 적당한 산소가 존재하는 유기상태가 필요하다고 알려져 있다. Melchers와 Lang(1948)은 춘화처리에 의해 생성되는 물질을 버날린(vernalin)이라 하였다. 이 물질은 플로리겐의 전단계라고 가정하였다. 그러나 버날린 및 플로리겐은 모두 가상적인 물질이므로 금후 깊은 연구가 필요할 것이다.

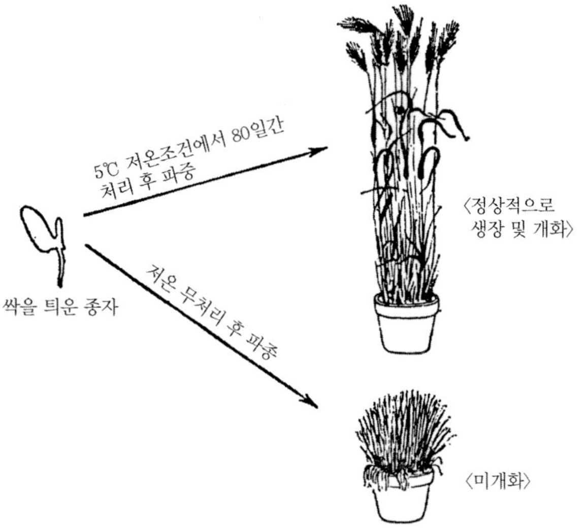

그림 5-1 춘화처리 유 · 무와 보리의 생육형태(Denffer)

3) 수분

일부 관상식물의 경우에 단수에 의한 건조처리가 화아분화에 영향을 미친다는 연구결과가 있다. 망고는 화아분화를 촉진하기 위해 관수를 중단하여 토양을 건조하게 하기도 한다. 이와 같은 건조처리는 장미, 일부의 양란류, 구근류 등에 효과적이기도 하다. 건조처리가 화아분화에 미치는 작용은 직접적인 자극이라기보다 간접적인 자극으로 보고 있다.

4) 식물생장조절물질

장일식물인 가지과의 1~2년초 사리풀(*Hyoscyamus niger*)에 지베렐린을 처리하여 단일조건에서도 개화가 이루어진다. 또한 춘화처리가 필요한 당근, 사탕무 등과 같은 식물에 지베렐린 처리는 저온처리의 효과를 나타내 개화를 유기시킨다. 그러나 이와 같은 지베렐린의 효과는 모든 식물의 개화를 유발하는 것이 아니고 일부 장일식물의 몇몇 종에 국한된다. 실제 단일식물에는 효과가 없는 것으로 나타났다. 에틸렌도 관엽식물인 아나나스류의 화아분화에 효과를 나타내었다. 지베렐린 이외의 생장조절물질로 키네틴(kinetin), 제아틴(Zeatin) 등을 비롯하여 엡사이식산(abscisic acid), CCC(chlorocholin chloride) 등이 일부 식물에서 효과가 있는 것으로 알려져 있다.

2. 관상식물의 개화조절

(1) 온도 처리

1) 춘화처리

일정 기간 동안 저온조건에 관상식물의 종자, 식물체, 구근 등을 처리하여 화아분화를 유기시키는 것이다. 북반구 온대지방에서의 추파 1년초화류 대부분은 춘화처리를 요구하는 종자 춘화형에 해당하며, 스위트피(*Lathyrus odoratus*), 스타티스(*Limonium sinuatum*) 등도 대표적이다. 또한 스토크(*Mathiola incana*)는 어린 식물체가 저온에 감응해야 한다.

2) 구근류의 촉성

우리나라에서 재배하는 튤립, 수선화, 크로커스 등의 추식구근류는 수확하여 저장 중에 화아분화가 이루어지고 화아분화가 된 구근은 저온처리를 거쳐야만 정상적으로 개화한다. 특히 백합류는 구근을 수확하여 고온(28~35℃)처리 후 중온(13~15℃)처리를 한 후 최종적으로 저온(0~3℃)처리를 하여 촉성 재배한다. 아마릴리스, 글라디올러스의 구근은 고온처리(30℃ 전후)에 의해 촉성재배할 수 있다.

(2) 광 처리

1) 차광 처리

차광처리는 국화, 포인세티아 등의 단일식물을 촉성재배하기 위해 광을 차단하여 단일상태를 조성하는 방법이다. 차광처리는 보통 화아분화가 이루어질 때까지 지속되어야 한다. 차광처리 기간 중에 일시적으로 장일상태가 되면 단일처리의 효과가 없어진다. 국화의 경우에 엽연이 매끈한 잎이 나오는 버들눈이 생성되고 다시 영양생장으로 되돌아가는 현상이 나타난다.

2) 보광 처리

단일식물의 개화를 지연시키는 억제재배를 위해 인공광을 보광하여 재배하는 방법이다. 일조시간을 14~16시간 정도로 확보하기 위해 인공광을 켜주는 방법이다. 보통 백열등과 형광등을 함께 켜주지만 최근에는 고광도 등을 사용하기도 한다. 백열등은 자체적으로 열이 많이 발생하고 광질이 불량한 단점이 있고 형광등은 대규모 재배시설에는 흔히 사용하지 않는다. 고광도 등에는 고압수은등, 금속할라이드등, 고압나트륨등이 사용되고 있다.

제 2 절 식물생장조절물질

생물체 내에서 극히 적은 미량으로 발생, 성장, 분화 등의 생리적인 기작을 조절하는 물질을 호르몬(hormone)이라 한다. 식물에서도 이와 같이 미량으로 생장과 분화에 관여하는 물질이 있는데, 이를 식물호르몬(plant hormone 또는 phytohormone)이라 한다. 그러나 식물호르몬은 동물과 달리 합성부위와 순환계가 별도로 분화되지 않았고 이 물질의 작용 및 실체에 대해 구체적이지 못한 경우가 많다. 또한 인공적인 합성물질도 식물호르몬의 작용을 나타내는 경우도 많다. 따라서 이와 같은 다양한 종류의 합성물질 및 식물호르몬을 포괄적으로 식물생장조절물질(plant growth substance)이라 한다.

(1) 옥신(auxin)

1) 발견의 역사

옥신은 식물호르몬 중 가장 일찍 밝혀진 물질이며 식물재배에서의 이용도 광범위하다. 식물에 있어 옥신의 존재에 대해 최초로 언급한 사람은 Charles Darwin과 그의 아들 Francis이었다. 그들이 발간한 "Power of movement in plants(1880)"라는 책에서 벼과식물인 *Phalaris canariensis* 자엽초의 굴광성을 유발하는 어떤 물질이 존재한다는 것을 제기하였다. 그 후 Went(1928)는 자엽초의 끝부분에서 어떤 물질이 분비된다는 것을 발견하였으나 화학적 구조를 동정할 수 있을 정도의 충분한 양을 추출할 수는 없었다. Kögl과 Haagen-Smit(1931) 등은 이 물질을 auxin(그리이스어로 auxem은 "성장하다"의 의미)으로 명명하였다. 또한 Haagen-Smit(1946)에 의해 더욱 구체적으로 indole-3-acitic acid(IAA)라고 밝혀졌다. Kögl 등(1934)은 사람의 소변에서도 이 물질을 분리하였다. IAA는 옥수수에서 Haagen-Smit(1942)에 의해 최초로 단리되었으며 그 후 TLC(thin layer chromatography), paper chromatography, GC(gas chromatography), HPLC(highperformance liquid chromatography), immunoassy 등의 분석 방법에 의해 실체가 보다 구체적으로 밝혀지고 있다.

2) 구조 및 생합성

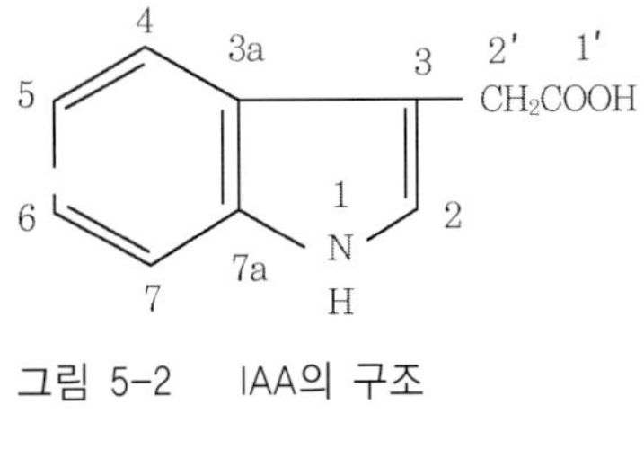

그림 5-2 IAA의 구조

식물체 내에서 옥신의 특이한 작용을 나타내는 일반적 구조는 IAA(그림5-2)와 같이 불포화 고리의 골격을 지니고 곁사슬로 carboxyl기(COOH) 또는 COOH로 쉽게 전화되는 기가 있으며 carboxyl기와 고리 사이에는 적어도 1개 이상의 탄소 원자가 있고 곁사슬이 고리에 대해 일정한 입체배위 형태를 나타내는 등

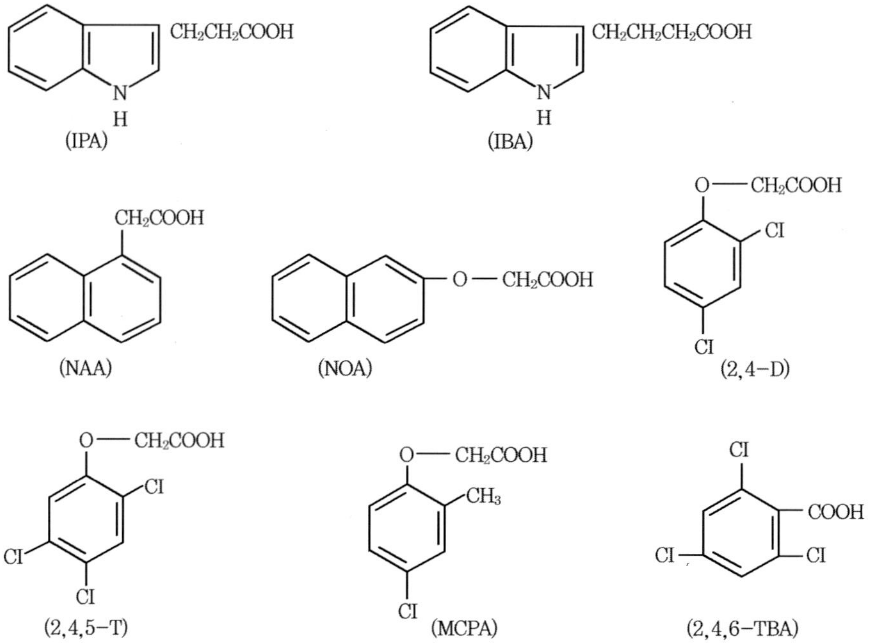

그림 5-3　합성 옥신의 종류

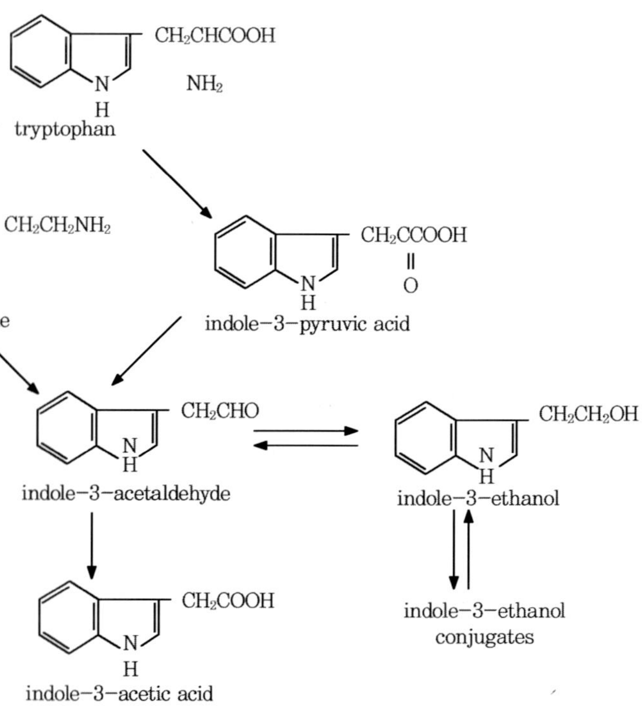

그림 5-4　Tryptophan으로부터 IAA(indole-3-aceticacid) 합성경로

의 네 가지 조건을 갖추어야 한다고 가정하였다. 그러나 IAA와는 화학적 구조가 다르면서도 유사한

옥신 생리작용을 하는 인공합성 화합물도 많이 보고되고 있다. 이와 같은 합성 옥신류(그림 5-3)는 Indolepropionic acid(IPA), Indolebutric acid(IBA)의 indole acid계를 비롯하여 Naphthaleneacetic acid(NAA)와 β-Naphtoxyacetic acid(NOA)와 같은 naphthalene acid계가 있고 2, 4-Dichlorophenoxyaceticacid(2,4-D), 2, 4, 5-Trichlorophenoxyaceticacid(2, 4, 5-T), 2-Methyl-4-chlorophenoxyacetic acid(MCPA)와 같은 chlorophenoxy acid계가 있다. 또한 benzoic acid계의 2, 4, 6-Trichlorobenzoic acid(2, 4, 6-TBA)도 있다.

IAA는 pKa 값이 4.8인 약한 유기산으로 분자량은 175로 알려져 있다. 식물체에서 IAA의 생합성은 아미노산인 L-tryptophan이 indole-3-acetaldehyde(IAAld)를 거쳐 합성된다. 이 과정에서 중간 대사 산물로 tryptamine 혹은 indole-3-pyruvic acid(IPyA)를 거치는 2가지 유형의 경로가 있다. IAA 합성 과정에서 IAAld로부터 최종적으로 생성되는 indole-3-ethanol(IEt)은 IAA의 생합성을 조절하는 것으로 추정된다. IAA는 식물조직 내에서 쉽게 파괴된다고 알려져 있으며 IAA-oxidase(peroxidase) 등의 효소가 촉매한다. 또한 IAA 수용액은 강한 빛이나 열에 의해서도 곧 파괴된다.

3) 생리 작용

식물체 내에서 옥신은 주로 정단부와 어린 잎에서 생성되어 대부분이 아래쪽으로 이동하는 것으로 알려져 있다. 인위적으로 식물체의 하단부에 대량으로 처리하여도 상단부로 이동하는 경우는 거의 없고 이동통로는 목부로 추정된다. 옥신의 독특한 특성 중의 하나는 이와 같은 극성이동(polar movement)이라 할 수 있다. 이와 같은 극성이동은 단순히 농도 차이에 의한 확산현상이 아니라 화학적 에너지를 소모하는 능동이동으로 알려져 있다.

옥신은 식물의 줄기가 정상적으로 생장하기 위해 필수적인 생장조절물질로 알려져 있다. 줄기에서 옥신의 분포는 생장이 왕성한 부위일수록 다량으로 나타나며 생장속도와 내생 옥신(endogenous auxin) 함량 간에는 상관관계가 있다고 알려져 있다.

① 식물생장 촉진과 억제

옥신은 시토키닌과 공존하여 식물의 세포분열 및 조직의 캘러스 형성을 촉진한다. 옥신에 의한 줄기의 생장은 세포신장(cell elongation) 및 세포확대(cell enlargement)에 의해 이루어지며 옥신이 식물체에서 나타내는 가장 대표적인 생리작용이라 할 수 있다. 이와 같은 작용에 의해 식물의 길이생장과 유관속(維管束; cambium)의 분화 및 줄기, 뿌리의 비대생장을 유도한다. 옥신의 농도가 증가함에 따라 생장이 비례적으로 촉진되나 최적농도를 넘어서면 오히려 억제효과를 나타내거나 식물체를 사멸시킨다.

② 발근촉진

삽목번식에 있어 삽수의 기부에 옥신 처리를 함으로서 부정근의 발생을 유도할 수 있다. 또한 옥신은 뿌리의 분지에도 관여한다. 삽목에서 IBA 혹은 NAA 등의 합성 옥신은 20~100ppm 정도의 저농도 침지처리를 하거나 1000~4000ppm 정도의 고농도 순간침지처리로 발근을 촉진시킨다.

③ 정아우세

정아에 의한 측아생장의 억제현상인 정아우세(apical dominance)는 정아로부터 공급되는 옥신에 의해 조절되므로 정아가 제거되거나 화아가 형성되면 액아나 측아의 생장억제가 해제된다. 그러나 정아가 제거된 절단부에 옥신을 처리하면 측아의 생장이 억제된다.

④ 단위결과 유도

외생 옥신(exogenous auxin)은 감귤류 등에서 과실의 단위결과를 야기한다고 알려져 있다. 수정되지 않은 열매에 NAA, ρ-chlorophenoxyacetic acid, β-naphthoxyacetic acid 등의 옥신류를 공급함으로서 자방의 세포분열을 촉진하여 열매의 정상적인 발육을 유도할 수 있다.

⑤ 제초제

2, 4-D 등과 같은 여러 종류의 합성 옥신들은 제초제로 이용되고 있다. 옥수수나 잔디 등의 단자엽식물은 투여된 합성 옥신을 상대적으로 쉽게 불활성화할 수 있으나 쌍자엽식물의 경우에는 이와 같은 능력이 없어 호르몬 과다에 의해 고사하고 만다. 그러므로 경작지에서 2, 4-D를 처리하면 민들레, 망초 등과 같은 쌍자엽식물인 잡초들은 쉽게 제거할 수 있다.

⑥ 기타

잎의 노화를 지연시키며 낙엽을 야기하는 이층형성은 내생 옥신 함량의 감소에 의한다. 이 밖에도 박과식물 등에서 암꽃 유도 등의 생리작용이 있다.

(2) 지베렐린(gibberellins)

1) 발견의 역사

지베렐린은 일본의 식물병리학자인 Kurosawa(1926)에 의해 진균류의 일종인 *Gibberella fujikuroi*가 원인인 벼의 'bakanae병'의 대사물질에서 발견하였다. 이 식물병에 감염되면 식물체의 초장이 현저하게 도장하고 잎이 황록화하며 쌀의 수확량이 감소하는 것을 관찰한 것이 발견의 계기가 되었다. 이 물질은 Yabuta와 Sumiki(1939)에 의해 단리되어 *Gibberella fujikuroi*균의 이름을 따서 지베렐린(gibberellin) A로 명명되었다. 이 물질은 이 후 더욱 순수하게 정제화되어 지베렐린산(gibberellic acid; GA)으로 명명되었다(Curtis와 Cross, 1954 ; Stodola 등, 1955). GA와 비슷한 구조를 갖는 지베렐린류 물질은 *Gibberella fujikuroi*의 배양액이나 고등식물에 광범위하게 분포되어 있으며 특히 완전히 성숙되지 않은 종자에 다량으로 함유되어 있는 것으로 알려져 있다.

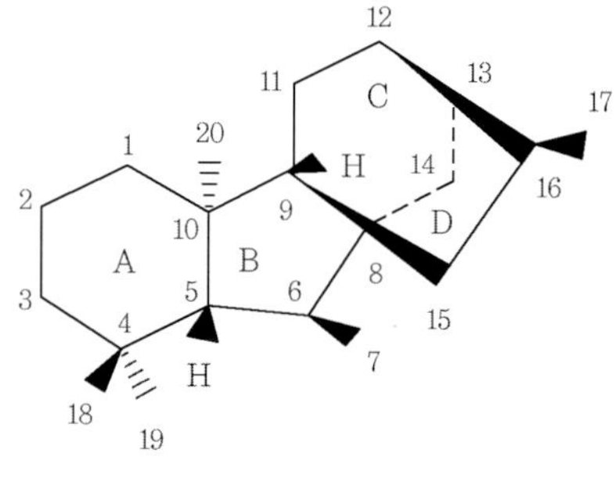

그림 5-5 ent-gibberellane의 구조

2) 구조 및 생합성

지베렐린(GA)은 4개의 고리구조로 되어있는 diterpene계 물질이며 20개의 탄소원자로 구성된 ent-gibberellane(gibbane carbon skeleton)을 기본 골격으로 한다(그림 5-5). 새로운 지베렐린은 단리하여 동정되는 순으로 A번호를 부여하고 있다. 대부분의 지베렐린은 유리형으로 88종류가 있으며 배당결합 등의 복합형도 20여 종류가 있는 것으로 알려져 있다. 생리활성이 비교적 강한 지베렐린산(GA_3)은 C-7위에 COOH기가 붙어 있다.

지베렐린의 생합성은 mevalonic acid→*ent*-kaurene의 전환, *ent*-kaurene→GA_{12}-7-aldehyde로의 전환, GA_{12}-7-aldehyde로부터 C_{20}-GAs를 거쳐 C_{19}-GAs로의 전환이나 GA 상호간의 전환의 3단계로 이루어진다.

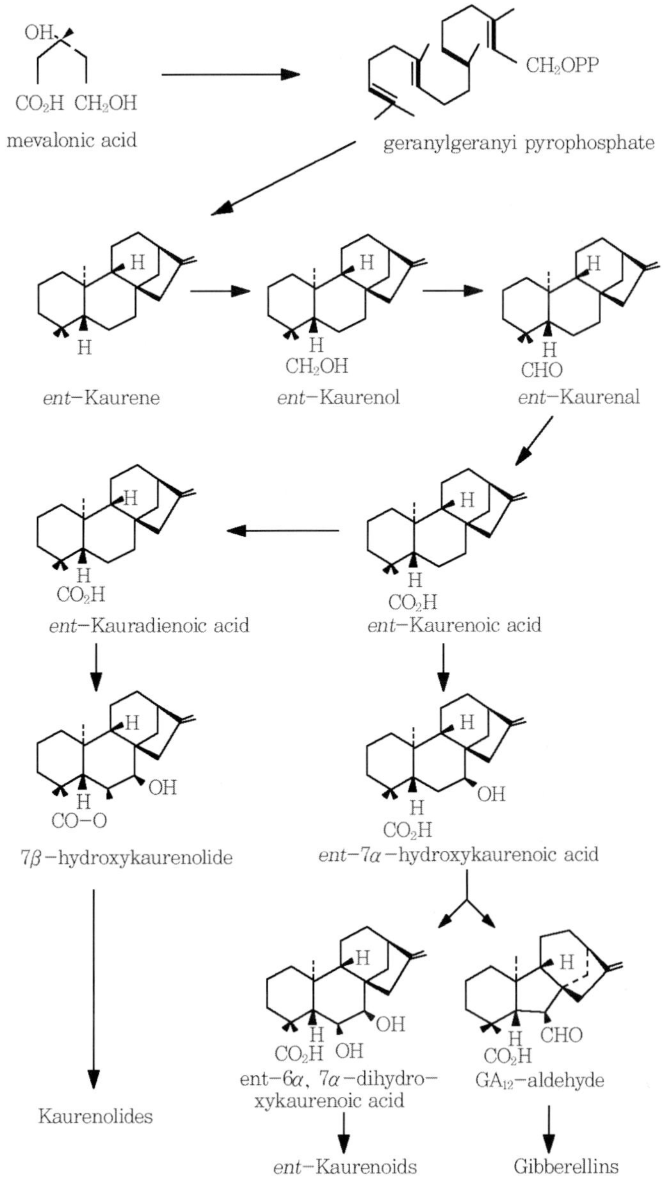

그림 5-6 Mevalonic acid로부터 gibberellin과 ent-kaurenoid의 생합성 경로

고등식물에서 지베렐린의 합성부위는 완전히 규명된 것은 아니지만 주로 식물체의 줄기나 뿌리의 정단부, 어린잎이나 꽃, 미성숙 종자, 발아중인 어린 배 등의 분열조직에서 합성된다고 알려져 있다. 지베렐린의 이동은 식물체 내에서 도관을 통해 이동하며 일반적으로 어린 조직이나 성장이 왕성한 조직으로 이동하지만 옥신과 같은 극성이동성은 없는 것으로 알려져 있다.

3) 생리 작용

① 줄기의 신장 촉진

지베렐린의 작용 중 가장 특이한 것은 식물의 초장을 촉진하는 효과이다. 대부분의 왜성식물에 지베렐린을 처리하면 절간부위의 성장촉진에 의해 초장이 정상으로 회복되는 것을 볼 수 있다. 그러나 정상식물체에 지베렐린을 처리하면 효과는 뚜렷하게 나타나지 않는다. 지베렐린에 의한 줄기의 신장은 세포분열을 증가시키는 기작이 아니라 세포신장에 의한 결과이다. 내생 지베렐린은 생장이 왕성한 곳일수록 많고 생장속도와 내생 함량 간에는 상관관계가 있다. 잎(자엽)의 생장 역시 지베렐린에 의해 촉진된다고 알려져 있다.

② 개화 유도 및 열매의 성장

지베렐린은 장일식물의 개화를 유도하며 가을에 파종하는 2년생 작물의 춘화처리를 대신하여 개화를 유도할 수 있다. 또한 지베렐린은 착과 및 과실의 생장에 필요하다고 알려져 있다. 과실의 정상 생장을 위해서는 옥신과 지베렐린 모두가 필요하며 이들은 종자로부터 공급받는다. 또한 토마토, 오이, 고추, 가지, 포도, 복숭아, 배, 사과 등에서는 단위결과를 유도하기도 한다. 지베렐린 처리에 의한 델라웨어 'Delaware' 포도품종의 씨 없는 포도 생산으로 유명하다. 지베렐린에 의한 단위결과 효과는 옥신의 증량을 통해 이루어지는 것으로 보인다. 종자가 형성되어 감에 따라 배유 속에서 지베렐린이 합성되어 열매뿐 아니라 배의 생장에도 이용된다.

③ 휴면종자 및 휴면아의 발아

지베렐린은 휴면중인 종자의 발아를 촉진 또는 유도한다. 광발아성 종자는 적색광이 있어야만 발아하지만 지베렐린 존재 하에서는 암상태에서도 발아가 촉진된다. 한편 외생 지베렐린는 종자 휴면과 관련이 깊은 ABA와 길항적으로 작용하여 종자발아를 촉진한다. 또한 저온조건에 의해 휴면이 타파되는 온대성 종자는 5℃ 전후의 저온에 장기간 처리해야 하지만, 지베렐린이 이와 같은 저온처리를 대신할 수 있다. 감자의 괴경이나 목본류의 눈도 지베렐린에 의해 휴면이 타파된다.

④ 노화 억제

지베렐린은 시토키닌과 같이 식물에 따라 잎 조직 및 경정부(shoot apex)의 노화를 억제한다고 알려져 있다.

(3) 사이토키닌(cytokinins)

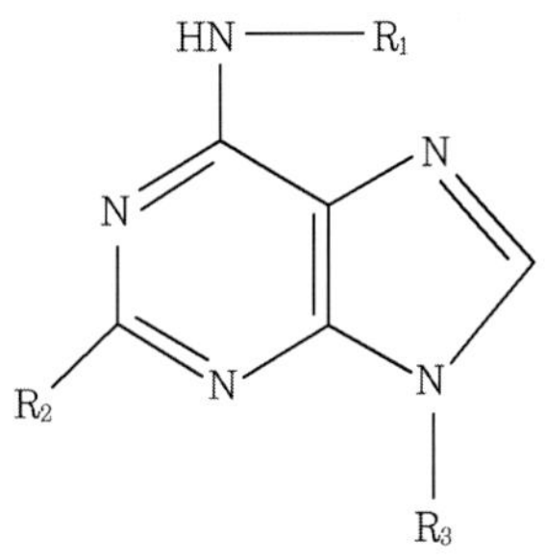

그림 5-7 사이토키닌의 구조

1) 발견의 역사

사이토키닌은 Skoog 등(1954)이 식물조직배양의 연구 과정에서 발견된 식물생장조절물질이다. 그는 담배의 줄기(stem) 절편 배양에 있어, 유관속(vascular) 조직을 제거한 수(pith)조직만을 배양하면 단지 세포의 신장만이 일어나고 유관속 조직이 있으면 세포분열이 일어나는 것을 관찰했다. 즉 담배 줄기의 유관속 조직에 세포분열을 촉진하는 물질이 있음을 알게 되었다. 또한 coconut milk, malt extract도 식물의 세포분열을 촉진하는 인자로서 알려졌다(Johannes van Overbeek 등, 1941). Skoog와 Miller은 담배 수조직의 세포분열 유기물질이 정어리 정액 DNA 속에 존재하고 있다는 사실과 이 물질은 옥신과 협력하여 세포분열을 현저히 촉진한다는 사실을 발견하게 되었다. 이 물질은 DNA 분해산물의 하나인 것으로 밝혀졌으며 키네틴(kinetin)으로 명명되었으며(1955), 이후 6-aminofurfurylpurine으로 판명되었다(그림 5-7)(1956).

그러나 키네틴 자체는 천연의 식물호르몬이라 할 수 없다. 최초의 천연 사이토키닌은 1963년 Letham이 미성숙 옥수수의 종자로부터 제아틴(zeatin)으로 알려진 6-(4-hydroxy-3-methyl-trans-2-butenylamino)-purine을 분리 및 동정하였다. 한편 Steward의 연구그룹(1955)은 coconut milk로부터 활성인자의 추출을 시도하여 diphenylurea와 myo-inositol의 두 물질을 분리하였으나 사이토키닌 활성이 매우 낮은 것을 알게 되었다. 그러나 이후 diphenylurea의 유도체나 관련 화합물은 사이토키닌 활성이 매우 높다는 것이 확인되었다. 또한 coconut milk에 포함되어 있는 세포분열 촉진물질은 ribosylzeatin으로 동정되었다(1969). 그러나 사이토키닌이 식물의 생리와 발달에 미치는 몇 가지 효과들을 제외하고 합성 및 신호전달 과정에 대해서는 아직까지 밝혀지지 않은 것들도 많다.

2) 구조 및 생합성

사이토키닌의 명칭은 adenine N^6 위치의 치환기 종류에 따라 결정되며 치환되는 위치를 나타내기 위해 purine ring의 탄소와 질소원자는 공인된 번호를 지니고 있다. N^6의 치환기는 O-hydroxybenzyladenine을 제외하면, 모두 C_5의 isopentenyl($-CH-CH=C-2CH_3$)골격으로 되어 있다. Purine ring의 치환기로서는 2위(R_2)에 methylthio(CH_3S)기 또는 수산기(OH)가 있는 것도 있다. 또 9위(R_3)에 riboside(또는 ribotide) 또는 glucoside가 있는 복합형 사이토키닌도 있다. 현재 천연의 사이토키닌은 27종이 알려져 있다. 합성 사이토키닌은 키네틴 유사화합물로서 purine 환의 6-아미노기 치환체이며(그림 5-8) 생리활성이 대단히 높다. Diphenylurea 유도체 가운데에는 3 및 4-pyridilphenylurea의 활성이 특별히 높다.

고등식물에서 사이토키닌은 주로 뿌리에서 합성되어 식물체의 다른 부위로 전달되는 것으로 알려져 있다(Sembdner 등, 1980). 식물체 내에서는 유리된 형태 혹은 t-RNA의 내부에 포함되어 있는 형태로 존재한다. 생합성은 t-RNA에 포함되어 있던 것의 전환 또는 합성에 의해 이루어지며 때로는 두 과정 모두를 통해 이루어진다.

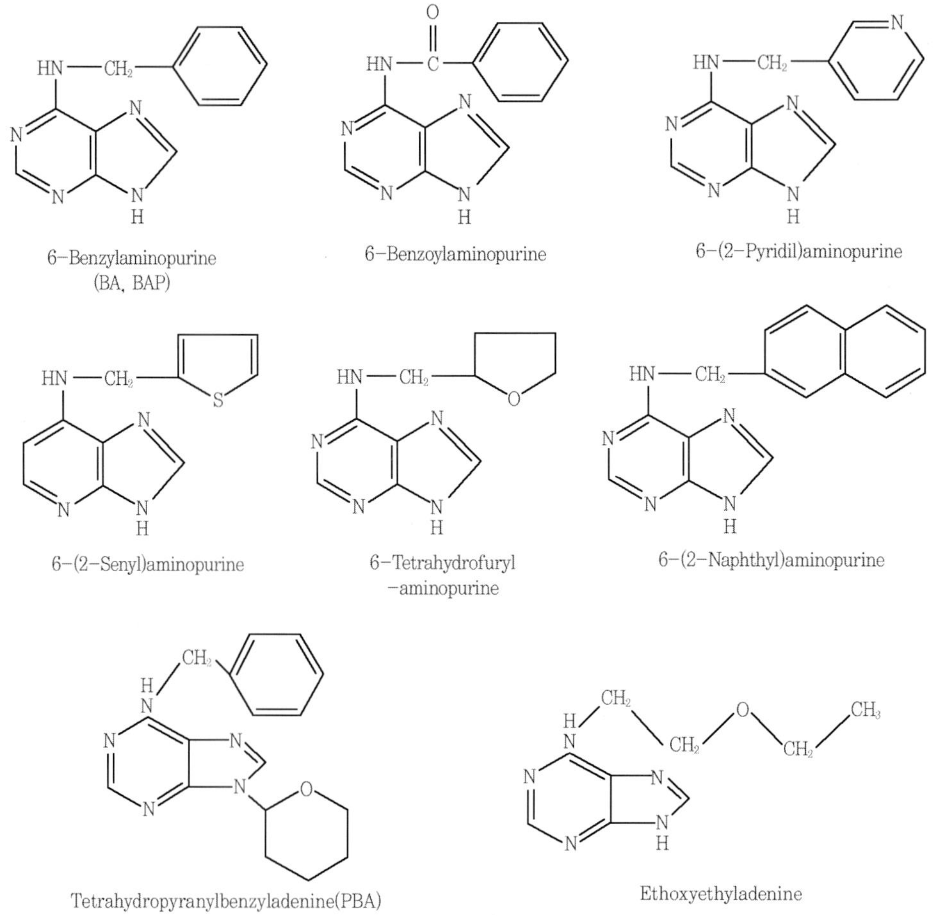

그림 5-8 합성 사이토키닌의 종류

3) 생리작용

① 정아우세의 조절

사이토키닌은 대부분의 식물에서 정아우세에 길항적으로 작용하여 측아(axillary bud)의 생장을 촉진한다. 옥신은 정단부에서 아래로 이동하여 측아의 생장을 억제하여 줄기의 길이생장을 유도한다. 또한 사이토키닌은 뿌리에서 줄기로 이동하여 측아의 생장을 촉진하여 옥신에 대해 반작용을 한다. 그러므로 옥신과 사이토키닌의 비율을 측아의 생장을 조절하는 중요한 요인이라 할 수 있다.

② 세포분열과 분화의 조절

사이토키닌은 활발히 생장하는 식물의 뿌리, 배, 열매 등에서 주로 합성된다. 뿌리에서 합성되는 사이토키닌은 물관을 통해 식물의 상층부로 이동하게 된다. 사이토키닌은 옥신의 존재하에서 세포분열을 촉진하고 분화에 영향을 미친다. 보통 사이토키닌 단독으로는 효과가 나타나지 않는 경우가 많다. 사이토키닌은 핵내 유사분열과 정아에서의 세포분열도 촉진한다. 사이토키닌은 세포신장에 저해적이지만 가로 방향으로의 비대생장을 촉진한다. 이에 비해 옥신이나 지베렐린은 세로방향으로의 세포용적을 증가시킨다. 각 호르몬은 세포벽의 미소관(onicrotubules)과 미세원섬유(cellulose microfibril)의 배열방향을 다르게 하기 때문으로 추정되고 있다. 식물의 조직배양에 있어 사이토키닌의 농도가 증가하면 캘러스(callus)에서 줄기가 발달하고 옥신의 농도가 높아지면 뿌리가 형성되는 경향이 있다.

표 5-1　　사이토키닌류의 구조

치환기 R_1	치환기 R_2	치환기 R_3	보통명	약어 1	약어 2
H		H	N^6(–isopentenyl)adenine or isopentenyladenosine	I^{6}Ade	iP
H	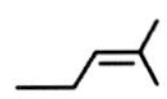	Ribosyl	N^6(^{2}–isopentenyl) adenosine) or isopentenyl–adenosine	i^{6}Ade	(9R)iP
H	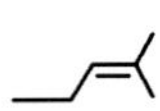	Glucosyl 9–glucoside	Isopentenyladenine	i^{6}Ado–9G	(9R)iP
CH_3S	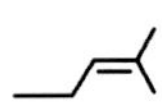	Ribosyl	2–methylthio–isopentenyl–adenosine	ms^{2}i^{6}Ade	(2MeS)iP
H	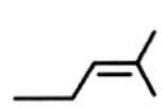	5'–phospho–ribosyl	Isopentenyladenosine 5'–phosphate	i^{6}AMP	(9R–5'P)iP
H	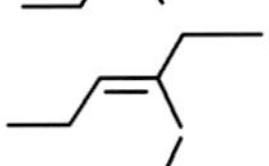 OH	H	Zeatin	io^{6}Ade	Z
H	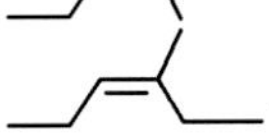 OH	H	cis–Zeatin	c–io^{6}Ade	cis(Z)
H	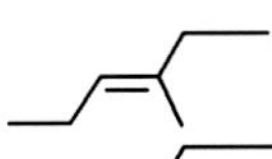 OH	Ribosyl	Zeatin riboside	io^{6}Ado	(9R)Z
H	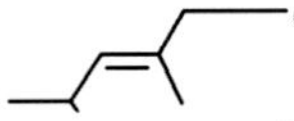 OH	5'–phospho–ribosyl	Zeatin ribotide	io^{6}AMP	(9R–5'P)Z
H	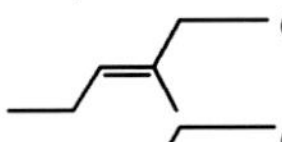 OH	Glucosyl	Zeatin–9–glucoside	io^{6}Ade–9G	(9G)Z
CH_3S	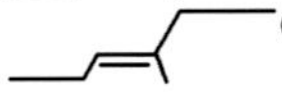 OH	H	2–methylthiozeatin	ms^{2}io^{6}Ade	(2MeS)Z
H	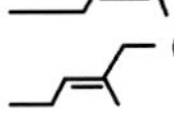 O–glucosyl	H	Zeatin O–glucoside	io^{6}AdeOG	(OG)Z
H	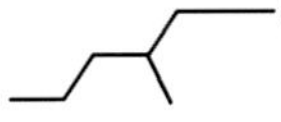 OH	H	Dihydrozeatin	dHio^{6}Ade	(diH)Z
H	$-CH_2$ 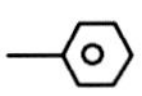	H	Benzyladenine	b^{5}Ade	BA
H	$-CH_2$ 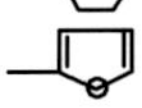	H	Kinetin	f^{6}Ade	K
H	$-CH_2$ 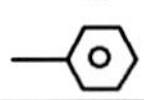	Glucosyl	Benzyladenine–9–glucoside	b^{6}Ade–9G	(9G)BA

③ 식물의 노화 지연

사이토키닌은 일부 식물에서 단백질의 분해를 억제하며 RNA와 단백질합성을 촉진하고 주변 세포로부터 양분의 유입을 유도하여 식물체의 노화를 지연시킨다고 보고되었다. 특히 줄기에 붙어있는 잎의 노화를 억제하여 관상식물에 있어 절화의 수명연장에 이용되기도 한다.

(4) 엡사이식산(abscisic acid, ABA)

1) 발견의 역사

엡사이식산은 잎의 노화, 식물체의 휴면 등을 연구하는 과정에서 밝혀졌다. 오래 전부터 식물생리학자들은 식물체 내에 생장억제 물질이 존재한다고 가정하였다. Liu와 Carns(1961)은 목화의 성숙 과피로부터 낙과를 촉진하는 생장억제 물질을 단리하여 엡사이신(abscisin)으로 명명하였다. Wareing(1964)은 단풍나무 잎으로부터 생장억제 물질을 추출, 동정하여 dormin으로 명명하였다. dormin은 이후 abscisin과 동일한 물질로 밝혀졌고 이 두 물질은 엡사이식산(abscisic acid, ABA)으로 판명되었다. 식물체 내에서 엡사이식산의 함량은 식물의 종 및 조직의 종류를 비롯하여 성장단계에 따라 다르지만 약 0.01~1ppm 범위로 존재하는 것으로 알려져 있다.

2) 구조 및 생합성

엡사이식산은 carboxyl기(COOH)를 지니고 있으며 비대칭 탄소원자를 가지므로 두 개의 광학 이성체가 생성된다. 분자량은 264인 화합물로 밝혀졌으며 식물체에서 생성되는 천연의 엡사이식산은 (+)-ABA로 존재한다(그림 5-9). 고등식물에서 엡사이식산은 과일조직, 종자, 잎, 줄기, 뿌리 등에서 합성되며, 세포 내에서는 plastid에서 합성하는 것으로 알려져 있다. 고등식물에서 엡사이식산의 합성은 그림 5-10(Creelman, 1989)에서 보는 바와 같이 farnesyl pyrophosphate(FPP)의 cyclization과 modification에 의한 직접적인 합성경로와 violaxanthin과 같은 carotinoid의 분해작용에 의한 간접적인 합성경로가 존재한다고 가정하고 있다.

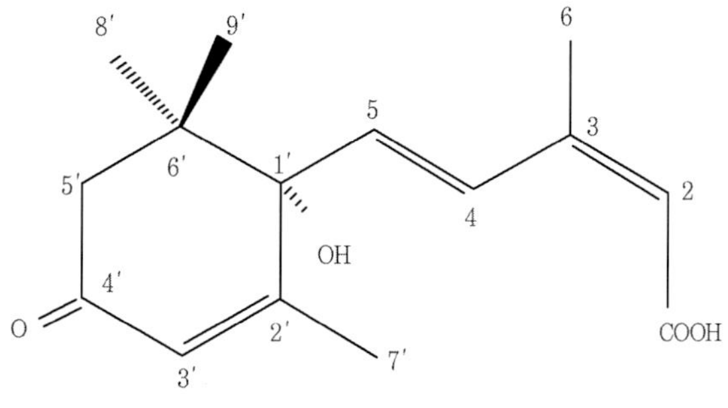

그림 5-9 ABA의 구조

3) 생리작용

① 종자의 휴면과 발아

종자의 성숙과정에서 엡사이식산 함량의 증가가 나타난다. 고농도의 엡사이식산은 종자의 휴면을 유도하여 발아를 억제하고 종자성숙에서 일어나는 탈수에 대한 저항성을 높여주는 특정 단

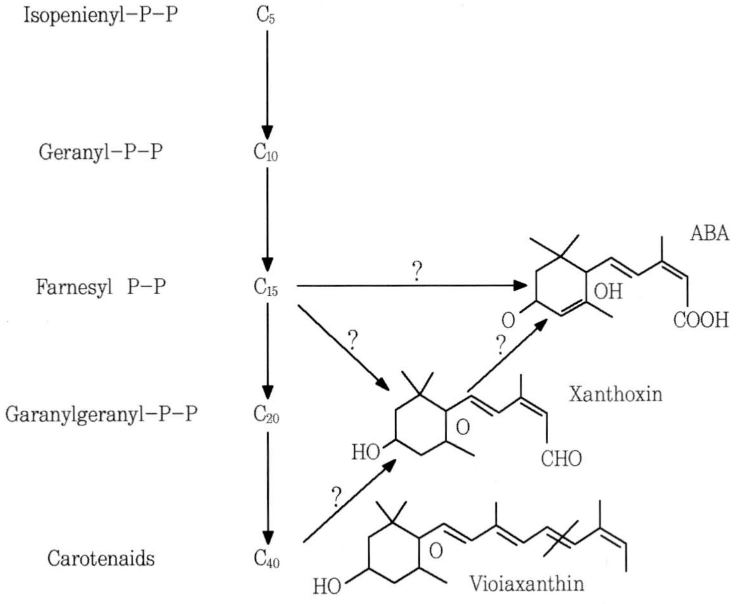

그림 5-10　고등식물에서의 ABA 생합성 가상 경로

백질의 합성을 유도한다. 엡사이식산이 제거되거나 불활성화 되면 휴면종자의 발아가 일어난다.

② 내건성의 증대

엡사이식산은 식물이 건조 스트레스에 견딜 수 있게 해주는 1차적인 내부 신호이다. 식물체가 수분부족으로 위조 상태가 되면 엡사이식산은 잎에 축적되어 기공을 폐쇄시켜 증산을 억제하여 수분손실을 막아준다.

③ 줄기의 신장생장

엡사이식산은 일반적으로 생장호르몬과는 상대적으로 줄기의 신장생장을 억제하는 것으로 알려져 있다. 그러나 농도와 작용식물에 따라 신장을 촉진하는 경우도 있기 때문에 생장억제 호르몬이라고 한마디로 단정할 수는 없다.

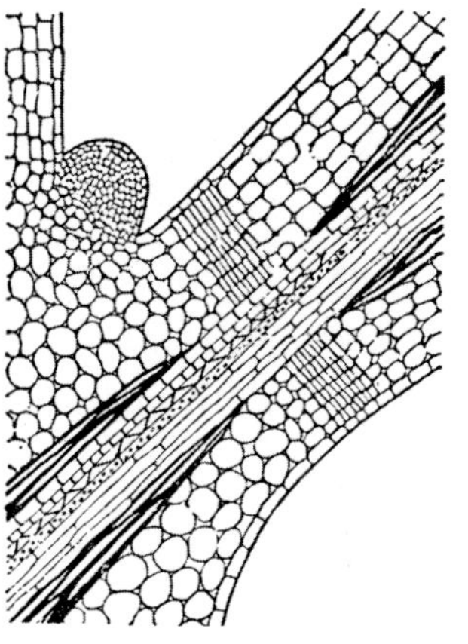

그림 5-11　뽕나무 엽병의 밑부분에 형성된 이층(Robbins 외)

(5) 에틸렌(ethylene)

1) 발견의 역사

러시아의 식물생리학자인 Neljubow(1901)는 석탄 연소가스가 식물생장에 영향을 미치는 원인이 에틸렌(C_2H_4) 때문임을 밝혔다. 그 후 Gane(1934)은 사과로부터 에틸렌이 생

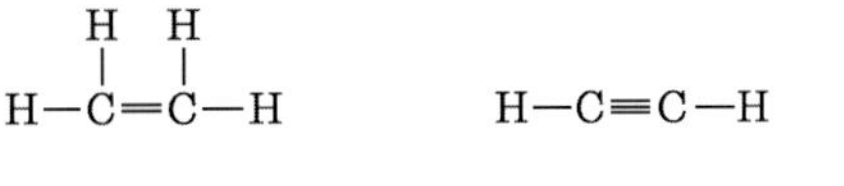

에틸렌(ethylene)　　아세틸렌(acetylene)

그림 5-12　에틸렌 및 아세틸렌의 구조

성되는 것을 실험적으로 증명하였다. 따라서 에틸렌은 과실의 성숙을 촉진하는 주요한 생장조절물질로 주목받게 되었다. 또한 Zimmerman과 Wilcoxon(1935)에 의해 옥신이 에틸렌 생성을 촉진한다는 사실이 밝혀지면서, 에틸렌은 과실의 성숙을 촉진하는 호르몬 작용뿐만 아니라 생장과 분화를 조절하는 호르몬이라는 인식이 높아졌다. 이어서 에틸렌이 옥신의 작용과 밀접한 관계가 있고 식물의 모든 부위에서 생성된다(Burg, 1962)는 사실이 밝혀지면서 에틸렌은 식물의 생장과 분화에 중요한 역할을 하는 식물호르몬으로 인정받고 있다. 또한 Burg와 Pratt(1960) 등에 의해 gas chromatography를 이용한 정밀 분석법이 고안되면서 그 존재와 작용에 대해 많은 연구가 이루어지고 있다.

표 에틸렌의 기본적인 성질

동의어	Ethene, elayl, olefiant gas, etherin
화학식	C_2H_4
분자량	28.05
어는 점	-169.2℃
끓는 점	-103.8℃
증기 밀도(air=1)	0.978(0℃)
증기압	4040kPa(-15℃)

2) 구조 및 생합성

에틸렌은 단순한 구조의 기체로서 공기보다 약간 가벼운 불포화탄산수소이다. 일반적인 온도범위(0~40℃)에서 무색이며 에테르와 비슷한 냄새가 있다. 물에서의 용해도는 산소의 5배 정도이다. proplene, vinyl chloride(chloroethylene), carbon monoxide, acetylene, methyl acetylene, allene 등의 에틸렌 유사물질은 에틸렌에 비해 상대적으로 생리활성은 낮게 나타난다. 에틸렌은 고등식물은 물론 선태류를 비롯하여 녹조류, 남조류, 균류, 박테리아 일부에서도 생성되는 것으로 알려져 있다. 식물체 내에서 에틸렌의 이동은 극성현상이 없고 물에 녹아 원형질막을 통하여 이동하며 생성 부위와 가까운 장소에서 작용하므로 원거리 이동은 없는 것으로 알려져 있다.

고등식물에서 에틸렌의 주요 선구물질은 L-methionine이다. L-methionine은 ATP에 의해 활성화되고 SAM synthetase에 의해 S-adenosylmethionine(SAM)이 합성된다. SAM은 ACC synthetase에 의해 1-aminocyclopropane-1-carboxylic acid(ACC)이 합성된다. 이 과정에서 옥신이 ACC synthetase의 활성을 촉진하여 에틸렌 생성을 유도한다고 추정하고 있다. ACC는 산소의 존재 하에서 ACC oxidase에 의해 에틸렌으로 전환된다. 이 과정에서 CO_2, NH_4^+ 및 포름산이 발생된다.

3) 생리작용

① 노화 촉진

에틸렌의 대표적인 생리작용은 식물조직의 노화(senescence)를 촉진하는 것이다. 노화현상의 복합적인 생화학적 반응은 세포막 구조의 붕괴, 조직의 탈리, 엽록소 파괴, 호흡증가, 안토시안 및 카로티노이드 등의 색소체 형성 등을 수반한다. 농업에서는 에틸렌 발생제인 에테폰

(ethephon)을 작물에 살포하여 노화를 유기함으로서 과일의 착색 및 성숙을 촉진하여 숙기를 앞당기기도 한다.

② 기관탈리

잎, 과실, 꽃, 눈 등의 식물기관이 줄기로부터 탈락되는 것은 이들 기관과 줄기 사이에 이층(abscission layer)이 형성되기 때문이다. 에틸렌을 처리하면 이층이 형성되는 조직의 세포가 확대됨과 동시에 세포벽 분해효소의 활성이 높아지므로 이 조직은 기계적으로 약해져 탈리가 일어나게 된다. 에틸렌 작용억제제인 CO_2나 Ag^+, 또는 에틸렌 생성억제제인 AVG(amino-ethoxyvinyl glycine)를 처리하거나 에틸렌을 제거하면 기관탈리가 억제되는 현상이 나타난다.

③ 신장 생장 억제

에틸렌은 일반적인 경우 신장생장을 억제하고 비대생장을 촉진한다. 예를 들면 암상태에서 자란 어린 완두에 에틸렌을 처리하면 줄기의 신장생장이 억제되고 줄기직경의 비대가 일어나며 굴지성을 잃어버려 수평생장을 촉진하는 3중 반응(triple responses)이 일어난다. 또 나팔나리 등에서 접촉 자극에 의해 에틸렌이 생성되고 그 결과 신장생장이 억제되는 경향이 있다.

④ 뿌리 생장 조절

뿌리 생장이 통기가 좋은 조건하에서 미량의 에틸렌에 의해 촉진되는 경우가 있지만 고농도하에서는 억제적이다.

⑤ 잎의 생장

잎의 확대생장은 에틸렌에 의해 억제되며 이것은 세포수의 감소(세포분열의 억제)에 의한다. 또 한 가지 분명한 작용은 식물체에 에틸렌을 처리하면 엽병이 아래쪽으로 굽는 상편생장(epinasty)이 일어난다.

⑥ 과일의 성숙과 화아유도

에틸렌은 덜 익은 과일의 성숙을 유발하고 성숙과정에서 더 많은 에틸렌이 만들어진다. 또한 파인애플과의 여러 식물을 비롯하여 망고 및 사과 등은 에틸렌에 의해 화아가 유도된다.

(6) 브라시노스테로이드(brassinosteroid)

브라시노스테로이드는 동물의 콜레스테롤이나 성호르몬과 화학적으로 유사한 식물생장조절물질이다. 이 물질은 10^{-12}M 정도의 낮은 농도에서 식물의 줄기나 어린 식물체의 세포신장 및 분열을 촉진한다. 또한 옥신의 작용과 유사하게 잎의 탈리를 억제하고 물관부의 발달을 촉진하는 것으로 알려져 있다.

(7) 생장억제제(growth retardants)

생장억제제는 식물왜화제라고도 하며 식물체의 형태적 변화를 일으키지 않고 정단부 분열조직(apical meristem)의 세포분열을 억제하여 줄기의 절간신장을 감소시키는 각종 화학물질을 일컫는다. 또한 morphactin, MH(malic hydrazide) 등의 물질은 줄기의 신장생장을 억제할 뿐만 아니라 잎의 형성, 개화, 착과 등을 교란시켜 비정상적인 생장을 일으키므로 생장저해제(growth inhibitor)로 취급하기도 한다. 이와 같은 생장억제제 및 저해제는 모두가 인공적으로 합성된 물질이다. 대부분의 생장억제제는 수용성이므로 토양관주(soil drench) 혹은 엽면살포(leaf spray)로 처리할 수 있다.

주요 생장억제제는 일찍부터 사용되었던 B-nine(daminozide, SADH, alar), Phosfon을 비롯하여, Cycocel(CCC; chlorocholin chloride), uniconazole(sumagic, S-07)과 paclobutrazol(bonzi, PP-333) 등의 triazol계 물질이 잘 알려져 있다.

(8) 관상식물 재배에서의 생장조절물질 이용

최근 미량의 식물생장조절물질 처리에 의해 관상식물의 생장, 억제, 개화촉진, 수명연장 등 다양한 면에서 품질을 향상시키고 있다. 생장조절물질의 이용은 식물체에 직접 살포하거나 토양에 주입하여 간접적인 처리를 한다. 관상식물에서는 주로 다음과 같은 용도로 사용한다.

1) 발근 촉진

삽수의 기부에 옥신을 저농도 혹은 고농도 순간침지 처리에 의해 발근을 촉진할 수 있다. 조직배양에 있어 옥신은 배양체에서 발근을 유도한다. 과도한 농도의 옥신은 발근에 앞서 삽수에 피해를 주거나 고사시킨다.

2) 휴면 타파

지베렐린 처리에 의해 휴면 중인 종자에 처리하면 종자 내의 amylase, protease 등의 가수분해 효소의 활성을 높여 발아를 촉진한다. 또한 국화, 리아트리스 등의 흡지를 비롯하여 철쭉류, 수국 등의 화아 및 구근류의 휴면타파에 효과가 있다. 지베렐린은 온대성 식물의 휴면타파에 필요한 저온처리를 일부 대체하는 효과가 있는 것으로도 알려져 있다.

3) 측아 발생 촉진

사이토키닌은 정아우세에 길항적으로 작용하므로 포인세티아, 제라니움 등의 측아의 발생과 신장을 촉진하여 분지수를 증가시킨다. 또한 장미의 하부 가지 발생을 촉진하고 덴드로비움 및 석곡의 고아(高芽) 발생촉진 등 분지수의 증가를 도모하기 위해 사용되고 있다. 또 사이토키닌은 조직배양 시에 부정아 유도에 필수적이다.

4) 신장생장의 촉진

절화용 국화에 지베렐린 100~400ppm을 1회 혹은 수회 분무처리하여 줄기의 신장을 촉진할 수 있다. 또한 시네라리아, 시클라멘, 왜성 스위트피 등의 줄기나 화경을 신장시키는 효과도 있다. 지베렐린은 왜성 식물의 줄기생장 촉진은 물론 개화도 촉진하는 것으로 알려져 있다.

5) 왜화 효과

하와이무궁화, 포인세티아, 수국, 부발디아(*Bouvardia hybrida*), 국화, 페튜니아 등의 관상식물을 이용한 분화류 재배에서 키를 낮추기 위해 흔히 이용되고 있다. 포인세티아는 가격이 저렴한 Cycocel(CCC) 200cc를 화분용토에 2회 정도 주입하여 처리한다. 샐비어에는 분말 형태의 Phospon을 1~2g을 토양에 1회 처리하여도 초장이 현저히 왜화되는 것으로 알려져 있다. 대륜종 국화에는 Amo-1618 500-1000ppm 처리에 현저한 왜화효과가 입증된 바 있다. 또한 에틸렌을 발생시키는 에테폰(ethephon)은 백합류 및 잔디 등의 단자엽식물에서 초장을 짧게 왜화시키는 효과가 있다고 알려져 있다.

6) 개화 촉진

에틸렌은 아나나스류의 인위적인 개화에 효과가 있는 것으로 알려져 있다. 지베렐린을 튤립, 심비디움의 화경에 처리하여 개화촉진 효과가 나타났다. 포인세티아, 부겐베리아(*Bougainvillea glarba*), 철쭉류 등의 개화촉진을 위해 Cycocel 2,000ppm을 1~2회 살포하면 약 10일 정도 개화가 빨라지는 것으로 알려져 있다. 시클라멘에 지베렐린 500ppm을 수회 살포하여 개화를 촉진하는 것으로 알려져 있다. 브리지아(*Vriesia fasciata*) 등의 일부 관엽식물에서는 에틸렌이 개화를 촉진하는 것으로 알려져 있다.

7) 노화 지연 및 절화의 품질유지

사이토키닌은 흔히 잎의 노화를 지연시키는 생리작용이 알려져 있으나 크게 실용적이지는 못하다. 그러나 실험실 수준에서의 잎의 황변을 지연시키고 절화의 수명이 연장되는 연구결과는 많이 보고된 바 있다. 또한 옥신은 포인세티아의 노화 및 낙화를 지연시킨다고 알려져 있으며 지베렐린은 꽃봉오리의 개화를 유도하고 엽록소의 파괴를 억제하는 것으로 알려져 있다. 엡사이식산은 광조사 조건에서 기공을 폐쇄시켜 증산을 억제하는 것으로 알려져 있다. 대부분의 생장억제제는 노화지연, 환경스트레스에 대한 내성증대 등의 직, 간접적인 효과가 있는 것으로 알려져 있다.

(9) 생장조절물질 살포 시의 주의사항

농약 살포 시와 마찬가지로 생장조절물질을 처리할 경우에도 기온이 너무 지나치게 고온이거나 저온일 때에는 피하는 것이 좋다. 또한 처리 대상의 식물이 쇠약할 때에도 처리를 피하는 것이 효과를 높이고 피해를 줄일 수 있다. 비가 오는 날에는 약효가 저하될 우려가 있으니 주의하고 관수와 적당한 간격을 두어 처리하는 것이 효과적이다. 처리 전에 약효의 유효기간 및 유의사항을 충분히 숙지하여야 하며 사용하고 남은 약제는 보관에 유의해야 한다. 만일 다른 약제와 혼용할 경우에는 혼용 가능성을 사전에 확인하여 사용한다. 생장조절물질의 처리 부위가 식물의 일부 기관에만 국한되는 경우에는 다른 부위에 약제가 묻지 않도록 주의한다. 생장조절물질의 처리 후에는 손이나 얼굴 등은 물론 몸을 깨끗이 세척하고 작업복은 곧바로 갈아입는다. 어떠한 종류의 생장조절물질도 입으로 마시거나 들어가서는 안 되고 만일 흡수되었을 경우에는 곧바로 의사에게 찾아가야 한다.

제 VI 장 관상식물의 이용

제 1 절 절화를 이용한 화훼 장식

1. 절 화

(1) 절화의 수확과 저장

절화는 그 자체뿐만 아니라 절화를 이용한 꽃다발(bouquet), 꽃꽂이, 리스(wreaths), 갈란드(galand), 테이블 및 일반 장식용 등과 같은 여러 종류의 절화장식에 폭넓게 이용된다. 이와 같이 높은 관상 가치를 지니는 다양한 종류의 절화(cut flower)는 살아있는 생물체이므로 수확과 저장에 신경을 써야 한다. 그러므로 절화를 이용하여 관상하는 동안 품질이 장시간 유지되도록 수확하는 단계부터 시작하여 저장, 이용, 관리에 이르기까지 세심한 주의가 필요하다. 물론 절화의 품질유지에 관여하는 요인은 매우 다양하며 단순히 수확 후의 관리뿐만 아니라 재배과정에서의 영양 및 환경관리는 물론 유통 방법, 수송 방법 등도 매우 중요하다. 예를 들어 겨울철에 생산된 절화에 비해 봄-여름에 생산된 절화가 상대적으로 절화수명이 좋은 것으로 알려져 있다. 또한 재배과정에서 고농도의 질소비료를 시용한 절화류는 절화수명 유지가 좋지 않다.

그림 6-1 갈란드

그림 6-2 꽃다발

일반적인 절화의 수확 시기는 너무 빠르거나 늦어지면 좋지 않다. 보통 꽃이 피기 직전에 수확하는 것이 절화의 품질유지에 가장 유리하다고 알려져 있다. 스프레이 국화는 일반적으로 1번화가 활짝 피고 나머지 소화(小花)는 아직 개화되지 않았을 때 수확하고 스탠더드 국화는 꽃이 막 개화한 상태이거나 화기가 5~6.5㎝ 정도의 지름을 가진 봉오리 상태에서 수확한다. 백합, 장

그림 6-3 테이블 장식

그림 6-4 크리스마스 장식

그림 6-5 절화시장

그림 6-6 절화시장

미, 아네모네, 튤립, 수선화 등은 꽃봉오리 상태에서 수확한다. 절화의 수확시각은 오전보다는 탄수화물의 축적이 많은 오후 5시경이 좋으나 관상식물의 종류 및 조건에 따라 일률적이지는 않다. 수확방법도 관상식물의 종류에 따라 다르지만 가능하면 길게 자르는 것이 절화로 이용하기에 편리하므로 지면 가까이에서 자르는 것이 보통이다. 그러나 절화를 잘라 수확할 때에 절단력이 좋은 가위나 칼을 이용하여 최대한 절단부위가 매끄럽게 자르는 것이 흡수력을 좋게 하고 미생물 증식에 의한 유관속 폐쇄가 발생하지 않는다. 수확한 절화는 물리적인 손상이 생기지 않도록 포장하여 최대한 빨리 소비자에게 전달될 수 있도록 운송한다.

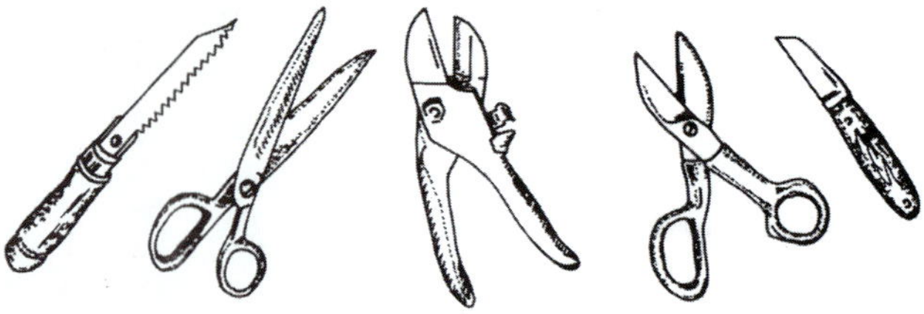
그림 6-7 절화를 이용한 꽃예술가들이 흔히 사용하는 다양한 절단 도구들

(2) 절화의 저장법

1) 저장 전처리

절화의 품질유지는 절화 자체의 신선도, 물 올리기에 의한 수분균형 유지, 절화가 지닌 수명 특성 등의 3요소가 중요하다. 수확된 절화는 소비자의 손에 들어갈 때까지 적절한 환경조건에 저장하여 품질을 유지하여야 한다. 수확한 대부분의 절화 종류는 미리 2~ 4mM의 STS(silver thio-sulfate)에 15~30분 정도 침지처리한 후 저장하면 품질유지 효과가 좋다. 이와 같은 전처리에 대해 장미나 카네이션 등의 절화는 대체로 효과가 좋으나 에틸렌에 대한 감수성이 낮은 절화 국화는 큰 효과가 없는 것으로 알려져 있다. 또한 장기간 동안 저온상태로 보존된 절화는 제대로 개화가 진행되지 않는 경우가 종종 있다. 이때에는 $AgNO_3$가 혼입된 2~20% 정도의 sucrose 용액에 침지하여 출하하면 정상적인 개화가 이루어지는데 도움을 주기도 한다.

그림 6-8 양란 절화의 수명연장제를 부착하여 유통하는 모습

2) 예냉

절화의 예냉(豫冷; precooling)은 수확한 절화를 저장 전에 미리 충분히 온도를 떨어뜨려 식물체의 생리작용을 억제시켜 절화의 신선도를 장기간 동안 유지할 수 있게 하는 전처리 과정이다. 일반적인 상태의 식물체 온도인 약 20℃ 전후의 절화를 포장하여 강제통풍식 냉장고에 곧바로 저장한다고 가장하면, 이 식물체의 온도가 약 5℃ 정도로 냉각되는데 약 12시간 정도가 소요된다. 만일 절화를 포장상자에 넣어 냉장고 안에 쌓아 놓는다고 가정하면 18~24시간 정도로 더욱 긴 시간이 소요될 것이다. 이와 같은 과정에서 절화의 노화는 급속하게 이루어져 품질이 떨어진다. 그러므로 절화저장을 하기 전에 충분히 예냉하여 저온수송 및 냉장고에 장시간 저장하는 것이 품질보존에 유효하다.

3) 절화 저장

① 저온저장

절화의 저온저장(low temperature storage)은 식물체의 호흡과 증산 등의 생리작용을 억제시켜 장기간 동안 신선도를 유지할 수 있게 한다. 보통 저장고의 온도조건은

그림 6-9 절화 저장용 냉장고

1~4℃, 상대습도 75~85% 범위에서 설정한다(그림 6-9). 저온저장고 내에서는 절화를 비닐주머니에 넣어 저장하는 건식저장법과 절화의 밑 부분을 물에 침지시켜 저장하는 습식저장법이 있다.

② CA저장 및 감압저장

절화를 효과적으로 저장하는 CA(controlled atmosphere storage) 저장법은 저장고 내의 산소농도를 낮추고 질소를 충진하여 이산화탄소 농도를 4~5% 정도로 높인 저온상태에서 절화의 호흡을 최대한 억제시키는 절화 저장법이다. 이와 같은 CA 저장법은 절화를 비롯하여 식물체를 장기 저장하는데 매우 효과적인 방법이지만 시설비와 운영비가 많이 드는 단점이 있다. 또한 절화 저장고 내의 기압을 진공펌프를 이용해 대기압의 1/10~1/20 수준으로 감압하고 저온 상태를 유지하는 저장법도 있다. 이와 같은 저장법을 감압저장(low pressure storage)이라고 하며 절화의 수분손실이 많고 운영비가 많이 들어 실용성이 적은 방법이다.

(3) 절화수명 연장

1) 물리적인 방법

① 물속자르기

절화를 이용하기 전에 물속에서 다시 한 번 가위나 칼로 잘라주는 방법이다(그림 6-10). 자르는 과정에서 유관속에 기포가 발생하여 물 흡수를 방해하는 것을 막아줄 수 있는 가장 기본적인 방법이다.

그림 6-10　절화의 물속 자르기

② 기부의 파쇄

절화의 기부를 망치로 두들겨 파쇄 시키거나 세로로 쪼개준다. 이와 같은 조작은 흡수면적을 넓게 하여 절화의 수분흡수에 도움을 주고 기부의 유관속에 머물던 기포를 제거해주는데 도움을 준다고 알려져 있다. 그러나 한편으로 파쇄된 기부에서 발생한 미생물이 유관속을 막아 수분흡수를 방해하고 유관속을 손상시켜 효과가 없다는 주장도 있다.

③ 열탕 혹은 연소처리

줄기의 기부를 축축한 신문지 등으로 싸서 순간(목본류 약 2~3분, 초본류 약 2~3초)적으로 열탕에 담구거나 불에 태워주는 방법으로 줄기의 세균수가 감소되고 유관속의 기포를 제거하여 물 흡수가 용이하고 수분균형이 높아지는 효과가 있다.

④ 기타 절화 처리

절화 기부에 유황가루를 바르거나 테레핀유 혹은 박하유에 일시적으로 침지처리하는 경우도 있다.

2) 화학약품 처리

① 식물생장조절물질

시판 중인 크리살(Chrysal)을 사용하기도 한다. 크리살에는 에틸렌 억제제와 미생물 발생 억제제, 영양제 등이 혼합된 것으로 알려져 있다.

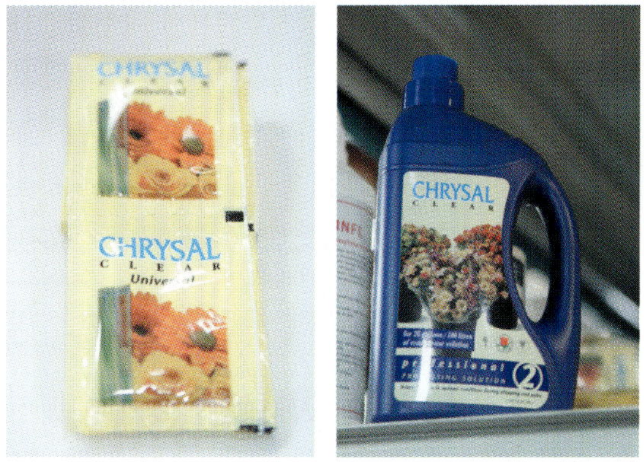

(a) (b)

그림 6-11 시판 중인 절화 수명 연장제 a), b)

② 당

광합성에 의한 유기물 합성이 차단된 절화에서 호흡에 필요한 부족한 탄수화물을 보충해준다. 2~5%의 sucrose 혹은 glucose 등을 주로 사용한다. 당의 공급에 있어서는 미생물 발생이 우려되므로 살균제를 함께 사용하는 것이 일반적이다.

③ 살균제

절화가 사용된 용기 내에 미생물이 발생하여 유관속을 폐쇄시키는 것을 방지하는데 이용한다. 8-hydroxyquinoline sulfate(HQS), 8-hydroxyquinoline citrate(HQC), $AgNO_3$ 등이 흔히 이용된다.

그림 6-12 수선화 절화

④ 에틸렌 억제제

에틸렌(ethylene, C_2H_4)은 식물의 노화를 촉진하는 기체상 식물생장조절물질이다. 대기 중의 0.1ppm 이상의 에틸렌은 절화의 노화를 촉진하여 수명을 짧게 한다. 카네이션, 델피니움, 알스트로메리아, 금어초, 스위트피, 프리지아, 난과식물, 백합, 수선, 숙근안개초 등의 절화는 에틸렌에 민감하지만 안스리움, 튤립, 거베라, 국화 등은 상대적으로 둔감한 것으로 알려져 있다. 이와 같은 에틸렌의 생합성 과정에서 저해제로 작용하는 AVG(aminoethoxyvinyl glycine), AOA(aminooxyacetic acid) 등이 알려져 있으나 가격이 비싸 경제적이지 못하며 STS(silver thiosulfate) 등이 흔히 이용되고 있다.

그림 6-13 안개꽃

⑤ STS의 조제법

STS는 에틸렌에 민감한 절화류의 내생 및 외생에틸렌의 억제에 효과적인 것으로 알려져 있다. 특히 에틸렌의 억제뿐만 아니라 살균효과도 함께 있는 것으로 알려져 있다. 그러나 조제 과정에서 이용되는 $AgNO_3$의 은이 중금속으로 환경에 유해한 것으로 지적되어 금후 친환경적인 에틸렌 억제제의 개발이 시급하다.

1mM STS의 조제방법은 2mM $AgNO_3$용액(340mg $AgNO_3$/증류수 1L) 조제 ➡ 8mM $Na_2S_2O_3.5H_2O$ 용액(1,985mg $Na_2S_2O_3.5H_2O$/증류수 1L) 조제 ➡ 위의 두 용액을 동일한 양으로 혼합하면 된다.

2. 절화의 관상적 이용법

(1) 꽃꽂이

꽃꽂이(flower arrangement)는 절화를 비롯한 관상식물의 일부를 조형적으로 용기에 플로랄폼이나 침봉을 이용하여 꽂아 관상하는 관상식물 장식의 대표적인 유형이다. 기원은 고대문화의 신앙으로부터 찾아 볼 수 있다. 꽃꽂이는 실내에 장식되며 디자인 구성, 소재, 표현양식 등에 따라 다양하게 구분되며, 발생지에 따라 크게 동양 꽃꽂이와 서양 꽃꽂이로 구분된다.

그림 6-14 독일의 절화시장

1) 동양식 꽃꽂이

기원전 5세기경 인도에서 불교의 공양화로 시작되어 중국을 거쳐 한국, 일본으로 전해지면서 발전한 양식으로, 주로 종교, 제례, 자연감상의 목적으로 이용되었다. 자연을 상징적으로 표현한 꽃꽂이 양식(style)으로 식물소재가 지닌 선의 아름다움을 강조하는 디자인 특성을 지닌다. 직립형(直立形), 경사형(傾斜形), 하수형(下垂形) 등과 같이 자연에서의 식물이 자라는 형태를 수반, 꽃병 등의 용기에 상징적으로 연출하여 표현하는 꽃꽂이이며 선과 여백의 미를 강조하는 특징이 있다. 보통 천, 지, 인(天, 地, 人) 세 개의 줄기(主枝)로 깊이, 넓이, 높이가 결정되고, 이것은 일반적으로 삼각형의 구도를 가지며 용기에 배열하여 각도와 길이 등에 의해 기본적인 윤곽을 구성하여 표현한다. 용기의 종류, 관상식물 소재의 특성, 꽃꽂이 용도 등에 의해 주

그림 6-15 동양식 꽃꽂이의 천, 지, 인 양식

그림 3-16 직립형 동양식 꽃꽂이

그림 3-17 동양식 꽃꽂이

지의 길이 및 각도는 다르게 표현하지만, 1번 주지는 꽃꽂이의 중심이 되며 보통 제일 길게 꽂는다. 서양 꽃꽂이에 비해서는 상대적으로 화려하지 않지만 상징적이고 나름대로 다양한 기교를 구사하여 표현한다.

2) 서양식 꽃꽂이

① 웨스턴 스타일(Western Style)

이미 기원전 29세기경, 신전의 헌화로부터 시작된 고대 이집트시대의 꽃장식이 유럽으로 전해진 정통 스타일이 영국의 영향을 받아 미국에서 발전된 스타일이다. 종교적인 목적 외에도 이벤트 장식·공간 장시·신체 장식 등 매우 다양한 형태로 발전되어 왔으며, 실용적인 용도로 실생활에 많이 사용되어 오고 있다. 전체적인 색채와 형태를 중요시하며, 기하학적 방법(구형, 대칭형 삼각형, 비대칭형 삼각형, 수직형, 수평형, 크레센트형, 팬형, S형)을 바탕으로 한다. 주된 유형은 고전디자인 스타일(classic design style), 자연디자인 스타일(natural design style), 선적디자인 스타일(inear design style), 실험적 디자인 스타일(experimental

(a)

(b)

(c)

(d)

그림 6-18 웨스턴 스타일의 서양식 꽃꽂이 (a), (b), (c), (d)

design style)로 구분된다. 시대 환경에 맞춰 기능미나 장식성에 중점을 두는 경우가 많다. 정서 생활 외에 직업적인 부분까지 뻗어 있어 상품성과 직업으로서 경제활동 영역으로 이루어지는 실용화된 디자인이다.

② 유럽피안 스타일(European Style)

그림 6-19　유럽피안 스타일의 서양식 꽃꽂이

20세기 중반 고전 스타일에서 벗어나고자 했던 화훼장식가들에 의해 독일을 중심으로 네덜란드, 프랑스, 벨기에 등의 북유럽 국가들에 의해 발전된 화훼디자인 양식이다. 자연적인 유형과 인위적인 유형으로 구분되며 식물의 움직임, 질감, 자기표현 주장 즉, 조형적 원리를 근거로 하는 조형예술의 특징을 가지고 있다. 식생적 구성(vegetative), 장식적 구성(decorative), 선형적 구성(formal- liner), 병행적 구성(parallel)으로 나누어진다.

3) 현대식 꽃꽂이

전통적인 동양의 선(line)과 서양의 양(mass)을 혼합한 형식으로, 상대적으로 자유로운 형태의 화훼디자인 양식이다. 자연주의를 주제로 하므로, 비대칭 가운데 질서가 요구된다. 소재의 특징을 최대한 돋보이도록 배열해야 하며 넓은 정원을 연상시키는 풍경식 꽃꽂이, 작은 보석들을 빽빽이 박아 놓은 것과 같이 세밀하게 꽃을 배치하는 파베식 꽃꽂이, 수평선과 수직선으로 직각배열을 강조한 뉴컨벤션 꽃꽂이 등이 있다.

(2) 꽃다발(posey)

관상용 절화소재를 이용한 대표적인 꽃장식은 꽃다발이라 할 수 있다. 이것은 꽃묶음이란 뜻으로, 흔히 이용되는 선물용 꽃다발과 신부용 부케가 대표적이다. 꽃다발은 특정한 절화 혹은 여러 종류의 절화를 예술적인 형태로 모아 줄기 부분을 끈 등으로 고정하여 다발로 만든 것이다. 일반적으로 줄기의 배열 형태에 따라 나선형 꽃다발과 병행형 꽃다발로 나눠진다. 꽃다발은 고대 이집트 왕의 무덤에서도 발견되었을 정도로 화훼장식의 역사가 깊으며, 꽃다발의 역사는 기원전 600년경 고대 이집트 왕의 무덤에서 발견되었을 정도로 길며, 중세시대에는 악취나 질병 등을 막아준다는 의미로 사용되

그림 6-20　꽃다발

었기 때문에, 원래 장식적 역할보다는 기능적인 역할이 더 컸었다. 유럽에서는 19세기 중엽 빅토리아 여왕 시대에 귀부인들의 장식용으로 크게 유행하였다. 꽃다발에는 장식적(Decorative) 꽃다발, 구조적 (Structure) 꽃다발, 선형적(Formal-liner) 꽃다발, 병행적(Parallel) 꽃다발, 구조물 혹은 틀이 있는 꽃다발, 비더마이더(Biedermeier)가 대표적이다.

(3) 리스(wreath)

리스는 다양한 꽃과 부소재를 이용해 문이나 창, 벽 등을 장식하는 둥근 고리 모양의 꽃 장식물이다. 한자로는 화환(花環), 영어로는 리스(Wreath)라고 한다. 그러나 흔히 독일어의 (Krantz)라고 하기도 한다. 그 의미는 둥근 모양을 통해, 끝도 시작도 없는 영원성을 상징한다. 보통 용도에 따라 측면의 형태가 원형, 3/4형, 1/2형 등으로 다양하게 제작된다. 기원전 776년 고대 올림픽게임에서 선수의 승리를 축하해주고 그의 헌신적인 행동에 감사하는 의미로 월계관을 씌워주는 것에서 시작되었고, 현재까지도 다양하게 사용되어지고 있다. 우리나라에는 1900년대 초 서양의 선교사들에 의해 도입되었으며 일반적으로 반평면적인 장식물로 화관용, 테이블용, 벽걸이용뿐만 아니라 스탠드에 걸어 장례용이나 축하용 등으로 사용되어지고 있다.

그림 6-21 조형물을 함께 이용한 리스

그림 6-22 관상식물의 잎을 이용한 리스

(4) 갈란드(galand)

절화와 절엽, 절지 등을 철사, 노끈으로 길게 엮어서 만든 장식물이다. 많은 꽃을 늘어뜨려 이어가며 만드는 꽃장식품이므로 부드러운 소재를 사용해야 한다. 또한 갈란드의 두께는 일정하게 유지되어야 한다. 길고 유연성이 있어서 벽이나, 천정, 기둥 등에 걸거나 돌려서 사용하며, 어깨 장식 · 팔목 · 허리 등의 몸 장식 용도로도 많이 사용되어진다. 고대 이집트와 로마 시대 때부터 각종 행사에 사용되었다.

(5) 형상물

토끼, 곰 등의 어떠한 형상을 도안화하여 식물 소재나 다른 재료로 형상물을 평면적 또는 입체적으로 만들어 내는 것을 말한다. 평면적인 형상물은 플로랄폼을 원하는 모양으로 잘라 소재를 꽂는 것이고 입체적인 형상물은 철사나 철망 등을 이용해 형상물을 만든 뒤 플로랄폼이나 이끼 등을 이용해 채우고 거기에 식물소재로 장식하는 것을 말한다. 특히 용기에 꽂아 나무를 전정한 것과 같은 모양으로 제작된 것을 토피어리(Topiary)라 한다.

그림 6-23 토피어리 소품

그림 6-24 플로랄 폼

그림 6-25 초화류를 이용한 토피어리

제 2 절 주택정원 조경

1. 인류와 주택 조경

그림 6-26 물을 이용한 주택 정원

주택은 사람들이 매일 같이 생활을 영위하고 있는 집이다. 그러므로 인류 역사 이래로 사람들은 생활과 가장 밀접한 주택주변의 환경을 보다 아름답고 쾌적하게 조성하려고 노력하여 왔다. 흔히 주택 조경을 정원이라고 부른다. 동서양을 막론하고 정원문화는 의식적 또는 무의식적으로 태초에 인간이 태어나면서부터 함께 했을 것이다. 토비(G. B. Tobey)는 그의 저서 "A History of Landscape Architecture"의 서두에 구약성서 창세기 1장을 들고 있다. "태초에 하나님이 천지를 창조하시니라. 하나님이 지으신 모든 것을 보시니 보시기에 심히 좋았더라. 저녁이 되며 아침이 되니 이는 여섯째 날이니라." 그는 이렇게 시작하여 인류와 조경의 역사를 서술하고 있다. 지구의 역사가 어느 정도인가에 국한되지 않고 인류의 탄생과 조경은 역사를 함께했음은 분명한 사실이다.

조경양식에 대한 구체적인 기록과 유적이 널리 남아있는 서양조경의 태동은 이집트와 바빌론 등의 고대조경으로부터 구체적으로 살펴볼 수 있다. B. C. 600년경에 신바빌론 왕국의 네부카드네자르 2세 왕이 고향을 그리워하는 메디아 출신의 왕비 아뮈티스를 위하여 세계 7대 불가사의 중의 하나로 일컬어지는 계단상의 거대한 공중정원(Hanging garden)을 축조하였다. 이와 같은 양식은 후일에 로마시대를 거쳐 르네상스 시대의 별장정원(Villa garden)을 형성하기에 이른다. 그 후 각종 조경수법이 집대성되어 17세기경에 이르러 프랑스를 중심으로 한 정형식 정원, 또한 정형식 정원에 반발하여 18세기 영국에서 나타난 풍경식 정원을 형성하기에 이른다. 19세기 이후 미국이 중심이 된 미국식 실용주의 조경양식을 비롯한 다양한 형태의 서양식 조경양식으로 형성하게 되었다.

동양조경은 역시 중국의 자연풍경식 정원 양식으로서 바다와 섬을 상징적으로 나타낸 정원이 주로 축조되어 왔다. 이와 같은 양식은 동양의 풍부한 자연환경을 바탕으로 자연에 순응하여 생활하는 정서를 바탕으로 이루어진 정원형태로 현재에 이르기까지 널리 이용되고 있는 수법들이다.

그림 6-27 서양에서 그린 중국 정원의 그림

오늘날 우리가 조성하고 있는 조경양식은 특별히 정해진 양식보다는 지금까지의 다양한 조경양식을 종합적으로 활용하여 우리들의 생활을 편리하게 하고 정서적인 위안과 휴식, 오락, 보건위생 등의 기능을 충족시키고 나아가 주변의 자연환경을 개선시킬 수 있는 방안이 되어야 하겠다.

2. 정원 조성을 위한 첫걸음

인류는 지구상에 탄생하면서부터 의식주를 생활의 기본으로 추구하게 되었다. 이 가운데 주(住)는 바로 주택을 일컫는 것이다. 주택 정원은 주택을 중심으로 주변의 사적인 공간에 조성되며 시대변천에 따라 각 시대의 지배계급 또는 부호들의 독점적인 생활공간으로 발달되어 왔다. 오늘날의 주택은 건축물로 이루어진 실내공간과 실외공간인 정원으로 구성되며 보다 쾌적한 생활을 위해 조성된다.

그림 6-28 수생식물 정원

건축물은 바닥면과 벽, 지붕으로 이루어져 사람의 주거공간이라는 구체적인 기능성이 인정되나 정원은 그 기능이 애매모호하여 일반적으로 정원은 주택건물에 비해 매우 가볍게 생각하는 경향이 있다. 그러나 가정생활에서 기능상 비중은 상대적으로 적다고 할지라도 정원은 주택에 못지않게 중요한 요소를 차지하므로 쉽게 생각해서는 안 된다.

주택조경은 제한된 공간에서 자연과 인간이 만날 수 있는 장이 되고 삭막한 도시에서 사람들에게 심미적인 쾌감을 주며 정적인 여가활동을 영위할 수 있는 공간을 제공한다. 또한 프라이버시를 보호해주고 안전한 주거기능을 더해주는 등 각종 부수적인 기능을 더해주는 안락한 휴식의 장소가 되는 것이다. 그러므로 무계획적이고 부실한 주택조경은 우리나라의 좁은 정원 부지를 효율적으로 활용하지 못하게 되어 결과적으로 쾌적한 주택생활공간을 조성하지 못하게 된다.

그러므로 본 장에서는 소규모의 정원을 손수 조경하고자 하는 비전문가들을 위해 그 방법들을 설명하려고 한다. 자신이 직접 정원을 조경한다는 것은 경제적인 면에서 비용 절감은 물론이고 자신이 살고 있는 정원을 자기의 취향에 맞추어 창조할 수 있으므로 매우 의미 있는 일이다. 외견상으로는 매우 아름답게 조경된 정원이 실제로 그 안에서 생활하고 있는 가족들에게는 불편하고 마음에 들지 않는 경우가 많다. 따라서 자신은 물론 가족 모두가 만족할 수 있는 개성 있는 정원을 조성한다는 것은 생활조경에서 매우 중요하다.

3. 정원의 유형

그림 6-29　나비정원의 외관

조경양식은 시대에 따라 다르고 같은 시대에도 국가 및 지역에 따라 다르게 나타난다. 이것은 그 시대에 풍미하는 가치관을 비롯하여 종교, 풍습 등의 인문사회학적 요소 및 기후, 지형, 토양, 식생 등의 자연적 환경조건에 밀접한 관계를 맺고 다양한 조경양식을 형성하고 있다.

일반적으로 조경양식은 서양식 조경과 동양식 조경양식으로 지리적인 구분을 하며 경관 구성양식에 따라 정형식 조경, 자연형 조경 등으로 나뉘고 나라별로 프랑스식 조경, 영국식 조경, 이탈리아식 조경, 스페인식 조경, 북미식 조경, 중국식 조경, 일본식 조경, 한국식 조경 등으로 구분하기도 한다. 또한 최근에는 나비, 새, 소동물 등의 동물과 함께하는 생태원도 조경의 중요한 양식이라 할 수 있겠다. 다음에서 흔히 조경양식으로 들고 있는 서양의 정형식 정원과 풍경식 정원, 그리고 동양조경의 대표적인 중국정원, 한국정원, 일본정원에 대해 간략히 설명하고자 한다.

그림 6-30 담양의 소쇄원

그림 6-31 스페인의 알람브라 궁전의 정원

흔히 서양의 사고방식이 자연을 정복하고 적극적으로 개척하는 사상을 바탕으로 한다면 동양인들은 자연을 숭배하고 자연에 동화되어 하나가 되고자하는 사상에서 문화를 형성하였다고 한다. 그러므로 조경양식에 있어서도 서양의 조경양식이 자연을 개발하고 다양하게 이용하는 형태라고 한다면 동양에서는 자연을 최대한으로 이용하고 살리려는 수법이 주류를 이룬다고 하여도 큰 무리는 없을 것이다. 오늘날 우리 생활 곳곳에서는 개발을 빙자한 자연환경 파괴와 생활 주변에서의 자연 상실이 큰 문제가 되고 있다. 그러므로 우리들의 쾌적한 주거환경을 조성하기 위해 동서양의 다양한 조경양식 및 기법을 연구하고 개발하여 보다 살기 좋은 주택을 꾸미는데 도움을 줄 수 있을 것이다.

(1) 정형식 정원

주로 유럽의 프랑스를 중심으로 조성된 정원양식으로 앙드레 르 노트르(1613~1700)가 조성한 베르사유 궁전의 정원이 대표적이다. 프랑스는 지형이 넓고 평탄하고 국토의 대부분이 대서양에 접해있으므로 서늘하고 습한 기후환경을 나타낸다. 초기의 프랑스 정형식 정원은 이탈리아의 정형적인 노단식(露壇式 : terrace) 조경 양식을 모방하려 하였으나 평탄한 분지는 입체적인 형태의 이탈리아 정원을 표현하기에는 한계가 있었다. 그러므로 프랑스의 독특한 자연환경에 어울리는 평면기하학적 정형식 조경양식이 발달하기에 이르렀다.

이탈리아는 산지가 많고 물이 풍부하여 경사를 적절히 살려 계단상의 입체적이며 축을 이용한 기하학적 공법의 노단식 조경양식인 빌라(villa) 정원이 조성되었다. 빌라 정원에는 조각물과 각종 정원 시설물을 풍부히 사용하였고 엄정한 좌우 대칭형 식재와 기하학적인 획기적인 수법으로 유럽 정형식 조경의 시초가 되었다.

그림 6-32 평면기하학적 정형식 정원

그림 6-33 정형식 정원 양식

프랑스의 평면기하학적 정원은 평지를 기하학적으로 땅가름하고 꽃이 화려한 초화류를 정형적으로 식재하여 자수화단을 꾸미고 조각이나 분수 등으로 리듬감과 강조수법을 사용하였으며 장엄한 스케일과 정원 구성요소 간에 통일성을 주었다.

정형식 조경양식은 수목을 단정하고 질서정연한 느낌과 엄숙하고 권위적인 경관을 연출할 수 있으므로 정원면적이 넓은 경우에는 전체적으로 또는 부분적으로 조성할 수 있는 수법이다. 수목은 다양한 형태로 정지전정하여 토피어리로 다듬고 좌우대칭, 반복, 대비, 통일감 있는 식재수법과 초화류를 이용한 기하학적 배식이 효과적이다. 경우에 따라서는 조각물이나 첨경물을 사용할 수 있고 사각형 또는 기하학적 형상의 연못을 조성한다.

(2) 자연풍경식 정원

유럽의 조경양식을 풍미하던 프랑스의 정형식 정원에 반발하여 당시의 자연주의 가치관과 영국의 풍요로운 자연환경을 적절히 살린 자연풍경식 정원이 발달하였다. 정형식 조경에서 보여지던 기하학적인 직선과 자연에 대한 과감한 손질, 즉 인공적인 미에 대한 반발심과 동양적인 안정감과 차분함에 대한 동경이 풍경식 정원의 탄생을 촉진하였다. 이와 같은 자연풍경식 정원양식이 출현하면서 서양인들은 정원양식이 정형적인 수법과 비정형적인 수법으로 조성 가능하다는 것을 인식하게 되었다. 자연풍경식 정원은 인간의 손이 미치지 않은 전원 풍경을 나타내고자 한 조경수법으로 최대한으로 직선을 피하고 불규칙한 곡선 위주의 정원을 조성하였다. 토피어리와 같은 인공미를 철저히 배격하고 자연형 수형을 적절히 살리며 직선상의 담장이나 분수와 같은 인공물을 제거하여 목가적인 경관을 연출하였다. 또한 지금까지의 건물 주변 테라스 수법에서 벗어나 자연과의 조화를 꾀하여 마치 한 폭의 풍경화를 보는듯한 느낌이 들도록 하였다.

자연풍경식 정원을 조성하기 위하여는 자연형의 수목을 정형적인 열식이나 군식을 피하고 자연특성이 맞게 식재한다. 교목, 관목, 지피식물을 적절히 배식하여 자연계의 생태적인 경관을 살린다. 특히 수목 선택에 있어서도 버드나무, 소나무, 느티나무, 단풍나무 등과 같이 줄기나

그림 6-34 조각물과 분수 등을 이용한 복합 조경

가지가 곡선으로 자라는 것들을 선택한다. 또한 곡선으로 이루어진 동선의 조성을 비롯하여 인공적인 분수 대신에 부드러운 자연형 연못 또는 물이 흐르는 계류를 꾸미는 것도 효과적이다.

자연풍경식 조경수법은 자연스럽게 균형 잡힌 공간체계를 형성하여 따뜻하고 평온한 경관을 조성할 수 있기 때문에 최근에 인기를 끌고 있는 전원주택에서의 정원조성에 응용해 볼 만하다.

(3) 한국조경

그림 6-35 종묘의 방지원도

일반적으로 한국, 중국, 일본의 정원양식을 통틀어 동양조경이라고 보는 경우도 있다. 물론 중국을 시점으로 한 유교철학을 바탕으로 한국이나 일본이 큰 영향을 받은 것은 사실이나 각 나라에서는 나름대로 독특한 조경양식을 지니고 있다.

삼국시대에 중국으로부터 도입된 조경양식은 통일신라시대에 나름대로의 독자적인 양식을 형성하였다. 그러나 고려시대로 접어들면서 불교문화의 융성과 화려한 귀족문화는 중국 송(宋)나라의 정원 양식을 그대로 도입하는 수법을 사용하였다.

조선시대에는 한국적 기후와 유교문화를 생활의 바탕으로 한 정서를 토대로 한국 독자적인 조경양식이 성립되었다. 기본적으로는 자연형 정원 형태를 취하고 있었으나 우리 고유의 풍수지리설에 입각한 주택지 및 정원조성지 선정법을 비롯하여 전정(前庭) 보다 후원(後園) 조경에 중점을 두었다. 또한 정원요소로 매우 중요한 역할을 담당하는 연못조성에 있어 중국을 비롯한 대부분의 동양정원 양식에서는 곡선을 주로 사용한 곡지(曲池), 즉 자연형 연못을 조성하였다. 그러나 조선시대에 조성된 연못은 직선을 이용한 네모난 방지(方池)가 주류를 이루고 있으며 때로는 이 한가운데 둥근 섬을 쌓아올려 방지원도(方池圓島)라고 하는 한국 고유의 정원양식이 나타난다. 이와 같은 연못 형태는 유교의 우주관인 천원지방설(天圓地方設)에 근원을 둔 양식이다. 또한 한옥 안채 후원의 사면에 계단상으로 다듬고 관목 등을 식재해 조성된 화계(花階)도 조선시대 고유의 정원양식이다. 화계의 경우에는 풍수지리설에 의해 축조된 택지의 후원에 흙의 유출을 막고 경관을 조성하기 위해 조성된 형태이다.

(4) 중국조경 및 일본조경

대부분의 동양문화가 중국으로부터 전파되었듯이 정원양식에 있어서도 역시 중국의 영향을 상당히 받은 것이 사실이다.

중국은 온대기후대의 양호한 환경조건을 비롯하여 광대한 국토와 풍부한 강우량 및 다양한 식물

그림 6-36 중국 이화원의 곤명호수

종, 형이상학적인 사고방식 등에 의해 일찍부터 자연형 조경양식이 발달하게 되었다. 기원전 2세기말에 한(漢)나라의 무제는 장안(長安)에 상림원(上林苑)이라는 정원을 조성하고 곡선으로 이루어진 자연형 연못인 태액지(太液池)를 꾸며 불로장생을 희구하는 신선사상이 담긴 삼신도(三神島)를 만들었다는 기록이 있다. 이와 같은 양식은 우리나라의 삼국시대 정원과 일본의 초기 정원양식에 그 영향을 미치게 되었다.

중국 정원은 넓은 면적 내에 산악이나 호수, 계곡, 동굴, 폭포 등을 상징적으로 조성하고 흔히 태호석이라 불리는 괴석과 다양한 식물을 식재하며 정원 곳곳에 불로장생의 신선사상을 담은 자연형 경관으로 꾸며지지만 곡선상의 원로(園路), 정자, 곡선형의 다리, 누각 등을 함께 축조하여 인공미와 자연미가 적절히 조화를 이루고 있다.

그림 6-37 태호석

바다 한가운데 긴 섬으로 이루어진 일본은 독특한 자연환경들에 의해 섬나라 특유의 국민적 정서를 형성하게 되었다. 그것은 중국으로부터 전래된 신선사상에 입각한 불교의 영향을 받아 상징적이고 섬세한 조경수법이 발달되게 되었다. 그러나 규모에 있어서 중국과는 달리 극히 소규모로 축조되었다. 일본의 조경양식도 연못과 섬을 위주로 표현한 자연풍의 조경수법이며 시대적인 변천과 양식에 따라 임천중도식(林泉中島式), 침전건축식(寢殿建築式), 회유임천식(回遊林泉式), 고산수식(枯山水式), 다정(茶庭)수법 등으로 구분한다.

4. 정원 조성 방법

주택 조경은 기능적인 면과 미적인 면을 동시에 만족시킬 수 있어야 한다. 예전의 주택 조경 양식은 기능적인 면보다 감상적인 면에 치중하였으나 현대의 주택 조경은 가족들에게 충분한 기능을 발휘할 수 있는 조경이 이루어져야 한다.

사람들이 정원을 바라보고 미를 느낄 수 있는 요소는 꽃과 잎과 줄기, 수형, 단풍 등으로 이루어지는 식물을 비롯하여 바위나 경사 등의 지형, 그리고 계류 또는 연못과 같은 물의 세 가지로 이루어진다. 그러므로 아름다운 정원을 꾸미기 위하여 이와 같은 세 가지 요소들을 잘 파악하고 효과적으로 응용하는 것이 중요하다. 또한 최근에 조성되는 정원은 생활을 안락하게 해주기 위하여 수목이 직사광선을 가려주거나 불필요한 섬광이나 시선을 차단시켜주는 등의 기능적인 면도 충분히 고려한다. 따라서 정원계획 시 다음과 같은 내용들을 충분히 파악하여 조성하는 것이 효과적이다.

- ○ 건물과 정원의 미적인 조화를 충분히 고려한다.
- ○ 가능한 기존의 지형과 지물을 적절히 살리는 것이 자연스럽다.
- ○ 식물, 바위, 물 등의 자연미와 주택, 구조물 등의 인공미를 적절히 조화시킨다.
- ○ 주변 경관에 어울리는 정원양식을 채택한다.
- ○ 물을 적절히 이용한 조경은 미적으로 매우 효과적이다.
- ○ 효과적인 식물배식에 의해 차폐, 차광, 방음, 방화, 방진 등의 기능적인 면을 나타낼 수 있도록 계획한다.
- ○ 필요에 따라서는 벽면녹화, 옥상조경, 실내조경 등도 계획할 수 있다.

5. 규모에 따른 주택 정원의 종류

우리나라와 같이 국토면적이 좁은 나라에서 광대한 면적의 가정정원을 조성한다는 것은 사실상 불가능하나 다음과 같이 주택의 정원부지 규모에 따라 몇 가지로 나누어볼 수 있다. 따라서 주택정원을 계획하는 과정에서 자신의 조건에 맞추어 정원계획을 수립할 수 있겠다. 우리나라에서 정원부지 면적은 다양하나 일반적으로 서민주택의 경우 약 20~50평 정도가 대부분이며 일부 50~100평 정도의 정원도 있다. 물론 경우에 따라서는 그 이상의 정원도 조성될 수 있으나 드물다.

우리나라의 주택사정에 비추어 건물면적과 높이의 3~6배 정도로 조성되는 것이 건물과의 비례를 맞출 수 있고 전체적인 조화와 균형을 가질 수 있다. 주택 규모에 비해 정원부지가 너무 넓으면 산만하거나 황량한 느낌이 들기도 하고 정원에 주택이 압도될 수도 있고 반대로 너무 좁은 경우에는 답답한 느낌이 들고 식재가 조잡스러워질 가능성이 높다. 또한 정원 면적은 무엇보다 거주자들의 이용과 관리능력을 충분히 고려하여 계획하여야 한다.

(1) 소규모 주택정원

일반적으로 정원부지의 면적이 약 20~50평 정도인 정원을 들 수 있다. 이정도 규모의 정원은 주택의 그늘에 의해 채광이 부족하여 음지인 경우가 많다. 또한 면적이 좁기 때문에 수고가 높게 자라는 교목류보다는 관목류가 좋다. 그러므로 배식설계 시에는 내음성이 강하고 화려한 개화를 보여줄 수 있는 낙엽성 관목류를 중심으로 하는 것이 바람직하다. 경우에 따라서는 소규모 화단을 조성하거나 작은 연못을 중심으로 한 관목류 식재도 계획해볼만 하다.

(2) 중간 규모의 주택정원

약 50~100평 정도에 정원을 조성할 수 있는 경우라 할 수 있다. 이정도 면적에서는 상당히 다양한 조경기법을 표현할 수 있으며 다양한 시설물도 설치할 수 있다. 그러므로 앞에서 밝힌 다양한 조경양식 가운데 주어진 조건에 적절한 형식을 이용하여 개성 있고 아름다운 조경을 조성할 수 있다. 그러나 너무 많은 욕심을 낸다면 복잡하고 산만한 정원이 되기 쉬우므로 어떤 주제를 가지고 정원을 계획하는 것이 바람직하다고 본다.

(3) 대규모 주택정원

도시 내에서는 보기 드문 약 200평 이상의 넓은 면적에 조성된 정원이다. 주로 토지가가 상대적으로 저렴한 지역이나 도심에서 멀리 떨어진 별장지대에서 대규모 면적으로 정원을 조성할 수 있다. 부지 면적이 넓은 만큼 조경 식물도 초화류에서 교목류까지, 상록수에서 낙엽수, 침엽수에서 활엽수까지 다양하게 선택하여 식재할 수 있다. 또한 넓은 면적의 연못이나 계류를 조성하여 대형 수생식물을 재배할 수도 있으며 채소원을 비롯하여 다채로운 형식의 화단, 과수원, 열대식물 재배를 위한 유리온실 등도 적절하게 설치할 수 있다. 필요에 따라서는 정원 내에 수영장을 비롯한 각종 운동 오락시설도 만들 수 있고 퍼골라, 아치, 분수, 벽천, 조각물, 정자 등의 다양한 구조물도 설치할 수 있다. 주변 환경이 산이나 강 또는 바다와 같이 자연경관이 풍부한 곳에 위치한 정원부지라면 주위경관과 잘 어울리는 자연풍경식 정원으로 계획하는 것도 이상적인 방법이다.

6. 주택조경 계획 및 설계

성공적인 주택조경을 조성하기 위하여 부지 내에 존재하는 제반 환경조건 및 이용자와의 상호관계를 정확히 파악하여 최선의 방법으로 시행하여야 한다. 그러므로 다음과 같은 진행과정을 거쳐야 하는 것이 일반적이다.

목표설정 → 조사 및 분석 → 종합 → 기본 구상 → 기본계획 → 설계도면 작성 → 시공 → 관리 및 유지

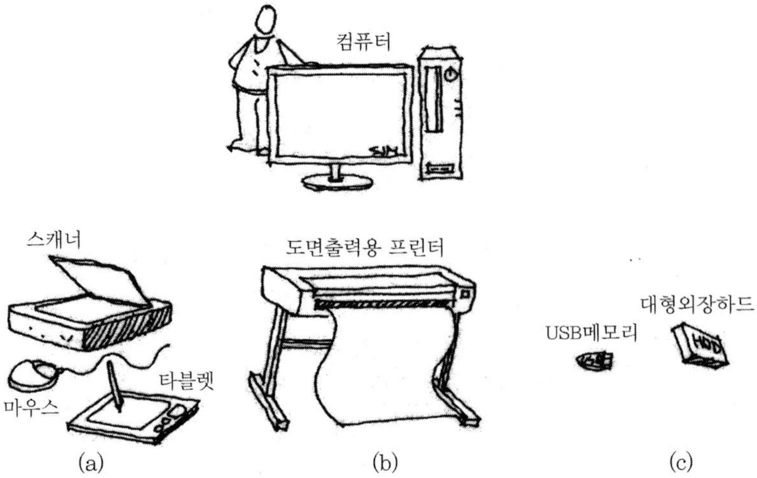

그림 6-38 컴퓨터를 이용한 조경설계 CAD 장치의 일반적인 구성
(a) 입력장치, (b) 출력장치, (c) 저장 장치

물론 위에서 열거한 과정은 극히 교과서적인 과정이므로 주택정원의 규모나 시행자의 능력에 따라 적절히 조정될 수 있는 것이 사실이나 추상적이나마 위의 흐름을 지키는 것이 실패 없이 이상적인 정원을 꾸밀 수가 있다.

(1) 목표설정

정원조성은 주인의 취향과 정원에 대한 욕구에서부터 시작한다. 정원의 유형은 물론 그리고 있는 정원에 대해 충분히 고려한 이후 본격적인 계획단계로 들어간다.

(2) 조사 및 분석

주택조경 계획을 수립하는 경우에 반드시 파악해야 하는 두 가지 요소가 있다. 또한 이와 같은 요소들은 최대한으로 정확하고 세밀한 부분에 까지 조사하고 분석하는 것이 좋다. 우선 주택에 거주하며 항시 정원을 이용하는 사람에 대한 내용과 부지환경내의 사회적, 자연적 요소들이 그것이다. 이러한 요소들은 가능한 충분한 시간적 여유를 가지고 다양한 관점에서 정확하게 파악할 필요가 있다.

1) 거주자에 관한 사항

우선적으로 주택에 거주하며 정원을 직접 이용하는 사람들에 대한 분석을 면밀히 하여야 한다. 첫번째로 정원에 투자할 수 있는 예산을 정확히 파악한다. 예산이 제대로 마련되지 않은 상태로 공사를 시작하면 자금조달은 물론 경우에 따라서는 공사비 부족에 의해 졸속공사로 끝날 수 있는 가능성이 높다. 특히 조경공사는 수목구입비나 인건비 등에 있어 의외의 비용이 예기치 못하게 들어가는 경우가 종종 있으므로 예정비용의 약 30% 정도는 여유를 가지는 것이 안전하다.

두 번째로 가족의 구성형태를 파악한다. 이것은 기본적으로 가족 수를 비롯하여 연령, 성별, 직업, 소득수준 등이 해당될 것이다. 또한 좀 더 구체적으로 가족들의 취미나 소질, 나름대로의 개성, 성격, 정원에 대한 희망사항 등도 조사하고 분석되어야 한다.

현실적으로 이와 같은 내용들은 모두 짧은 시간 내에 조사, 분석되어져야 하는 경우가 대부분이므로 체계적인 조사항목을 미리 정하여 효율적으로 조사하는 것이 좋다. 또한 가능한 가족 구성원들 모두에게 만족감을 줄 수 있는 정원계획이 필요하다.

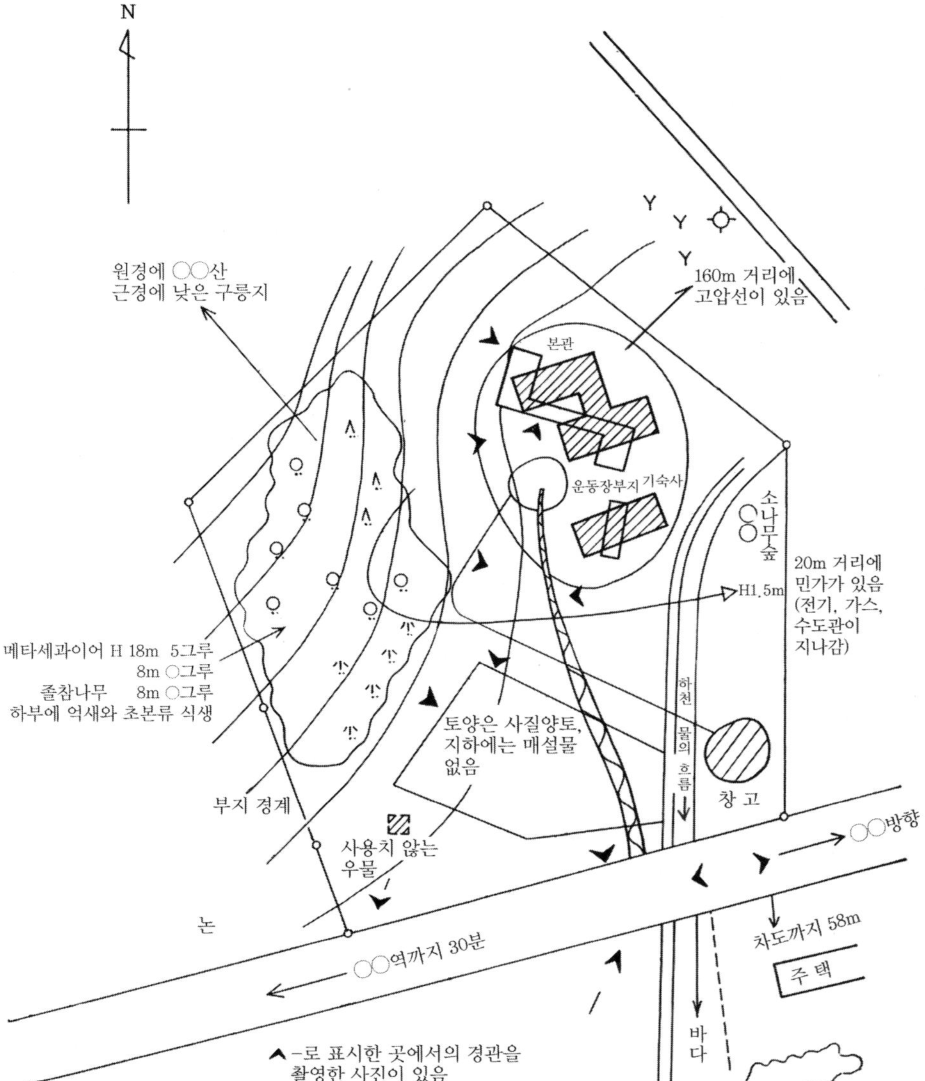

그림 6-39 공장조경 설계를 위한 주변 환경 조사

2) 조경부지에 관한 사항

이용자에 대한 분석 이상으로 정원을 조성하고자 하는 부지에 대한 제반조사는 중요한 과정이다. 우선 부지내외를 면밀히 관찰하여 흥미롭게 떠오르는 인상을 비롯하여 나름대로의 특징을 기록해 놓고 다음과 같은 항목에 대해 조사, 분석을 실시한다.

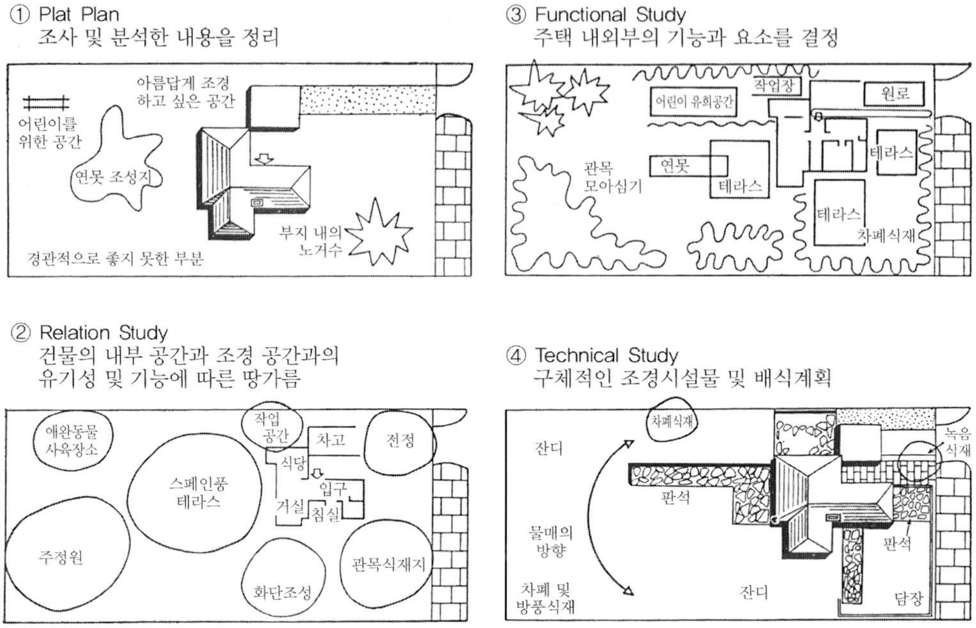

그림 6-40 주택조경의 계획 및 설계 과정

① 자연환경에 대한 조사 및 분석

정원 조성 시 식재하는 각종 식물들이 정상적인 생육과 지속적인 관상가치를 나타낼 수 있는 다양한 자연환경조건을 비롯하여 주위의 공해요인을 비롯한 환경조건에 대해 조사한다. 또한 각종 조경소재를 배치하는데 참고가 될 수 있는 지형, 지물 등의 주변경관도 자연환경에 속하므로 과학적으로 조사하면 큰 도움이 될 수 있다.

㉮ 기상조건 : 기온(평균기온, 계절별 최저 및 최고 온도), 풍향 및 풍속, 강우량, 적설량, 서리, 공중습도, 대기오염

㉯ 토양 : 토양의 종류, 배수 관계, 표토층의 깊이

㉰ 지형 : 경사도, 경사 방향, 기복도, 지하수위

㉱ 주변 경관 : 기존 식생, 하천이나 호수 등의 존재유무, 산 또는 구릉지 존재유무, 해안의 존재유무, 야생동물의 서식유무

㉲ 부지 내에 존재하는 전기선, 가스관, 상하수도관 매설 상태

② 사회 환경에 대한 조사

조경부지로 이용함에 있어 법적인 제한항목의 유무, 도시계획 종류, 주변의 역사적인 사실 또

는 향토미의 존재 유무, 그 성격 등에 관해 조사한다.

(3) 기본계획

위에서 밝힌 각종 사실들을 대상 부지의 조건에 맞추어 조사한 결과를 철저히 분석하고 과학적으로 종합하여 부지에 대해 기능과 구조, 규모, 형태를 결정하여 땅가름 작업을 실시한다. 이와 같은 땅가름계획은 각종 기능들이 부지 내에서 적절하게 유기적으로 연관을 가지고 합리적으로 이용될 수 있도록 고려되어져야 한다.

이 단계에서 구체적으로 정원양식을 결정하고 식재수종은 물론 화단, 잔디밭, 생담장 등의 각종 조경 구조물들의 형태와 배치상황을 결정한다. 또한 기능성과 심미성, 독창성, 경제성 등을 고려하여 조경 기본계획을 수행한다.

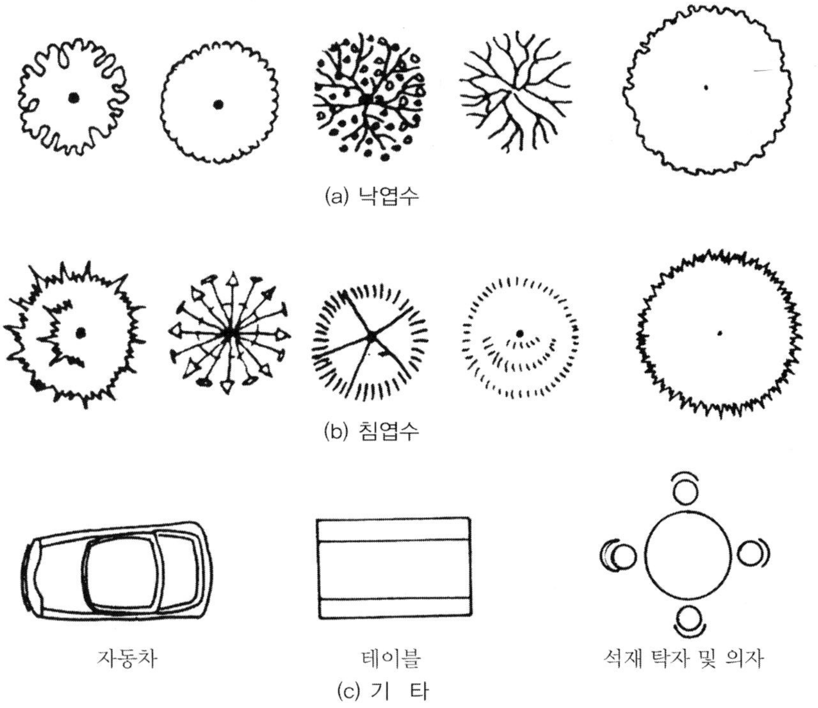

그림 6-41 조경설계를 위해 흔히 표현하는 기호

(4) 설계도면 작성

설계도면은 지금까지 얻어진 모든 사항들을 상세히 정리하여 실제로 부지 내에서 실시되는 시공단계에서 자신의 구상내용들이 완벽하게 구체화될 수 있도록 지면상에 나타내는 작업이다. 설계도면에는 공사비용의 계산서를 비롯하여 시방서 등의 서류와 평면도, 입면도, 단면도, 투시도 및 조감도, 세부도 등이 포함된다. 그러나 일반적으로 주택정원의 경우에는 그 규모에 따라 도면의 다수가 생략 또는 통합되어 작성될 수 있다. 최근에는 컴퓨터의 발달로 조경설계에 관련한 소프트웨어가 다양하게 출시되어 활용범위가 매우 넓다. 컴퓨터를 이용한 설계(CAD; computeraided design)는 단순히 도면의 작성뿐만 아니라 분석, 해석, 편집 등의 다양한 기능을 발휘하여 도면의 작성과 이에 관련한 견적서의 작성 등에 널리 활용되고 있다.

조경설계도는 간결하고 구체적으로 누구나 이해할 수 있도록 작성해야 하므로 다음과 같은 것들을 고려하여 작성하는 것이 좋다.

1) 설계도면작성을 위한 주지사항

① 도면에는 조경재료, 수량, 위치, 시공법 등을 최대한으로 정확히 표기한다.
② 도면 상단에 제목과 도면의 종류를 기입한다.
③ 미리 준비된 자료를 기초로 도면위에 표시할 기호를 미리 구상한다.
④ 도면상에 윤곽을 확정하고 연필로 개략적인 스케치를 한다.
⑤ 방향표시 및 축적을 정하여 기입한다.
⑥ 필요하면 측량도를 설계 작성도에 옮겨 그린다.
⑦ 범례를 표시한다.
⑧ 도면작업은 좌에서 우로, 밑에서 위로 그린다. 또 평행이 되는 2개의 곡선은 항상 정확한 간격을 이루게 그린다. 여러 장의 도면이 필요하면 트레싱지에 그려 청사진으로 제작하면 된다.
⑨ 도면 하단에 설계자 및 제도자의 이름과 작성 연월일, 서명 등을 한다.

2) 도면 표기방법

① 도면 작성에 필요한 기호는 약속된 표준기호를 이용하여 간결하며 누구나 쉽게 이해할 수 있도록 그린다.
② 도면의 축적은 정원의 규모나 종류, 도면의 크기에 따라 다를 수 있으나 전체평면도는 1/100 - 1/500 정도가 보통이다.
③ 조경수목과 같이 외형이 일정하지 않은 자연물들의 축적은 대략 추상적인 크기로 작성한다.

3) 평면도

정원을 수직으로 위에서 내려다 본 상태를 도면으로 옮긴 것으로 주택을 비롯하여 수목의 배식상황, 원로, 화단, 연못, 잔디밭, 기타 첨경물 등이 평면적으로 상세히 나타난 도면이다. 그러므로 주택정원과 같이 간단한 조경공사의 경우에는 평면도만 가지고도 공사가 가능하다. 그러므로 경우에 따라서는 평면도에 수목의 종류를 비롯하여 크기, 형태, 수량 등을 표시한다. 평면도상에 모든 것을 표기하기 어려울 때에는 별지에 그림과 설명으로 나타내 첨부할 수도 있다.

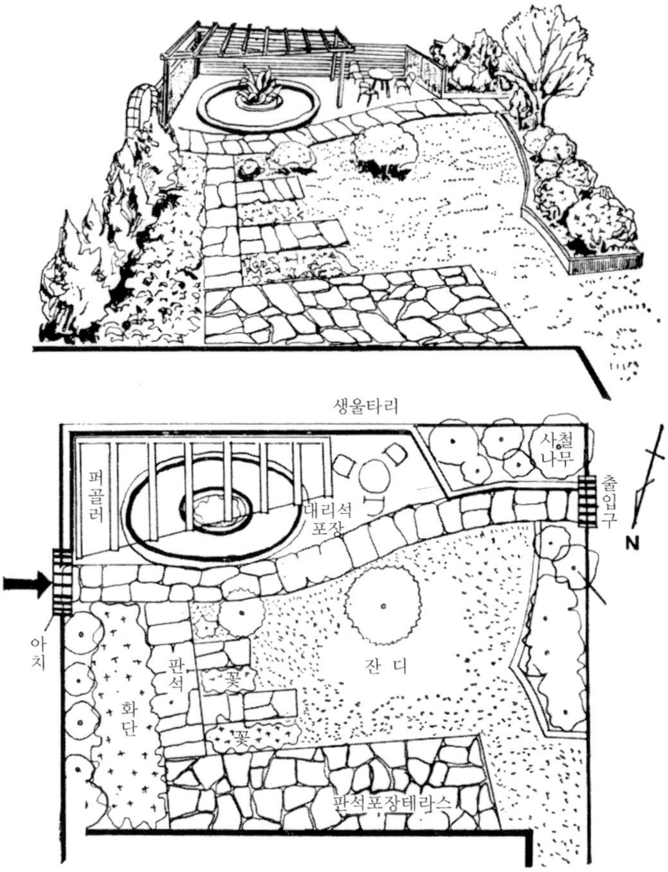

그림 6-42 주택조경을 위한 조감도와 평면도

4) 입면도

조성된 정원을 옆에서 수평으로 본 그림이다. 입면도는 평면도와는 달리 조경시설물들의 높이와 형태를 한눈에 알아볼 수 있는 도면이며 축적은 평면도의 축적으로 결정된다.

5) 단면도

지형과 지물을 어느 한 방향에서 수평으로 투영한 도면이다. 단면도는 입면도나 투시도 등에서 표시하기 어려운 경관의 구조물 내부를 나타내기 위해 흔히 작성한다. 정원의 고저 및 구조를 세밀히 알 수 있도록 그린 도면으로 지형 변화를 쉽게 알 수 있다. 이 도면은 지상부뿐만 아니라 지하구조에 대해서도 적용될 수 있다.

6) 상세도

정원 내에 설치되는 각종 구조물, 연못, 담장 등을 비롯하여 조경수목류에 대해 크기, 방향, 위치 등이 세밀하게 그려진 도면이다.

7) 조감도

마치 새가 공중에서 내려다 본 형태를 그린 도면이라는 의미에서 조감도라 한다. 평면도를 그대로 일으켜 세워 개략적인 느낌의 입체적으로 그려놓은 도면이다. 정확한 축척의 표시는 크게 의미가 없으며 대략적인 축적으로 그려지는 것이 보통이다. 시점의 고저나 거리에 따라 조감도의 표현은 달라지지만 완성된 정원을 실제로 높은데서 보는듯하게 그려진 도면이다. 경우에 따라서는 3차원적인 입체감을 더해주기 위해 조감도와 더불어 정원의 모형이 제시되기도 한다.

7. 조경시공

(1) 정원 구성 재료

주택 정원을 구성하는 재료는 크게 생물재료와 무생물재료로 나누어질 수 있다. 생물재료는 주로 다양한 종류의 조경 식물을 일컬으며 무생물재료는 정원석이나 연못, 기타 각종 점경재료들을 들 수 있다. 또한 무생물재료에는 정원석과 같이 자연물을 이용하는 경우와 벤치, 조각물, 조명시설, 배수시설 등의 다양한 인공물도 있다.

그림 6-43 미국담쟁이 덩굴

- 생물재료
  - 교목성 조경수목류
  - 관목성 조경수목류
  - 조경용 원예작물류
  - 조경용 채소류
  - 초본성 관상식물류
  - 지피식물류
  - 잔디류
  - 생울타리, 덩굴성 식물류
- 무생물재료
  - 정원석, 연못, 포장용 자연석 — 자연물
  - 정자, 꽃시계, 분수, 벽천, 테라스 — 인공물
  - 조각물, 조명시설, 퍼골라, 트레리스 — 인공물
  - 원로, 담장, 배수시설, 수로, 급수시설 — 인공물
  - 수영장, 테니스장, 주차장, 작업장 — 인공물

그림 6-44 정원조성을 위해 사용하는 재료의 종류

위에서 보는 바와 같이 다양한 종류의 정원재료들 가운데 가장 중요한 요소는 조경식물이라 할 수

그림 6-45 침엽수류를 이용한 생울타리

그림 6-46 애기동백을 식재한 생울타리

그림 6-47 능소화

있다. 조경식물은 우선 교목성 및 관목성의 수목류를 들 수 있다. 또한 이들 수목류들은 다시 상록성, 낙엽성, 침엽수류, 활엽수로 나누어진다. 이와 같은 조경수목류 이외에도 꽃이 아름다운 초화류를 비롯하여 지피식물류, 잔디류들과 같은 초본성 하부식생 요소들이 있다.

최근에는 생활조경의 한 분야로 정원 내에 과수류를 조경수목 대신에 식재하여 재배하거나 다양한 종류의 채소류를 심어 감상하고 식용하는 가정도 늘고 있다. 그 외에도 쥐똥나무, 무궁화, 꽝꽝나무 등과 같은 관목류는 담장 대신으로 식재하여 생울타리로 이용하는 경우도 있으며 등나무나 클레마티스, 계요등, 능소화, 등칡, 으름, 다래 등과 같이 재배하기 쉬운 덩굴성 식물인 조경재료도 있다.

특히 조경재료로 가장 중요한 조경식물은 광선에 대한 생태적인 특성에 따라 양지바른 장소에서 자라는 식물을 양지성식물, 그늘에서 잘 자라는 것을 음지성식물이라고 하는데 그 특성에 맞추어 식재장소를 적절히 고려해야 한다. 또한 각 식물들은 나름대로의 내한성을 비롯하여 내습성, 내건조성, 내공해성 등을 가지므로 과학적인 자료에 의해 식재장소를 정해야 한다.

(2) 정원시공 시기

주택정원을 조성하는 시기를 특별히 정하여 시공하기는 사실상 어려우나 정원재료의 주체가 되는 식물의 적절한 식재 시기는 정해져 있으므로 가능하면 이와 같은 시기에 맞추어 시공하는 것이 식물의 고사를 방지하고 성공적인 정원을 조성할 수 있겠다. 계획단계를 거쳐 설계도면이 작성되면 조경공사에 착수할 수가 있다. 우선 계절에 큰 구애 없이 조성지의 터닦기를 시작한다. 가능하면 인건비가 싸고 한가한 시기인 12월부터 3월 상순까지 마치는 것이 좋다. 터닦기가 끝난 조성대상지에는 식재하고자 하는 다양한 조경식물류는 적절한 시기를 택해 이식하는 것이 좋다.

그러나 테라스, 연못, 돌쌓기, 담장, 퍼골라, 트레리스 등과 같은 구조물들은 특별히 계절에 영향을 받지 않는 공사이므로 설계도와 공사시방서를 고려하여 적절히 시공시기를 조절한다.

(3) 정원수목 배식법

그림 6-48 도시에 조성된 풍부한 녹지 공간

자연 상태로 생육하고 있는 모든 목본성 식물, 즉 수목류들은 모두 정원수로 사용될 수 있으나 특별히 정원의 형태나 환경조건에 따라 선별하여 심어야 한다. 특히 좁은 정원조성지에 식물소재를 주로 이용하여 아름다운 자연경관을 연출해야 하는 특성을 지닌다. 그러므로 정원대상지에 가장 어울리는 개성 있는 수종을 식재하여야 한다. 물론 정원의 위치나 규모, 주택 건물의 형태, 가족들의 희망 등에 따라 정원수의 종류도 달라지겠지만 기본적으로 다음과 같은 요건을 지니는 수목을 골라 식재하는 것이 좋다.

정원조성지의 기후 환경조건에 잘 적응할 수 있는 수종이어야만 하고 수명이 길며 성질이 강건하고 관상가치가 뛰어나며 쉽게 구입할 수 있어야 한다.

또한 이와 같은 정원수목은 그 크기 및 형상에 따라 다음과 같이 구분되어진다.

1) 교목

수고가 적어도 3m 이상 되는 목본성 식물로 줄기가 뚜렷하게 자라며 상부에 많은 가지가 발생하여 독특한 수형을 형성한다. 정원수의 기본이 되는 나무로서 정원의 형태를 이루는데 큰 역할을 한다. 교목은 다시 그 형태와 생리적인 특성에 따라 침엽수, 활엽수, 상록수, 낙엽수로 나누어진다. 교목류는 중심목, 독립수, 녹음수, 차폐식재, 악센트식재, 기조식재 등으로 배식이 가능하다.

2) 관목

수고가 3m 이하로 키가 낮고 뿌리로부터 발생한 줄기가 무성하게 발생하는 식물로 주로 교목류의 하부식재용 또는 지피식물, 군식용, 생울타리, 경계식재, 주연부 식재, 완충식재 등으로 주로 식재될 수 있다. 특히 정지, 전정을 통해 모양목을 만들거나 정형식 식재에 의해 정형식정원을 만들 수 있는 소재로 이용될 수 있다.

정원에 조경수목을 어떻게 배식하는가에 따라 미적으로 뛰어나고 기능적으로도 합리적인 정원이 조성될 수 있으며 배식법 및 기교에 따라 정형식정원과 자연풍경식정원도 꾸밀 수가 있다. 실제로 주택정원에서 조경수목을 배식하는 경우 다음과 같은 사항에 대해 고려하면 자연미를 살릴 수 있고 기능적인 면도 살릴 수 있는 경우가 많다.

3) 기본적인 배식법의 원칙

① 단식과 군식을 병용하여 배식할 때에는 중심에 수목을 모아심어 주경관을 조성하고 주변에 소규모 모아심기와 한, 두 그루의 단식형태가 산재하도록 배식하는 것이 자연미를 어느 정도 살릴 수 있다.

② 식재대상지에 여러 개의 집단적인 식재를 할 경우, 각 집단에는 공통하는 수종이 들어가도록 식재하여 전체적으로 통일된 조화미를 가지도록 한다.

③ 교목성 조경수목을 배경으로 식재하고 그 앞에 관목을 배식한 후, 가장 앞에는 지피식물을 식재하여 층위를 형성함으로서 점층미와 자연미를 표현한다. 지피식물은 가능한 우리나라의 관상식물을 식재하는 것이 자연형 정원에 잘 어울린다.

④ 형태와 질감이 특이하여 강한 개성을 느끼게 하는 조경식물인 히말라야시다, 백송, 구상나무, 파초 등과 같은 식물은 가능한 중심목으로 사용하며 꽃이 화려하게 피는 수종들과 혼식하는 것도 바람직하지 않다.

(a) 균형　　　(b) 대칭

그림 6-49　조경배식에서의 대칭과 균형

표 6-1　　미적 개성이 강한 조경 수목의 예

특성	조경수목류
엽색이 진한 미	사철나무, 식나무, 붉가시나무, 소나무, 독일가문비, 주목
엽색이 연한 미	무화과, 비목나무, 때죽나무, 낙우송, 서나무
신록의 미	참식나무, 귀룽나무, 층층나무, 네군도단풍
붉은 단풍의 미	남천, 등대꽃, 단풍나무, 붉나무, 화살나무
노란 단풍의 미	예덕나무, 버드나무, 튤립나무, 은행나무, 계수나무
열매의 미	탱자나무, 백량금, 노박덩굴, 산수유, 모과나무, 피라칸사

4) 정원유형과 배식법

자연형 정원을 표현하기 위해서는 다양한 조경식물들을 식재하여 자연 상태의 숲을 나타내는 방법이 가장 이상적이다. 그러므로 적당히 곡선으로 휘어진 자연수형의 식물들을 이용하며 정지, 전정 작업을 할 때에도 최대한으로 인공의 흔적이 나타나지 않고 자연 상태의 모양이 나타나도록 한다.

식재방법은 동일하지 않은 규격의 재료를 불규칙한 간격으로 심는 것이 원칙이다. 그러나 자연형 정원양식은 자연 상태의 숲을 이상화하여 상징화한 형태이므로 일정한 형식 없이 식물을 무분별하게 식재하면 부자연스럽고 산만한 정원이 되기 쉬우므로 나름대로의 식재방법에 의해 식물을 배식하는 것이 좋다. 그러나 정형식 정원에 비해 다양한 종류의 식물을 이용할 수 있고 식재방법도 자유로운 경우가 많다. 자연형 정원에서는 식물의 높이를 일정하게 평면적으로 식재하지 않고 자연 상태와 마찬가지로 입체적인 고저를 주는 것이 좋다. 마치 자연 상태에서의 고저(高低), 노소(老少), 대소(大小)를 표현하는 것이다. 일반적으로 자연형 식재의 기본은 부등변삼각식재법이라 할 수 있다. 이 방법은 식재지에 부등변삼각형을 가상해 놓고 3개의 정점에 해당하는 지점에 각기 한 그루의 나무를 심는 방법이다. 식재하는 수목은 동일한 종류이거나 혹은 다른 종류이거나에 크게 상관없으며 수형도 정형적이 아닌 한 자유롭다. 이와 같은 식재방법을 계속 연결해나가면 넓은 식재지에도 쉽게 군식할 수도 있는 기본적인 배식법이다.

그림 6-50 섬잣나무의 정지 및 전정

그림 6-51 관목의 정지 및 전정에 의한 토피어리

정형식 정원은 주로 서양식정원에서 흔히 사용되는 방법이다. 식재하는 조경수목은 잎과 줄기가 조밀한 상록성 침엽수가 어울리는 경우가 많으며 세밀한 정지, 전정작업을 통해 다양한 모양목(topiary)으로 다듬는 것이 큰 효과를 나타낼 수 있다. 또한 같은 종류에 비슷한 규격의 식물재료를 동일한 간격과 일정한 비율로 대칭 및 직선상 또는 정삼각형, 정사각형, 직사각형, 원형 등의 기하학적 형태로 심는 것이 기본이다. 딱딱하고 정선된 느낌에 웅장한 분위기를 자아내나 소규모 주택정원에서는 잘 안 어울리는 경우가 대부분이므로 정원 전체를 정형식 정원으로 조성하는 것은 가능하면 피하는 것이 좋다.

(4) 이식 작업

지금까지 재배되던 식물포장에서 배식설계에 따라 지정된 위치로 조경식물을 이동시켜 심는 작업을 이식(移植)이라 한다. 이식 작업은 목표로 하는 정원조성의 성공여부에 가장 큰 영향을 미치는 중요한 작업이다. 그릇된 이식 작업은 식물체를 고사시키거나 사후 생육불량 현상을 가져와 결과적으로 정원조성에 실패하게 한다.

그림 6-52 조경 수목의 굴취 및 이식

조경식물의 이식 시기는 식물의 종류, 식재지의 위도 및 해발표고, 미기후 특성에 따라 다를 수 있으나 원칙적으로 낙엽성 수목류 및 하록성 다년초류는 이른 봄 혹은 9월 말~10월 초의 가을철이 바람직하다. 상록성 수목류 및 상록성 다년초류는 기온이 너무 높지 않고 공중습도가 높은 초여름이 유리하다. 특별히 소나무류는 10월부터 2월까지가 적기이며 대나무류는 죽순이 나오기 전(3~5월)이라 할 수 있다. 그러나 최근에는 조경식물의 컨테이너(container)재배가 널리 이루어지고 있어 이식시기에 크게 관계없이 작업이 이루어지고 있다. 그러나 우리나라 여름철의 혹서기(酷暑期) 및 겨울철의 혹한기(酷寒期)는 피하는 것이 식물의 활착에 좋다.

이식 후에는 증산억제제 살포, 수간 감아주기, 뿌리분 주변의 멀칭이 필요하다. 멀칭재료는 바크(bark), 우드칩(woodchip), 잘 발효된 퇴비, 왕겨, 거적 등을 흔히 사용한다.

1) 굴취

교목이나 관목과 같은 조경수목을 이식하기 위해 지금까지 생육하고 있던 장소에서 캐내는 작업이 필요한데 이것을 굴취(掘取)작업이라 한다. 굴취작업은 식물의 종류에 따라 적절한 시기를 택하여 인력 혹은 장비를 이용한 방법으로 실시하는 것이 보통이다. 굴취하기 전에 줄기 밑부분의 가지(下枝)를 위로 치켜 올려 새끼나 마대끈으로 가지를 상하지 않게 묶어준다. 일반적으로 가는 수염뿌리(細根)가 잘 발달된 관목류나 묘목의 경우에는 크게 신경쓰지 않아도 되나 대부분의 교목류는 뿌리에 흙을 붙여 뿌리분을 만들어 캐내어 이식하는 것이 원칙이다. 일반적인 경우 뿌리분의 크기는 근원직경의 3~5배로 뜨는 것이 보통이다. 뿌리 재생력이 약하거나 이식적기가 아닌 경우에는 보통 보다 뿌리분을 약간 더 크게 뜨는 것이 바람직하다. 그러나 뿌리분이 너무 크면 작업에 어려움이 있다. 또한 활엽수의 경우는 침엽수 보다 뿌리분을 약간 더 작게 하여도 잘 활착한다.

적당한 규격으로 캐낸 뿌리분은 분이 무너지지 않고 운반과 식재를 용이하게 하여 식재한 후 뿌리 활착이 좋도록 새끼나 거적 등으로 잘 감아주어야 한다.

2) 이식후 관리

식재 구덩이는 미리 파두는 것이 좋으며 크기는 분 크기의 약 1.5배 정도 파고 밑바닥에는 표토를 완숙퇴비나 부엽토 등을 적당량 섞어서 넣어주고 뿌리분을 놓는다. 식재는 원래 식재되었던 방향대로 식재하는 것이 좋으며 원래 식재되었던 깊이보다 조금 높게 식재하는 것이 좋다. 만일 바닥으로 지하수가 흐르고 있을 때는 반드시 사전에 암거배수를 마친 후 식재한다. 정원수를 옮긴 후에 적절한 사후관리를 해주어야만 정상적인 생육이 가능하다. 우선 교목류인 경우에는 지주 또는 당김줄로

나무를 고정시켜 주어야 한다. 지주를 설치하는 목적은 아직 뿌리가 고정되지 않은 상태에서 바람이나 기타 물리적인 원인에 의해 식물체를 똑바로 지지하지 못하고 흔들리는 것을 방지하여 빠른 활착을 도모할 수 있다. 그러나 경우에 따라서는 지지부분에 상처가 생겨 관상가치가 떨어지거나 세균에 감염되는 경우도 있다. 근원경이 굵은 수목(약 30~40㎝ 이상)을 이식한 후에는 플라스틱 재질의 주름유공관(지름 5~10㎝)을 분 주변에 5~6개 정도 분 깊이로 박아주면 좋다. 유공관 안에는 구멍의 지름보다 약간 굵은 자갈을 채워 외부로부터 흙이 들어가지 못하게 하고 뚜껑을 씌워준다. 관수 시에는 뚜껑을 열고 호수로 물을 유공관에 관수하면 효과적인 관수작업이 가능하다.

그림 6-53 이식 후 지하부의 통기와 관수를 위해 유공관을 꽂아준다.

교목류나 관목류 등의 목본성 식물은 물론 초화류 또는 자생 지피식물류와 같은 초본성 식물들을 이식한 후에는 토양표면을 짚이나 낙엽, 왕겨, 거적, 기타 재료로 덮어주는 것도 효과적이다. 흔히 멀칭(mulching)이라고 하는 이와 같은 피복작업은 식물이 심겨져 있는 토양을 보호하여 토양수분을 유지하고 침식방지 및 비옥도를 증진시켜주는 효과도 있다. 또한 태양 복사열 및 반사광을 감소시켜 주고 토양온도를 조절해 주며 잡초 및 병충해 발생도 간접적으로 억제시켜 주기도 한다.

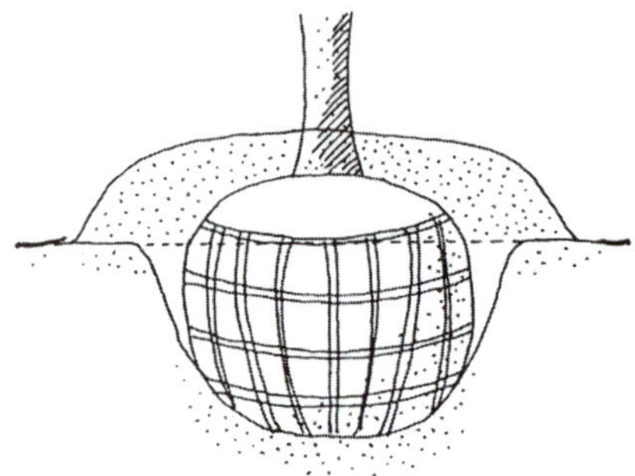

그림 6-54 조경수목은 뿌리분이 지면보다 약간 올라오게 심는 것이 좋다.

이식 직후의 식물에는 땅속 깊이까지 스며들 정도의 충분한 관수를 해주며 그 이후에는 초본성 식물을 제외하고는 토양상태와 식물의 종류를 잘 살펴 필요에 따라 적당히 조절하여 관수작업을 해준다.

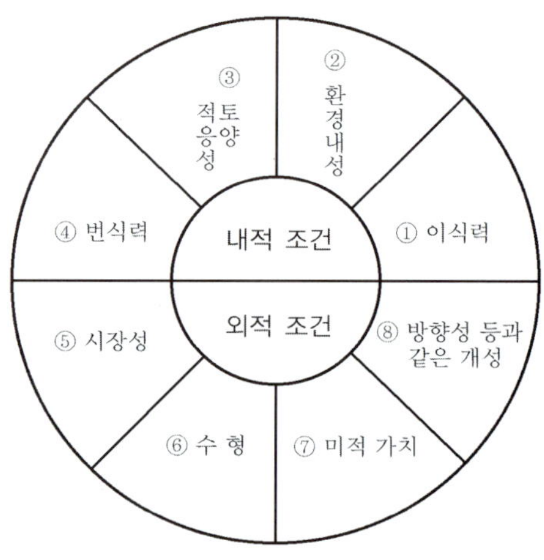

그림 6-55 조경수목의 구비 조건

그밖에 이식한 교목류의 줄기는 수피를 통한 수분발산을 막아주고 햇빛으로 부터의 줄기보호, 병충해방지 등의 목적으로 새끼나 거적, 진흙 등으로 줄기를 감아주는 방법도 필요하다. 또한 이식 후 식물체 지하부로부터의 수분흡수와 지상부로 부터의 수분 증산량의 균형을 맞추어 주기 위해 손상된 지하부 뿌리의 양만큼 지상부 줄기를 적당히 잘라주어야 한다.

(5) 조경수목의 수형과 규격

조경수목에서의 "수형"이라 함은 수목이 나름대로 지닌 잎, 가지, 줄기, 뿌리 등의 기관이 자연 상태에서 성목으로 자라 수목 고유의 형태를 나타내는 것을 일컫는다. 일반적으로 다른 식물들과 경쟁에 의해 수형이 왜곡되지 않은 상태의 독립수에서 고유의 수형이 나타나는 경우가 많다. 수목에서 뿌리로부터 발달한 줄기, 줄기에서 형성된 가지, 가지에서 뻗어 나온 잔가지를 비롯하여 줄기와 가지에 붙은 무성한 잎들이 수형을 형성한다.

그림 6-56 조경수목의 수형을 다듬기 위한 전정가위

1) 조경수목의 수형

① 줄기형

㉮ 곧게 발달한 줄기

지하부의 뿌리로부터 줄기가 똑바로 곧게 발달한 것을 말한다. 줄기는 주변의 생태적 조건 및 환경적 여건에 따라 하나 또는 여러 줄기로 발생할 수 있다. 이와 같은 줄기를 쌍간, 삼간, 다간 등으로 불리게 된다. 동일한 식물 종이라 할지라도 줄기가 복수로 발생하거나 기타 변형된 형태로 발달할 수 있다. 이와 같은 경우에는 일반적인 수형으로 볼 수는 없으며 특수한 수형으로 발달하는 경우도 종종 있다. 예들 들면 신갈나무는 저지대에서는 단간의 곧은 줄기로 자라지만 바람이 강하고 강한 햇빛이 드는 능선부나 고지대에서는 영양생식을 하므로 다간의 형태인 경우가 많다.

㉯ 총상 줄기

뿌리로부터 한, 두 개의 주간이 발달하는 것이 아니라, 여러 개의 줄기가 지상으로 올라오는 경우를 말한다. 교목에서도 발생하기도 하지만 일반적으로 관목에서 흔히 나타나는 줄

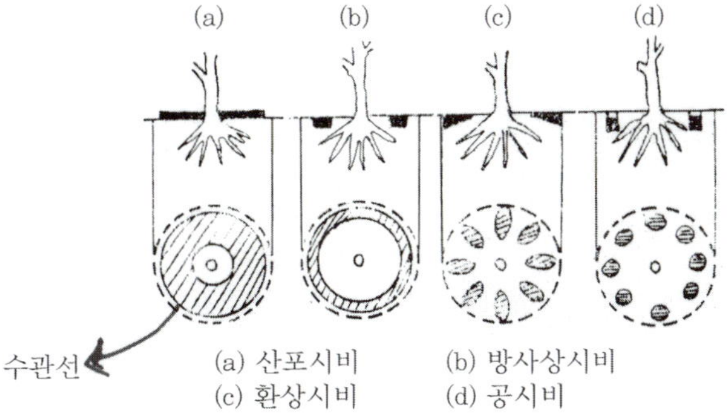

그림 6-57 조경수목의 시비 방법

기의 형태라 할 수 있다.

② 수관형

수관은 줄기와 가지가 자라는 모양에 따라 수형이 결정된다. 주간으로부터 발달한 가지의 각도, 방향, 분지수, 잎의 형태와 밀도 등이 수관의 형태를 결정한다. 특히 가지가 위로 발달하거나 아래로 늘어지느냐에 따라서 수관의 형태가 크게 달라지는데, 이를 생장형(habit)이라 한다. 또한 가지가 사방으로 균일한 세력으로 발달한 것을 정형(整形), 사방으로 불규칙하게 발달한 것을 부정형(不整形)이라 한다. 수형에 있어 생장형과 수관형에 있어 여러 형태로 구분하기도 한다.

2) 조경수목의 규격

조경수목을 유통하거나 설계, 시공 과정에 있어 기준에 따른 수목의 규격을 표시해야 한다. 일반적으로 조경수목의 규격은 수목의 성상 및 수형에 의해 정해져 있다(그림 6-58). 교목의 경우에는 수고와 흉고직경을 '수고(m)×흉고직경(㎝)'으로 나타내며 관목의 경우에는 수고와 수관폭 혹은 근원경을 '수고(m)×수관폭(m)'으로 나타낸다. 또한 아직 어린 묘목의 경우에는 줄기의 길이와 근원경으로 '줄기의 길이(㎝)×근원경(㎝)'와 같이 나타낸다.

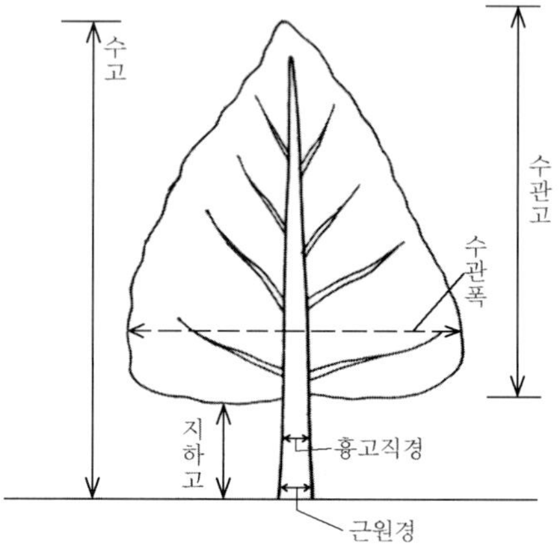

그림 6-58 조경수목의 규격을 나타내기 위한 각부의 명칭

① 수고

수고(樹高; Height, H)는 수목의 높이로 지표면에서부터 나무의 수관의 가장 높은 끝부분까지의 수직높이를 말한다. 이 경우, 무성하게 발달한 도장지는 제외한다.

② 수관폭

수관(樹冠; Crown)이란 나무의 줄기 위에 잎이 달린 가지 부분을 잎을 포함하여 총칭하여 부르는 명칭이다. 수관폭(樹冠幅; Width, W)은 이 수관의 한쪽 끝에서 다른 쪽 끝까지 좌우의 폭을 말한다. 특히, 수관의 모양이 타원형인 경우에는 최장폭과 최단폭의 평균을 수관폭으로 사용하기도 한다.

③ 흉고직경

흉고직경(胸高直徑; diameter at breast height, DBH)은 지표면에서부터 일반적인 성인의 가슴높이에 해당하는 약1.2m 높이에 이르는 나무의 줄기부위 직경을 일컫는다.

④ 근원직경

근원직경(根元直徑; root collar caliper, R)은 지표면으로부터 약 30㎝ 높이에서 줄기의 직경을 일컫는다.

⑤ 지하고

지하고(枝下高)란 수관의 가장 아래쪽 가지나 잎에서부터 지표면까지의 높이를 말한다.

8. 화단 조성방법

그림 6-59　자수화단

화단은 다양한 종류의 관상식물을 장식적으로 배치하여 재배하는 것으로 관상식물의 종류에 따라 집단적인 구성미를 관상할 수 있다.

(1) 화단의 종류

화단은 용도 및 조성하는 기법, 모양, 소재 등에 따라 다음과 같이 여러 유형으로 구분한다.

그림 6-60　리본화단

1) 평면 화단

① 자수화단(carpet flower-bed)

초장이 짧고 화색이 화려하며 개화기간이 상대적으로 긴 초화류들을 양탄자에 수놓아진 무늬처럼 각종 기하학적 문양으로 식재하여 조성한 화단이다. 화려하고 장식성이 강하며 양탄자화단, 화문화단, 모전화단이라 하기도 한다.

② 리본화단(ribbon flower-bed)

건물이나 울타리의 전면, 통로의 양쪽 등에 마치 리본(ribbon)처럼 좁고 길게 조성한 화단이다. 보통 초장이 짧은 초화류 위주로 식재하며 주로 경재식재의 용도로 조성하는 경우가 많다. 식재하는 관상식물 소재는 화색이 선명하고 아름다워 윤곽이 뚜렷하게 나타날 수 있는 종들이 좋다.

그림 6-61　포석화단

③ 포석화단

정원 혹은 잔디밭의 통로, 연못 주변, 분수 또는 상징물 주변에 돌을 깔고 사이사이에 초장이 짧은 백리향, 꽃잔디, 상록패랭이꽃, 아케라탐, 채송화, 잔디 등의 초화류를 식재한 화단이다.

그림 6-62 아케라텀

그림 6-63 샐비어

2) 입체 화단

화단 식재용 관상식물의 높이 혹은 크기를 비롯하여 화단의 모양 등을 수직적으로 배치하여 입체적인 형태를 나타내는 화단이다. 주로 식재하는 관상식물은 장미, 칸나, 튤립, 제라늄, 팬지, 샐비어(Salvia), 채송화, 데이지, 금잔화, 잔디 등이며 색채는 2~4색으로 그룹별로 단조롭고 두드러지게 식재하는 것이 효과적이다.

① 기식화단(assorted flower-bed)

원형 또는 사각형, 마름모, 오각형 등의 화단부지에 중심부를 높게 조성하고 가장자리를 상대적으로 얕게 조성하여 관상식물을 식재하는 화단이다. 식재하는 관상식물의 높이도 이와 같은 지형의 높낮이에 맞춘다. 사방에서 관상할 수 있으며 방사미를 나타낼 수 있다.

② 경재화단(boarder flower-bed)

도로와 인도, 도로와 외곽 부지의 경계, 건물과 도로 사이, 도로와 도로 사이 등과 같이 구획을 가르거나 차단 또는 경계를 설정해야 하는 경우에 경계선에 맞추어 좁고 길게 조성한 화단이다. 초본성 관상식물은 물론 키가 작은 관목류도 식재할 수 있다.

그림 6-64 기식화단

그림 6-65 경재화단

그림 6-66 경재화단

그림 6-67 돌담화단

③ 노단화단(terrace flower-bed)

테라스(terrace)화단이라고도 한다. 경사진 지형에 돌이나 벽돌로 계단 모양의 단을 쌓고 축대 위에 여러 종류의 관상식물을 식재한 화단이다.

④ 돌담화단(wall rock garden)

경사진 지형을 큰 돌로 축대를 쌓거나 경사면의 하부에 돌로 담장처럼 쌓아 돌과 돌 사이의 틈에 다육식물, 고사리류, 덩굴식물 등을 식재하는 화단이다.

3) 특수 화단

① 침상화단(sunken garden)

지면보다 낮게 화단 부지를 조성하여 시선이 위에서 밑으로 내려다 볼 수 있도록 서구에서 발달한 화단이다. 조경부지가 좁은 경우에도 화단 전체가 시야에 들어오므로 넓게 보이는 장점이 있다.

② 암석화단(rock garden)

크고 작은 바위나 돌, 기와장 등을 예술적으로 배치하고 각 위치에 따른 미세한 환경조건을 이용해 다육식물, 양치식물, 원추리, 비비추, 왜성 침엽수류 등과 같은 건조에 강한 식물을 식재한 화단이다.

그림 6-68 침상화단

그림 6-69 암석화단

그림 6-70 수재화단

그림 6-71 플라워베드를 이용한 단식화단

③ **수재화단**(water garden)

물을 이용하여 웅덩이를 만들고 수련, 연꽃, 어리연꽃, 마름, 꽃창포 등의 다양한 수생식물을 식재한 화단이다. 분수나 작은 계류를 조성하기도 하고 바닥에 깨끗한 자갈이나 모래를 깔아 장식하기도 한다.

④ **단식화단**

화단에 다양한 종류의 관상식물을 식재하는 것이 아니라 한 가지 종류를 선별하여 식재한 화단이다. 장미원, 작약원, 모란원, 꽃창포원, 구근식물원, 고사리원, 국화원 등이 있다.

(2) 화단계획 및 설계

화단을 계획할 때에는 주변의 경관과 잘 어울릴 수 있도록 하는 것이 중요하다. 그러므로 사전에 화단 조성 목적, 주변 경관, 입지 조건, 화단의 유형 및 형태, 식재 가능한 관상식물의 종류 등에 대해 충분한 조사와 분석을 한다. 특히 관상식물의 초장, 화색 혹은 엽색 등을 조화롭게 배식하고 화단의 형태 및 용도도 잘 고려하여 단순하면서도 개성 있는 화단으로 계획하는 것이 좋다. 꽃시계와 같이 화단과 시계의 용도를 동시에 지니는 특수한 화단은 미적인 면뿐만 아니라 기계적인 면에서도 계획단계에서 충분히 고려해야 한다. 또한 계절감을 나타낼 수 있는 식물 종과 화색을 효과적으로 계획한다.

그림 6-72 꽃시계 화단

화단설계는 주로 트레이싱 페이퍼를 이용하여 화단의 형태, 식재소재, 디자인 유형 등을 1/20~1/100 평면도로 그려준다. 구체적인 도면이 필요한 경우에는 단면도, 입면도, 조감도를 첨부한다. 또한 제반시공 비용을 계산하여 견적서를 작성한다.

1) 계절에 따른 적합한 화단소재

① 봄 화단용 관상식물

금낭화, 금잔화, 꽃잔디, 디몰포세카, 데이지, 로벨리아, 무스카리, 백합, 붓꽃, 수선화, 스노드롭, 에피미디움(Epimedium), 은방울꽃, 작약, 토레니아, 튤립, 팬지, 페츄니아, 프리뮬라, 할미꽃, 히아신스

그림 6-73 팬지를 식재한 봄 화단

그림 6-74 일일초를 단식한 여름 화단

② 여름 화단용 관상식물

금계국, 금어초, 꽃베고니아, 꿀풀, 달리아, 도라지, 루드베키아, 매리골드, 맥문동, 맨드라미, 백일초, 벌개미취, 범부채, 봉선화, 부용, 비비추, 샐비어, 아케라텀, 엉겅퀴, 옥잠화, 원추리, 일일초(*Vinca*), 접시꽃, 제라니움, 참나리, 채송화, 천일홍, 초롱꽃, 칸나, 콜레우스

③ 가을 화단용 관상식물

감국, 개미취, 과꽃, 구절초, 국화, 꽃향유, 달리아, 벌개미취, 쑥부쟁이, 코스모스, 털머위

그림 6-75 접시꽃

2) 화단소재의 특성에 따른 색채 효과

① 지엽(枝葉)의 발달과 색채 효과

화단에 식재하는 초화류의 경우에 잎과 가지의 발달이 왕성하여 치밀하게 자라며 초장이 낮은 종들은 상대적으로 초장이 높고 잎과 가지가 엉성한 종에 비해 색채가 선명하게 보이는 경향이 있다. 그러므로 선명한 윤곽을 나타내야 하는 자수화단 등에는 초장이 낮고 지엽이 치밀한 종들을 선별하여 식재하는 것이 효과적이다.

② 배식면적과 초화류의 색채

식물소재의 집단적인 색채미를 연출하기 위해서는 어느 정도의 배식면적을 확보해야만 가능하

다. 예를 들어 튤립과 같은 구근류의 경우에 적어도 3,3㎡ 이상의 면적에 식재해야만 구근 고유의 미를 나타낼 수 있다.

③ 주변 환경에 어울리는 색채배합

화단의 색채 효과는 식재소재 1주의 미적 특성이 아니라 다수를 군식하여 나타나는 결과라 할 수 있다. 그러므로 동일한 붉은색 꽃이라 할지라도 화경, 꽃잎의 크기, 형태, 조밀함, 높이 등이 조화되어 나타난다. 그러므로 화단의 색채계획에서는 이와 같은 제반요소들을 잘 검토할 필요가 있다. 일반적으로 화단의 색채는 주변 환경이 밝고 개활된 공간에서는 명도와 채도가 높아 밝은 색채의 식물소재를 배식하고 폐쇄되고 어두운 공간에서는 명도와 채도가 낮은 소재를 식재하는 경우가 많다.

(3) 화단의 형태

화단은 시공하는 장소에 따라 다양한 형태로 조성될 수 있으나 기본적인 외형은 다음과 같이 고려할 수 있다. 보통 건물 주변이나 도로에 인접한 공간에는 직선으로 이루어진 사각형, 삼각형 등의 화단이 주로 이룬다. 그러나 화단의 미적연출은 화단의 외형뿐만 아니라 내부의 디자인 형태에 따라서도 미적효과가 크게 달라진다.

1) 사각형

가장 일반적으로 조성되는 화단의 형태로 건물 앞, 건물 사이, 도로 주변 등에 조성된다. 강하고 딱딱한 느낌을 주며 모서리 부분의 식물이 훼손되거나 하자가 잘생기므로 관리에 유의한다.

그림 6-76 사각형 화단

2) 원형 및 타원형

부드럽고 자연스러운 느낌을 주는 화단의 형태이지만 주변의 경관과 조화를 잘 시켜야만 어색하지 않다. 그렇지 않으면 불안감이 조성되고 주변과 어울리지 않는 공간이 될 수도 있다.

그림 6-77 원형 화단

3) 삼각형

날카로운 느낌과 불안간감 줄 수 있는 형태이므로 공간의 특수성을 고려하여 조성되는 화단의 형태라 할 수 있다. 삼거리 혹은 T자형 거리 등에 조성될 수 있다.

4) 부정형

주로 동양식 정원에서 이용되며 자연미를 나타내기 위해 조성되는 형태이다. 평면으로 조성하기보다는 언덕을 만들거나 굴곡을 주어 입체적으로 조성한 경우가 많다.

그림 6-78 호텔 로비에 조성된 실내 조경

9. 실내조경

실내조경(Interior landscaping)이란 실외의 자연환경을 실내에 재현하는 것이다. 보통 생물과 무생물 소재를 이용하여 디자인, 생물의 생리, 인간의 생리 등을 적용하여 보다 기능적이고 경제적이며 아름다운 공간을 실내에 창조하는 것이다. 이와 같은 실내조경은 산업발달에 의해 부족한 도시의 녹지공간을 확보해줄 수 있으며 실내 환경의 질적인 향상을 가져올 수 있다. 실내조경은 가정의 거실은 물론 대합실, 사무실, 쇼핑센터, 호텔의 로비 등과 같은 다양한 실내공간에 적용할 수 있다.

그림 6-79 도시의 베란다에 조성된 실내 조경

그림 6-80 관엽식물을 위주로 한 실내조경

(1) 실내조경의 효과

1) 환경조절 효과

공기정화, 실내 온습도유지, 실내온도저하, 에너지절약, 소음절감 및 차폐효과, 유해 전자파 차단, 음이온발생, 악취의 흡착

2) 심미적 효과

실내장식 및 분위기 개선효과로 푸르름과 안정감을 준다.

그림 6-81　실내조경은 실내장식 효과가 높다.

그림 6-82　좁은 공간을 활용한 실내 조경

3) 심리적 효과

심리적 안정감 제공, 휴식 공간 제공, 테크노-스트레스 경감, 정신적 원예치료 효과, 생물에 대한 이해와 교육적 효과

그림 6-83　화분을 이용한 실내조경

4) 경제적 효과

작업효율 향상, 안전성 제공, 종업원 정착률 상승, 손님 수용력 증가, 선전효과, 건물의 질적 향상 및 상징성 제공으로 건물의 가치 상승

5) 건축적 효과

공간을 분할하여 효율적인 이용이 가능하고 차폐 및 시선차단에 의한 사생활 보호가 가능하다.

그림 6-84　실내조경에 의해 공간을 분할하는 효과가 있다.

그림 6-85　단순한 화분 배치가 시선을 차단할 수 있다.

6) 광장 효과

실내에서의 모임, 만남, 집회 공간을 제공하여 광장의 기능을 할 수 있다.

(2) 실내식물의 선택요령

실내식물을 잘 가꾸기 위해서는 원산지와 유사한 그들이 요구하는 적절한 환경을 제공해 주는 것이 가장 기본적인 관리이다. 이것만 적절히 제공해 주면 식물은 그 주어진 환경에서 적응하면서 자라므로, 상대적으로 병충해 방제나 가지치기와 같은 다른 관리 작업이 줄어들어 식물 가꾸기의 즐거움을 더욱 손쉽게 느낄 수 있다. 실내조경에 식재하기 유리한 식물은 내음성이 강하고 온도변화에 둔감하며 성질이 강건하고 형태가 아름다운 식물이다.

그림 6-86 바오밥나무 (*Brachychiton rupestris*)

1) 광조건

실내조경에 식재되는 식물도 정상적인 광합성을 위해 빛을 필요로 한다. 태양광 혹은 인공광을 이용하여 광조건을 맞추어줄 수 있다. 실내는 보통 밝은 창가라 하더라도 실외에 비해 10배 또는 그 이상으로 광도가 낮으므로, 실내에서 식물을 가꾸는데 가장 중요한 요인은 빛이라고 할 수 있다. 실내 환경은 방위, 공간의 특성 등에 의해 광 조건이 다르게 나타난다. 현관이나 식당, 부엌, 침실과 같은 공간은 광도가 매우 낮은 경우가 많아 내음성이 강한 프테리스(Pteris), 아디안텀(Adiantum), 싱고니움(Syngonium), 피토니아(Fittonia) 등을 식재할 수 있다. 거실은 중간 정도의 광조건이며 베란다 혹은 아트리움(atrium) 공간은 강한 광선이 드는 장소가 많으므로 고무나무(Ficus)류, 파키라(Pachira),

그림 6-87 싱고니움(Albovirens)

그림 6-88 마다가스카르재스민(*Stephanotis floribunda*)

그림 6-89 딜레니아(*Dillenia philppinensis*)

그림 6-90 딜레니아(*Dillenia suffruticosa*)

그림 6-91 페디란서스

그림 6-92 반입 약모밀(*Houttuynia cordata* 'Variegata')

드라세나(Dracaena), 마다가스카르재스민(*Stephanotis floribunda*), 페디란서스(*Pedilanthus tithymaloides*) 등이 식재 가능하다. 특이한 유형의 식물을 식재한다면 건조에 강하고 호광성인 바오밥나무, 딜레니아 등과 같은 교목류를 대규모 공간의 중심목으로 식재할 수도 있다.

일반적으로 잎이 얇고 넓은 식물은 상대적으로 빛을 적게 요구하고, 잎이 비교적 두껍고 작은 식물은 빛을 많이 요구하는 경향이 있다. 잎에 무늬가 있는 반입식물(斑入植物)은 그렇지 않은 식물체보다 빛을 많이 필요로 한다. 반입식물은 빛이 너무 적거나 반대로 너무 강해도 잎의 무늬가 없어져 관상가치가 떨어진다. 또한 꽃이 아름다운 식물은 그렇지 않은 관엽식물류보다 빛을 많이 필요로 한다. 실내조경에 식재한 식물의 줄기 마디가 길어지고 엽색이 흐려지거나 꽃을 피우는 식물이 꽃을 피

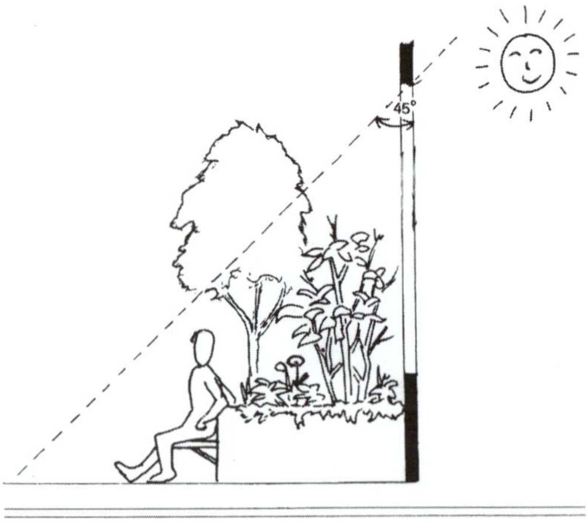

그림 6-93 실내조경의 적절한 태양광 채광 조건은 입사각 45° 정도로 들어오는 빛이 가장 이상적이다.

우지 않고 꽃봉오리가 달려도 잘 피지 않거나 화색이 흐리게 필 경우에는 물이나 비료가 적다고 생각하기에 앞서 광도 부족을 염두에 두어야 한다.

그림 6-94 발풀고사리(*Gleichenia dichotoma*)

2) 온도 조건

대기 중의 온도조건은 생명체 내에서 물질을 합성하거나 이용하는데 관여하는 화학반응의 속도를 결정하는 요인으로서, 특히 녹색식물은 광합성과 호흡, 증산작용, 휴면 등의 생리작용에 영향을 끼치는 중대한 요인 중의 하나이다. 실내조경에 주로 식재하는 열대나 아열대 원산인 관엽식물류는 25℃ 내외의 온도에서 잘 자라므로 5~9월에 잘 자란다. 그러나 우리나라의 겨울철은 아무리 실내라 하더라도 기온이 10℃ 이하로 내려가는 경우가 많으므로 식물의 종류에 따라서는 정상적으로 자라지 못하거나 심하면 죽는 경우가 있다.

그림 6-95 백량금

그림 6-96 자금우

① 저온생육형 실내조경 식물

주로 우리나라의 남부 해안지역 혹은 아열대 지역이 원산인 상록성 식물로 어느 정도의 저온에 견딜 수 있는 식물들이 대부분이다. 겨울철 실내 최저온도가 0℃ 혹은 이하로 내려가도 견딜 수 있는 식물들이다. 풀고사리, 발풀고사리, 양면고사리, 석위, 백량금, 식나무, 송악, 팔손이나무, 자금우, 치자나무 등이 이에 속한다.

그림 6-97 엔젤트럼펫

② 중온생육형 실내조경 식물

최저 10℃ 이상의 온도가 유지되어야만 생육이 가능한 식물로 우리가 알고 있는 대부분의 관엽식물들이 이에 속한다. 선인장류, 유카, 엔젤트럼펫(*Datura suaveolen*), 용설란류(*Agave* spp.), 협죽도, 범의귀(Saxifraga), 나한송 등도 이에 속한다.

③ 고온생육형 실내조경식물

최저 15℃ 이상의 온도가 유지되어야만 생육이 가능한 식물로 특히 저온에 약한 열대 원산의 식물들이다. 디펜바키아(Dieffenbachia), 베고니아, 싱고니움, 시서스(Cissus), 아글라오네마(Aglaonema), 아펠란드라(Aphelandra), 하이포에스테스(Hypoestes) 등이 있다.

그림 6-98 실내에 식재된 관상식물은 적절한 환경조건이 유지되어야 한다.

그림 6-99 양란과 전통기와를 이용한 실내 조경

3) 수분 조건

실내조경에 식재된 식물은 화분 혹은 인공지반이라는 제한된 공간 내에서 인위적인 관수에 의해 생육하므로 수분변화에 대해 매우 민감하게 반응한다. 그러므로 실내조경에서 관수방법은 중요하다. 보통 스프링클러를 비롯하여 지하로 관을 매설한 점적관수 방법 등을 이용한다. 지하부의 관수는 너무 습하거나 건조하지 않도록 토양수분 측정 장치를 설치하는 것이 좋고 공중습도는 60% 이상으로 유지하는 것이 바람직하다. 또한 실내조경은 인공지반이나 실내공간에 설치하므로 배수가 원활하지 못하다. 그러므로 시공 시에 적절한 배수층을 조성해주어야 한다. 배수층의 재료로는 자갈, 마사, 숯, 펄라이트 등을 하부에 깔아주어 배수와 통기를 원활하게 해준다.

일반적으로 키가 크고 잎이 얇으며 넓은 식물은 증발산이 왕성하므로 수분을 많이 필요로 하는 반면, 키가 작고 잎이 적으며 질기고 튼튼한 식물 및 다육식물, 선인장류는 상대적으로 수분이 적어도 비교적 잘 견딘다. 또한 동일한 식물이라 할지라도 밝고 따뜻한 곳에서는 어둡고 서늘한 곳보다 관수를 자주 해야 한다.

공기 중의 공중습도도 실내조경 식물의 생장에 중요한 역할을 한다. 일반적으로 열대나 아열대 원산의 관엽식물이나 양치식물, 난과식물은 높은 공중습도를 선호하지만, 다육식물이나 선인장, 일부 온대 원산의 화목류는 너무 높은 공중습도를 싫어한다.

그림 6-100 라피스야자 (*Rhapis exelsa*)

그림 6-101 리쿠알라야자 (*Licuala spinosa*)

그림 6-102 극락조화

4) 식재식물의 선택

① 상층부 식물

실내조경 배식에 있어 높이를 결정하는 가장 키가 큰 식물을 일컫는다. 보통 목본류가 식재되며 야자류, 나무고사리류, 대나무류도 이용된다. 벤자민고무나무, 인도고무나무, 녹나무, 후박나무, 팔손이나무, 태산목, 가시나무류, 까마귀쪽나무, 굴거리나무, 감탕나무, 생달나무, 먼나무, 호랑가시나무, 개비자나무, 비자나무, 워싱턴야자, 카나리아야자, 당종려, 소철, 드라세나, 파키라 등이 널리 식재된다.

그림 6-103 호주매화(*Leptospermum* spp.)

② 중층부 식물

상층목의 하부에 식재하여 하층목과의 사이에 비어 있는 공간을 채워주는 식물이다. 꽃의 관상가치가 높거나 잎의 모양이 특이한 식물을 포인트로 식재하는 경우가 보통이다. 대표적인 식물로는 극락조화, 크로톤, 소철, 드라세나, 관음죽, 남천, 뿔잎남천, 호주매화(Leptospermum spp) 등을 식재한다.

그림 6-104 알록카시아'Black magic'

그림 6-105 익소라

그림 6-106 수호초

그림 6-107 반입 산세베리아

그림 6-108 칼라데아

③ 하층부 식물

중층목의 하부에 군식하여 실내정원의 부피감을 주는 식물이다. 지엽이 조밀하고 키가 낮은 식물을 주로 식재한다. 목본류는 물론 초본성 관엽식물류가 널리 식재된다. 백량금, 자금우, 알로카시아, 디펜바키아, 필로덴드론, 안스리움, 익소라(Ixora), 아나나스, 군자란, 스파티필럼, 아글라오네마(Aglaonema) 등이 대표적이다.

그림 6-109 헤데라'Variegata'

그림 6-110 베고니아

④ 지피식물

지면부를 조밀하게 피복하는 식물로 주로 덩굴성식물 및 내음성이 높은 초본류가 널리 식재된다. 맥문동, 수호초, 산세베리아, 칼라데아, 마란타, 필레아, 스킨답서스, 호야, 헤데라(Hedera), 베고니아, 바위떡풀 등이 대표적이다.

제 3 절 관상식물 분재

1. 분재의 의미

분재는 얕은 분에 관상식물을 축소시켜 가꾸어 자연미를 감상하는 것이다. 일반적으로 목본성 관상식물을 식재하여 감상하지만 초본성 식물은 물론 다육식물 및 선인장도 이용한다. 가장 일반적으로 사용하는 소재는 소나무류가 가장 많고 이어 소사나무, 향나무류, 단풍나무류, 모과나무, 철쭉류, 명자나무, 느릅나무, 피라칸사, 낙상홍, 때죽나무 등이다.

그림 6-111 당나라 정화태자 묘에 그려진 "분재를 든 신하의 모습" 벽화

2. 분재의 종류

(1) 송백분재

소나무(육송; 陸松), 곰솔(해송; 海松), 잣나무(오엽송; 五葉松), 섬잣나무, 향나무(진백; 眞柏), 노간주나무(두송; 杜松), 편백, 주목 등과 같은 침엽수류를 이용한 분재를 일컫는다.

그림 6-112 향나무 분재

(2) 잡목분재

잡목분재는 주로 온대성의 낙엽활엽수를 소재로 이용한 분재를 일컫는다. 생장기의 잎이나 열매를 감상함은 물론 겨울철의 앙상한 줄기나 가지도 관상가치가 지니는 수종도 많다. 이들 가운데 특별히 꽃의 관상가치가 높은 분재를 화목분재라 하고 모과나무, 낙상홍, 노박덩굴 등과 같이 열매의 관상가치가 높은 분재는 실물분재로 구분하기도 한다.

(3) 화목분재

꽃의 관상가치가 높은 분재용 소재로 벚나무, 동백나무, 차나무, 철쭉류, 명자나무 등이 대표적이다.

(4) 실물분재

꽃이 지고 난 이후 열매의 관상가치 및 향기 등이 가치가 높은 분재용 소재로 모과나무, 감나무, 꽃아그배, 돌배나무, 산사나무, 노박덩굴, 으름 등이 있다.

그림 6-113 동백나무 분재

3. 분재 소재로 적합한 목본식물

(1) 성질이 강건하여 분에서의 적응력이 뛰어난 수종

근본적으로 성질이 강건하여 제한된 분재분에서 적응력이 뛰어나 맹아 발생이 잘되고 병충해 및 생리장애가 적은 수종이 유리하다.

(2) 절간마디가 짧고 왜화가 잘되는 수종

성장속도가 너무 왕성하지 않아 절간마디 길이가 짧게 자라고 분재분에서의 장기간 재배에 의해 왜화가 잘되는 수종이 유리하다.

(3) 수형이 아름답고 개성미가 있는 수종

어린 나무에서도 고유의 수형이 만들어지고 재배기간이 길어지면서 고목의 정취가 느껴질 수 있으며 수피, 줄기 및 가지의 아름다움을 지닌 수종이 유리하다.

그림 6-114 소나무 분재

(4) 잎, 꽃, 열매 등의 크기가 작고 관상가치가 높은 수종

축소된 분재미가 형성될 수 있도록 잎이나 꽃, 열매 등이 작아 균형이 잡히고 나름대로의 미를 지닌 수종이 유리하다.

4. 분재소재의 특수 재배법

(1) 줄기를 굵게 만드는 법

분재는 짧은 재배기간에도 불구하고 노목의 분위기를 느낄 수 있는 관상식물이다. 그러므로 가능하면 줄기를 굵고 튼튼하게 재배하는 것이 중요하다. 일반적으로 상록성 침엽수류인 송백분재는 심근성으로 분에서의 적응이 느리고 쉽게 굵어지지 않으나 낙엽성 활엽수류는 상대적으로 천근성이며 성장이 빨라 단기간에 줄기가 굵어지는 특징이 있다. 이런 의미에서 단풍나무류를 비롯하여 꽃아그배류 등은 줄기가 쉽게 굵어지는 경향이 있어, 훌륭한 분재소재라 할 수 있다.

그림 6-115 낙상홍 분재

줄기를 굵게 하기 위해 흔히 사용하는 방법은 밀식재배를 피해야 한다. 햇빛을 충분히 쬐여주는 것이 도장을 피하고 줄기생장에 좋다. 또한 적당한 간격으로 길게 자란 뿌리를 정리해주는 단근작업도 필요하다. 식물체가 상하지 않는 범위에서 줄기의 철사감기도 효과가 있다.

(2) 다간작을 만드는 법

느티나무나 단풍나무류와 같이 수피가 얇아 쉽게 줄기가 붙어버리는 수종을 이용해 여러 포기를 모아서 밀착시켜 식재하면 시간이 경과하면서 마치 한 뿌리에서 여러 그루가 발생한 것 같은 모양이 된다.

(3) 뿌리노출목(根出木)을 만드는 방법

구멍이 뚫린 긴 플라스틱 파이프 등을 이용하여 뿌리가 밑으로 잘 발달하는 수종을 식재하여 재배하면서 위에서부터 조금씩 파이프를 제거해 뿌리를 경화시키면 길게 자랄 수 있게 해준다. 길게 발달한 뿌리를 적당히 돌이나 나무에 얹어 석부작, 목부작으로 만들 수도 있고 지상으로 노출시켜 분재로 재배할 수 있다.

5. 분재의 수형

(1)줄기의 모양에 따라 구분

1) 직간

줄기는 하나이고 가지가 사방으로 발달하여 수형이 대체로 반듯하게 지표면에 직립한 수형이다. 강인한 느낌을 주고 위로 올라가면서 가지가 점점 가늘고 짧아져서 간격이 좁아지는 것이 균형이 잡히고 단정하여 자연미가 있다.

(a) 직간

(b) 모양목

(c) 사간

(d) 현애

그림 6-116 줄기의 모양에 따른 분재의 수형

2) 사간

줄기가 지표면에 대해 비스듬히 자라며 가지는 햇볕이 드는 방향으로 발달한 모양이다. 송백분재에 어울리는 수형이고 화분은 낮은 타원형 혹은 원형이 어울리며 때로 반현애의 수형을 나타내는 경우도 있다.

3) 모양목

소재의 줄기가 자연스럽게 곡선으로 구부러진 수형으로 곡간(曲幹)이라고도 하며, 여러 형태로 독특한 수형들이 있다. 대부분의 분재소재에 잘 어울리는 수형이며 인위적으로 줄기를 구부리는 경우에는 자연스럽게 수형을 만든다.

4) 현애

나무가 벼랑에 늘어져 있는 수형을 묘사한 분재이다. 보통 소재의 위치가 화분보다 아래로 길게 늘어지게 재배하며 화분 높이와 평행하거나 약간만 늘어진 수형은 반현애라고 한다.

(2) 줄기의 수에 따라 구분

1) 단간

단간은 자연 상태에서 수목의 가장 일반적인 줄기 모양으로 분재에서는 하나의 줄기를 중심으로 이루어진 수형이다. 대부분의 분재에서 재배되는 수형이다.

그림 6-117 단간작 분재

그림 6-118 쌍간작 분재

2) 쌍간

뿌리 부분은 하나이지만 줄기가 두 개로 갈라져 수형을 이루는 분재이다. 이때 한 줄기는 소, 또 다른 한 줄기는 대로 균형을 맞춰준다. 짝줄기형 수형이라고도 하며 두 개의 줄기가 잘 어울려져 조화를 이루면 흥미롭고 정감을 주는 독특한 수형이다.

그림 6-119 기식작 분재

3) 기식

모아심기라고도 하며 여러 그루의 소재를 모아심어 마치 숲의 정취를 느낄 수 있도록 표현한 분재 수형이다.

4) 연근

한 뿌리에서 자란 줄기들이 한 군데로 뭉쳐 있지 않고 옆으로 간격을 두고 이어져 있는 모양이다.

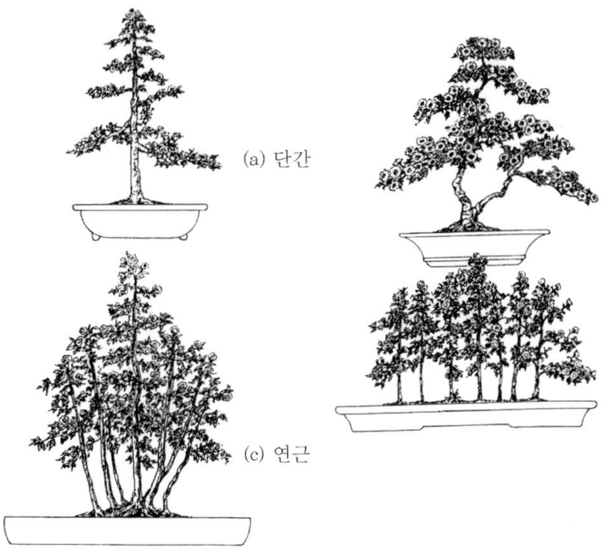

그림 6-120 줄기의 수에 따른 분재의 수형

(3) 분재의 배양방법에 따라 구분

1) 문인목

소재의 줄기 3/4 하부에 가지를 발달시키지 않고 가늘고 길게 재배한 분재이다. 보통 소나무와 같은 송백분재에서 주로 표현하는 단순한 수형이다.

2) 석부 및 목부

돌이나 나무와 같은 자연물에 소재를 부착시켜 재배한 분재이다. 돌은 연질의 화산석을 흔히 사용하며 분재 소재와 어울리는 형태를 선별하여야 한다. 목부는 고사목 등에 분재를 붙여서 재배하는 것이다.

3) 콩분재

분재 소재의 생장을 극도로 억제시켜 최대한 소형으로 배양한 분재를 일컫는다. 성질이 강건한 쥐똥나무, 피라칸사, 회양목 등을 이용한다.

6. 분재 관리

그림 6-121 분재 재배상

분재는 제한된 공간인 분 안에서 관상식물을 재배하는 방법이므로 토양은 물론 식재방법, 관수 및 시비방법, 환경조건 조절 등 항상 세심한 관리가 뒤따라야 한다. 특히 여름철에는 지온의 상승을 방지하고 고온다습을 피해야 한다. 겨울철에는 식물체의 지상부 및 지하부 뿌리의 동해를 방지해주어야 한다. 특히 겨울철에 휴면에 들어가는 온대성 목본류의 경우에는 적절한 저온처리가 반드시 필요하다. 또한 아름다운 수형의 유지를 위해 정지, 전정을 비롯하여 동선감기가 필요하다. 분재의 수형은 너무 인위적인 모양보다는 자연적인 수형의 표현이 중요하다. 세심한 작업을 필요로 하는 분재관리 작업은 전용의 작업판 혹은 용구를 사용하는 것이 좋다.

(1) 분재용토

분재용토는 적당한 보습성도 필요하지만 통기성과 배수성이 좋아야 한다. 그러므로 흔히 사용되는 용토는 마사토와 부엽을 적절한 비율로 혼합하여 사용하고 있다. 부엽을 너무 과다하게 사용하면 토양의 유기물 함량이 높아져 식물이 너무 왕성하게 자랄 수 있으며 마사토의 비율이 너무 높아지면 식물의 상태가 나빠져 관상가치가 떨어질 수 있다. 보통 생장이 느린 송백분재의 경우에는 마사(7):미사(3)의 비율로 흔히 재배하며 적당한 비옥도를 필요로 하는 잡목분재의 경우에는 마사(6):미사(3):부엽(1)의 비율로 재배하는 경우가 많다. 또한 화목분재나 과실분재의 경우에는 화아분화에 필요한 비료분을 보충해주기 위해 마사(6):미사(2):부엽(2)의 비율로 용토를 조제하여 재배한다.

(2) 분갈이

그림 6-122 다양한 종류의 분재분

분재는 낮고 좁은 화분의 제한된 공간에서 재배하는 관상식물이므로 어느 정도 재배기간이 경과하면 뿌리가 성장하여 서로 얽히고 과성장하여 통기불량과 배수성에 문제가 생긴다. 그러므로 분재의 종류와 연령 및 재배환경에 따라 일정한 기간을 두고 분갈이를 해주어야 한다. 보통 잡목분재는 1~ 2년, 송백분재는 2~3년에 한 번씩 분갈이를 해주는 것이 좋다. 분갈이 시기는 봄(3~4월) 및 가을(9~10월)에 하는 경우가 일반적이다. 분갈이 과정에서 웃자란 뿌리를 정리해주고 용탈된 토양을 신선한 토양으로 교체해주며 분재의 상태를 점검해주는 기회라 할 수 있다. 분갈이 과정에서 큰 화분으로 교체해줄 수도 있으나 대부분은 사용하던 화분을 그냥 사용하거나 비슷한 크기의 화분을 이용한다.

화분갈이를 위해 우선 하루 정도 관수를 중지하여 분토를 말린다. 화분 주위를 주먹이나 고무망치로 가볍게 두들겨 화분과 토양을 분리시켜 식물을 분에서 뽑아낸다. 이 때 여의치 않으면 화분을 깨버릴 수도 있다. 뒤엉킨 뿌리를 잘 정리하여 깨끗이 물로 세척한다. 새로운 화분에 옮겨 심는데, 화분의 맨 밑에는 배수층으로 굵은 모래를 분의 1/3 정도 깔고 배수공을 통해 철사로 가볍게 뿌리를 묶어 얕은 화분에서 흔들리지 않게 고정시켜 준다. 조제된 배양토를 뿌리 사이사이에 채워준다. 이 때 토양이 골고루 들어갈 수 있도록 나무막대로 밀어 넣어 준다. 바람이 불지 않는 반그늘에서 충분히 관수하여 일정 기간 관리한다.

(3) 수형관리

분재는 축소된 자연을 표현한 것이므로 노거수의 풍취를 자아낼 수 있도록 재배하여야 한다. 이 과정에서 필연적으로 분재소재의 세심한 수형관리가 필요하다. 일반적으로 행하는 수형관리 작업은 햇순따기를 비롯하여, 햇가지 자르기, 잎따기, 철사감아주기 등이 있다. 이와 같은 수형의 관리는 소재의 종류 및 특성, 수형, 환경 등에 따라 시기와 방법이 차이가 있으므로 주의한다.

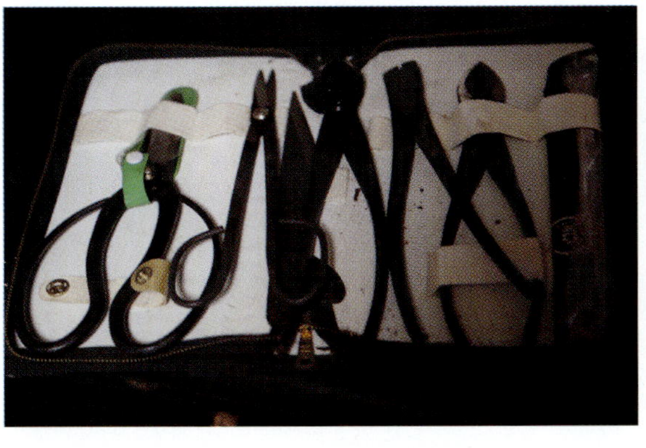

그림 6-123 분재의 관리에 필요한 도구들

그림 6-124 분재 작업판 및 받침대

(4) 철사감기

분재수형을 관리하는 대표적인 방법으로 소재의 세력을 조절하고 의도하는 수형을 만들 수 있는 적극적인 방법이다. 보통 소재의 휴면기에 실시하지만 수세가 왕성한 경우에는 수시로 행하기도 한다. 수형관리용 철사는 부드럽고 잘 끊어지지 않는 구리, 아연, 알루미늄 재질의 철사가 흔히 이용된다. 줄기 교정용은 6~10번선, 굵은 가지용은 12~14번선, 가는 가지용은 18~22번 선이 주로 이용된다. 줄기를 감는 경우에는 줄기나 가지를 약간 비틀듯이 감아주면 원하는 수형대로 잘 휘어진다. 보통 수개월에서 1년 정도 감아두면 자연스레 수형이 잡힌다. 수형이 잡힌 이후에는 곧바로 철사를 풀어주는데, 풀어준 철사는 재사용할 수도 있고 견고히 감은 철사는 무리하게 풀지 말고 가위로 잘라준다.

(5) 관수 및 시비

분재용 화분은 수형을 잘 표현하기 위해 높이가 낮은 분을 사용하는 경우가 많다. 그러므로 쉽게 건조해지고 비료분도 금방 용탈이 되고 만다. 그러므로 관수와 시비관리에 있어 다른 관상식물에 비해 면밀하게 해야 한다. 관수는 계절과 기상조건, 소재의 특성에 따라 다르나 여름철에는 장마철을 제외하고는 1일에 1~2회 관수하고 봄, 가을에는 하루에 1회 정도 관리한다. 겨울에도 분재가 마르지 않게 1주일에 1회 정도 관수하는 것이 좋다. 관수 시에는 배수공으로 물이 흘러나올 정도로 충분히 주는 것이 좋고 물이 튀어 흙이 잎에 묻지 않게 주의한다.

분재에 대한 시비는 일반적인 분화류와 달리 너무 잦은 횟수는 바람직하지 못하다. 대부분의 분재는 생장을 적당히 억제하는 것이 좋으므로 과다한 시비는 분재의 관상 가치를 떨어뜨리는 원인이 되기도 한다. 그러므로 유기질 비료와 같은 완효성 비료를 충분히 발효시켜 덩어리로 만들어 분재분 위에 올려놓아 서서히 분해되도록 한다.

제 4 절 테라리움 및 분경

1. 테라리움

(1) 테라리움(terrarium)의 정의

테라리움(terrarium)이란 라틴어의 'terra(땅, 대지)'와 'arium(용기, 방)'의 합성어로 관상가치가 있는 야생식물이나 재배식물을 용기 내에 식재하여 꾸며놓은, "투명한 유리 용기 속의 정원"을 일컫는다. 그러므로 테라리움은 관상 가치는 물론 용기 속의 푸른 식물이 실내의 인테리어 효과도 높다. 또한 실내의 습도 조절은 물론 공기 청정효과도 일부 인정되고 있다.

그림 6-125 유리로 지어진 온실도 하나의 거대한 테라리움이다(사진은 국립수목원).

(2) 테라리움의 기원 및 원리

1) 테라리옴의 기원

1836년 영국의 내과 의사이었던 나다니엘 백쇼 워드(Nathaniel Bagshow Ward)가 흙이 담겨져 있던 유리용기 속에서 나방의 번데기가 부화하는 생장 과정을 관찰하는 과정에서 우연히 양치식물의 포자가 싹이 트고 자라는 것을 발견하게 되었다. 이렇게 밀폐된 용기 속에서 식물이 자라는 것에 실마리를 얻어 인위적으로 종려나 이끼류를 용기에 심어 어떤 종류의 식물은 무려 13년간이나 물을 주지 않아도 밀폐된 용기 속에서 자랄 수 있다는 것을 알게 되었다. 결국 1942년에 「유리 상자 속의 식물생장에 관하여」라는 연구논문을 발표함으로써 테라리움 최초의 연구문헌이 되었다.

우리나라에서 본격적으로 테라리움이 알려지기 시작한 것은 1980년대 원예 관련 종사자들에 의해 실내에서의 그린인테리어 기능을 살린 관상식물 작품과 다양한 아이디어가 들어간 용기를 제작하면서부터라 할 수 있다. 그 후 각종 꽃예술전시회 및 실내조경 분야에서 테라리움 전시회를 개최함으로서 일반인들에게도 많은 관심과 호응을 주었으며 실내원예의 새로운 분야로 정착하게 되었다.

2) 테라리움의 원리

테라리움의 원리는 자연 생태계를 구성하고 있는 녹색식물의 다음과 같은 생리작용들을 과학적으로 적용시켜 만들고 감상하고 있다.

① **광합성 및 호흡의 대기순환 원리**

식물은 한낮에 광합성에 의해 이산화탄소를 흡수하고 산소를 배출하며 유기물을 합성한다. 밤에는 낮에 만들어진 유기물을 분해하는 호흡작용으로 산소를 흡수하고 이산화탄소를 배출하며 용기 내의 공기조성을 조절하며 생존할 수 있다.

그림 6-126 원형의 테라리움 전용 용기에 식재된 관상식물

② **수분 순환의 원리**

낮 동안 일어난 증산작용과 토양으로부터 증발된 수분이 유리 안쪽에 맺혀, 밤 동안 기온이 떨어지면서 물방울이 되어 식물이나 토양으로 떨어진다. 이와 같은 현상이 반복되면서 용기 속에 자주 물을 주지 않아도 수분이 유지될 수 있다.

③ **수분유지의 원리**

테라리움 하부에 숯, 모래, 자갈을 깔아 조성된 배수층은 화분에서 배수구멍과 같은 배수 역할과 용기 내의 수분유지를 해준다. 흔히 사용하는 숯은 자체 내 공극을 많이 가지고 있어 흡습성이 높아 식물의 뿌리 호흡을 좋게 하고 식물체의 부패를 방지하며 해독작용의 역할을 한다. 또한 하부의 투수층은 유휴수분을 저장하여 과습을 막아주고 수분이 부족할 때에는 보충해주는 역할을 해주며 공기유통을 좋게 해준다.

(3) 테라리움의 구분

테라리움은 밀폐 혹은 개방된 용기에 토양층을 만들고 식물을 식재하여 제작하는 것이 기본이지만 형태 및 재료에 따라 다음과 같이 구분하기도 한다.

1) 용기 내의 재료에 따라

용기 내에 토양층을 만들고 식물을 식재한 일반적인 의미의 테라리움(terrarium)을 비롯하여 용기에 물을 채우고 관상용 물고기를 사육하고 식물을 식재한 아쿠아리움(aquarium), 용기 내에 식물을 식재하고 물을 채우지 않은 상태에서 거북이나 양서류를 기르는 비바리움(vivarium) 등으로 구분한다. 또한 테라리움에 식재하는 식물의 특성에 따라 열대 및 아열대 식물 형(tropical environment plants), 숲속을 연상하는 자연스러운 느낌의 식물형(woodland plants), 선인장 및 다육식물을 주로 식재하여 건조한 사막을 연상시키는 느낌의 사막식물형(desert Environment plant)으로 나누어진다.

2) 용기의 개폐여부에 따라

① 밀폐형 테라리움

용기의 입구가 좁고 거의 밀폐된 조건이므로 내부의 습도 유지가 잘되고 외부의 환경변화에 완충효과가 크다. 입구가 좁아 테라리움 제작에 어려움이 따르며 습기에 잘 견디는 식물을 식재하는 것이 좋다.

② 개방형 테라리움

용기의 입구가 상대적으로 넓고 열린 상태이므로 습기유지가 어려우며 외부의 환경변화에 따라 테라리움 내부의 환경조건도 변화가 크다. 입구가 열려 있어 테라리움 제작이 상대적으로 용이하나 내부의 습도유지가 어렵고 과습과 건조에 잘 견디는 강한 식물이 유리하다.

그림 6-127 개방형 유리 용기 테라리움

(4) 테라리움 제작에 필요한 재료

1) 용기

가급적이면 투명한 유리나 플라스틱으로 제작한 용기를 이용하는 것이 좋다. 테라리움 전용으로 생산된 용기도 있으나 생활용품 가운데 투명한 유리, 플라스틱제, 아크릴제품으로 된 용기나 도자기 그릇을 재활용할 수도 있고 양주병, 어항, 꽃병 등 종류가 다양하다.

(a) 장식용 유리용기

(b) 브랜디 잔

(c) 와인병

(d) 어항

그림 6-128 테라리움에 이용될 수 있는 유리 용기

그림 6-129 밀폐형 테라리움

2) 용구

① 소형의 전용 삽

테라리움 제작에 이용할 수 있도록 만들어진 소형의 삽으로 용기에 토양을 넣거나 옮기는데 이용한다. 전용 삽 대신에 숟가락 등을 이용할 수도 있다.

② 소형의 갈퀴

용기 내의 식물을 옮기거나 토양을 정리하는데 이용하며 식물의 고사한 잎이나 식물체를 집어 올리는데 이용한다.

③ 소형 집게 혹은 긴 핀셋

식물이나 재료를 용기에 집어넣을 때 이용하거나 식물의 고사체나 지저분한 것들을 집어 올릴 때 이용한다.

④ 다지기

긴 막대나 철사 끝에 헝겊을 밤알 크기로 말아서 붙여 흙을 다질 때 사용한다.

⑤ 커터(cutter)

식물을 식재한 후 불필요한 가지나 잎을 제거할 때 이용하며 무성하게 자란 식물체의 모양을 다듬는데 이용한다.

⑥ 전정가위

화분에 있는 식물을 테라리움에 식재하기 전에 모양을 정리하거나 병든 가지나 잎 등을 미리 잘라내기 위해 이용한다.

⑦ 유리 안쪽 벽 닦기

막대 끝에 헝겊이나 스펀지를 달아 지저분해진 용기 내부의 유리벽을 닦는데 이용한다.

⑧ 스프레이

테라리움에 식물의 식재가 끝난 후, 잎에 묻은 먼지와 용기 안쪽에 붙은 먼지 등을 씻어 내릴 때 스프레이를 이용한다. 식물의 식재 직후에는 식물의 뿌리가 충분히 젖을 만큼 스프레이로 물을 준다.

3) 용토

실내에서 장식되고 관리되는 테라리움은 내음성이 뛰어난 실내 관엽식물을 주로 식재한다. 또한 용기의 밑에 배수구가 없는 용기를 이용하므로 과습이 우려될 수 있다. 그러므로 사용하는 용토는 가능하면 보습성과 통기성이 좋고 무균상태로 청결하여 부패될 염려가 없는 토양이 이상적이다. 또한 대부분이 투명한 용기를 이용하므로 외부에서 관상가치가 좋은 것이 좋다. 그러므로 유기물을 함유하고 있는 일반 용토보다는 무균상태의 인공토양인 버미큘라이트, 펄라이트, 피트모스 등이 주로 사용된다.

(5) 식물의 선택

테라리움을 배치할 장소의 환경에 적합한 용기의 크기 및 형태와 식재할 식물의 종류를 선택한다. 식물의 선별은 생리적인 특성은 물론 식물의 질감, 크기, 형태, 색 등의 조화미도 고려한다. 테라리움에 널리 식재되는 식물은 휘토니아(Fittonia), 페페로미아(Peperomia), 베고니아, 콜레우스, 싱고니움(Syngonium), 필레아(Pilea), 네프론네피스, 접란, 석창포, 아필란드라, 스킨답서스(Scindapsus), 야자류의 어린 실생묘, 아디안텀(Adiantum), 제브리나, 애기맥문동, 마란타(Maranta), 칼라데아(Calathea), 자금우, 헤데라(Hedera), 호야(Hoya) 등이 있다. 꽃을 볼 수 있는 식물로는 아프리칸바이올렛, 안스리움(Anthurium) 등도 식재한다. 건조한 조건의 테라리움에는 용설란, 기둥선인장, 게발선인장, 부채선인장, 알로에, 채운각, 크라슐라, 산세베리아 등도 흔히 식재한다.

그림 6-130 채운각(*Euphorbia trigona*)

(6) 테라리움 제작 순서

① 테라리움을 배치할 장소에 잘 어울리는 용기를 선택하여 깨끗이 닦아 놓고, 용기의 모양과 크기 및 환경에 적합한 식물들을 준비한다. 식물은 뿌리가 건전한 포트묘가 좋다.

② 용기의 바닥에 청결한 마른 이끼(sphagnum moss)를 물에 적셔 1㎝ 두께로 깔아준 후, 위에 숯을 1㎝ 정도의 두께로 깔아준다. 다시 숯 위에 색모래, 작은 유리알(glass bead) 등을 깔아 장식효과와 배수층을 조성해준다.

③ 버미큘라이트, 펄라이트, 피트모스를 적당한 비율로 혼합한 용토를 배수층 위에 깔아준다. 깊이와 모양은 용기의 상황에 맞게 펴준다. 외부에서 보이는 배양토 부분은 색모래나 인공토양으로 지층의 효과를 낼 수 있도록 깔아줄 수 있다.

④ 식물을 화분에서 빼내어 흙을 털어 낸 후 뿌리가 늘어나지 않게 전지가위를 이용하여 뿌리와 지상부를 정리한다. 뿌리를 다이센엠 등의 살균제를 희석한 물에 깨끗이 세척한다.

⑤ 심고자 하는 면에 앞보다는 뒤쪽으로, 가운데보다는 좌우 한쪽부터 뿌리를 고정시켜 토양을 덮어준다. 처음 심은 식물이 키가 크면 그 다음은 낮은 식물로 서로 대비를 줄 수 있는 식물을 심는 것이 좋다.

⑥ 토양으로 뿌리 위를 덮을 때에도 큰 뿌리는 큰 덩어리, 작은 뿌리는 작은 덩어리의 언덕을 만들어 주면 입체감이 있고 자연스럽다.

⑦ 식물을 다 심은 후에는 위에 생 이끼(wet moss)를 덮어 지표면으로부터 수분증발을 막아주고

잔디초원과 같은 모양을 조성해준다.

⑧ 식물을 심은 후 자갈, 화산석, 나무토막, 작은 조형물 등을 배치하여 내부의 단조로운 분위기를 변화시켜 준다.

⑨ 제작이 끝난 후 분무기로 식물 잎에 묻은 먼지와 용기 안에 붙은 먼지를 씻어 내린다. 스프레이 후 이끼를 손이나 막대로 살며시 눌러준다.

⑩ 용기 안을 마른 헝겊이나 스펀지로 깨끗하게 닦아내면 완성이다.

(7) 테라리움의 관리

테라리움은 용기의 온실 효과에 의한 온도상승으로 식물의 고온 피해를 받을 수 있다. 그러므로 강한 직사광선을 피하고 간접 광선이 비치는 장소에서 관리하는 것이 바람직하며 빛이 부족한 곳에서는 인공조명으로 보광을 해준다.

1) 온도

냉난방 기구가 직접 영향을 미치는 곳은 좋지 않으며 기온 15~23℃ 정도 조건이 적당하다.

2) 습도

용기 내의 습도가 높은 경우에는 입구를 열어 외부로 수분을 증발시키거나 솜방망이나 헝겊 등으로 수분을 적셔낸다. 내부가 건조할 때에는 분무기를 이용하여 식물 뿌리가 젖을 수 있을 정도로 보충해준다. 테라리움 용기 속의 습도는 60~70% 정도가 알맞다. 보통 토양을 손으로 쥐어 짤 때 물이 비치지 않는 상태가 가장 적당한 수분 상태이다. 내부가 건조하여 수분이 마르면 토양의 색깔이 연하게 보이므로 주의 깊게 살펴 수분을 적절히 공급하도록 한다. 선인장 및 다육식물을 식재한 테라리움은 더욱 건조하게 관리한다.

3) 시비

테라리움은 일반 화분재배와 같이 자주 시비할 필요가 없다. 식물을 과다하게 생육시킬 필요가 없으며 도리어 잘 자라지 않게 왜소화시키는 것이 좋다. 특히 식물이 화분에서 용기로 옮겨지면서 뿌리가 잘리거나 상태가 좋지 않을 때 시비하는 것은 위험한 일이며, 두 달 이상 경과하여 새 뿌리가 나와 안착이 되면 기준 농도보다 1/10정도 낮추어 몇 개월에 한 번 정도 공급한다.

2. 분경

그림 6-131 분경형 꽃예술

그림 6-132 초본류를 식재한 분경

분경은 얕은 분에 목본은 물론 초본 및 돌, 마른 나뭇가지, 이끼 등을 배치하여 축소된 자연의 경관을 즐기는 관상식물 표현방법이다. 분재는 식물소재의 수형이나 식물 자체의 아름다움을 감상하는데 비해 분경은 용기, 식재된 식물의 상호조화, 세부적인 자연미 등의 종합적인 미를 중시한다. 물론 분재의 한 유형으로 취급하는 경우도 있으나 축소된 정원 혹은 초원, 산림, 계곡, 암반 등과 같은 우리에게 익숙한 자연경관의 일부를 식물로 표현한 조형예술이라 할 수 있다. 그러므로 식재하는 식물도 목본은 물론 다양한 종류의 초본류 관상식물이 주로 이루며 화분도 원형, 타원형, 옹기판 등과 같은 자연형으로 제작된 것을 주로 이용한다. 때로는 분경의 절제된 여백의 미를 강조하기 위해 목재로 만들어진 전용 테이블을 함께 제작하여 장식하기도 한다. 서양의 디쉬가든도 분경과 유사한 표현양식이지만 배수공이 없고 조형적으로 만들어진 수반(디쉬)에 열대나 아열대 원산의 관엽식물 위주의 식물소재를 식재하여 낯선 경관을 표현하는 것은 차이가 있다.

그림 6-133 분경에 흔히 이용되는 화분들

그림 6-134 디쉬가든

제 5 절 관상식물 장식의 디자인 원리

1. 디자인 요소(design elements)

그림 6-135 자연물과 조형물의 미적 요소를 적절히 조화시킨 테이블

관상식물을 이용한 표현은 식물이 지니는 아름다운 자연미를 효과적으로 나타내는 것이 기본이다. 자연의 일부인 식물의 관상 가치를 높일 수 있는 표현방법에 절대적인 공식이 있는 것은 아니다. 또한 관상가치의 기준도 시대는 물론 국가, 민족, 문화, 성별, 교육환경, 연령 및 개인의 특성에 따라 다르게 판단될 수 있다. 그러나 시대와 인종을 초월하여 인간으로서 누구나 아름답게 느낄 수 있는 가치가 바로 미(美)라 할 수 있다. 이와 같이 인간이 공통적으로 느낄 수 있는 감정인 미를 표현하기 위한 기법으로, 그동안 디자인 분야에서는 자연에 존재하는 미의 원리에 대해 인간의 시각과 지각, 감정을 통해 축적된 원리를 정리하였다. 즉, 점, 선, 면, 형태, 색채, 명암, 공간, 크기, 방향, 질감 등이라 할 수 있다. 그러나 관상식물은 다른 디자인 대상물과는 달리 생물로서 시간경과에 따라 관상가치가 달라질 수 있으며 단순한 형태가 아닌 잎, 줄기, 꽃, 열매, 색, 크기, 향기 등으로 매우 복잡한 요소들이 결합되어 있다. 이와 같이 미적으로 개성 있는 식물재료를 이용하여 꽃다발, 꽃예술, 분재, 조경 등과 같은 다양한 유형의 관상식물 디자인을 표현하는 데는 어려움이 많다. 그러나 식물이 가지는 이와 같은 디자인적 요소들을 이상적으로 통합하고 조화시켜 인간이 느낄 수 있는 미의 가치를 더욱 높일 수 있고 최적의 용도와 목적을 이룰 수 있다.

(1) 점(point, spot)

점의 크기는 일정하지 않고 위치만을 지니지만 디자인의 가장 기본이 된다. 점이 연장되면 선이 되고 더욱 커지면 면이 된다. 공간상에서 하나의 점을 설정하면 집중효과가 생기므로 관상식물 디자인에서도 강조 혹은 의식의 집중을 위해 수목의 단식, 초점경관, 정제된 공간의 꽃꽂이로 액센트를 표현할 수 있다. 두 개의 점이 설정되면 눈에 보이지 않는 선(negative line)이 이루어지고 시선을 서로 당기는 힘이 생긴다. 특히 두 점의 크기가 동일하면 시선은 균등하게 지각되나 대(大), 소(小)와 같이 부등한 크기 사이에서는 시선의 방향은 소(小)에서 대(大)로 옮겨진다. 자연형 정원의 조성이나 자연미를 나타내고자 할 때 흔히 사용하는 수법이기도 하다. 동일한 점이 여러 개 모이면 면이나 선이 되며 부등한 점이 여러 개 모이면 집합성을 가지고 동적인 운동성을 나타낼 수 있다. 조경에서 수목을 군식하여 숲의 정취를 표현할 때 응용할 수 있다.

(2) 선(line)

선은 점의 연장에 의해 생기며 폭과 부피가 없다. 이동자취에 따라 직선 혹은 곡선이 형성된다. 특히 선은 미적 표현의 골격을 이루며 방향, 길이, 굵기, 형태에 따라 속도감 및 운동감을 표현한다. 예를 들어 직선은 정형적인 남성미를 나타내며 곡선은 자연적이고 부드러운 여성미를 표현할 수 있다. 직선에도 수직선, 수평선, 사선 등이 있으며 각각에 따라 표현의 미가 다르다. 선은 어떤 형태를 규정하거나 한정하고, 면적을 분할하므로 구체적인 표현의 결과를 나타낼 수 있다.

움직임이 있고, 엑센트를 지닌 부드러운 자유곡선

그림 6-136 곡선이 주는 느낌

그림 6-137 직선의 유형에 따른 느낌

(3) 면(plane, face)

점이 연속되면 선이 되고 선이 누적되어 면을 형성한다. 면은 공간을 구성하는 기본 단위로 넓이는 있으나 두께는 없다. 면을 통해 원근감과 질감의 표현이 가능하며 평면과 곡면으로 구분할 수 있다. 평면은 다시 수평면, 수직면, 경사면 등이 있으며 각각에서 표현하는 운동감과 안정감은 다르다. 이와 같은 평면의 효과는 조경계획에 있어 대지의 조성 및 식재기반의 조성에서 흔히 이용된다. 또한 곡면은 부드럽고 친근감이 있으며 자연에서 볼 수 있으므로 자연형 조경 혹은 표현에 이용된다.

(4) 형태(shape)

그림 6-138 동일한 구형이 주는 미적 효과도 재질과 크기 등에 따라 다르다.

면에 의해 구성되는 3차원적 덩어리이다. 관상식물의 미적 표현에 있어 구체적으로 나타나는 형태라 할 수 있다. 이와 같은 형태는 특히 꽃예술 등의 장식적 표현에 있어 구형(球形), 상자형(箱子形), 원뿔형, 기둥형 등 다양한 형태로 나타낼 수 있으며 각각의 미적 효과는 크게 다르다. 또한 동일한 유형의 형태라 할지라도 대칭적, 비대칭적 형태에 따라 다르며 추상적, 구상적 형태에 따라서도 표현의 효과는 차이가 있다. 그 외에도 생물, 무생물, 인공물, 자연물과 같이 다양하다.

(a) 산악형

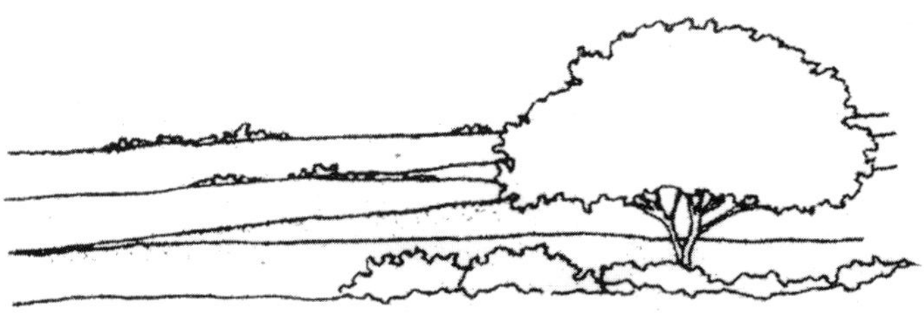

(b) 평야형

그림 6-139 지형과 식재 식물에 의해 연출되는 형은 다르게 나타난다.

(5) 색채(color)

색채는 인간의 시각을 통해 가시광선 영역에서 빛의 파장 차이에 의해 다르게 나타나는 색상을 일컫는다. 인간은 눈의 망막에 있는 간상세포와 원추세포를 통해 색채 차이를 감지한다. 색채의 속성에는 색상(hue), 명도(value), 채도(saturation)가 있다. 보통 물체가 띄는 색은 반사하는 빛의 특정 파장에 의해 나타난다. 이와 같은 색채에 대해 인간의 감정적 반응에는 어느 정도의 공통점과 선호성이 나타나며, 이를 통해 색채는 디자인에서 필수적으로 고려해야 할 사항이 된다. 특히 관상식물의 잎, 줄기, 꽃에서 나타나는 색채는 다른 물체에 비해 매우 다양하다. 그러므로 식물을 대상으로 한 관상식물의 디자인에서는 이와 같은 색채의 특성을 충분히 고려하고 응용할 필요가 있다.

1) 색상

색상은 빨강, 노랑, 파랑 등과 같이 색의 이름으로 구분지울 수 있는 색 자체가 갖는 고유한 특성이다. 색상은 유채색에서만 볼 수 있으며 무채색에서는 없으므로 무채색과의 배합에 의해서는 달라지지 않는다. 색상을 원형으로 배열한 색환을 색상환(color wheel)이라 한다.

2) 명도

색채의 주요 속성 가운데 하나로 색의 밝은 정도를 일컫는다. 색채는 명도의 높고 낮음에 의해 명암의 효과가 나타난다. 가장 명도가 높은 색은 노란색 계열로 알려져 있으며 다음이 백색계열이고 이어 적색계열, 녹색계열로 알려져 있다. 가장 낮은 색채는 검정색계열로 가장 어둡다. 관상식물 디자인에 있어서도 화단의 배식을 비롯하여 꽃예술에 있어서의 꽃의 배색 및 조합 등에서 가시효과를 위해 반드시 참고해야할 사항이다.

3) 채도

색채의 선명한 정도를 일컫는 것으로 색상에서 순색이 가장 높은 채도를 나타낸다. 그러나 회색, 흰색, 검정색과 같은 무채색에 가까울수록 채도가 낮아지는 속성이 있다. 채도가 높은 선명한 빛깔의 꽃을 돋보이게 하기 위해 채도가 낮은 무채색의 용기를 사용하기도 한다.

(6) 명암(contrast)

명암은 사물을 지각함에 있어 밝고 어두움의 정도를 일컫는다. 밝은 색은 실제보다 크고 넓은 느낌을 주며 반대로 어두운 색은 상대적으로 작고 좁은 느낌을 준다. 또한 밝은 색은 돌출된 느낌을 주며 어두운 색은 수축되고 후퇴된 느낌을 준다. 그러므로 화단이나 조경배식에 있어 소재식물의 적절한 색채의 명암대비를 통해 보다 입체감이 들게 디자인할 수 있다.

(7) 공간(space)

공간은 형태와 색채 특성을 나타낼 수 있는 중요한 디자인 요소이다. 관상식물, 용기와 같이 구체적인 대상물은 공간을 차지하는 3차원적인 형태이다. 이와 같은 구체적인 형태가 자리 잡은 공간은 양성적 공간(positive space)이라 하고 배경이 되는 빈 공간은 음성적 공간(negative space)이라 한다. 관상식물의 디자인에 있어 이와 같은 양성적 공간과 음성적 공간의 처리는 매우 중요하다. 표현의 복잡함이나 번거로움을 줄이고 간결하면서도 아름다운 관상식물 디자인을 위해 공간의 효과적인 활용에 대해 충분히 고민하여야 할 것이다.

(8) 크기(size)

그림 6-140 루드베키아(*Rudbeckia hirta*)

선 혹은 형태는 나름대로의 평면적, 입체적인 크기를 지닌다. 동일한 형태라 할지라도 크기에 따라 전혀 다른 느낌을 받을 수 있다. 국화과의 감국(*Chrysanthemum indicum*), 루드베키아(*Rudbeckia hirta*)와 해바라기(*Helianthus annuus*)는 유사한 꽃의 형태를 지니지만 크기가 다르므로 우리가 느끼는 감정도 다르다. 이와 같이 관상식물의 높이, 잎의 크기, 줄기의 굵기, 꽃의 크기 등과 같이 크고 작음이 우리의 심리적 작용에 영향을 준다.

그림 6-141 형태뿐만 아니라 소재의 질감에서 느끼는 미적 효과(캄보디아 앙코르와트 유적)

(9) 방향(direction)

형태의 수직방향, 수평방향, 경사방향과 같은 방향성에 따라 인간이 느끼는 심리적인 감정은 다르다. 수평적인 방향은 중력과 균형을 이루어 안정감을 주며 평화로운 느낌을 준다. 자연에서 나타나는 수평선, 지평선 등이 대표적인 수평적인 방향이다. 다른 방향성에 비해 상대적으로 트인 느낌의 경관이 연출된다. 수직적인 방향은 중력에 나란한 방향으로 선, 면, 입체 자체가 중심이 된다. 독립수, 수직으로 꽂혀진 절화 등에서 느낄 수 있는 감정이다. 경사방향은 불안정한 느낌이 들지만 상당히 역동적인 느낌을 준다. 그러므로 분재에서 비스듬히 수형이 잡혀진 사간형 줄기, 화기에 경사지게 꽂은 절화 등에서 느낄 수 있는 동적인 느낌이다.

그림 6-142 소나무 노거수 줄기의 질감

(10) 질감

질감이란 어떤 물체의 외형이 고유하게 지닌 촉감을 일컫는다. 질감은 직접 만져서 느낄 수 있는 촉각적 질감과 실제로 존재하지 않으나 시각적으로 느끼는 시각적 질감이 있다. 우리는 이와 같은 각 물체에 대한 촉감을 경험적으로 인지하여, 그 물체의 질감을 만지지 않고서도 기억 속에 시각적인 선입관으로 남아 있게 된다. 시각적 질감에서는 솜과 같이 생긴 모양은 푹신푹신하고 부드러운 것으로 인지하고 돌과 같이 생긴 것은 만져서 느끼지 않아도 딱딱하다고 인지한다. 그러므로 관상식물이 고유하게 지닌 독특한 질감을 고려하여 부드러운 느낌, 강한 느낌, 딱딱한 느낌 등과 같은 다양한 표현이 가능하다.

2. 디자인의 구성 원리

(1) 조화(harmony)

디자인에 영향을 끼치는 2개 이상의 요소 또는 부분적인 상호관계에서 각 요소가 서로 배척하지 않고 잘 어울려 미적, 감각적인 효과를 극대화시키는 현상이다. 조화에 있어서도 전혀 다른 성질의 요소가 결합되어 나타나는 대비조화를 비롯하여 유사한 성질의 요소가 결합, 반복되어 나타나는 유사조화가 있다. 관상식물의 잎, 줄기, 꽃이 나타내는 형태, 크기, 색채, 질감 등의 디자인 요소들을 주제에 맞게 일치된 질서 속에서 어울리도록 하는 것이 관상식물 디자인에서의 조화미라 하겠다.

그림 6-143 식물 소재와 조형물의 조화미

(2) 균형(balance)

형태, 색채, 크기 등의 디자인 요소가 보는 이로 하여금 물리적, 시각적으로 안정감을 주는 것을 일컫는다. 균형은 가상의 축을 중심으로 대칭을 이루는 느낌을 주는 시각적 균형(visual balance)과 실제로 양쪽이 동일한 크기, 동일한 색채, 동일한 형태, 동일한 질감으로 이루어진 물리적인 대칭(physical balance)이 있다. 물리적인 균형을 맞추기 위해 꽃예술에서 사용하는 화기를 절화의 크기와 무게에 비례하여 선별하는 경우도 있다. 디자인에서의 균형미는 반드시 대

그림 6-144 반복된 형태와 색채를 통한 균형미

칭을 이루는 경우에만 국한되는 것이 아니고 비대칭상에서도 나타난다. 대칭상의 균형미는 딱딱하고 정형적인 느낌인데 반해 비대칭상의 균형미는 경쾌함을 주는 변화의 미를 느낄 수 있다.

(3) 비례(proportion)

길이, 폭, 면적, 크기 등에서 인간은 심리적으로 자연스럽게 느껴지는 임의의 비율을 설정하는 경향이 있다. 이와 같은 관념은 자연에 존재하는 사물을 통해 무의식중에 경험적으로 각인된 비율이라 할 수 있다. 사람의 신체에 있어서도 7등신이니 8등신이니 표현하는 것은 사람의 각 신체부위에서 자연스럽게 느껴지는 인체의 비율이 있기 때문이다. 식물에 있어서도 우리가 가장 자연스럽게 느끼는 높이, 잎의 크기, 꽃의 크기 등이 일정하지는 않으나 나름대로 정해져 있다. 이와 같은 비례를 거스릴 경우, 우리는 자연스럽지 못하다고 느낀다. 관상식물 재료를 이용하여 꽃꽂이, 꽃예술, 꽃다발, 분재, 분경을 비롯한 다양한 유형으로 디자인하는 경우에 있어서도 이와 같은 비례미를 고려하는 것이 중요하다.

(4) 통일(unity)

형태, 색채, 크기, 질감 등 디자인 요소들의 미적 단계에서의 결합이나 질서를 말하며 조화성 또는 균형성과도 관련이 있으나 하나의 공통된 원리로 단순화된 것이다. 디자인에서 통일이 많이 일어나면 단조로워진다. 화단에 동일한 초화류를 카펫과 같이 대량으로 식재하거나 국화의 다륜대작에서 동일한 화색과 크기의 국화를 일정한 패턴으로 배열한 것은 대표적인 통일성 디자인이라 할 수 있다. 또한 이와 같이 동일한 형태, 색채, 크기, 질감의 통일성뿐만 아니라 유형의 통일성도 고려할 수 있다. 자연형 정원에서의 곡선으로 이루어진 연못, 곡선형 수형 등을 비롯하여 정형식 정원에서의 기하학적 무늬의 화단, 토피어리에 의한 수형관리 등은 유형을 통일한 디자인이라 할 수 있다.

그림 6-145 튤립을 단일종으로 식재하여 얻는 통일미의 예

그림 6-146 통일된 소재와 형태에서 얻어지는 통일감과 집중효과

(5) 강조(emphasis)

강조는 청각, 시각의 감각적 힘의 강약을 집중시켜 두드러지게 하는 것이다. 강조는 주위를 환기시키거나 단조로움을 피할 수 있고 흥미 혹은 관심의 초점을 조성할 수 있다. 관상식물의 장식이 주변 공간에 대해 시각적으로 대비되어 더욱 관상가치가 높아지는 경우가 많다. 그러나 강조가 극단적으로 치우칠 때는 혼란과 무질서를 초래하고 구성이 산만해질 수 있다. 안정된 균형, 통일, 리듬의 영역을 해치지 않는 범위 내에서 강조를 표현하는 것이 효과적일 수 있다.

그림 6-147 식재식물의 반복을 통해 얻어지는 경관의 강조 효과

(6) 리듬(rhythm)

다양한 디자인 요소들이 통제된 반복과 연계(transition)와 같은 일정한 규칙에 의해 변화되는 운율을 일컫는다. 이와 같은 리듬에 의해 운동감, 변화감, 활기, 이동 등의 효과를 얻을 수 있다. 운율에 내재된 규칙의 유형에 따라 화려한 리듬, 격렬한 리듬, 차분한 리듬, 웅장한 리듬, 가벼운 리듬 등과 같은 특색이 나타날 수 있다. 리듬에는 청각적인 리듬과 시각적인 리듬이 대표적이다.

그림 6-148 통일된 용기와 식물 소재의 반복된 배치에서 얻어지는 리듬감

(7) 대비(contrast)

이질적인 디자인 요소들의 공간적, 시각적 접근에서 나타나는 상대적인 느낌이다. 요소들 상호간에 있어 상대의 이질적인 특성에 의해 반사적으로 자신의 특성이 더욱 명확히 강조된다. 크기의 대소(大小)를 비롯하여 색채의 보색대비, 질감의 거칠고 매끈함 등과 같이 정반대 성질의 것이 상대방에게 극단적으로 영향을 주는 것이

그림 6-149 색채와 형태에서 얻어지는 대비효과

다. 디자인에 있어 대비는 변화와 자극을 주어 한층 강렬하고 흥미를 유발하여 상쾌한 느낌을 주지만 반복된 대비효과는 싫증과 산만함을 가져올 수 있다.

(8) 점증(gradation)

선, 면, 형태, 색깔, 음향 등이 조화적인 안정단계로부터 일정한 질서로 자연적인 증가 혹은 감소의 순서로 변화하는 것을 일컫는다. 단순한 반복의 경우보다 동적이며 수차적인 변화에 의해 통일감과 리듬감도 느낄 수 있다. 조경에 있어 원근감을 이용한 점증, 수고, 화색, 식재간격 등에 의해 점증감을 주는 디자인이 가능하다.

그림 6-150 원근감을 이용한 집중효과

제 6 절 원예치료

1. 원예치료(horticulture therapy)의 정의

그림 6-151 꽃바구니 만들기를 통한 원예치료 광경

원예치료란, 식물을 직접 접하거나 식물을 활용한 다양한 원예활동을 통해 사회적, 교육적, 심리적 혹은 신체적 적응력을 기르고 이를 통해 육체적 재활과 정신적 회복 및 개선을 추구하는 치료방법이다. 식물이라는 생명체를 이용하는 원예치료는 인간의 자연에 대한 본능적인 갈망을 기본으로 하기 때문에 일반인들은 물론 신체장애인, 정신발달 장애인, 고령자, 범죄자 등에게 특히 유효하다고 알려져 있다. 또한 정신적 측면뿐만 아니라, 신체적 측면에서도 다양하게 적용되고 그 응용범위도 넓다고 알려져 있다. 또한 신체의 움직임이 필요한 역동적인 활동이며 식물을 자르고, 옮기고, 떼어내고, 다듬는 등의 창조적인 파괴가 가능한 작업이다.

원예치료는 생명력이 있는 식물을 이용하는 원예활동을 통해 인간의 심신 재활 및 삶의 질 향상을 목적으로 하는 전인적인 활동이면서 전문적인 활동이기도 하다. 현대 의학적 치료법이 병징 중심의 치료라면 원예치료는 활동을 통한 재활, 경감, 복원, 갱생 등의 목적으로 예방적 치료뿐만 아니라 대체치료 방안으로도 이용되고 있다.

2. 원예치료의 역사

원예치료는 고대 이집트에서 잘 꾸며진 정원을 산책하도록 하여 정신병 환자의 치료를 시도한 바가 있다고 기록되어 있을 정도로 역사가 깊다. 17세기 이후부터 유럽과 미국을 중심으로 정신질환자의 치료 효과에 관한 문헌상의 기록들을 찾아볼 수 있다. 초창기의 원예치료는 주로 정신질환자를 대상으로 야외에서의 원예 활동으로 이루어졌다. 2차 세계대전 이후 미국에서 전쟁 상이군인들을 대상으로 육체적인 재활뿐만 아니라 직업훈련을 위한 목적으로 이용되기 시작하여 현재와 같이 원예치료를 광범위한 분야로 확대 적용하는 계기가 마련되었다.

1950년 미국의 미시간주립대학에서 처음으로 원예치료사 강좌를 개설하여 1955년에 원예치료 전공의 학사학위를 수여하였고, 1960년대에는 미국의 여러 대학들이 원예치료 강좌를 개설하였다. 1971년에는 캔자스주립대학에서 대학원 과정을 신설하였으며 1973년에 원예치료 및 재활을 위한 전국협의회가 결성된 후, 1987년 미국원예치료협회(American horticultural therapy association : AHTA)로 개편되어 현재까지 활발한 활동을 하고 있다. 유럽에서는 1978년 원예치료 및 농업훈련협회가 결성되었다. 일본에서는 1998년 동경농업대학 농학과에 원예 및 인간관계 분야가 개설되어 체계적인 교육 및 연구가 이루어지고 있으며 2001년 일본원예복지보급협회가 설립되었다.

우리나라에서는 1980년대에 원예치료가 소개되어 1997년 한국원예치료연구회가 결성되어 활동하고 있으나 아직 체계적인 이론을 비롯하여 프로그램 등이 정립되지 못한 상태이다. 또한 사회적으로 크게 반향을 얻지는 못하고 있으나, 사회가 복잡해짐에 따라 금후 발전 가능성이 높은 분야로 주목받고 있다.

3. 원예치료사의 활동분야

사회가 산업화되고 복잡해짐에 따라 원예치료사의 활동분야도 더욱 광범위하게 활용되고 있다. 현재 대표적으로 알려진 활동분야는 장애인들의 직업훈련소 및 사회교육센터를 비롯하여 병원, 각급학교, 특수학교, 양로원, 고아원, 보훈시설, 교화시설 등으로 매우 다양하다(표 6-2).

표 6-2 원예치료를 적용할 수 있는 다양한 시설 및 단체

치료시설 및 단체	치료 장소
병원	물리치료실, 청소년 만성질환 병동, 정신병 내·외래병동, 요양원, 작업치료과, 노인질병 내·외래병동, 정신장애자 병동 등
입소시설	노인복지시설, 신체장애자 시설, 지적장애자 시설, 지적장애자를 위한 커뮤니티그룹 시설, 정신병자를 위한 커뮤니티그룹 시설, 교도소, 군부대 등
교육시설	특수양호학교, 일반학교 내의 양호학급, 장애자를 위한 성인교육센터, 대학 내 교육관련 실습센터 등
지적장애자센터	성인훈련센터, 보호작업장 및 취업장 등
공공시설	국·도립공원, 근린공원 등
공원 및 정원	방문자의 상태에 맞게 개조된 공원, 가족공원, 관광농원, 주말농장, 식물원 및 수목원 등
종교단체	종교단체에서 실시하는 다양한 시설 및 프로그램
요양시설	노인요양시설, 장애인 요양시설, 휴양지

4. 원예치료의 효과

초기의 원예치료는 정신병 치료를 목적으로 시도되었으나, 오늘날에는 유치원에서부터 각급 학교, 병원, 공장, 교화시설, 양로원 등 사회 전반에 걸쳐서 광범위하게 적용할 수 있기 때문에 그 효과도 다양해지고 있다.

(1) 지적발달에 기여

식물의 생장 및 형태에 관한 새로운 지식이나 기술을 배움으로써 사물에 대한 호기심과 관찰력이 높아지며 식물을 이용한 원예활동을 통해 새로운 용어와 개념들을 배우게 되어 어휘력이 증가하고 대화의 폭이 넓어지며 자연에 대한 이해가 깊어져 자신감을 갖게 한다.

(2) 정서안정에 기여

원예치료 활동의 참여 중에 식물에 대한 지식을 익혀가면서 인내력, 생명의 귀중함과 책임감, 일의 성취에 대한 기쁨과 자신감 등이 생기는 정서적인 안정 효과가 있다. 또한 원예치료의 하나인 꽃꽂이나 모듬심기 등의 과정을 통해 꽃의 종류, 화색의 특징 및 조합, 향기 등을 통해 창의적이고 적극적인 자기 표현력이 높아진다.

(3) 신체적 발달에 기여

대부분의 원예치료 활동이 몸을 움직여야 하므로 평소에 거의 사용하지 않는 근육을 고르게 발달시켜서 균형유지 및 체력증진 등의 간접적 효과가 나타난다. 특히 야외의 텃밭작업 등을 통해 신체의 적극적인 움직임을 유발하고 전신운동의 효과를 나타낼 수 있다.

(4) 사회적 적응에 기여

집단적인 참여를 통해 상호간에 자연스런 교감과 소통을 유도하고 이에 따라 사회활동의 체험 및 사회적응을 가능하게 한다.

그림 6-152 화분갈이와 같은 단순한 작업도 큰 치료 효과가 있다.

5. 원예치료의 실제 추진

(1) 원예치료 프로그램의 설정

병원, 식물원, 개인농장, 삼림공원, 자연공원 등과 같이 원예활동이 가능한 기반시설 및 비품의 사전준비가 필수적이다.

원예치료의 시작은 당일의 식물을 이용한 작업에 대한 내용설명 및 시범을 보여주고 참가자가 실제로 행할 수 있도록 배려한다. 실내 활동은 60~90분, 실외활동은 90~120분 정도의 시간이 적당하다. 원예치료사는 대상자 및 시간을 배정받아 적합한 프로그램을 사전 계획한다. 원예치료 작업 전에 활동의 내용 및 재료 등을 예고하고 활동 중에는 반드시 세심한 배려와 칭찬을 아끼지 말아야 한다.

(2) 원예치료의 과정

여러 유형의 대상자를 상대로 원예치료를 적용하는 목적이 치료 및 운동, 직업교육, 사회적응, 여가 활용 등으로 다양할 수 있다. 이 과정에서 원예치료를 통한 최대한의 효과를 얻기 위해서는 계획적이고 효율적인 과정의 설정이 중요하다. 일반적인 경우에서 원예치료의 적용과정은 진단 및 사전준비 단계, 계획 단계, 실행 단계, 그리고 평가단계의 순으로 구분하여 구체적으로 작성하여 실시하여야 한다.

1) 진단 및 사전준비

원예치료를 실행하기에 앞서 우선적으로 대상자에 대한 정확한 자료수집이 필요하다. 대상자에 대한 기본적인 정보는 물론 인구통계학적, 의학적 자료 수집을 비롯하여 대상자의 가족력 및 사회적 특성, 원예활동에 대한 경험 여부, 선호 식물의 종류 등의 신체적, 심리적, 환경적 제반 특성을 모두 포함한다. 이와 같은 제반 정보를 꼼꼼히 조사하고 분석하는 것이 원예치료 계획에 큰 도움을 줄 수 있다.

2) 목표 설정 및 계획

원예치료 대상자에 대한 정보를 수집한 후, 그 정보에 대한 분석과 종합을 근거로 구체적이고 실현 가능한 목표를 설정하고 그에 따른 세부목표를 세워 체계적인 계획을 수립한다. 일반적인 원예치료 프로그램의 모델은 치료적 프로그램, 직업적 프로그램, 사회적 프로그램으로 구분하는데, 목표를 설정할 때에는 대상자의 신체적, 정신적 상태를 고려하고 대상자의 특별한 요구사항을 수렴하여 적정한 계획을 수립한다(표 6-3).

표 6-3 다양한 원예치료 대상자에 따라 추구하는 목표

대상	원예치료의 목표
어린이	자연학습, 교육, 정서순화, 감각 발달
일반인	취미, 레크레이션, 스트레스 해소, 전문적인 지식 습득, 정신건강 추구
정신장애자	정신기능의 회복 및 재활, 의사소통과 자기평가 및 사회적 상호교류 증진, 자극의 전달과 공격성 완화, 창조성 및 책임감과 현실의 인식, 운동 습관 확립 및 새로운 흥미 촉진, 감정 순화
지적장애자	① 계산능력 향상, 자각, 집중력, 인내력, 결단 및 판단능력 함양 ② 자신감, 책임감, 사회적 상호교류 능력 향상, 성취감, 현실인식, 창조성, 공격적인 태도 완화 ③ 직업 또는 취미로서 원예활동을 활용
노약자	① 노쇠한 근육 및 뇌졸중 후의 기능재활이나 회복 ② 흥미, 사회적 교류, 존재가치 부여, 책임감 부여 ③ 취미생활로 활용할 수 있는 기술 습득 ④ 정신적 노화 지연
시각장애자	① 일 또는 휴양으로서 원예훈련 ② 일반적인 교육프로그램의 일환 ③ 사회적 교류, 자신감, 신뢰감, 고독감의 해소, 해석능력 증진, 인지능력 향상
휠체어 이용자	사고나 수술 등의 기능재활이나 회복, 일이나 휴양으로 활용할 수 있는 능력 함양, 개인의 흥미 함양과 사회적 교류 및 존재가치와 책임감 부여, 취미생활로 활용할 수 있는 기술 습득, 장애의 범위 내에서 운동능력 향상
지체 부자유자	놀이나 레크레이션 제공, 부정적 태도나 욕구불만의 해소, 교육과 훈련에 대한 흥미유발

3) 원예치료 프로그램의 계획

대상자를 충분히 분석하고 목표를 설정하여 계획을 수립한 후에 적절한 원예치료 프로그램을 작성한다. 일반적인 경우의 원예치료 프로그램은 계절과 프로그램의 실시기간을 참고로 프로그램의 내용을 작성한다. 흔히 시행되는 원예치료 프로그램은 다음과 내용으로 짜여진다.

① 단기형 프로그램

단기형 프로그램은 8주 이하의 단기간에 실시되는 원예치료 과정이다. 그러므로 계절에 알맞은 식물의 번식, 이식, 정식, 분갈이, 꽃장식 등을 직접 체험할 수 있도록 배려한다. 특히 파종 및 삽목 후의 발근 현상을 관찰하게 함으로써 생명의 위대함과 준엄성을 배우도록 한다.

② 중기형 프로그램

중기형 프로그램은 보통 3~4개월 과정이므로 가능하면 식물의 생육시기인 3~10월 중에 실시하는 것이 좋다. 만일 겨울철을 선택한다면 노지작물이 없는 시기이므로 식

그림 6-153 압화만들기를 통한 원예치료 활동

물의 종류가 한정적이고 자연을 관찰할 기회도 적어지는 단점이 있다. 그러나 온실을 이용하는 경우에는 시설의 면적 및 이용 횟수에 제한이 있으므로 수용인원의 제한이 불가피하다.

③ 장기형 프로그램

장기형 프로그램은 최소한 4개월 이상의 과정이므로 대상자가 직접 번식하고 재배한 식물을 판매하거나 활용하게 하여 체득한 원예기술에 대해 자신감을 가질 수 있게 한다. 또한 원예활동이 자신의 정신적, 육체적 건강회복은 물론 경제적 수입원도 될 수 있다는 자신감을 체험할 수 있도록 해주는 프로그램이다. 장기형 프로그램 작성에 있어서 주의할 점은 절화보다는 관상기간이 긴 분화류, 관엽식물류, 소품의 꽃바구니, 압화, 건조화(dry flower) 등의 재료를 활용하는 것이 경제적으로 유리할 수도 있다.

한편 진행 계획표의 작성은 편성된 프로그램을 다시 시기별, 단계별로 보다 세분화하여 작성하는 것이 체계적인 원예치료를 실시할 수 있게 한다. 또한 각 단계에서 필요한 준비물의 확보, 필요한 물품의 구입 혹은 조달계획, 보조인원의 확보, 담당 치료사, 복지사 등 제반 세부계획에 대한 시간표를 작성한다. 그러나 원예치료 프로그램은 참가자의 요구 또는 특성에 따라 다양하게 작성되어질 수 있으나, 일반적으로 참가자의 참여도와 만족도를 높일 수 있도록 계획하는 것이 원칙이며 다음 사항에 유의한다.

- 원예치료 참여 대상자의 특성에 적절한 프로그램이어야 한다.
- 식물을 이용한 원예활동의 장점을 최대한 활용한다.
- 부득이하게 발생할 수 있는 원예치료의 한계를 충분히 고려한다.
- 실시장소, 실시시기 및 계절 특성을 고려한다.
- 이용하는 식물의 선택에 충분히 고려한다.
- 소요예산 및 시설상황 등을 사전에 고려한다.
- 참여자들이 쉽게 할 수 있는 원예활동을 선택한다.

4) 프로그램의 실행

원예치료의 실행단계는 계획한 프로그램을 실제로 수행하고, 진행과정에서 드러난 상황을 파악하여 적절한 대안을 마련하는 단계이다. 이 단계는 원예치료사의 기본적인 능력과 실행기술이 가장 부각되는 실제적인 단계이다. 이를 위해 원예치료사는 참여자들에 대해 최대한 부드럽고 수용적인 태도를 유지하되 계획된 프로그램을 치료목적에 부합되고 일관되게 수행될 수 있도록 해야 한다. 또한 참여자가 무엇을 원하고 어디에 관심이 있는지를 재빨리 파악하여 자발적인 참여를 유도하여야 한다. 한편 프로그램의 결과물보다 과정에 더욱 충실하고 대상자들에게 지속적인 칭찬과 격려를 아끼지 않으며, 진행 중 대상자의 상태나 돌발적인 상황에 대비하여 난이도를 조절하거나 소재를 유동적으로 사용할 수 있는 순발력을 발휘하여야 한다. 참여자에 따라서는 프로그램의 진행도 중요하지만 안전을 우선으로 고려해야 하는 경우도 있다. 대상자에 따라 원예치료사가 숙지해야 할 일반적인 사항을 정리하면 다음과 같다.

표 6-4　　원예치료 대상자별 특성과 프로그램상 운영에서의 유의점

대상자	특 성	프로그램상의 유의점
정신장애자	다양한 연령층에 존재한다. 단기, 중기, 장기 환자가 있다. 정신착란, 우울증, 집중력저하, 공격적, 편집광 등 다양한 증세가 있다.	개인작업과 그룹작업 제공 레크레이션이나 휴양의 기회 필요 파괴행동이 허락되는 안전한 공간이 필요 신체장애자를 위한 높은 화단이나 컨테이너 필요
지적장애자	전달능력이 떨어지는 사람이 많다. 이해력과 집중력이 떨어지는 사람이 많다. 다른 사람에 대한 의존력이 높다. 심한 신체장애를 동반하는 경우가 있다	적당히 체력을 요하는 활동이 필요 참가자의 능력에 맞는 단계적 작업이 필요 신체적 장애자를 위한 시설과 특별한 장비가 필요 최대한의 신체 자극 재료와 안전대책이 필요
시각장애자	시각장애에는 전혀 안보이는 경우, 약간 보이는 경우, 시력이 낮은 경우가 있다. 시각장애와 함께 다른 장애를 동반하는 경우가 있다. 시각 이외의 다른 감각기관이 발달해 있다. 일반적으로 우호적이며 관심과 호기심이 많다.	안전대책이 필요 접근 및 활동이 양호하고 복잡하지 않아야 함 주변 환경에 대한 인식과 판단이 용이하도록 하는 대책이 필요(점자정보, 향기, 촉감 등) 시각을 발달시키거나 다른 감각의 자극이 필요
고령자	원예활동에 대한 지식이 비교적 많다. 오랫동안 서 있지 못하는 등 신체가 약하다. 건망증이나 치매현상을 보이는 사람도 있다. 고령자의 비율이 증가하고 있다. 경쟁이나 대회를 좋아한다.	기존에 해왔던 원예활동을 지속적으로 하게 함 특별한 재활프로그램으로 몸을 이용하는 활동이 필요 향기, 감촉, 소리측면에서 흥미를 유발하는 식물이 필요 그룹활동 및 가정에서도 쉽게 할 수 있는 활동이 필요
휠체어 이용자	사고나 수술 후 등 일시적으로 휠체어를 이용하는 사람이 있다. 일부는 혼자서도 일어날 수 있다. 노약자나 팔에 장애가 있는 사람은 휠체어를 밀어주는 사람이 필요하다. 전동식 휠체어가 늘어나 활동 범위가 넓어진다.	접근이 용이하거나 쉽게 이용할 수 있는 시설이 필요 재배활동이 용이한 높은 화단이나 컨테이너가 필요 앉아서도 할 수 있는 장비와 설비가 필요
지체부자유자	이동보조기구를 사용하는 경우가 많다. 사회적 소외감을 많이 느낀다. 복수의 장애를 지니고 있는 경우가 있다. 일시적으로 장애가 된 사람도 있다. 병의 진행과 함께 장애가 점차 심해지는 사람도 있다. 균형감이 결여되고 무릎을 구부리기 어려운 사람도 있다.	놀이, 표현, 흥미, 사회적 상호교류를 자극하는 시설과 장비가 필요 난폭한 활동이나 놀이에 견딜 수 있는 강건한 식물 식재 폭넓은 표현이나 자극을 가능하게 하는 식물, 물, 모래 등의 소재 도입이 필요 사생활이 지켜지는 안전한 공간이 필요 재활 프로그램의 일환으로 신체적 작업이 필요 가정에서도 쉽게 할 수 있는 단순한 설비와 재료 필요

① 원예치료 대상자와의 지속적인 대화와 작업을 통해 그들이 무엇에 관심을 갖고 있으며 무엇을 원하는지를 재빨리 파악하는 등 대상자와 친숙해지도록 한다.

② 매회 밝은 인사로 시작한다. 지난 번 모임의 문제를 화제로 하거나 식물의 모습을 관찰하는 것으로부터 시작하는 것이 좋다.

③ 실외활동은 최대 1시간 반, 실내 활동을 1시간으로 제한하여 대상자가 절대 피로감을 느끼지

않도록 배려한다.

④ 대상자 개개인의 신체적, 정신적 조건이나 요구를 충분히 염두에 두고 가능한 평등하게 대하는 것이 좋다.

⑤ 대상자의 노력을 항시 칭찬해준다. 칭찬이 우선이며, 이 후 작업에 대해 무엇이 잘 되었고 어떻게 해서 이와 같은 결과로 나타났는지를 간결하게 설명해준다.

⑥ 대상자들에게 다른 사람의 손을 빌리지 않고 스스로 이뤄낸 결과가 가장 학습효과가 크다는 것을 기억하게 한다. 또 해야 할 일을 먼저 보여주고 대상자가 가능한 혼자서 하도록 한다.

⑦ 혼자서 결단하고 수행할 기회를 가능한 많이 만들어 준다.

⑧ 활동이 끝날 때에는 그 날의 중요사항을 자세히 설명해 주고, 다음 활동에 대해서 예고하여 사전에 이해시키는 것이 좋다.

5) 평가

평가는 원예치료 과정의 마지막 단계로서 대상자 개인에 대한 수행평가를 한다. 사전에 계획된 프로그램이 치료 목적에 알맞게 진행되었는지, 대상자의 상태나 수준에 적정하였는지 등을 확인하여 기록하는 단계이다. 평가과정을 통하여 원예치료사는 치료 효과를 정량화하고 치료 목적에 따라 내용을 재수립하거나 치료 과정에서 나타난 오류에 대한 수정을 통하여 금후 바람직한 프로그램의 모델을 개발할 수 있다.

참고문헌

고경식. 1995. 관속식물분류학. 세문사.

곽병화. 1983. 신제 화훼원예총론. 향문사.

곽병화 외 3인. 1984. 식물생리학. 향문사.

곽병화. 1995. 신제 화훼원예각론. 향문사.

김복자, 한광희. 1996. 최신 꽃꽂이. 선진문화사.

김준석. 1986. 화훼학총론. 일조각.

문원 외 4인. 1998. 가정원예. 한국방송통신대학교 출판부.

박윤점 외 5인. 1998. 장식원예총론. 서원.

박윤점 외 5인. 2005. 화훼장식학. 위즈밸리.

박흥덕 외 3인. 2006. 식물계통분류학. 월드사이언스.

서봉보 외 10인 역. 2005. 일반식물학. 월드사이언스.

서정근. 1998. 생활원예 이야기. 단국대학교 출판부.

손관화. 2002. 화훼장식. 진흥미디어.

손기철 외 6인. 1997. 원예치료. 도서출판 서원.

안영희. 1997. 녹지환경학. 태림문화사

안영희, 이택주. 1997. 자생식물대백과. 생명의나무.

안영희, 유원형. 1997. 원예학실험법. 중앙대학교 출판부.

안영희. 2008. 한국의 자생식물. 김영사.

양수룡. 1979. 화훼원예총론. 선진문화사.

윤평섭. 2003. 조경학. 문운당.

윤평섭. 1997. 가정원예. 문운당.

이규배. 2004. 식물형태학. 라이프사이언스.

이우철, 임양재. 2002. 식물지리. 강원대학교 출판부.

이정명, 이승우. 2000. 최신 생활원예. 동화기술.

이종석, 곽병화. 1996. 신제 가정원예. 향문사.

이종석. 2008. 화훼원예학. 향문사.

이창복 외. 2003. 원색 대한식물도감. 향문사.

이창복 외 3인. 1995. 신고 식물분류학. 향문사.

임경빈. 1983. 특용수재배학. 향문사.

임주연. 2006. 화훼장식 이론과 실기. 도서출판 인아.

최주견. 1997. 가정원예. 오성출판사.

한국원예학회. 1999. 신제 생활원예. 향문사.

한국화훼연구회. 1998. 화훼원예총론. 문운당.
池田二郎. 1985. 現代造園. 農業圖書株式會社(東京).
玉崎弘志. 2003.わが家の庭木を剪定 する. 日本放送出版協會(東京).
平城好明 外 5人. 1986. イラスト園藝作業ブック. 講談社(東京)
Dole, J.M. and H.F. Wilkins. 1999. Floriculture. Prentice Hall(N.J.)
Eckbo, G. 1988. Home landscape. McGraw-Hill, Inc.
Elis, D. 1994. Dictionary of horticulture. Viking Penguin(New York).
Hartman, H.T., D.E. Kester, F.T. Davies, and R.L. Geneve. 2002. Plant propagation(Seventh edition). Prentice Hall Co.(N.J.).
Ingels, J.E. 1994. Ornamental Horticulture(2nd edition). Delmar publishers Inc.
Reiley, H.E., and C.L. Shry. 1991. Introductory Horticulture(Fourth edition). Delmar publishers Inc.(New York).
Ress, A.R. 1992. Ornamental bulbs, corms and tubers. C.A.B. International(Wallingford).

색 인

ㄱ

ㄴ

ㄷ

ㄹ

ㅁ

ㅂ

ㅅ

ㅇ

ㅈ

ㅊ

ㅋ

ㅌ

ㅍ

ㅎ

저자 소개

안영희(安永熙)

성균관대 조경학과 졸업
北海道大(일본) 대학원 농학박사
안동대 대학원 이학박사
산림청, 농촌진흥청 겸임연구관 역임
한국녹지환경디자인학회 회장 역임
중앙대학교 산업과학대학 학장 역임
환경부 중앙환경보전자문위원회 위원
한국환경생태학회 회장
중앙대학교 식물응용과학과 교수(ecoplant@cau.ac.kr)

관상식물학

2010년 03월 05일 초판 인쇄
2010년 03월 10일 초판 발행

저 자 안 영 희
발행인 정 헌 준
발행처 태림문화사
서울시 영등포구 문래동 1가 39번지
센터플러스 1022호
T E L 714-2478 / 716-2473
F A X 718-4580
E-mail taerim79@hanmail.net
등 록 1979. 3.27 (2-679)

ISBN 978-89-8205-229-3 정가 32,000 원